Technologiegestützte Dienstleistungs-innovation

Karen A. Shire · Jan Marco Leimeister (Hrsg.)

Technologiegestützte Dienstleistungs- innovation in der Gesundheitswirtschaft

Springer Gabler

RESEARCH

Herausgeber
Karen A. Shire   Jan Marco Leimeister
Mörlenbach, Deutschland   München, Deutschland

Die dieser Veröffentlichung zugrundeliegenden Vorhaben wurden mit Mitteln des
Bundesministeriums für Bildung und Forschung gefördert. Die Verantwortung für den
Inhalt dieser Veröffentlichung liegt bei den Autoren.

GEFÖRDERT VOM

Bundesministerium
für Bildung
und Forschung

ISBN 978-3-8349-3505-2   ISBN 978-3-8349-3506-9 (eBook)
DOI 10.1007/978-3-8349-3506-9

Die Deutsche Nationalbibliothek verzeichnet diese Publikation in der Deutschen National-
bibliografie; detaillierte bibliografische Daten sind im Internet über http://dnb.d-nb.de
abrufbar.

Springer Gabler
© Gabler Verlag | Springer Fachmedien Wiesbaden 2012

Einbandentwurf: KünkelLopka GmbH, Heidelberg

Gedruckt auf säurefreiem und chlorfrei gebleichtem Papier

Springer Gabler ist eine Marke von Springer DE. Springer DE ist Teil der Fachverlagsgruppe
Springer Science+Business Media
www.springer-gabler.de

Geleitwort

In Deutschland hat sich ein Strukturwandel von der Industrie- zur Dienstleistungsgesellschaft vollzogen, der auch vor den großen gesellschaftspolitischen Fragestellungen nicht halt macht. Der demografische Wandel – eine Herausforderung für Deutschland, die sich jedoch wie ein roter Faden durch das Gros der westlichen Industrieländer zieht – führt zu einem zunehmenden Bevölkerungsanteil älterer und hochbetagter Menschen, die möglichst lange ein selbständiges Leben in der vertrauten Umgebung führen wollen. Mehr und mehr sind sie bereit, sich dafür auf Dienstleister und auf technische Assistenzsysteme aus dem Bereich der Mikrosystemtechnik einzulassen. Doch auch diejenigen Personen, die sich in Pflege- und Betreuungseinrichtungen befinden, wünschen sich umfassende und persönliche Hilfe – auf diesen Wunsch kann durch den unterstützenden Einsatz von Mikrosystemtechnologie in Verbindung mit darauf abgestimmten innovativen Dienstleistungen reagiert werden.

In einer zukünftigen von Hightech und Hightouch gestützten Dienstleistungswirtschaft wird nicht nur der Prozess des Alterns betrachtet. Weitere Aspekte der sich wandelnden Demografie sind zu berücksichtigen: Dazu gehören die Zusammensetzung der Wohnbevölkerung, die Unterschiede zwischen Stadt und Land, die Chancen des Zusammenlebens von alten und jungen Menschen, das Zusammenleben unterschiedlicher ethnischer Gruppen sowie Veränderungen der Haushaltsstrukturen. Die intensiven öffentlichen Diskussionen, die sich auf den Prozess der Gesellschaft im demografischen Wandel beziehen, stellen vorwiegend die Risiken heraus. Hinweise auf Chancen dieser Entwicklung für Gesellschaft und Wirtschaft werden dagegen kaum angesprochen. Diese Chancen zu erkennen und deutsche Unternehmen zu befähigen, langfristig kundenorientiert demografische Gruppen wie z.B. ältere Menschen mit bedarfsgerechten Dienstleistungen zu versehen, war Ziel der Bekanntmachung, in die die vorliegenden Projekte seit 2008 eingebunden waren.

Im Förderschwerpunkt „Technologie und Dienstleistungen im demografischen Wandel" hat das BMBF einen für die Zukunftsfähigkeit der Dienstleistungen relevanten Forschungsgegenstand und ein sowohl für Forschungseinrichtungen als auch für Unternehmen wichtiges Entwicklungsfeld aufgegriffen, das erst seit wenigen Jahren im Fokus der wissenschaftlichen und gestaltungsorientierten Aufmerksamkeit liegt. Die Akzente werden dabei bewusst auf die Entwicklung von zukunftsfähigen, für den Alltag umsetzbaren bzw. anwendbaren Unterstützungsleistungen sowie auf die enge Kooperation von Forschungseinrichtungen und Unternehmen gelegt.

Der Ausgangspunkt des Förderschwerpunktes ist das Handlungsfeld „Dienstleistungen im Kontext des demografischen Wandels" des BMBF-Forschungsprogramms „Innovationen mit Dienstleistungen". Hier wird auf die Bedeutung neuer Produkte und Dienstleistungen zur Förderung und Unterstützung eines möglichst langen selbständigen Lebens in vertrauter Umgebung hingewiesen. Die Veränderung des Selbstbildes der älteren Generation erfordert neben der öffentlichen und gemeinnützigen Fürsorge vor allem privatwirtschaftliche Initiativen und macht die Entwicklung neuer Dienstleistungen und Technologien sinnvoll und möglich. Auf diese Schnittstelle, die Integration von Dienstleistungen und Technologie, zielen die Aktivitäten der Verbundprojekte, die sich in der Fokusgruppe „Ambient Assisted Living (AAL) – Mikrosystemtechnik an der Schnittstelle Nutzer-Dienstleistungen" zusammengefunden haben und nun, zum Abschluss ihrer Laufzeit, ihre Forschungsergebnisse in einem gemeinsamen Band vorstellen. Alle vorgestellten Vorhaben haben eines gemein: Sie haben Produkte entwickelt, die in Verbindung mit entsprechenden Dienstleistungen zur Erleichterung des Alltags älterer Menschen beitragen. Telemedizinische Unterstützung, mikrosystemtechnisch gestützte Informationseingabe, unterstützende Serviceroboter in Pflegeeinrichtungen, technologisch ausgeklügelte Assistenz im eigenen Haus/Haushalt sind nur einige Einsatzmöglichkeiten. Eingebettet in entsprechende Geschäftsmodelle stehen nun umfassende Dienstleistungssysteme zur Verfügung.

Lernen Sie in diesem Band diese und weitere Konzepte und Anwendungsfelder kennen: Wir wünschen der nun vorliegenden Publikation eine starke Resonanz und hoffen, dass sie zur Verbreitung der Erkenntnisse und deren nachhaltiger Nutzung in der Fachöffentlichkeit und in Unternehmen beiträgt.

Ivika Laev, Klaus Zühlke-Robinet

Projektträger im Deutschen Zentrum für Luft- und Raumfahrt e.V., Arbeitsgestaltung und Dienstleistungen

Inhaltsverzeichnis

Teil V: Pilotierung von Dienstleistungsinnovationen

Einleitung

Gesundheit, Dienstleistungen und Technologie

Karen A. Shire, Jan Marco Leimeister

1 Einleitung

Die zukünftige Stärke des Standorts Deutschland ist eng mit der Entwicklung der Dienstleistungswirtschaft verbunden. Mit dem demographischen Wandel wird die Generation 50+ als Kunde von Dienstleistungen und der Dienstleistungssektor Gesundheit, darunter auch Wellness und Prävention, stark an Bedeutung gewinnen. Hieraus ergeben sich neue Märkte, mit entsprechenden Chancen für Innovationen. Darüber hinaus sind aber gesellschaftliche Ziele wie die nachhaltige Sicherung sozialer Sicherungssysteme oder die Verbesserung von Lebenszufriedenheit der Bevölkerung oder die Professionalisierung von Berufen in der Gesundheitswirtschaft (wie bspw. in der Pflege, Prävention, etc.) von zentraler Bedeutung. Heute wird im Gesundheitswesen zwischen dem ersten Gesundheitsmarkt, der die durch gesetzliche und private Krankenversicherungen finanzierte medizinische Versorgung umfasst und dem zweiten Gesundheitsmarkt, der alle privat finanzierten Produkte, Dienstleistungen und Gesundheitskonzepte (also bspw. auch Wellness-Produkte und -Dienstleistungen) umfasst, unterschieden. Viele Dienstleistungsprozesse, wie Pflege- und Rehabilitationsbehandlungen betreffen beide Gesundheitsmärkt, bzw. schaffen eine Brücke, vom Ersten in den Zweiten hinein. Mit der Alterung der Bevölkerung, die mit einer Abnahme der Erwerbsbevölkerung einhergeht, hängt die Nachhaltigkeit des ersten Gesundheitsmarktes immer mehr von der Flankierung durch Dienstleistungen im zweiten Gesundheitsmarkt ab, sowohl im Sinne von Entlastung, als auch durch Präventionsangebote. Diese zentrale soziale, politische und wirtschaftliche Bedeutung des zweiten Gesundheitssektors wird auch ausdrücklich in der Hightech-Strategie 2020 für Deutschland, vom Bundestag in 2010 verabschiedet, mit dem Zukunftsprojekt "Förderung eines selbstbestimmten Lebens auch im hohen Altern" (BMBF 2010) unterstrichen.

In diesem Buch werden Ergebnisse von Forschungsvorhaben im Rahmen des BMBF-Förderprogramms "Technologie und Dienstleistungen im demographischen Wandel" präsentiert. Hierbei werden zahlreiche Dienstleistungsinnovationen, die durch einen Einsatz von Mikrosystemtechnologien (MST) ermöglicht werden und insbesondere den Übergang von dem ersten in den zweiten Gesundheitsmarkt adressieren, vorgestellt.

Die bisher im Gesundheitswesen genutzten Technologien sind vor allem Geräte und Instrumente, die durch das medizinische und pflegerische Personal verwendet werden. Demgegenüber können neuartige, innovative Mikrosystemtechnologien einfach in die Lebensumwelt von Menschen eingebettet werden. Dies ermöglicht vielfältige integrierte, aufeinander abgestimmte Technik- und Dienstleistungsangebote. Im Kontext des demographischen Wandels werden die heutigen Entwicklungen von MST und die daraus entstehenden neuen Ansätze des "Ambient Assisted Living" (AAL)[1] nicht nur technologisch, sondern auch kulturell durch eine verstärkte Wertschätzung der Selbstständigkeit im Alter, Selbstverantwortung für gesundes Leben und, wo möglich, für ambulante Rehabilitation und Pflegedienstleistungen im privaten Lebensumfeld vorangetrieben. Darüber hinaus bieten sie als Wachstumsmarkt zahlreiche ökonomisch interessante Chancen für sowohl neue Dienstleistungen als auch innovative Dienstleistungssysteme in Form von neuen Wertschöpfungsnetzen mit vielversprechenden Perspektiven für Wachstum und Beschäftigung. Die Chancen neue Lebenswege zu ermöglichen sind deutlich, aber Innovationsprozesse im Gesundheitswesen stehen auch vor Herausforderungen die aus der Spezifizität von Dienstleistungsarbeit und Dienstleistungssystemen hervorgehen.

Dienstleistungen im Umfeld von Gesundheit sind meist personenbezogen, d.h. sie wird von Menschen an Menschen für Menschen erbracht. Der Einsatz von Technologien muss Nutzerakzeptanz zum Ziel haben, da ansonsten keine nachhaltige Nutzung erfolgen wird und somit auch kein Nutzen realisiert wird. Alltags-Technologien, z.B. Smartphones und Soziale Medien, die vor allem in der jüngeren Bevölkerung weit verbreitet sind und von diesen auch gerne angenommen werden, sind, so die oftmals vorherrschende Meinung, vermutlich nicht für die älteren Generationen zugänglich. Neue Studien über die Werte und Lebensstile der 50+ Generation widersprechen jedoch diesem Bild (Otten 2009) und weisen dadurch auf eine Vernachlässigung von Dienstleistungskonzepten für eine technikaffine und kaufkraftstarke 50+ Generation hin. Genau an diesen Punkt setzen die Autoren in diesem Band an und präsentieren Ergebnisse aus der Entwicklung technologiegestützter Dienstleistungsinnovationen für den gesamten Gesundheitssektor.

---

[1]   Das Bundesministerium für Bildung und Forschung definiert „Ambient Assisted Living" (AAL) als Konzepte, Produkte und Dienstleistungen, die neue Technologien und das soziale Umfeld miteinander vernetzen um die Lebensqualität für Menschen in allen Lebensabschnitten zu erhöhen. (http://www.aal-deutschland.de/)

2 Dienstleistungsinnovationen für eine alternde Gesellschaft

"Wir werden zwar immer älter, aber die Zahl der Alten Leute nimmt ab" (Otten
2010, S. 19). Dieser scheinbare Widerspruch gegen die zunehmende Alterung
der Bevölkerung weist auf die Erkenntnis hin, dass Alter nicht nur aus einer
Kumulation von Lebensjahren entsteht, sondern auch eine soziale und kulturelle
Deutung beinhaltet. Die Zahl der über 65 Jährigen wird bis 2030 von 20 auf
29% steigen (Statistisches Bundesamt 2009), aber diese Menschen, die heute
Mitte 40 sind, nutzen fast alle das Internet (Statistisches Bundesamt 2011), sind
besser gebildet und viel stärker an Fitness und gesunder Ernährung orientiert als
die heute 65 Jährigen. Üblicherweise wird die Pflegebedürftigkeit einer alternden Bevölkerung in Verbindung mit stark ansteigenden Bedarfen nach ambulanten und stationären Pflegedienstleistungen hervorgehoben sowie die zentrale
Bedeutung der Gesundheitsvorsorge betont. Statistische Prognosen weisen,
ausgehend von der heutigen Infrastruktur und den Anteilen der Erwerbsbevölkerung, auf Risiken hin, die diese Entwicklung insbesondere für den ersten
Gesundheitsmarkt und die Pflegestrukturen mit sich bringt.

Dabei werden die Chancen die entstehen kaum berücksichtigt: Die "nicht-
pflegebedürftige" Bevölkerung ist und bleibt bis zum 75. Lebensjahr in der
überwiegende Mehrzahl: d.h. 97% der 65-69, 95% der 70-74, 90% der 75-79
und 80% der 80-84 Jährigen[2], die nach der Pflegeversicherung, nicht pflegebedürftig sind. Es kommen Krankheitsfällen und Rehabilitationsbehandlungen
öfter in älteren Altersgruppen vor, aber die Statistiken zeigen gleichzeitig auch
den hohen Stellenwert des zweiten Gesundheitsmarkts für eine relativ gesunde
ältere Bevölkerung.

Forschungen zum Wertewandel und Lebensstilen der 50+ Generation unterscheiden zwischen einem konventionellen Milieu von alten Leuten (heute um
34% aller 50 bis 70 Jährigen in Deutschland) mit traditionellen Werten und eine
Mehrheit von "Nicht-Alten" Alten (58%), die Wert auf Selbstverwirklichung,
Genuss und Individualisierung setzen. Fast die Hälfte von der als "jungen Alten" bezeichneten Gruppe (oder etwa ein Viertel aller 50-70 Jährigen) gehören
der oberen Mittelschicht an und weisen daher ein höheres Bildungsniveau,
überdurchschnittliche Einkommen und eine Konsumorientierung auf (Otten
2010; Goldmann 2007). Die Orientierung an Prävention und Fitness, gemessen
an Sportaktivitäten (46% der 50+ Generation macht einmal pro Woche Lauf-
sport) und Ernährungsgewohnheiten (93% essen Gemüse und Salat täglich, nur
66% Fleisch), bilden eine treibende Kraft für einen an den "jungen Alten" orientierten zweiten Gesundheitsmarkt (Otten 2009: 146f).

---

[2]   Eigenberechnung auf der Grundlage von der Statistischen Bundesamt Pflegestatistik 2009.

Niemand würde ernsthaft erwägen, das Wertebild oder die Verhaltensweisen einer 15 Jährigen mit denen einer 45 Jährigen über einen Durchschnittswert zusammenzufassen, dagegen werden oft Erkenntnisse über die älteren Generationen zwischen 65 bis 95 Jährigen aggregiert dargestellt. In der Unterscheidung von Zielgruppen und der Berücksichtigung unterschiedlicher Bedarfe ist eine differenzierte Analyse von Altersgruppen und Lebensstilen auch für ältere und alternde Generationen in der Dienstleistungsforschung notwendig. Ein einfaches Beispiel genügt um dies zu verdeutlichen: 2011 lag die Internetnutzung bei der Altersgruppe bis 49 Jahren bei fast 90%, für die 50+ Gruppe hingegen nur bei 45%. Aber eine nähere Untersuchung der Entwicklungen in der Altersgruppe 60-69 Jahre über die letzten vier Jahre zeigt einen starken Wandel in der Technikaffinität der alternden Generationen. 2008 gaben 41,6% der 60-69 Jährigen an, das Internet regelmäßig zu nutzen. Bis 2011 stieg der Anteil mit 57,3% weit über den Altersdurchschnitt. Heute kann nur die Gruppe der über 70 Jährigen, mit einem Anteil von knapp über einem Viertel, als "Offliner" bezeichnet werden (Initiativ D21 2011). Technologiegestützte Dienstleistungen im Gesundheitssektor für ältere Zielgruppen die für die nähere Zukunft entwickelt werden, können eine hohe Nutzung des Internets und eine allgemeine Technikaffinität auch unter der älteren Bevölkerung voraussetzen. Der demographischen Wandel wird durch einen technologischen und einen kulturellen Wandel begleitet und Erkenntnisse über diese drei Entwicklungsströme sind für Innovationsprozesse in der Dienstleistungswirtschaft unerlässlich. Die Differenzierung von Alterskohorten und die Berücksichtigung von kulturellen Entwicklungen weisen auf eine starke Orientierung an Gesundheit und Techniknutzung hin, die für die Entwicklung von Dienstleistungsinnovationen stark förderlich wirken.

Eine offene Forschungsfrage betrifft die unterschiedliche Technikaffinität von Frauen und Männern in Deutschland. Die Internetnutzung von älteren Frauen bleibt hinter der von Männern zurück (Initiativ D21 2011). Es besteht daher ein geschlechtsbezogenes Gefälle in der Technikakzeptanz, das sich zwar für jüngere Altersgruppen allmählich schließt, für die heutige Technikentwicklung im Gesundheitssektor jedoch einer besonderen Berücksichtigung bedarf. Mit einer höheren Lebenserwartung als Männer (81,1 Jahre gegenüber 76,2 für Männer) sind fast 60% der Altersgruppe über 65 weiblich, 72% der über 80 Jährigen (Statistisches Bundesamt zitiert in Goldmann 2007). Eine geschlechterdifferenzierte Dienstleistungsforschung für den Gesundheitssektor erscheint in dieser Hinsicht immer bedeutsamer. Dieser Forschungsbedarf wurde bisher auch in diesem Buch nur ansatzweise adressiert.

3 Gesundheitsdienstleistungen als Interaktionsarbeit

Dienstleistungsarbeit umfasst heute fast 80% aller Beschäftigungsverhältnisse, mit dem größten Anteil davon in den personenbezogenen Dienstleistungen (Ver.di 2011), die in der Arbeitssoziologie als Interaktionsarbeit[3] beschrieben wird (Böhle/Blaser 2006). Der Begriff der Interaktionsarbeit hebt hervor, dass Dienstleistungen durch die unmittelbare Kommunikation im direkten Austausch mit Kunden-/Klienten koproduziert wird (Rieder 2005). Interaktionsarbeit ist prominent in den Sozial- und Gesundheitsdienstleistungen (Baethge 2011: 451), deren Berufe zusammen mit Arbeit in der Körperpflege 11% aller Dienstleistungsarbeit ausmachen. Sogar bei einer schrumpfenden Erwerbsbevölkerung werden diese Berufszweige bis 2025 auf 13,5% wachsen[4]. In Bezug auf Qualifikation hat die überwiegende Mehrzahl der Beschäftigten eine abgeschlossene Berufsausbildung (88% der Gesundheitsberufe ohne Approbation und 97,8% der Berufe in der Körperpflege) (Tiemann et al. 2008, zitiert in Baethge 2011: 450). Technologiegestützte Dienstleistungsinnovation im Kontext der Interaktionsarbeit bedarf einer Anpassung an Bedarfe und Interessen der unterschiedlichen Beteiligten im Dienstleistungsprozess, ja sogar im gesamten Dienstleistungssystem: Berater/Pflege, Klient/Patient, Dienstleistungserbringer und weitere eventuelle Anspruchsgruppen wie bspw. Kostenträger im Gesundheitssystem, sowie einen Abgleich zwischen deren Interessen an Professionalität (Erwerbstätige), Qualität der menschlichen Zuwendung (Kunden/Klient) und Effektivität (Träger).

Der bisherige Stand der Forschung in der arbeitssoziologische Analyse von technologiegestützter Dienstleistung zeichnet ein negatives Bild von Technik als Rationalisierungsinstrument und von Geschäftsstrategien, die Kundenorientierung mehr aus der Sicht von Kostenreduktion als von Qualitätssteigerung vorantreiben. Vosswinkel und Korzekwa bezeichnen die dominante Orientierung in Dienstleistungsinnovationen als Gewinn- anstatt Service-orientiert (2005), Voß/ Rieder sprechen von der Industrialisierung der Interaktionsarbeit durch die Einführung von Selbstbedienungsprozessen (Voß/Rieder 2005). Wo Technik ins Spiel gebracht wird, so der bisherige Ergebnisstand, wird oftmals die Mensch-Mensch Interaktion entweder durch eine Mensch-Maschine Interaktion ersetzt oder der personenbezogene Charakter von Dienstleistungen wird auf eine flüchtige, oft auch virtuelle Transaktion minimiert. Diese Ergebnisse sind aber über-

---

[3]   Baethge definiert Interaktionsarbeit als Arbeit "die unmittelbar bedürfnisbezogen auf ein konkretes Gegenüber gerichtet ist, dessen Wille die Richtschnur für das Arbeitshandeln abgibt (bzw. abgeben sollte), selbst wenn der Wille oder das Bedürfnis nicht in präzisen Anweisungen artikuliert werden kann" und hebt das Beispiel "Klienten im Beratungs- oder Betreuungsgeschäft oder einen Patienten im Pflege- und Gesundheitswesen" hervor (2011: 451).

[4]   Zahlen für 2005 nach Helmrich/Zika 2010, zitiert in Baethge 2011, S. 448

wiegend durch den spezifischen Kontext von Dienstleistungen in Verkaufs- und Bestelltätigkeiten beeinflusst, die aufgrund einer niedrigeren Eingriffstiefe und Eingriffsintensität (Engelhardt et al. 1993)[5] eine meistens kurze und einfache kommunikative Leistung bedürfen, um Bedarf und Lösungen in Interaktion mit Kunden bzw. Klienten (ko-)produzieren zu können. Dass dies zukünftig nicht immer zwingend so sein muss, veranschaulichen einige Beiträge in diesem Buch.

Demgegenüber bewegt sich Dienstleistungsarbeit in Gesundheitswesen in einem anderen Kontext, der vielmehr den kommunikativen Leistungen in wissensintensiven Arbeitsbereichen ähnelt. Auch die Beiträge in diesen Band bestätigen, dass Pflegearbeit wissensintensiv ist, auch wenn im Vergleich zu anderen Berufen im Gesundheitswesen die gesellschaftliche Anerkennung für die anspruchsvollen Arbeitsinhalte und Anforderungen nach wie vor relativ gering bleibt (Nishikawa/Tanaka 2007; Goldmann 2007; Dunkel 1988).)[6]. Die Grenzen der Rationalisierung von Interaktionsarbeit im Gesundheitswesen schließen keinesfalls aus, dass solche Dienstleistungen durch Technologien intelligent unterstützt werden können. Chancen für technologiegestützte Dienstleistungen bestehen insbesondere dann, wenn sie zu verbesserter Kommunikation, Informationsversorgung, Wissenstransfer und besseren Prozessen für alle an der Dienstleistung beteiligten Parteien führen. Es besteht die Möglichkeit, betriebswirtschaftliche, soziale und kulturelle Ziele zu vereinbaren und von Anfang an in menschgerechte Innovationsentwicklung einfließen zu lassen. Solche Beispiele sind bisher selten in der Arbeitssoziologie zu finden, aber die Ergebnisse der Arbeitssoziologie sind nichtsdestotrotz wichtig, um einer Dominanz von rein marktwirtschaftlichen Interessen entgegenzuwirken, die zu Rationalisierungseffekten führen könnten, die nicht zu einer Verbesserung der Lebenswelt von Menschen (sei es als Dienstleister oder als Kunde) geeignet ist. Im Zentrum

---

[5] In Anlehnung an Engelhardt et al. wird der Zeitpunkt für eine erforderliche Einbindung der Kunden für die Erstellung einer Dienstleistung mit dem Begriff der Eingriffstiefe beschrieben. Im Gegensatz zu komplexeren Dienstleistungen wie Architekturleistungen ist die Eingriffstiefe der Klienten im Gesundheitswesen relative niedrig. Die Eingriffsintensität, "d.h. in welchem Ausmaß und mit welcher Intensität eine Integration (der Klienten in der Leistungserbringung – KS) erforderlich ist" (S. 414) ist hingegen relativ hoch.

[6] Andere Studien betonen die starken Unterschiede in der Regulierungen von Gesundheits- und Sozialdienstleistungen in Deutschland, die wohl eine Rolle bei den spezifischen Forschungs- und Entwicklungsaktivitäten spielen die in diesen Buch präsentiert werden (Goldmann 2007). Auch die starke Unterscheidung zwischen Professionen und Semi-Professionen auf der einen Seite, medizinischer Versorgung und Pflege auf der andere Seite, und die Erweiterung von Selbsttätigkeiten in dem Präventions- und Wellness-Sektor finden eine Berücksichtigung in den Einzelkapiteln. Zudem sind die verfügungsrechtlichen Kontexte von Trägern – öffentliche, private und dritter Sektor/karitativ – wichtige Kontextfaktoren. Wir setzten den Fokus in der Einleitung auf Gemeinsamkeiten, die dann in den Einzelkapiteln differenzierter betrachtet werden.

der Forschungsvorhaben die in diesem Band präsentiert werden, stehen daher insbesondere nutzerorientierter und partizipative Ansätze für Technikentwicklung aus der Sicht einer soziotechnischer Systemgestaltung.

4 Nutzerorientierte Technikentwicklung im Gesundheitssektor

Die Idee, Nutzer von Technologien in die Technikentwicklung einzubinden, hat unterschiedliche Wurzeln. Einerseits sind sie aus der Human Factors Forschung heraus entstanden (Meister 1999), die sich u. a. die Nutzbarmachung von Technologien zur Verbesserung der Lebenswelt von Menschen zum Ziel gesetzt hat. Andererseits stammt sie u. a. aus der gesellschaftlichen Kritik an risikohaften Technologien und den politischen Versuchen, Risiken durch die Abschätzung von Technikfolgen zu minimieren. Kritiker betonten, dass das Hauptziel von Technikfolgenabschätzung zu oft nicht in der Weiterentwicklung von Technologien lag, sondern in der Legitimierung von Experten und deren Technologien durch die Öffentlichkeit (Giesecke 2003). Ein ursprünglicher Apell an die Folgenabschätzung war, entsprechende Nutzergruppen und die Öffentlichkeit ausreichend frühzeitig in der Entwicklung von neuen Technologien einzubinden, sodass der Entwicklungsprozess, und nicht nur die Anwendungen, durch Nutzer mitbestimmte wird (Compagna et al. 2009, Steyaert et al. 2006).

Heute genießt die Einbindung von Nutzern in die Technikentwicklung in vielen Bereichen Unterstützung unter Technikern – es ist in vielen Bereichen die Rede von einer "partizipativen Wende" (participative turn) in der Technikentwicklung (Feld/Fochler 2010; Chilvers 2008). Die Diskussion über partizipative Technikentwicklung wird heute auf methodischer Ebene thematisiert und dabei Fragen adressiert wie: welche Nutzergruppen sind relevant und wie können diese identifiziert werden, wie können die Nutzer systematisch zu welchen Phasen wie eingebunden werden, wie kann Akzeptanz neuer Lösungen zu welchem Zeitpunkt im Entwicklungsprozess wie gemessen werden und wie können welche Ergebnisse in der Tat in die eigentliche Technikentwicklung einfließen? "Die Frage ist nicht mehr ob es mehr oder weniger Partizipation geben soll, sondern was die Formen und Gestaltung von Partizipation eigentlich erreichen." (Braun/Schulz 2010: 404)[7]. Ein Trend in der Weiterentwicklung partizipativer Ansätze bewegt sich von einer normativen zu einer empirischen Orientierung; von der Technikfolgenabschätzung, hin zu systematischen Methoden der Nutzerforschung. Diese widmen sich neben der Erforschung der Nutzer-Zielgruppen und Bedarfen in neuartigen Dienstleistungskontexten, aber auch den Marktchancen und Geschäftsstrategien (Schachtner/Roth-Ebner 2009) oder

---

[7]   Englische Originaltexte sind alle durch die Autoren übersetzt.

aber Formen der aktiven Nutzerintegration in Entwicklungsprozessen und -aufgaben.

In der Dienstleistungsforschung sind Nutzergruppen heterogen, umfassen Trägern, Erwerbstätigen in Dienstleistungsberufen und Klienten/Patienten, die möglicherweise unterschiedliche bzw. widersprüchliche Erwartungen und Anforderungen haben. Daher muss die Möglichkeit geschaffen werden, dass alle relevanten Akteure sich beteiligen können. Die Planung und Erforschung der partizipativen Entwicklungsschritte erfordert sehr viel Sensibilität für unterschiedliche Nutzerperspektive. In einem Wort: Bedarfsgerechtigkeit steht im Zentrum der Forschungsagenda. Die Identifizierung von relevanten Nutzergruppen, die Erhebung und der Abgleich von deren Interessen ist viel komplexer als die Durchführung von "Nutzertests". Gefördert werden Methodenkompetenzen für Bedarfsanalyse und Abgleichprozesse als zentraler Bestandteil von Technikentwicklungsprojekten. Insbesondere die Sozialwissenschaften bieten systematische Ansätze – durch einen Methodenmix von qualitativen und quantitativen Erhebungstechniken – für die Erhebung von Bedarfen in Bezug auf Träger, Berufstätige und Klienten/Patienten (Resch 2009). Aber partizipative Entwicklungsansätze finden auch verstärkt Eingang in gestaltungsorientierte bzw. konstruktionsorientierte Wissenschaftsbereiche, wie beispielsweise im soziotechnischen Systemdesign oder aber auch im Dienstleistungsengineering (Leimeister 2012). Weitere Aufgaben liegen in der Generierung von Erkenntnissen über Dienstleistungsmärkte, -systeme und -wertschöpfungsmodelle mit entsprechenden Geschäfts-, Service- und Betreibermodellen.

Insbesondere für die Entwicklung innovativer Lösungen entlang von Geschäftsprozessen, oder durch die Vernetzung von verschiedensten Dienstleistungsbausteinen, sind Entwicklungsprozessmodelle aus der Software- und Systementwicklung erkenntnisbringend (Dolata/Werle 2007). Die in diesem Buch vorgestellten Vorhaben stellen Modelle interdisziplinärer Zusammenarbeit in den einzelnen Verbundprojekten vor, welche neben Praxispartnern (bspw. Träger und Verbände), sozialwissenschaftliches, betriebswirtschaftliches informationswissenschaftliches und dienstleistungswissenschaftliches Fachwissen zu effektiver Technikentwicklung für Dienstleistungsinnovationsprozesse zusammenführen[8].

In manchen Fällen existieren bereits Technologien die nun an den spezifischen Kontext von Dienstleistungen im Gesundheitswesen angepasst werden sollen, in anderen Fällen gibt es nur Prototypen und eine Zukunftsvision von möglichen Einsatzbereichen und Entwicklungen. Behandelte Themenbereiche umfassen

---

[8] Die Verbundpartner bestanden aus jeweils einem Drittel Dienstleistungsträgern, einem Drittel Sozial- und Betriebswirtschaftswissenschaftlern und einem Drittel Instituten/Wissenschaftlern aus den Natur- und Ingenieurwissenschaften. (Metaprojekt 2011).

die Entwicklung von Alltagstechnologien, die Einführung von Innovationen in private häusliche Umgebungen und die Entwicklung von Anwendungen, die Unterstützung gesunder Lebensführung ermöglichen. Im Gesundheitssektor bestehen insbesondere zwei Gefahren, die auch nach der "partizipativen Wende" noch aktuell bleiben. Gerade wo Techniken bereits vorhanden sind, gibt es, nach wie vor, die Gefahr eines "Technology-Push" wobei die Entwicklung durch die Interessen der Techniker getrieben wird. Die Gefahren des Technology-Push bei inkrementellen Innovationen liegen in der mangelnden Akzeptanz/Diffusion der Technologien. Die Einführung von Bedarfsanalysen und Nutzertests bieten keine automatische Korrektur für negative Effekte eines "Technology-Push", insbesondere dann nicht, wenn Nutzer einfach als Statisten in laborähnlichen Testverfahren eingesetzt werden, ohne deren Bedarf oder die "realen" Bedingungen der Nutzung in der Entwicklung zu berücksichtigen. Die zweite Gefahr ist, dass bei der Entwicklung von Prototypen und Technikvisionen Innovationskraft durch Nutzer gebremst wird die sich eine Nutzung neuer Konzepte (noch) nicht vorstellen können und entsprechend "falsche" Rückmeldungen geben. Technikentwickler müssten, wenn man der reinen Nutzerorientierung folgt, ihre Innovationsfantasien an den im Moment existierenden Bedarfen und Ideen der Zielgruppen orientieren, viele erfolgreiche Technologien wären so allerdings nie entstanden. Zukunftskonzepte und das Ausloten des technologisch Machbaren (was wie zuvor ausgeführt zu negativen Effekten eines "Technology-Push" führen könnte) darf nicht einfach durch einen reinen "User-Pull" ersetzt werden, da so Innovationspotenzial verloren ginge. Gefragt ist ein iterativer Innovationsentwicklungsprozess, der das technologisch Machbare mit dem eigentlichen Bedarf an technologischer Unterstützung heute und morgen in Zusammenhang bringt. Die hierfür notwendigen Kompetenzen sind sehr breit und können nur durch einen interdisziplinären Ansatz annähernd befriedigt werden. Die Autoren in diesem Band benutzen hierfür eine sehr heterogene Bandbreite von Methoden, mit dem (Neben-)Ziel, neben der Dienstleistungsforschung auch die Nutzerforschung weiterzuentwickeln.

5 Struktur des Buches

Die Beiträge in diesem Buch entstanden aus 7 Verbundvorhaben und dem Meta-Projekt im Rahmen des BMBF-geförderten Förderschwerpunkt *Technologie und Dienstleistungen im demografischen Wandel*. Die Autoren haben sich seit Beginn der Forschungsaktivitäten zweimal Jährlich in einem gemeinsamen Treffen über ihre Forschungsvorhaben und deren Zwischenergebnisse ausgetauscht und dies auch gemeinsam auf einer Reihe von nationalen Tagungen vorgetragen. Im vorliegenden Sammelband verzichten die Herausgeber auf einen Bericht der einzelnen Verbundaktivitäten. Anstelle dessen soll in den fünf

Abschnitten dieses Buchs ein thematischer Abriss des über drei Jahre andauernden Austauschs wiederspiegelt werden sowie zentrale Ergebnisse der einzelnen Verbünde wiedergegeben werden. Trotz der sehr unterschiedlichen Zusammensetzung der unterschiedlichen Verbünde, die Ingenieure, Soziologen, Wirtschaftswissenschaftler, Wirtschaftsinformatiker und Informatiker zusammen führten, und Wissenschaftler verschiedener Fächer mit Gesundheitsträgern und Praktikern in Dialog brachten, kommen die Autoren in den einzelnen Abschnitten auf erstaunlich übereinstimmende Ergebnisse, die wir hier in der Einleitung kurz vorstellen und zusammenfassen.

Das Buch beginnt im ersten Teil mit Beiträgen zu den Themen Nutzerbedarf und Technikakzeptanz. Für die Entwicklung von Dienstleistungen für die 50+ Generation kann auf bereits ausgereifte Technologien, wie AAL-Anwendungen und informationstechnologische Vernetzungsmöglichkeiten (beispielsweise Health Information Systems), zurückgegriffen werden, bei denen die Pflegekräfte, Therapeuten und andere Dienstleister jedoch kaum über Informationen oder Erfahrungen im tatsächlichen Nutzen verfügen. Testverfahren sind in manchen Bereichen öfter an der Akzeptanz durch Klienten und Patienten ausgerichtet, obwohl technologische Anwendungen fast immer in eine Dienstleistungsinteraktion eingebettet werden. In ihrer Studie über ambulante Pflegekräfte betonen Haubner und Nöst, dass Dienstleister oft gar nicht von der Existenz von AAL-Innovationen wissen, sich jedoch gut vorstellen können, dass solche Techniken in private Haushalte eingeführt werden können. Die Studie von Koczula, Schulz und Gövercin bemängelt den bisher nicht flächendeckenden Einsatz von sogenannten Health Information Technologies (HIT), die Kommunikations- und Informationsflüsse entlang einer Versorgungskette effizienter strukturieren können. Ihre Untersuchung von Pflegekräften und Therapeuten zeigt gleichwohl eine größere Bereitschaft solche Systeme einzusetzen, wenn die Effizienzgewinne gut dargestellt werden. Die Autoren sehen in der Nutzereinbindung auch einen Beitrag zur Lösung von Standardisierungs- und Interoperabilitätsproblemen derartiger Systeme in Versorgungsprozessen, die oft einfach an einem Fehlen von praktischen Erfahrungen scheitern. Ferner, trägt eine stärkere Aufmerksamkeit gegenüber Nutzern zu einer zielgruppenspezifischen Markteinführung von Vernetzungssystemen bei.

Der Bedarf und die Technikanforderungen von Klienten und Patienten der 50+ Generation sind Themen des Beitrags von Schmid, Dörfler, Dany und Böpple. Am Beispiel von Mobilanwendungen zeigt diese Studie, dass die 50+ Generation sich besonders für Anwendungen interessiert die für ihren Alltag (am Beispiel der Einnahme von Medikamente), die Förderung der Mobilität, Gesundheit und soziale Kontakte nützlich sind. Im Gegensatz zu der unter 50 Generation haben Senioren einen geringeren Bedarf an Ästhetik und Multifunktionalität der Mobilgeräte. Näher betrachtet, zeigt die 50+ Generation sehr heterogene

Anforderungen und Interessen an mobile Anwendungen, sodass die Autoren einen Forschungsbedarf bei der Entwicklung von zielgruppenspezifischen Dienstleistungen sehen.

Als Gesamtbild tragen die Ergebnisse des ersten Teils zu Kenntnissen über die Technikakzeptanz und den Bedarf der Dienstleister, insbesondere der Pflegekräfte, als auch zu den heterogenen Bedarfen und Interessen der 50+ Zielgruppen bei. Die Befunde zeigen, dass Pflegekräfte und andere Dienstleister, die oft in Versorgungsnetzwerke zwischen dem ersten und dem zweiten Gesundheitssektor eingebettet sind, wenige Erfahrungen mit verfügbaren Technologien wie AAL-Anwendungen und Informationssystemen haben. So stellt sich eine wohl überwindbare Diffusionsblockade für bestehende Technologien in Form neuer Dienstleistungskonzepte. Die Ergebnisse zeigen ferner, dass die Heterogenität der Zielgruppe 50+ kaum bei dem Design von Dienstleistungen berücksichtigt wird. Für eine Sättigung des bestehenden Bedarfs fehlen bisher die Kenntnisse über spezifische Zielgruppen und Marktsegmente.

Die Beiträge im zweiten Abschnitt zu Methoden der nutzerzentrierten Technikgestaltung haben eine Systematisierung der Entwicklung von technologiegestützten Dienstleistungskonzepten zum Ziel. In beiden Beiträgen werden Methoden vorrangig aus der Software- und Systementwicklung entliehen und für die Entwicklung von Gesundheitsdienstleistungen angepasst und weiterentwickelt. In beiden Fällen stellt die iterative Einbindung von Nutzern und die Anpassung von Technologien einen wesentlichen Anteil des Entwicklungsprozesses dar. Die einzelnen methodologischen Tools sind sehr ähnlich (auch in Hinsicht auf die Studien im ersten Abschnitt): Beobachtungen, Interviews, Fokusgruppen. Durch eine systematische Erhebung von Nutzerbedarfen, die in der Form von Prototyping (insbesondere Rapid Prototyping) direkt in die Technik- und Systementwicklung integriert wird, können die Risiken von Fehlentwicklungen und unvorhergesehene Anwendungsprobleme minimiert werden. Der Beitrag von Cieslik, Klein, Compagna und Shire befasst sich mit dem Szenarien-basierten Design für den Einsatz von Service-Robotern in stationären Pflegeeinrichtungen. Durch die Einbindung von Pflegepersonal und Patienten in die narrative Entwicklung und graphische Darstellung von Einsatzszenarien werden sinnvolle Anwendungen identifiziert, die nun direkt in die Weiterentwicklung von Prototypen einfließen. Die Pilotierung von Prototypen zeigt jedoch, wie Szenarien von Entwicklern unbewusst ignoriert werden, und wie die verengte Vorstellungskraft des Pflegepersonals für Einsatzmöglichkeiten den Innovationsprozess bremsen können. Solche Stolpersteine können nur durch die iterative Weiterentwicklung von Prototypen und deren erneuten Testeinsatz beiseite geräumt werden.

In dem Beitrag von Menschner, Prinz und Leimeister werden Ansätze aus dem Service Engineering und System Design für die Entwicklung von mobilen

Dienstleistungen eingesetzt. Durch eine systematische Einbindung von Nutzern und Beratern, am Beispiel eines Unterstützungssystems für die Ernährungsberatung, zeigen die Autoren die bisher noch nicht realisierten Möglichkeiten für neue und marktreife Dienstleistungskonzepte durch IT-Anwendungen. Neben der Erhebung der Nutzerbedarfe, bildet ein *Service Blueprinting*, das die bestehende Prozesse in Detail skizziert, die Grundlage für die Identifizierung und Implementierung von IT-Lösungen, die die Informations- und Kommunikationsflüsse in der Dienstleistungsinteraktion effektiver gestalten können. Auch bei diesem methodischen Ansatz spielt der Wechsel zwischen Prototypen und Experimenten zur Evaluation eine wichtige Rolle in der Entwicklung von Nutzer-zentrierten und marktfähigen Dienstleistungskonzepten. Diese zwei Studien betonen den Mehrwert der intensiven Auseinandersetzung mit realen Nutzerkontexten für Ingenieure und Informatiker. Beide Entwicklungsvorhaben profitieren von der Zusammenarbeit zwischen Sozial-/Wirtschaftswissenschaftlern, die ihre Erfahrung in empirischen Erhebungsmethoden und die Sensibilität für soziale und marktwirtschaftliche Anforderungen in den Entwicklungsprozess einbringen, und Ingenieuren bzw. (Wirtschafts-) Informatikern, mit der Auswirkung, dass die zeitintensiven Entwicklungsprozesse letztendlich zuversichtlich zu akzeptierten Lösungen und marktfähigen Dienstleistungen geführt werden können.

In den nächsten drei Abschnitten rücken die Entwicklungen von spezifischen Mikrosystemtechnologien für neue Gesundheitsdienstleistung in den Mittelpunkt. Technologien die die soziale Kommunikation und die Lebensqualität von älteren und pflegebedürftigen Menschen zu Hause fördern sind Bestandteil von Teil III und IV, bei denen die Schnittstellen zu den Nutzern und deren intensive Integration in den Entwicklungsprozess für die Entstehung neuer Dienstleistungen ausschlaggebend sind. Die Ermöglichung Sozialer Vernetzung unter älteren Mitbürger ist der Fokus des ersten Beitrags von Koene, Köbler, Könnings, Leimeister und Krcmar. Die Autoren zeigen wie *Near Field Communication* Technologien für mobile Endgeräte anhand von *Design Science* Methoden entwickelt werden können. Persönliche Begegnungen bieten einen Anlass auch elektronische Profile und Kontaktdaten über die Mobilendgeräte auszutauschen, die anschließend in *Social Networking Sites* aufgenommen werden können. Das Ziel ist die Ermöglichung virtueller Kommunikation in bereits bestehenden Bekanntenkreisen, die sozialer Isolation entgegenwirken kann. Potentielle Nutzer wurden in die Entwicklung von Prototypen und als Beteiligte in Laborexperimente integriert, bei denen die Funktionalität des mobilen Datenaustauschs und des *Social Networking* getestet wurden. In diesem Fall wurde die Erhebung des Bedarfs von Senioren nicht mit Senioren gemacht, da Sie bisher nicht unter die aktiven Nutzer von *Social Networking Sites* sind. Bereits im Beitrag von Schmid et al. in Teil I wurde der relativ einfache Bedarf an mobiler Funktionalität und Vernetzung unter Senioren als einen Aspekt für die gegenwärtige Entwicklung von Anwendungen für Senioren berücksichtigt. Bei Koene et al. geht es vielmehr um die Entwicklung eines Prototyps für zukunftsträchtige *Near Field Communication* Anwendungen, sodass jüngere Nutzer stellvertretend für zukünftige Senioren herangezogen wurden. In diesen Beitrag wurde die Funktionalität von *Near Field Communication* durch Nutzertests wesentlich verbessert.

Der Bedarf von Senioren an technologiegestützten Bereicherungen von bereits nachgefragten Dienstleistungen steht im Mittelpunkt des Beitrag von Prilla, Frerichs, Rascher und Herrmann, die einen vernetzten Stift für das Ausfüllen von Bestellscheinen im Sinne von AAL-Anwendungen für die Förderung der Nachbarhilfe bereit stellten. In diesen Fall waren Experten vor allem in Kreativworkshops eingebunden, um erste Ideen für Einsatzmöglichkeiten der Stift-Technologie zu generieren. In Befragungen von Senioren erfolgten auch grundsätzliche Korrekturen der angedachten Einsatzbereiche am Beispiel von Einkaufshilfe. Nicht die Lieferdienstleistung, sondern die Begleitung in Einkaufskontexten war für die Senioren der gewünschte Einsatz. Ansätze für eine optimierte und effizientere Bedarfsanalyse war ein zentrales Ziel dieser Beitrag, da die sehr aufwendige Nutzerorientierung für viele Techniker aus Ressourcengründen kaum replizierbar wird. Auch in dem letzten Beitrag dieses Abschnitts von Buschmann und Huang wurde die Sicht von Experten auf eine Innovation im Bereich des ambulanten und kontinuierlichen Monitorings in der *Pulsoximetrie* von Körpertemperatur und Bewegungsdaten behandelt. In diesem Beitrag ging es auch um die Entwicklung eines Prototypen - ein komfortabler und ästhetisch ansprechender Ohrsensor - und die Erstellung eines Katalogs von Funktionalitäten und Vorteilen für den Übergang vom stationären zum ambulanten Monitoring, der zu einer Verbesserung der Möglichkeiten des ambulanten Monitorings im Kernbereich der medizinische Versorgung, z.B. bei Herzstörungen oder Infektionskrankheiten, führen könnte.

Mikrosystemtechnologien die Versorgungsaktivitäten vernetzen sind Bestandteil der Prototypen Entwicklungen im Teil IV. Das Thema Soziale Netzwerke wird in dem Beitrag von Köbler, Koene, Horsonek, Esch, Leimeister und Krcmar erneut aufgegriffen, in der Entwicklung einer Internetplattform, die die Funktionen eines sozialen Marktplatzes für Dienstleistungen mit sozialen Netzwerkaktivitäten verbinden. Für die Plattform „Bring Dich Ein!", die entlang der Methoden der *Design Science* bis zum Prototypenphase entwickelt wurde, sind die Anforderungen von älteren Nutzer erhoben worden und in die Entwicklung eingeflossen. Die Plattform basiert auf realen Kontaktbeziehungen, wie in dem vorherigen Beitrag von Koene et al. in Teil III und beschränkt sich geographisch auf Nutzer und Dienstleister in einer lokalen Nachbarschaft. Ein Fokus auf Haushaltsdienstleistung, Besuch- und Bringdienste, wie bei dem Beitrag von

Priller et al., stellt für Senioren eine Reihe von privaten, karitativen und freiwilligen Anbieter von Dienstleistung vor, unter besonderer Berücksichtigung des Datenschutzes und der Selbstinitiativen der Senioren. Experimentelle Tests mit Senioren stellten fest, dass Senioren *Social Networking Sites* präferieren die auf reale bestehende Kontakte basieren.

Die Vernetzung der privaten häuslichen Umgebungen mit Versorgungsprozessen ist das Thema des Beitrages von Hellrung et al. Die Autoren untersuchen die Möglichkeit, Assessments von Mobilität kontinuierlich und in der Wohnumgebung von Senioren durchzuführen, die für eine frühzeitige Erkennung von Leistungsabbau und Versorgungsbedarf förderlich sein können. Anhand von Sensoren die in Wohnungen, nach den Ansätzen der AAL, eingebaut werden, erzielen die Autoren einen Beitrag zu der Verbesserung der ambulanten Versorgung, und dem möglichst langen selbstständigen Wohnen von älteren Menschen. Experimente wurden zwar unter jüngeren Menschen durchgeführt. Jedoch dienten die ersten Tests nicht nur der Beurteilung der Funktionalität der eingebetteten Sensoren, sondern auch der Erzeugung von Vergleichsmessungen für zukünftige Evaluationen von Assessments unter Senioren.

In Teil V gelingt es den Vorhaben einen entscheidenden Schritt von der Entwicklung von Prototypen und deren Evaluation in laborartigen Kontexten in die reale Lebenswelt von Senioren zu machen. Die Pilotierung von Technologien und Dienstleistungen die bereits jenseits der Prototypenphase, die auf ihre Akzeptanz, aber auch auf ihre Marktfähigkeit getestet werden sollen, sind Bestandteil der vier Beiträge in diesen letzten Teil des Bandes. Die bisher vorgestellten Innovationstypen – Service-Roboter, soziale Netzwerke, Dienstleistungsplattfomen und AAL-Anwendungen – werden auf Ihre Reife für den Einsatz in existierende Gesundheitskontexte geprüft und erste Überlegungen für Geschäftsmodelle und zielgruppen-spezifische Markteinführungen dargelegt. Die zwei Service-Roboter die bereits in dem Beitrag im Teil II von Cieslik et al. beschrieben wurden, wurden in einem Altenheim in einer zweistufigen Pilotstudie eingesetzt und die Auswirkung auf die Pflegearbeit sowie die Weiterentwicklung der Service-Roboter wird in dem Beitrag von Graf, Jacobs, Luz, Compagna, Derpmann und Shire ausführlich beschrieben. Ergebnisse zeigen eine deutliche Entlastung des Pflegepersonals, insbesondere in Routineaufgaben, die das Personal oft von ihrer Kernarbeit – dem persönlichen Kontakt mit Senioren – abhalten. Die Tatsache, dass Tische und Stühle in gemeinsamen Aufenthaltsräumen ständig umgestellt werden, stellten Herausforderungen für die Navigation und Positionierungsfunktionen des Service-Roboters (Care-O-bot 3) in menschlicher Interaktion dar. Gleichwohl störte die unterschiedliche Belichtung der Räume die Personenerkennungssysteme, die für die Dokumentation, zum Beispiel des Trinkverhaltens der Senioren, wichtig war. Unerwarteter weise verlief die Roboter-Interaktion mit dementiell erkrankten Menschen besonders positiv. Als markt-

reif galt der zweite Roboter in Form eines fahrerlose Transportsystem
(CASERO), der auch bereits in der Logistik Fuß gefasst hat. Bring- und Hol-
Dienste, zum Beispiel von Wäsche, oder des Notkoffers, bestanden die Tests im
realen Umfeld der Altenpflege. Die Autoren sehen weiteren Forschungsbedarf
in Langzeittests und in der Integration in ganzheitliche Dienstleistungsprozesse.

Die Pilotierung einer Internetplattform, die eine Verbindung zwischen sozialen
Netzwerken und dem Monitoring des Gesundheitsstands für Menschen die an
Herz- und Kreislaufkrankheiten leiden wird in den Beitrag von Beer, Schönrich,
Brockow, Korb, Holland und Resch beschrieben. Ziel der Plattform war es das
selbsttätige Monitoring und die Verantwortung für Gesundheit zu erleichtern,
aber auch die Erzeugung von zuverlässigen Werten, die auf einen verbesserten
Gesundheitsstand hinweisen, und auch für die ambulante Versorgung nützlich
sein könnten. Im Laufe der Pilotierung wurde die Plattform in zwei weitere
Richtungen weiterentwickelt. Mit der Integration von automatisierten Moni-
toring-Geräten wurden Selbstberichte um durch Bewegungen generierte Mobili-
tätswerte ergänzt. Letztendlich sollte die Verbindung mit Marktangeboten für
Dienstleistungen erweitert werden die für diese Zielgruppe relevant sind. Der
Begleitdienst, der bereits in Prilla et al. in Teil III beschrieben wurde, gelang
auch zu einer Pilotierung in einem Wohnquartier, das den Autoren Kasper und
Olschewsky erlaubte, die Rolle von Dienstleistungsagenturen und Marketing zu
evaluieren, als auch den Einsatz der AAL-Anwendungen durch die Senioren zu
beobachten. In diesem Beitrag sind erste Ansätze für erfolgreiche Verbindungen
und das Marketing von Verkaufs- und Personen-bezogenen Dienstleistungen im
Alltag beschrieben, die das selbstständige Leben von älteren Menschen in einem Wohnquartier-Konzept fördern können.

Der letzte Beitrag von Kalfhues, Hübschen, Löhrke, Nünner, Perszewski,
Schulze und Stevens verbindet einen ambulanten Pflegedienst mit AAL-
Monitoring und Kommunikationstechnologien, die in privaten Wohnungen von
Senioren eingebettet wurden. Obwohl bereits viele Senioren- und IT-
Anwendungen entlang des AAL-Ansatzes bestehen, gelangen sie bisher kaum
aus dem Labor und werden kaum in der realen Pflegewirtschaft eingesetzt.
Pflegekräfte, Angehörige und Senioren wurden zunächst in die AAL-
Anwendungen eingewiesen, die in 8 Wohnungen, 2 ambulanten Wohngemeinschaften und einem Tagestreff für dementiell Erkrankte installiert wurden. Über
18 Monate testete das Forscherteam die durch AAL-Technologien ausgelösten
Meldungen, und befragte anschließend die Senioren, Angehörige und Pflegekräfte was daraus gewonnen wurde. Für die Senioren und deren Angehörige
entstand ein neues Sicherheitsgefühl als auch ein Gewinn an Informationen über
den eigenen Gesundheitsstand und dessen Entwicklung. In mehrere Fällen lie-
ferten die Sensoren und Kommunikationstechnologien kritische Zustände, die
nun durch "just-in-time" Meldungen an Pflegedienste und telemedizinische

Stellen zu rechtzeitigen Reaktion weitergeleitet wurden. Aus der Pilotierung entstanden zuverlässige Pläne für eine Marktumsetzung.

6 Danksagung

Die Autoren dieses Bandes waren teilnehmende Verbünde der BMBF-Fokusgruppe II: *AAL und MST an der Schnittstelle Nutzer-Dienstleistung*, die unter der Leitung der Herausgeber, über die letzte drei Jahre in zweimal jährlich stattfindenden Fokusgruppentreffen die Entwicklung von Methoden, Technologien und Dienstleistungsprodukten vermittelt und vorangetrieben haben. Ohne einen solchen Vorlauf, der programmatisch vom BMBF als Lernprozess initiiert wurde, wäre ein solcher Band nicht möglich gewesen. Wir bedanken uns herzlich bei Kathrin Mauz, Andreas Prinz, Philipp Menschner und insbesondere bei Thorsten Helbig für die Organisation und Betreuung der Fokusgruppentreffen und allen weiteren Aktivitäten. Prof. Dr. Daniel Bieber, Leiter des Meta-Projekts für den BMBF-Förderschwerpunkt *Technologie und Dienstleistungen im demografischen Wandel* und sein Team am ISO-Institut Saarbrücken haben die Fokusgruppentreffen finanziell und durch Rat und Tat mit großem Engagement unterstützt. Das Meta-Projekt und Daniel Bieber haben den Verbünden auch eine Reihe von gemeinsamen Tagungsauftritten, die Beteiligung an Ergebnisbroschüren und Zwischenworkshops ermöglicht, und damit den Austausch der Forschungsergebnisse nach vorne gebracht. Auch die Kooperation mit der Fokusgruppe I: *Wirtschaftliche Grundfragen/Geschäftsmodelle* unter der Leitung von Dr. Joachim Liesenfeld, RISP- Universität Duisburg-Essen, und Prof. Dr. Martin Gersch, FU Berlin, förderte die Bemühungen der Verbünde, ihre innovativen Ansätze und Ideen in marktfähige Dienstleistungskonzepte münden zu lassen. Darüber hinaus gilt unser Dank dem Projektträger DLR *Arbeitsgestaltung und Dienstleistung*, dessen Leiter Dr. Thorsten Eggers, sowie unseren Ansprechpartnern Ivika Laev, Klaus Zühlke-Robinet, Bertolt Schuckließ und Ranjana Sarkar. Sie haben uns mit viel Engagement begleitet und auch die Arbeit der Herausgeber in der Leitung der Fokusgruppe und Vermittlung der Ergebnisse stets bestens unterstützt. Insbesondere Klaus Zühlke-Robinet und Ivika Laev danken wir für die sehr vertrauensvolle Zusammenarbeit bei diesem gemeinsamen Herausgeberband, der in anschaulicher Form ausgewählte Ergebnisse lesergerecht aufbereitet.

Die Beiträge haben einen intensiv durchgeführten *peer review* der einzelnen Beiträge durchlaufen und wurden intensiv in der Herausgeberarbeit dieses Bandes einbezogen. Wir bedanken uns herzlich bei Thorsten Helbig, Universität Duisburg-Essen, für die Koordination und Dokumentation der *peer reviews*, bei Philipp Menschner, Universität Kassel, für seine Engagement in der Vermittlung des Feedback an die Autoren und wir bedanken uns vor allen bei den Autoren, die Kritik immer in Verbindung mit Verbesserungsvorschlägen vermittelten, und die Bearbeitung ihrer eigenen Beiträge mit viel Engagement vornahmen. Es war ein besonderes Anliegen, auch des BMBF-Projektträgers DLR, dass wir die wichtigsten Ergebnisse, und keine Projektbeschreibungen, liefern, und dass die oft sehr technischen Sachverhalte auch für Leser aus anderen Fachrichtungen und Praktiker verständlich gestaltet werden. Wir hoffen es ist uns gelungen. Für die endgültige Formatierung und Erstellung der druckreifen Fassung, bedanken wir uns nochmals und herzlich bei Thorsten Helbig.

7 Literaturverzeichnis

Bäethge, M. 2011: Qualifikation, Kompetenzentwicklung und Professionalisierung im Dienstleistungssektor. WSI Mitteilung, 64, 447- 455.

Böhle, F. / Glaser, J. (Hg.) 2006: Arbeit in der Interaktion – Interaktion als Arbeit. Wiesbaden: VS Verlag.

Braun, K. / Schulz, S. 2010: "...a certain amount of engineering involved": Constructing the public in participatory governance arrangements, in Public Understanding of Science, Jg. 19:4, 403-419.

Bundesministerium für Bildung und Forschung (BMBF) 2010: Ideen, Innovation. Wachstum: Hightech-Strategie 2020 für Deutschland. Bonn: BMBF.

Bundeszentrale für politische Bildung 2004: "Die soziale Situation in Deutschland – Pflegebedürfigkeit nach Altersgruppen" http://www.bpb.de/wissen/37O UAU,0,Die_soziale_Situation_in_Deutschland.html, letzter Download am 22.11.11.

Chilvers, J. 2008: Deliberating Competence: Theoretical and Practitioner Perspectives on Effective Participatory Appraisal Practice, in Science, Technology & Human Values, Jg. 33: 3, 421-451.

Compagna, D. / Derpmann, S. / Mauz, K. / Shire, K. A. 2009: Die Relevanz von Bedarfsanalysen für innovative Technikentwicklungen. Working Brief 2: WiMi-Care, www.wimi-care.de/outputs.html, letzter Download am 1. Dez. 2011.

Dolata, U. / Werle, R. (2007): "Bringing technology back in". Technik als Einflussfaktor sozioökonomischen und institutionellen Wandels. In: Dies. (Hg.): Gesellschaft und die Macht der Technik. Sozioökonomischer und institutioneller Wandel durch Technisierung. (1. Aufl.) Frankfurt a.M. [u.a.]: Campus-Verl., 15-43.

Dunkel, W. 1988: Wenn Gefühle zum Arbeitsgegenstand werden. Gefühlsarbeit im Rahmen personenbezogener Dienstleistungstätigkeiten, in: Soziale Welt, Jg. 39, 66-85.

Engelhardt, W. H. / Kleinaltenkamp, M. / Reckenfelderbäumer, M., 1993: Leistungsbündel als Absatzobjekte. Ein Ansatz zur Überwindung von Sach- und Dienstleistungen. Zeitschrift für betriebswirtschaftliche Forschung 45, 395-426.

Feld, U. / Fochler, M. / 2010: Machineries for Making Publics: Inscribing and De-scribing Publics in Public Engagement, in: Minerva, Jg. 48, 219-238.

Giesecke, S. 2003: Von der Technik- zur Nutzerorientierung - neue Ansätze in der Innovationsforschung. In: Dies. (Hg.): Technikakzeptanz durch Nutzerintegration? Beiträge zur Innovations- und Technikanalyse. Teltow: VDI/VDE-Technologiezentrum Informationstechnik GmbH, 9-17.

Goldmann, M. 2007: Elderly Care and Gender in the Knowledge Society. Final Report to the Institute of Social Science, University of Tokyo, Subproject: Elderly Care in Germany (unpublished project report available from author, goldmann@sfs-dortmund.de).

Initiativ D21 2011: Entwicklung der Internetnutzung nach Altersgrupen. www.nonliner-atlas.de, letzter Download 22.11.11.

Leimeister, J. M. 2012: Dienstleistungsengineering und -management. Heidelberg, Springer Gabler 2012.

Meister, D. 1999. The History of Human Factors and Ergonomics. Mahwah, N.J.: Lawrence Erlbaum Associates.

Metaprojekt 2011: "Typen der beteiligten Institutionen im Förderschwerpunkt." Unveröffentlichte Präsentationsfolie, vorbereitet für die Sitzung des Förderschwerpunkts "Technologie und Dienstleistungen im demografischen Wandel" am 21. Februar 2011 in Bonn.

Nishikawa, M. / Tanaka, K. 2007: Are Care-Workers Knowledge Workers? In: Walby, S. et al. Gendering the Knowledge Economy: Comparative Perspectives. Houndmills: Palgrave macmillan, 207 - 227.

Otten D. 2010: "Die 50+ Studie 2008." Vortrag an der Fokusgruppe MST- und AAL and der Nutzerschnittstelle, Dresden, 29. Oktober 2010.

Otten, D. 2009: Die 50+ Studie: Wie die jungen Alten die Gesellschaft revolutionieren. Hamburg: Rowohlz Taschenbuch Verlag.

Resch, K.-L. 2009: Von Bedarfen und Bedürfnissen. In: Forschende Komplementärmedizin. Vol. 16, No. 2, 2009. Basel (u.a.): Karger, 72-74.

Rieder, K. 2005: Ko-Produktion im Krankenhaus: Entwicklung eines Verfahrens zur Analyse der Handlungsbedingungen von Patientinnen und Patienten, in Zeitschrift für Arbeitswissenschaft, 59 (2), 111-119.

Schachtner, C. / Roth-Ebner, C. 2009: Konstruktivistisch-partizipative Technikentwicklung. In: kommunikation@gesellschaft, Jg. 10, Beitrag 1. Online-Publikation: http://www.sowiport.de/tomcat/journals/text/K.G/10/B1_2009_Schachtner.pdf

Steyaert, S. / Lisoir, H. / Nentwich, M. (Hg.) 2006: Leitfaden partizipativer Verfahren. Ein Handbuch für die Praxis. Leitfaden partizipativer Verfahren. Ein

Handbuch für die Praxis. Brüssel / Wien: Flemish Institute for Science and Technology Assessment, König-Baudouin-Stiftung, Institut für Technikfolgen-Abschätzung.

Statistisches Bundesamt 2009: Bevölkerung Deutschlands bis 2060" www.destatis.de, letzter download am 22.11.11

Statistisches Bundesamt 2009: Pflegestatistik 2009: Pflege im Rahmen der Pflegeversicherung, Deutschlandergebnisse. Wiesbaden: Statistisches Bundesamt (auch erhältlich bei www.destatis.de).

Ver.di (Hg.) 2011: Arbeit mit Kunden, Patienten, Klienten. Hamburg: ver.di.

Voswinkel, S. / Korzekwa, A. 2005: Welche Kundenorientierung? Berlin: Sigma Verlag.

Voß, G. G. / Rieder, K. 2005: Der arbeitende Kunde. Wenn Konsumenten zu unbezahlten Mitarbeitern werden. Frankfurt a.M. [u.a.]: Campus Verl..

Teil I: Nutzerbedarfe und Technikakzeptanz

Pflegekräfte – Die Leerstelle bei der Nutzerintegration von Assistenztechnologien

Dominik Haubner und Stefan Nöst[1]

1 Ausgangslage

Der Beitrag beschäftigt sich mit dem Jetztzustand der Technikakzeptanz in der ambulanten Pflege und den daraus resultierenden zukünftigen Möglichkeiten zur umfassenderen Implementierung von Ambient Assisted Living-Anwendungen[2]. Im Gegensatz zur oftmals unterstellten mangelnden Technikaffinität bei den Pflegekräften (Meyer und Mollenkopf 2010) ergab unsere Untersuchung, dass die Pflegekräfte sehr wohl für den gesteigerten Einsatz von Technik in der Pflege bereit sind. Ihre spezifischen Anforderungen lassen sich insbesondere für das weitere Vorgehen bei der Entwicklung und Implementierung von AAL-Lösungen fruchtbar machen. Ziel dieses Beitrags ist es, Kriterien für die Akzeptanz von AAL-Lösungen bei ambulanten Pflegekräften herauszuarbeiten.

Bei der Nutzerintegration von AAL-Anwendungen wurden bislang vor allem die zu Betreuenden bzw. Angehörigen untersucht. So liegen derzeit wenige Untersuchungen für die Technikakzeptanz der Pflegekräfte insbesondere im ambulanten Bereich vor. Dies überrascht nicht nur deswegen, weil die Pflegefachkräfte gegenüber den zu Betreuenden bzw. Patienten nicht nur für die Anwendung und Wartung der Geräte zuständig sind, sondern weil sie auch als „Vermittler" und „Marktimplementierer" bei der Neuanschaffung und Installation der Geräte die entscheidende Rolle spielen. Hierfür müssen sie sowohl über die vorhandenen technischen Optionen informiert sein als auch über die entsprechenden anwendungsorientierten Kompetenzen und Qualifikationen verfügen. Der Beitrag rückt somit die Sicht der Beschäftigten in den Fokus. Dies beinhaltet eine detaillierte Auseinandersetzung und Analyse der Technikeinstellungen der Beschäftigten im Verbund mit sozialwissenschaftlichen Theorieansätzen. Zugleich werden die spezifischen Eigenschaften dieser Berufsgruppe, ihr Menschenbild und die damit in Verbindung stehende Einstellung zur Tech-

---

[1] Die Autoren sind Mitarbeiter im Metavorhaben (Förderkennzeichen: 01FC08073) des BMBF-Förderschwerpunkts „Technologie und Dienstleistungen im demografischen Wandel" (www.dienstleistungundtechnik.de). Innerhalb dieses Metavorhabens wurde diese Untersuchung durchgeführt.
[2] Das Bundesministerium für Bildung und Forschung definiert AAL folgendermaßen: „Unter `Ambient Assisted Living' (AAL) werden Konzepte, Produkte und Dienstleistungen verstanden, die neue Technologien und soziales Umfeld miteinander verbinden und verbessern mit dem Ziel, die Lebensqualität der Menschen in allen Lebensabschnitten zu erhöhen."

nik herausgearbeitet, um Handlungsempfehlungen für die Integration der ambulanten Pflegekräfte bei der Nutzerintegration bei AAL-Lösungen zu entwickeln. AAL gewinnt als interdisziplinäres Forschungsfeld langsam an Kontur. Vor dem Hintergrund der demografischen Herausforderungen wird ein erhöhter Handlungsbedarf im Bereich der Pflege festgestellt. AAL wird hierbei als unterstützende Technologie für Pflegedienstleistungen diskutiert (Schmidt 2008: 136). Während die Grundlagentechnologien für AAL-Produkte recht weit fortgeschritten sind, sind bei der „Überführung von Prototypen in den Realbetrieb" noch große Schwierigkeiten zu beobachten (ebd.). Dies hängt nicht zuletzt damit zusammen, dass soziale Zusammenhänge um AAL-Innovationen oft nicht in dem Maße beachtet werden, als dies notwendig wäre. Die Akzeptanz neuer Technologien durch potenzielle Nutzer wie z.B. Patienten muss aber als zentral für die aktive Nutzung und Verbreitung eingeschätzt werden. Der Nutzerintegration wird dabei ein hoher Stellenwert zugeschrieben. Mit Blick auf die älteren Menschen und deren Angehörigen geben einige Forschungsergebnisse Hinweise zu Anforderungen an AAL-Technik und zu deren Akzeptanz in dieser Nutzergruppe (vgl. Meyer/Mollenkopf 2010: 65ff). Wenig Erkenntnisse gibt es dagegen zur Akzeptanz von AAL-Technologien durch Pflegekräfte (ebd.: 83ff). Die Einstellung der Pflegekräfte zur Technik bedarf der Aufarbeitung in einem generellen Analyserahmen einer sozialwissenschaftlichen Akzeptanzforschung, die Antwort auf die Frage geben kann, auf welche kulturellen Bedingungen die AAL-basierten Dienstleistungen im Pflegebereich treffen. Darauf aufbauend können dann Hypothesen für den Umgang mit Technik in der Pflege entwickelt werden. Der folgende Beitrag zur Akzeptanz von AAL in der ambulanten Pflege greift diesen Bedarf mit dem Ziel auf, essentielles Wissen für die Gestaltung des Innovationsprozesses um AAL und Pflege bereitzustellen.

In den letzten zehn Jahren ist die Bedeutung professioneller ambulanter und stationärer Pflege deutlich angestiegen. Die Einführung der Pflegeversicherung 1995 führte beispielsweise zu einer steigenden Nachfrage nach professioneller Pflege. Die Reformen unterstützen den Trend der Bevorzugung ambulanter gegenüber stationärer Pflege. Die Umstellung der Finanzierungssysteme für Krankenhäuser (DRGs) ist mit höheren Anforderungen an die Optimierung der innerbetrieblichen Arbeitsprozesse sowie an die poststationäre Versorgung verbunden. Kürzere Verweildauern der Patienten in den Krankenhäusern und die dadurch entstehende Intensivierung der ambulanten Versorgung sind angestrebte und realisierte Folgen. Die Einnahmen- und Ausgabenprobleme der Krankenkassen führen zu weiterem Kostendruck auf die Krankenhäuser. Ein kontinuierlicher Abbau der Krankenhausbetten zieht einen weiteren Anstieg des außerklinischen Pflegebedarfs nach sich. Die medizinisch-technische sowie die Telematikentwicklung erlauben, dass immer mehr Patienten zu Hause versorgt werden können, die Vision des „Hospitals at home" sei in absehbarer Zeit keine Fiktion mehr (Görtz 2011).

Tabelle 1   Eckdaten der Pflegebedürftigen nach Versorgungsart 2009

2,34 Millionen Pflegebedürftige insgesamt			
Versorgungs-ort	Zu Hause versorgt: *1,62 Millionen (69%)*		In Heimen vollstationär versorgt: *717 000 (31%)*
Versorger	Durch Angehörige: *1,07 Millionen Pflege-bedürftige (45%)*	Zusammen mit/durch ambulante Pflegedienste: *555 000 Pflegebedürftige (24%)*	
		Durch 12 000 ambulante Pflegedienste mit *269 000 Beschäftigten (70%)*	In 11 600 Pflegeheimen mit *621 000 Beschäftig-ten (30 %)* (einschließlich teilstationäre Pflegeheime)

Quelle: Statistisches Bundesamt. 2011. *Pflegestatistik 2009*, eigene Darstellung

Im Dezember des Jahres 2009 waren insgesamt 2,34 Millionen Menschen in Deutschland pflegebedürftig im Sinne des Pflegeversicherungsgesetzes – das entspricht einer Zunahme von 4,1 Prozent (91.000) Personen im Vergleich zum Jahr 2007. Die Mehrheit (67 Prozent) der Pflegebedürftigen waren Frauen, 35 Prozent der Pflegebedürftigen waren 85 Jahre und älter. Während bei den zu Hause Versorgten 63 Prozent Frauen waren, lag der Frauenanteil bei den voll-stationär in Heimen versorgten Menschen deutlich höher, nämlich bei 75 Pro-zent.

Das zentrale Pflegeproblem der Zukunft kann folgendermaßen umrissen wer-den: Der Bedarf wächst, gleichzeitig nimmt das Potential pflegender Angehöri-ger ab. Wegen zunehmender Individualisierungstendenzen und einer höheren Frauenbeschäftigung nehmen die Ressourcen für eine von Familienmitgliedern geleisteten Pflege ab. Weniger verwandtschaftliche Beziehungen und damit ver-knüpft eine Verringerung des unbezahlten Pflegepotenzials ergeben sich auch, weil die künftigen Pflegebedürftigen im Schnitt weniger oder überhaupt keine Kinder haben werden. Während aktuell auf einen Pflegebedürftigen im Schnitt 2,3 Kinder kommen, werden es im Jahre 2050 nur noch 1,3 sein (Geiger 2011).

Den prozentual höchsten Zuwachs seit 1999 verzeichnet die Pflege durch ambu-lante Pflegedienste: Sie ist im Zeitraum von 1999 bis Dezember 2009 um 33,7

Prozent oder um 140.000 pflegebedürftige Menschen angestiegen. Die Zahl der insgesamt in der Häuslichkeit Betreuten (von Angehörigen und von Pflegediensten Versorgten) ist innerhalb dieser zehn Jahre dagegen lediglich um 12,3 Prozent (178.000) gestiegen (alle Angaben aus Klingbeil 2011: 42). Es findet eine Professionalisierung durch ambulante Pflegedienste statt. Die ambulante Versorgung der Hilfe- und Pflegebedürftigen bildet in Deutschland das Rückgrat der Altenpflege.

Wie stark die damit zusammenhängende Beschäftigtendynamik in dieser Branche ist, wird beim Blick auf den Zuwachs der Beschäftigungsverhältnisse deutlich. Insgesamt beschäftigten in 2009 die rund 12.000 ambulanten Dienste 268.891 Menschen im Rahmen des SGB XI. Das entspricht einem Zuwachs von 13,9 Prozent (+33.000) im Vergleich zu 2007. 87 Prozent dieser Beschäftigten sind Frauen. Stark überrepräsentiert sind bei der Art der Beschäftigung die Teilzeitarbeitsverhältnisse. Ihr Anteil betrug im Jahre 2009 71 Prozent und wuchs im Vergleich zu 2007 um 13,3 Prozent an. Vollzeitbeschäftigt waren nur 27 Prozent, jedoch ist auch hier innerhalb dieser beiden Jahre ein Anstieg von 15,3 Prozent zu verzeichnen.

Nach einer Studie des Instituts der Deutschen Wirtschaft (IW) dürfte die Zahl der Pflegebedürftigen in Deutschland von derzeit 2,5 Millionen bis 2050 auf rund vier Millionen ansteigen (Die Zeit 2011). Selbst wenn neuere Forschungen zum demografischen Wandel betonen, dass die Anzahl der gesunden Lebensjahre auch in Relation zur Gesamtlebenszeit kontinuierlich zunimmt und die Pflegebedürftigkeit später einsetzt, hat das Statistische Bundesamt einen Anstieg auf 3,76 Millionen errechnet (Statistisches Bundesamt 2011)[3]. Entsprechend werde sich der Bedarf an Pflegefachkräften bis zur Jahrhundertmitte auf bis zu 2,1 Millionen Beschäftigte mehr als verdoppeln. Aktuell arbeiten ca. 970.000 Menschen im Pflegebereich.

---

[3]   Aktuell liegt die durchschnittliche Dauer der Pflegebedürftigkeit bei neuneinhalb Jahren, was den Umfang dieser Problematik bei dem prognostizierten Anstieg der Pflegebedürftigen verdeutlicht. Der IW-Studie zu Folge ist der Fachkräftemangel in der Pflege bereits existent: So fehlten schon heute rund 30.000 Fachkräfte, bis 2020 würden 220.000 zusätzliche Fachkräfte benötigt. Auf drei unbesetzte Stellen in der Altenpflege komme derzeit nur eine arbeitssuchende Fachkraft (Die Zeit 2011). Auch eine Studie der Caritas verdeutlicht den bereits vorhandenen Fachkräftemangel. Innerhalb der Studie wurden 1000 Caritasträger befragt. 77 Prozent der Sozialstationen und 70 Prozent der Altenpflegeeinrichtungen gaben an, es falle ihnen heute deutlich schwerer als in der Dekade zuvor, Mitarbeiter mit mittlerem Berufsabschluss zu gewinnen (Bürckholdt 2011). Die Fachkräfteproblematik wird sich zusätzlich verschärfen, da die ambulante Pflege in weitaus geringerem Maße bislang ausbildete als die stationären Anbieter (DGB 2011). Dem überproportionalen Anstieg der Beschäftigten in der mobilen Pflege steht eine unterproportionale Bereitschaft dieser Anbieter zur Ausbildung gegenüber.

Ohne an dieser Stelle eine allgemeine Kostendiskussion des Pflegebereichs leisten zu wollen, verdeutlicht eine OECD-Studie die ökonomischen Dimensionen. In vielen Industrieländern werden sich die Kosten für die Pflege älterer Menschen bis zum Jahr 2050 mindestens verdoppeln. Die deutsche Bevölkerung ist mit durchschnittlich 44,2 Jahren die älteste in der EU. Für Deutschland rechnen die Autoren der Studie „Help Wanted" mit einem Anstieg der Pflegekosten von derzeit 1,3 Prozent des Bruttoinlandsprodukts bis auf 2,7 Prozent in den kommenden vierzig Jahren (Colombo et al. 2011). Der verstärkte Einsatz von Technik in der Pflege ist somit auch vor dem Hintergrund der finanziellen wie personellen Herausforderungen zu sehen. In Zukunft wird auch unter Beachtung der technologischen Entwicklung die Frage sein, was häusliche Pflege tatsächlich alles leisten kann bzw. leisten soll.

1.1 Methodik und Untersuchungspopulation

Vor diesem Hintergrund, der forschungspolitischen Leerstelle der Beschäftigten in der ambulanten Pflege bei der Nutzerintegration von Assistenztechnologien, wurde vom iso-Saarbrücken eine Untersuchung mittels qualitativer Befragungsmethoden durchgeführt. Dabei wurden zuvorderst Beschäftigte, aber auch Pflegedienstleitungen und Experten befragt. Ein Leitfaden wurde speziell für die Beschäftigten in der Pflege (ohne Leitungsfunktion) entworfen. Der Leitfaden für die Beschäftigten ist in verschiedene inhaltlich zusammenhängende Schwerpunkte unterteilt, um aus verschiedenen Blickwinkeln heraus immer wieder das Kernthema Technikakzeptanz zu beleuchten. Zunächst wurden die Arbeitsbiografie und die aktuelle Arbeitssituation der Befragten in das Zentrum der Interviews gestellt. Anschließend wurde versucht, die bisherigen Erfahrungen mit den technologischen Hilfsmitteln und die generelle, bereits bis dato entwickelte Haltung der Befragten zur Technik zu erschließen. Nach einem kurzen Themenblock, innerhalb dessen die konkrete betriebliche Situation beleuchtet wurde, wurden die Befragten nochmals perspektivisch zur (wünschenswerten) technologischen Entwicklung in der Pflege aus ihrer Sicht befragt.

Der andere Leitfaden diente als Grundlage für die Experten, also (lokale) Verbandsvertreter, Pflegedienstleitungen, (lokale) Gewerkschaftsvertreter und Wissenschaftler. Dieser Leitfaden wurde wesentlich knapper gehalten, um durch wenige offene Fragestellungen die jeweilig individuell vorgenommene Schwerpunktsetzung innerhalb des Themenkomplexes durch den Experten zur Geltung kommen zu lassen. Obwohl die Fragestellungen an die jeweilige Gesprächsperson angepasst wurden, mussten sie in der Praxis bei den jeweiligen Interviews minimal geändert werden. Ohnehin wurden die zentralen Kategorien (Einbettung des Themas in den Arbeitsalltag, Relevanz des Themas für die jeweilige Interviewperson, AAL als Forschungsgegenstand, individuelle Einstellung zur

Technik, Technikakzeptanz in der Pflege und Ökonomie), die sich auch im Leitfaden für die Beschäftigen wiederfinden, unverändert für jede Interviewperson
übernommen.

Neben den 14 Expertengesprächen wurden insgesamt 26 Einzelinterviews mit
Pflegekräften durchgeführt. Parallel dazu wurden in zwei Gruppendiskussionen
jeweils vier Teilnehmerinnen befragt. Diese Ergebnisse wurden in zwei Workshops mit sieben bzw. acht Pflegekräften widergespiegelt. Insgesamt waren
somit 49 Pflegekräfte in die Untersuchung involviert. Die Pflegekräfte waren
zwischen 23-58 Jahren alt. Sie hatten ausnahmslos eine abgeschlossene Berufsausbildung im Pflegebereich vorzuweisen, 2 Studentinnen (jedoch mit abge-
schlossenen Examina) arbeiteten ausschließlich auf 400 Euro Basis. Alle anderen Befragten arbeiteten mindestens 20h die Woche, wobei die in der Branche
üblichen individuellen Teilzeitkonstruktionen insgesamt dominierten. Die Interviews wurden hauptsächlich im Saarland, aber auch in Baden-Württemberg und
Hamburg durchgeführt. Die beiden Workshops wurden im Saarland abgehalten.

2   „Mythos Nichttechnikaffinität" – Einstellungen und Haltung der Pflegekräfte zur Technik als Grundvoraussetzung zur breiten Marktimplementierung

Wenn das Verhältnis von Technik und Pflege sowie die damit verbundenen
Innovations- und Implementierungsprozesse auf sozialen Prozessen basieren
und somit im Gesamtkontext als soziales Konstrukt zu verstehen sind, müssen
die Konstituierungsprozesse dieser sozialen Konstrukte genauer beleuchtet
werden. Dabei muss die spezifische Ausgangssituation bei der Implementierung
von AAL-Anwendungen und der Akzeptanz der Technik insgesamt seitens der
Pflegekräfte beachtet werden. Anders als beispielsweise die Situation in der
Mikrosystemtechnik, die aus der AAL-Perspektive als vergleichsweise homogen beschrieben werden kann, geht es bei AAL um zahlreiche Technologiefel-
der und Akteurskonstellationen. Die Komplexität innerhalb der zu skizzierenden
Gesamtsituation wird zusätzlich dadurch gesteigert, weil die Akteure aus höchst
unterschiedlichen Kulturen kommen. Diese Kulturen divergieren nicht nur graduell, sondern sind zum Teil durch fundamental gegensätzliche Orientierungs-
muster charakterisiert. Heinze et al. (2008) führen aus, dass in Deutschland die
technischen (Hilfs-)Systeme in den Bereichen Medizin und Pflege viel schwieriger als in anderen Ländern zu implementieren sind[4]. Sie vermuten, dass die

---

[4]   So zeigt Gersch (2011), dass in den skandinavischen Ländern bereits eine Diffusionsrate von
      höherwertiger Technik in der Pflege von acht Prozent existiert, während selbige in der
      Bundesrepublik erst zwei Prozent betrage. Die Diffusionsrate umschreibt hier den Prozentanteil

Kommunikationsbarrieren zwischen den beteiligten Berufsgruppen hierzulande dabei eine entscheidende Rolle spielen. So kommt beispielsweise in den Bereichen Gesundheit und Soziales der Aspekt der menschlichen Fürsorge, der Pflege und der Hinwendung zu einzelnen Personen ein herausragender Stellenwert zu, während in den technischen Berufen Fragen der technischen Machbarkeit, die Erhöhung von Wirkungsgraden der Technik oder sogar das Ersetzen menschlicher Tätigkeiten durch Technik die Handlungen dominieren (Buhr 2009). Die Entwickler der technischen Systeme haben häufig wenig Kenntnis von der Welt der Behandlung und der Pflege – Wanderer zwischen den beiden Welten sind selten vorzufinden (Heinze et al. 2008).

Bislang dominieren Anwendungsformen, die im Sinne eines „technology push" verschiedene Einsatz- und Anwendungsmöglichkeiten neuester technischer Erkenntnisse zur einfacheren Bewältigung des Alltags entwickeln. Im Kern handelt es sich hierbei um Testverfahren. Nicht nur für die Patienten, sondern insbesondere auch für die Pflegekräfte fehlt es zumeist an einer konkreten Anwendung, es existiert noch keine praktische Anwendungs(technik). Zuvorderst wiederum für die Pflegekräfte mangelt es an einem konkreten Produkt, das ihren Arbeitsalltag erleichtern könnte. Was noch aussteht, sind größere Studien, die über einen längeren Zeitraum angelegt sind und Belege für den umfassenden Nutzen von AAL-Anwendungen für die Beschäftigten im Sinne des Vernetzungsgedankens liefern.

Heinze et al. thematisieren einen Zusammenhang, der in Zukunft von herausragender Relevanz sein wird: Großes Interesse besteht schon heute an „einfach" anwendbaren Techniken, komplexere Lösungen werden bislang kaum nachgefragt (Heinze et al. 2011). Je höher die Komplexität bei der Anwendung eines Gerätes ist, umso geringer ist die zu erwartende Praxisakzeptanz (Meyer und Mollenkopf 2010).

Gleichzeitig bzw. aus einer Sichtweise heraus, die die Chancen von AAL-Anwendungen und höherwertigen Technologien in der Pflege insgesamt thematisiert, ist jedoch festzuhalten, dass der Technologie- und Servicebereich AAL noch jung ist und bei vielen Zielgruppen(segmenten) nur über einen geringen Bekanntheitsgrad verfügt. Es bestehen wenige Erfahrungen aus der Anwendung, was die Auswahl von Funktionen und die Gestaltung von Produkten und Dienstleistungen erschwert. Generell muss bei Fragen der Implementierung von AAL-Techniken die Langfristperspektive nachhaltig unterstrichen werden. Es

---

der Gesamtbeschäftigten, die mit dieser höherwertigen Technik innerhalb ihres Arbeitsalltags in Berührung kommen.

gilt, in längerfristigen Erfahrungshorizonten zu denken, die realistischerweise 5-10 Jahre umfassen[5].

2.1 Nach wie vor vernachlässigt: Die Nutzerintegration – Beschäftigte als Lead User

Für den Erfolg assistiver Technologien ist die Akzeptanz der Anwender unerlässlich. Um dies zu erreichen, ist eine Integration der Nutzer bereits zu Beginn des Entwicklungsprozesses notwendig (Glende/Nedopil 2011). Produktentwickler haben häufig nur vage Vorstellungen von den Anwendern und deren Anforderungen. Eine umfassende Integration von Technikanwendern aus der Pflege in die Produktentwicklung wird bisher nicht zuletzt deswegen vernachlässigt, weil die Potenziale der Nutzerintegration noch zu wenig ausgeschöpft werden. Produktentwickler und Management sind sich oft nicht bewusst, dass durch Nutzerbeteiligung ein höherer Markterfolg erreicht und Nachbesserungs- sowie Servicekosten minimiert werden können (Glende/Nedopil 2011).

Hinsichtlich der Involvierung des technischen Entwicklungsprozesses zu einem möglichst frühen Zeitpunkt ist gerade bei AAL-Anwendungen im Pflegebereich der ungleiche Erfahrungs- und Wissenshintergrund zwischen Technologieentwicklern und Pflegekräften zu betonen. Diese Heterogenität der Akteure insbesondere bezüglich des Erfahrungs- und Wissenshintergrunds ist wohl eine wesentliche Erklärung für die bislang in der Praxis mangelhafte Inklusion der Pflegekräfte innerhalb der (technologischen) Entwicklungsprozesse. Die Schwierigkeit beim Entwickeln eines gemeinsamen Verständnisses liegt in dem häufig unbewussten, schwer darzustellenden Erfahrungswissen. Dieses Erfahrungswissen basiert auf unterschiedlichen Erfahrungen und Einstellungen, die bereits oftmals in der Qualifikationsphase der Beschäftigten und Entwickler entstehen und über den Berufsverlauf manifestiert werden.

2.2 Einschätzungen und Ergebnisse zur allgemeinen Technikakzeptanz von Pflegekräften

Fasst man die vorhandene Literatur zur grundsätzlichen Technikakzeptanz von Pflegekräften zusammen, so werden erstens stark divergierende Einschätzungen hinsichtlich des Einsatzes von Technik erkennbar. Zweitens scheinen diese Einschätzungen bzw. „Ergebnisse" in selteneren Fällen auf der Basis eigener,

---

[5]   Auf der Ebene der Unternehmen scheinen sich aktuell diese langfristig einzukalkulierenden Erfahrungshorizonte durchzusetzen. Nach anfänglicher Euphorie hinsichtlich der Zeitdimension der Implementierung von AAL-Technologien ist hier Realismus eingekehrt. Gersch (2011) zeigt innerhalb einer Untersuchung auf, dass 48 Prozent der in der Untersuchung befragten Unternehmen davon ausgehen, dass die Marktimplementierung ihrer AAL-Entwicklungen noch mindestens 3 Jahre in Anspruch nehmen wird. 16 Prozent gehen von mindestens 4 Jahren und 36 Prozent sogar von 5 Jahren und mehr bis zur Marktreife aus.

empirischer Untersuchungen vorgenommen zu werden. Meis (2010 S. 295) behauptet, „dass viele Pflegekräfte den neuen Techniken gegenüber skeptisch eingestellt sind", um anschließend jedoch zu spezifizieren, dass Testverfahren zeigen, dass diese Skepsis unbegründet ist. In der Praxis könne verdeutlicht werden, welche Maßnahmen Erfolg versprechend sind und wie diese akzeptiert werden. Zugleich betont Meis die Wahrscheinlichkeit von linkage-Effekten durch positive Erfahrungsberichte, die sich vor allem über mündliche Weitergabe verfestigen. Andere Autoren führen hingegen aus, dass die Technikakzeptanz der Pflegekräfte in den letzten zehn bis fünfzehn Jahren gestiegen, aber immer noch niedriger als in anderen Berufsgruppen sei (Meyer und Mollenkopf 2010).

Eine Studie (BETAGT) der Universität Heidelberg (Claßen et al. 2010) kommt hingegen zum Ergebnis, dass die Mitarbeiter dem Einsatz von Technik in der Pflege generell positiv gegenüber stehen[6]. Auch Hülsken-Giesler (2011) weist die Behauptung, dass seitens des Pflegepersonals mit erheblichen Widerständen zu rechnen sei, zurück. Jüngere Erhebungen unterstreichen, dass die Annahme einer generellen Ablehnung von Technik unter der Voraussetzung, dass die Bedienung der Systeme leicht zu erlernen ist, eine Zeitersparnis in Aussicht stellt und eine Unterstützung durch das Management gegeben ist, nicht haltbar ist. Bei unseren Ergebnissen ist diese Tendenz noch wesentlich deutlicher ausgeprägt. Sämtliche (von uns befragten ambulanten) Pflegekräfte betrachteten den bisherigen Einsatz von Technik in ihrem Pflegealltag als positiv. Eine Ablehnung war bei keiner der befragten Interviewpersonen zu vernehmen. Dies ist umso bemerkenswerter, da nach wie vor oftmals angenommen wird, dass ein großer, wenn nicht überwiegender Teil der Pflegekräfte technologischen Entwicklungen mit gewissen Ressentiments begegnet.

Lindenberger et al. (2011) nennen *drei wesentliche Kriterien*, die die Anwendung von technologischen Hilfsmitteln insbesondere in der Pflegepraxis bei AAL-Technologien rudimentär bestimmen: (1) *Positive Ressourcenbilanz,* (2) *Hoher Individualisierungsgrad* und letztlich (3) kann der Einsatz von derlei Technologien nicht nur die Nutzung bereits vorhandener Ressourcen im Alltag optimieren, sondern *latentes Entwicklungspotenzial und Entwicklungsreserven* aktivieren. Auch wenn diese Kriterien zuvorderst für das Zusammenspiel von Patient-Technik-Pflegefachkraft entworfen wurden, können sie sowohl für dieses Dreiecksverhältnis als verallgemeinerbar interpretiert wie auch auf die Beschäftigtenebene heruntergebrochen werden. Die Kriterien und die damit zusammenhängen Kontexte und Alltagshandlungen, die zwischen diesen drei

---

[6]   Allerdings muss auch hier daraufhin gewiesen werden, dass sich diese Studien im Kern auf die Technologien in der Pflege beschränken, die bereits im Einsatz sind. Bei der BETAGT-Studie handelt es sich zudem ausschließlich um stationäre Pflegekräfte.

Kriterien stattfinden, fanden sich allesamt als entscheidende Dimensionen innerhalb unserer Erhebungen wieder.

Die Erklärung für die positive Einschätzung zum (weiteren) Einsatz von Technik resultiert aus den bisherigen positiven Erfahrungen. Gerade die Pflegekräfte mit langjähriger Berufserfahrung betonen, dass der Einsatz von Technik die Arbeit in den letzten 10 Jahren erleichtert hat. Generell kann festgehalten werden, dass unter Technik bei den offenen Fragestellungen, die auf die bisherigen Kenntnisse der Interviewpersonen abzielten, nach wie vor die traditionellen Hilfsmittel wie Lifter, Pflegebetten, Beatmungsgerät, Toilettenstuhl, Sauerstoffkonzentrator und Dekubitusmatratzen verstanden werden. Im Prinzip ist hier von einem Technikverständnis auszugehen, dass die bislang vorhandenen technischen Geräte und Systeme im Alltag kaum mehr hinterfragt und die durch die Anwendung der technischen Geräte im Arbeitsalltag entstandenen Erleichterungen nicht mehr gesondert den „technischen Errungenschaften" zuschreibt. Diese positiven Erfahrungen sind somit für die weitere Technikimplementierung nutzbar zu machen[7]. Allerdings ist das *wie*, die Art und Weise des Einsatzes von Technik nicht nur hinsichtlich der Akzeptanz, sondern auch zur breiteren Marktdiffundierung entscheidend.

2.3 Technik als Unterstützungsinstrumentarium und nicht als Ersatz der personenbezogenen Dienstleistung

Pflegewissenschaftliche Erkenntnisse weisen darauf hin, dass sowohl Pflegekräfte als auch ältere Menschen für einen Mix von technischen und personellen Unterstützungssystemen plädieren. Die Technikentwicklung soll sich nach den konkreten Bedürfnissen für alle Beteiligten richten und weniger nach dem technisch Machbaren. Erst wenn die Technik zur Verbesserung der (real empfundenen) Pflegequalität sowohl beim Patienten und der Fachkraft und nicht nur zur Verbesserung der gemessenen, vorgegebenen Kennzahlen eingesetzt wird, entsteht höhere Akzeptanz (Nöst 2010).

Die Idee und das Grundverständnis der *„Ambient Intelligence"* gehen auch davon aus, dass alle Gegenstände, in denen Elektronik ist, oder integriert werden kann, *vernetzt* werden können. Neu ist, dass diese Anwendungen sich

---

[7] Verstärkt werden diese Ergebnisse unter Berücksichtigung der gewählten Methodik innerhalb unserer Befragung. So wurden die Interviewpersonen sowohl nach ihren Anfangserfahrungen bei Berufseintritt als auch bei der Neuimplementierung von technischen Geräten befragt. Ferner nach ihren Erfahrungen über die Zeit ihres beruflichen Engagements, in besonderen Situationen und nicht zuletzt hinsichtlich des zukünftigen (wünschenswerten) Einsatzes von Technik in der ambulanten Pflege. Es wurden sowohl geschlossene wie offene Fragen zur Erfassung der allgemeinen Einschätzung bzw. zur Haltung gegenüber Technik im Pflegealltag angewandt. Bei all diesen Fragen erhielten wir ausnahmslos positive Einschätzungen zur Verwendung von Technik.

gleichsam nach einer gewissen Implementierungsphase selbst *vernetzen* und sich selbstständig und situationsgerecht auf die Benutzer einstellen sollen, damit ein Mehrwert für die Menschen entsteht. Die intelligente Umgebung steht unaufdringlich und hilfsbereit im Hintergrund; sie agiert nur, wenn sie auch benötigt wird[8]. Die älteren Menschen und ihre Angehörigen wünschen, dass die Verantwortung für die Wartung und vor allem die Kontrolle der komplexeren, medizintechnischen Geräte in der Wohnung eindeutig von professionellen Pflegekräften vorgenommen werden sollte. In diesem Sinne werden entsprechende technische Unterstützungssysteme als eine Ergänzung, nicht jedoch als ein Ersatz der herkömmlichen Präsenzpflege verstanden (Hülsken-Giesler 2011).

2.4 Lessons learned

- „Anschlussfunktionalität" als zentrales Erfolgs- und Effizienzkriterium. Immer wieder wurde von Seiten der Befragten betont, dass sich die Systematik der eingesetzten technischen Hilfsmittel über die Jahre, z.T. wurde von Zeiträumen über eine Dekade gesprochen, kaum oder gar nicht verändert habe. Für die Implementierung von umfassenderen AAL-Lösungen existieren somit direkte Anschlussmöglichkeiten. Die Entwickler sollten dies als Maßgabe betrachten, an bereits vorhandene Systematiken bei der Anwendung von umfassenderer technischer Unterstützung anzuschließen. Von Relevanz ist die Adaptierung von Arbeitsprozessen und Alltagszusammenhängen. Wenn technische Assistenzsysteme in die Arbeitsprozesse involviert werden, ist zu gewährleisten, dass sie sich an den bereits existierenden Prozessen und Abläufen orientieren und sich diesen sogar unterordnen (Meyer/Mollenkopf 2010). Es geht um nicht weniger als um einen Paradigmenwechsel bei den AAL-Technologien, hin zu einem „Services First".

- Für die Nutzer und Patienten muss die Technik deshalb kontrollierbar, begreifbar und verlässlich sein und vor allem muss sie sicher funktionieren. Um die Akzeptanz zu erhöhen, ist es von herausragender Bedeutung, dass sie dem Pflegepersonal bei der alltäglichen Handhabung Sicherheit vermittelt. Sie sollte praxistauglich sein und im alltäglichen Gebrauch stabil laufen[9]. Die Gerätschaften müssen für Pflegende zwar kontrollier-

---

[8] Ermöglicht werden soll dies durch die immer kleiner werdende Elektronik und drahtlose Kommunikationstechnik, also Mikrochips, Sensoren, Funkmodule etc. Pflegende begründen dies mit der Notwendigkeit, die kontextuellen Lebensbedingungen vor Ort besser einschätzen zu können.

[9] Meyer und Mollenkopf (2010) führen hierzu aus, dass robuste Geräte mit niedriger Störanfälligkeit und langer Nutzungsdauer (z.B. von Akkus) gefordert sind. Gut lesbare und große Displays mit einer einfachen und übersichtlichen Menüführung und die Kompatibilität der Software mit der Arbeitsweise der Arbeitskräfte sind weitere Erfolgskriterien (S. 86). Sie

bar im Sinne gesteigerter Handlungsautonomie sein, dürfen aber nicht mit weiteren Kontrollmechanismen über deren Arbeit einhergehen. Ansonsten stoßen sie bei den Pflegekräften auf Ablehnung. Ferner sollten sie zu einer größeren Transparenz für die Pflegekräfte beitragen und abschaltbar sein.

3 Interaktionsarbeit und Technik – Der Mensch im Mittelpunkt

Wenn danach gefragt wird, was ein Netzwerk von Leistungserbringern in der Pflege in fremde Hände geben kann und was nicht, findet man derzeit in der Literatur, aber auch in der Netzwerkpraxis, die überwiegende Meinung: alles außer dem Kerngeschäft. Mit dem Kerngeschäft ist die Behandlung von Menschen, die medizinische und pflegerische Hilfe benötigen, gemeint. Bei einer Sichtung der Literatur zum weltweiten Stand der Smart-Home-Entwicklung kann resümiert werden, dass die Entwicklung neuer Technologien derzeit vorzugsweise auf die Unterstützung der körperlichen und funktionalen Gesundheit der zu Betreuenden abhebt. Dagegen erfahren etwa Fragen der sozialen Interaktion noch geringe Aufmerksamkeit (Hülsken-Giesler 2011).

3.1 Interaktionsarbeit als Kernbestandteil pflegerischer Tätigkeit

Interaktive Arbeit bildet den Kern personenbezogener Dienstleistungsarbeit und damit auch der Altenpflege. Im Zentrum steht die Beziehung von interagierenden Menschen. Interaktive Arbeit steht im Kern der Pflegetätigkeit, denn erstens kann die inhaltlich-fachliche Tätigkeit ohne interaktive Arbeit nicht ausgeführt werden, zum anderen gewinnt, wie Dunkel und Weihrich (2010b) zeigen, interaktive Arbeit als „eigenständige Pflegearbeit" rasant an Bedeutung[10]. Gerade die

---

muss zudem leicht installierbar, einfach zu bedienen, flexibel und nachrüstbar sein und darf keine Zusatzarbeiten nach sich ziehen (ebenda S. 103).

[10] Dunkel und Weihrich liefern für den Pflegebereich zwei anschaulich miteinander verwobene Berufsbilder, die einerseits verdeutlichen, dass Interaktionsarbeit auch bei sog. „pflegefremden Tätigkeiten" permanent inhärenter Bestandteil ist, andererseits es unterschiedliche Intensitäten von Interaktionsarbeiten gibt. Dunkel und Weihrich schildern dies an den unterschiedlichen Tätigkeiten von Pflegehilfskräften und Betreuungsassistenten in der Pflege. In der Beobachtungssituation besteht die Aufgabe der Pflegehilfskraft darin, die anwesenden Personen mit Essen und Getränken zu versorgen. Die Aufgaben der Betreuungsassistenten hingegen sind von pflegerischen und hauswirtschaftlichen Leistungen weitgehend befreit. Sie leisten interaktive Arbeit in „Reinkultur". Ihre Aufgabe ist es, die Bewohner und Bewohnerinnen zur sozialen Teilhabe zu motivieren – an einem Gespräch oder einer anderen gemeinsamen Aktion (vgl. Dunkel/Weihrich 2010b: 8). Die Darstellung dieser Beobachtungssequenz dient dazu, die unterschiedlichen Grade der Interaktionsarbeit zu verdeutlichen. Andererseits darf mit dem hier propagierten Konzept der Interaktionsarbeit gerade in der ambulanten Pflege diese modellhafte Trennung in der Praxis nicht zum Leitbild in der ambulanten Pflege werden. Bislang wurde deutlich, dass diese „pflegefremden" Leistungen in die Interaktionsarbeit verwoben sind. Dies

Pflegequalität in der (quantitativ ansteigenden) Demenzbetreuung[11] ist auf die Kompetenzen und eine überdurchschnittliche Interaktionsfähigkeit des Pflegepersonals fundamental angewiesen. Positive Interaktion ist „die wahrhaft heilende Komponente der Pflege" (Thomsen 2010: 674).

Interaktive Arbeit wird als eine Arbeit eigener Art aufgefasst, die auf Grund ihrer spezifischen, „menschlichen" Eigenschaften nur begrenzt plan-, organisier- und rationalisierbar ist (Dunkel und Weihrich 2010a: 178). Personenbezogene Dienstleistungen, und dies gilt bei der Pflege eben noch ausgeprägter, sind "front-line work" und unterscheiden sich stark durch den direkten Kontakt mit Kunden und Patienten gegenüber dem „back-office-Bereich", der bei unternehmensbezogenen Dienstleistungen dominiert.

Bei personenbezogenen Dienstleistungen wie der Pflege ist der Interaktionsgrad der Arbeit besonders ausgeprägt, da sich Dienstleistungsgeber und Dienstleistungsnehmer „face to face" und wechselseitig aufeinander beziehen. Interaktionsarbeit in der Pflege ist auch in Relation zu anderen Humandienstleistungen als hochgradig interaktiv einzuschätzen, wobei generell unterschiedliche Grade der Interaktionsarbeit unterschieden werden müssen. Für die ambulante Pflege gilt dies sogar noch einmal gesteigert, da der höchste Grad der Interaktion, der Körperkontakt, oftmals in engeren Zeiträumen als in der stationären Pflege durchgeführt werden muss. Die speziellen Erfordernisse der häuslichen Pflege hängen vor allem damit zusammen, dass Pflege in der eigenen Häuslichkeit der Klienten, also innerhalb ihres Alltagslebens stattfindet. Sie sind den Schwankungen des Lebens, den Launen der Patienten ausgesetzt und erfordern deswegen intensive Emotionsarbeit von Seiten der Pflegekräfte. Emotionsarbeit ist Arbeit, bei der ein Management der eigenen Gefühle erforderlich ist, um nach außen in Mimik und Gestik ein bestimmtes Gefühl zum Ausdruck zu bringen – unabhängig davon, ob es mit dem eigenen Empfinden übereinstimmt[12].

---

unterstreichen auch Dunkel und Weihrich (ebenda: 10), da die Tätigkeiten der Pflegehelfer keinesfalls „triviale sondern komplexe Prozeduren" darstellen und dementsprechend fälschlicherweise oftmals als „Ein-Euro-Jobs" vergeben wurden.

[11] In Deutschland sind derzeit deutlich mehr als eine Million Menschen von einer Demenz betroffen, überwiegend sind sie an Alzheimer erkrankt. Im Jahr 2030 sollen es gut eineinhalb Millionen Menschen sein, 2050 über zwei Millionen. Sechzig Prozent dieser Kranken werden zu Hause betreut und gepflegt, zu achtzig Prozent von Frauen, nämlich Ehefrauen, Töchtern und Schwiegertöchtern. Was übereinstimmend als äußerst belastend empfunden wird, sind die Änderungen im Verhalten (Lenzen-Schulte 2011).

[12] Abt-Zegelin (2010) beschreibt dies besonders nachvollziehbar: Es gibt eine spezifische wohltuende Kommunikation und dies hat Pflege vielen Berufen voraus: eine sanfte Berührung mit aufmunterndem Lächeln, eine Tasse Tee bringen, ein Nicken mit Blickkontakt, ein kühles Tuch auf die Stirn legen, jemanden „gut zudecken", ein schweigendes Aushalten, ein tröstender Zuspruch (S. 894).

Insgesamt spielen in der ambulanten Pflege insbesondere Aspekte wie subjektivierendes, erfahrungsgeleitetes Arbeitshandeln, Gefühlsarbeit, Emotionsarbeit und spezifische Merkmale, Fähigkeiten, Fertigkeiten, Motive und Erfahrungen der Leistungserbringer in der Arbeit mit dem Klienten eine wesentliche Rolle. Dementsprechend ist den Qualitätsansprüchen immer wieder aufs Neue zu entsprechen, ohne gänzlich auf bereits vorhandene Interaktions- oder Arbeitsmuster im Unterschied zum sekundären Sektor zurückgreifen zu können.

3.2 Interaktionsarbeit ist kooperative Beziehungsarbeit
und Voraussetzung für ganzheitliche Pflege

So wird unter „interaktiver Arbeit" auch eine eigenständige Art von Arbeit verstanden, die das Ziel hat, die Kooperationspartner zur Kooperation zu aktivieren. Die Kunden arbeiten aktiv mit, ohne für ihre Leistungen entlohnt zu werden, denn ohne ihr Hinzutun ließe sich die Dienstleistung nicht realisieren. Der Gegenstand personenbezogener Dienstleistungen muss ein Stück weit objektiviert und von der Person des Kunden abgelöst werden, damit sich Dienstleister und Kunde über die Arbeit verständigen können. Interaktion ist somit als ein handlungstheoretischer Schlüsselbegriff auf der Mikroebene angesiedelt. Bei geschickter Gestaltung der „Kundenintegration" werden die Kunden zu „nützlichen Dienstleistern für die Dienstleister". Diese Notwendigkeit der Ko-Produktion in der interaktiven Dienstleistungsarbeit stellt Dienstleistungsgeber und Dienstleistungsnehmer vor eine Reihe von sozialen Abstimmungsproblemen: das Problem der Koordination der Handlungen der beteiligten Personen, das Problem der Definition des Gegenstands der Dienstleistungsbeziehung und des Procederes. Hier ist der Mensch als Subjekt das Objekt der Arbeit. Nachfrager und Anbieter von Dienstleistungen müssen die Probleme gemeinsam lösen, wenn die Dienstleistung gelingen soll.

Jede Form der Dienstleistung setzt sich jedes Mal zwischen Patienten und Pfleger aufs Neue zusammen. Die Pflegedienstleistung wird in der Interaktion jedes Mal einzigartig gestaltet. Die jeweils spezifische Dienstleistung ist die Lösung eines individuellen, spezifischen Problems in einer historisch einmaligen Interaktionssituation. Diese pflegerischen Dienstleistungen sind meist immateriell, ergebnisoffen, prozesshaft und in ihrem Ergebnis flüchtig. Sie werden gemeinsam mit dem Kunden interaktiv erbracht und im Moment der Erbringung auch schon wieder verbraucht. Die Qualitätsbeurteilung erfolgt diffus, professionelle Kriterien des Dienstleisters stehen neben individuell-subjektiven Kriterien des Kunden bzw. Patienten. Die Qualität wird zwischen den Akteuren jedes Mal aufs Neue ausgehandelt. Diese Voraussetzungen erfordern eher die Herangehensweise eines Künstlers denn eines „Massenfertigers" (Ernst/Kopp 2010: 262).

Unter Hinzunahme des Theoriekonstrukts der Interaktionsarbeit bzw. durch die Betonung der Kooperationsanforderungen wird im Prinzip eine Weiterentwicklung des Leitbilds der *ganzheitlichen Pflege* vollzogen. Neben dem hohen Grad an Patientenorientierung ist es von Bedeutung, Aufgabenbestandteile, die mit Blick auf die (interaktiven) Ziele pflegerischer Aufgaben zusammengehören, zu integrieren und damit vollständige Pflegeaufgaben zu schaffen: „Folglich sind Patientenorientierung und vollständige Pflegeaufgaben zwei Seiten ein und derselben Medaille – das eine ist ohne das andere unzureichend für die Ganzheitlichkeit im Pflegeprozess" (Glaser 2006: 48).

3.3 Interaktionsarbeit als Voraussetzung zur Steigerung der Wertschöpfung und verbesserter Servicequalität

Diese ganzheitlichen Kriterien deuten darauf hin, dass Interaktionsarbeit keinesfalls nur als wissenschaftliches, arbeitsorganisatorisches Beschreibungsinstrumentarium zu betrachten ist. Sie auf die Zustandsbeschreibung „weiche Faktoren" zu reduzieren, hieße gerade die ökonomischen Aktivierungspotenziale dieser Betrachtungsweise zu vernachlässigen. Wertschöpfung findet in der Interaktion statt. Die Interaktionsarbeit bzw. die „weichen Faktoren" sind die harte ökonomische Ressource innerhalb der Humandienstleistung Pflege. Gerade in dieser ambivalenten Betrachtungsweise liegt die eigentliche Pointe, denn nur unter Hinzunahme der Analyseraster der Interaktionsarbeit kann die Servicequalität erhöht werden.

Bis heute ist die Wertschöpfung durch gute Pflege nicht deutlich gemacht, die Pflege läuft dadurch Gefahr in ihrem Kern noch weiter ausgehöhlt zu werden. „Wert-Schöpfung" unterscheidet sich dabei deutlich von vergleichbaren Diskursen in der Industrie, „Wert-Schöpfung" wird im pflegerischen Diskurs nicht primär betriebswirtschaftlich, sondern auch ethisch betrachtet (Fuchs-Fronhofen et al. 2010: 19). Eine deratige Wertorientierung ist aber letztlich auch die Grundlage für den betriebswirtschaftlichen Erfolg der Einrichtungen.

Bei der zukünftigen Integration von AAL-Dienstleistungen in den Pflegealltag gilt es nochmals kurz die zukünftige Rolle der Technik in Erinnerung zu rufen. Dabei ist auch hier keineswegs von einem einseitigen Verhältnis auszugehen. Die Technik ist aktiver Bestandteil der Gestaltung der Arbeitsausführungsbedingungen. Moderne technische Anwendungen dringen in den Kernbereich der monologischen und dialogischen Tätigkeiten ein und verändern sie. Dies gilt auch für den Technikeinsatz in der Ko-produktion. Dabei werden auch gerade unter Hinzunahme von umfassenden AAL-Systemen neue Anwendungen entstehen (Ernst und Kopp 2010: 268), sowohl Dienstleistungs-Technologiekombinationen, die die interaktiv-emotionale Kerntätigkeit der Pflegekräfte unterstützen, als auch ganz neue Dienstleistungen, deren Entstehung durch die neuen technischen Optionen forciert werden.

3.4 Die Menschen in der pflegerischen Interaktionsarbeit und das Menschenbild in der Pflege

Nachdem das theoretische Konstrukt der Interaktionsarbeit aufgearbeitet wurde, soll nun gefragt werden, wer hier eigentlich auf Seiten der Beschäftigten interagiert. Dabei geht es weniger um eine sozio-ökonomische Einordnung des Pflegepersonals. Es geht vielmehr darum, die Menschen, ihre Einstellungen zum Beruf und das damit verbundene Menschenbild näher zu beleuchten.

In den Interviews wurde ohne Ausnahme die hohe Identifikation mit dem Beruf der ambulanten Pflegefachkraft betont. Die Befragten vermittelten mit Nachdruck, dass sie die Berufswahl mit Überzeugung vorgenommen haben und den Beruf aus Leidenschaft ausübten. Ein wesentliches Kriterium für die Berufswahl war und ist die Arbeit „am und mit dem Menschen". Die Betonung der Präferenz des Umgangs mit Menschen ist für die allgemeine Technikakzeptanz der Pflegefachkräfte kaum zu überschätzen. Das Wohl der Patienten steht für die Pflegekräfte an allererster Stelle: „Wenn es dem Patienten gut geht, geht es auch mir gut" (IP 7). Bei der Wahl des Berufsbilds war eben nicht das primäre Interesse an Technik entscheidend, sondern der Wunsch mit Menschen zu arbeiten, die hilfsbedürftig sind. Buxel (2011) befragte 740 Auszubildende nach den wichtigsten Gründen für die Entscheidung eine Ausbildung zum Gesundheits- oder Krankenpfleger zu wählen[13]. Es zeigte sich, dass die wichtigsten Gründe für die Auszubildenden die Arbeit am Menschen, die Möglichkeit zur Hilfeleistung sowie das Interesse an medizinischen Fragestellungen sind (Buxel 2011: 428). Dass dies keine Ablehnung von Technik im Pflegealltag bedeuten muss, wurde bereits im vorangegangenen Kapitel deutlich. Allerdings bedeutet die Betonung der „menschlichen Komponente", dass selbige im Vordergrund steht und somit die Technik als unterstützendes Instrumentarium gesehen wird. „Die Pflege", so eine unserer Befragten, „ist eben immer eine hochindividuelle Sache" (IP 13). Eine Dominanz der Technik ohne Einbettung in den Berufsalltag wird von den Befragten abgelehnt: „Das Menschliche würde komplett verloren gehen. Das ist es doch, was für die Altenpflege entscheidend ist" (IP 4).

3.5 Lessons learned

- Unserem Verständnis nach müssen die damit beschriebenen besonderen Eigenschaften der Humandienstleistung Pflege Vorrang vor technologischen Betrachtungsweisen haben. Es geht damit um nicht weniger, als den bislang dominierenden Diskurs vom „Kopf auf die Füße" zu stellen.

---

[13] Es muss hier wiederum auf Befragungen zurückgegriffen werden, in die auch stationär Arbeitende miteinfließen. Allerdings dürfte sich die Motivationslage bei der Wahl des Berufes zwischen aktuell stationär bzw. ambulant Beschäftigen kaum unterscheiden, da zum Zeitpunkt der Berufswahl das spätere Einsatzfeld noch nicht dauerhaft vorherzubestimmen ist.

- Die Maxime sollte „Services first" heißen, die Bedeutung der Dienstleistungen innerhalb der AAL-Anwendungen ist in den Vordergrund zu rücken. Es gilt den individuellen Nutzen herauszustellen, der aus der Inanspruchnahme der Dienstleistung resultiert.

- Die Zufriedenheit der Pflegenden muss dringend in den Fokus gerückt werden (Buxel 2011). Bislang wurde diese wichtige Komponente nicht nur innerhalb der technologischen Entwicklungsprozesse zu wenig beachtet.

- Wenn die Technik nicht nur in den Pflegeprozess inkorporiert werden muss, sondern eine unterstützende Funktion haben soll, dann muss der Technikeinsatz an die spezifischen interaktionistischen Merkmale der Pflegearbeit anschließen. Geschieht dies nicht, droht die Technik nicht nur von den Pflegekräften abgelehnt und im Entwicklungsprozess behindert zu werden, sondern es droht, dass die Technik, seitens der Pflegekräfte, als „externe Komponente" betrachtet wird. Ein Verständnis, dass gerade für die ganzheitliche Anwendungsanforderungen der AAL-Optionen stark kontraproduktiv wäre.

- Interaktive Arbeit wird oftmals genderspezifisch abgewertet. Die in diesem Kapitel beschriebenen interaktiven, kommunikativen und emotionalen Kompetenzen, die in den pflegerischen Dienstleistungen eine zentrale Rolle spielen, werden teilweise als weiblich angeborene Fähigkeiten angesehen, die nicht ausgebildet und die auch nicht bezahlt oder wertgeschätzt werden müssen.

4   Pflegefachkräfte – Türöffner und Marktimplementierer ohne AAL-Zugang

Ein umfassendes Problem besteht hinsichtlich der Informationsübermittlung. Wie wird es bewerkstelligt, dass Informationen über AAL-Produkte bzw. die Weiterentwicklung in diesem Bereich in der notwendigen Breite aber doch zielgruppenorientiert distribuiert werden? Die Bewältigung dieses Problems bedarf integrativer Dienstleistungs-Technologiekombinationen auf der Basis eines kontextbezogenen „soziotechnischen Planens und Entwickelns". Bei der Implementierung von umfassenden AAL-Lösungen im Sinne ganzheitlicher unterstützender technischer Systeme in der ambulanten Pflege ist davon auszugehen, dass sich hierdurch in der Folge zahlreiche Veränderungsprozesse nicht nur auf der Organisationsebene der Pflegedienste, sondern auch im Zusammenspiel der beteiligten Akteure ergeben werden. Die Interaktion zwischen Pflegemitarbeitern, Pflegediensten, Ärzten, Sanitätshäusern, Krankenkassen und Technikentwicklern wird durch den anvisierten umfassenden technischen Einsatz neu strukturiert. Als ein zentrales Ergebnis unserer Gesamtuntersuchung kann festgehalten werden, dass die Pflegekräfte vor Ort im Zusammenspiel mit den Pflegedienstleitungen die entscheidende Rolle einnehmen, bei der Entscheidung welche technischen Geräte angeschafft werden. Die Initiative für die Anschaffung der jeweiligen Geräte geht zumeist von den Pflegefachkräften aus. Diese diskutieren die spezifischen Anschaffungsvorschläge mit den Pflegedienstleitungen, die wiederum in Kommunikation mit den Ärzten stehen.

4.1 Keinerlei Institutionalisierungsprozesse bei der Weitergabe von technischem Know-how

Wie gering bislang ein strategischer, ganzheitlicher Einsatz von Technik im Arbeitsalltag der Branche angekommen ist und wie gering bislang die Kontakt- und Kommunikationsoptionen mit den Herstellern implementiert sind, zeigt sich bei den Fragen zur Weitergabe technischen Wissens. Hierbei muss betont werden, dass sich bereits bei den bislang vorhandenen einfachen technischen Anwendungen und Hilfsmitteln eine kritische Situation hinsichtlich der Weitergabe von technischer Kompetenz offenbarte. Dies ist insbesondere hinsichtlich des anvisierten umfassenderen Einsatzes von Technik festzuhalten. Ein solcher kann nur auf der Basis eines qualitativ institutionalisierten technischen know-how Transfers ermöglicht werden. Davon ist die Branche in der Praxis weit entfernt. Die Ergebnisse unserer Untersuchung können dabei durchaus als verallgemeinbar bewertet werden, da davon auszugehen ist, dass sich die innovativeren Betriebe mit besonders motivierten Pflegedienstleitungen für unsere Untersuchung zur Verfügung stellten. Unsere Ergebnisse verdeutlichen, dass ein institutionalisierter Austausch bislang noch nicht implementiert ist. Es existieren auch keine institutionalisierten Weiterbildungsmöglichkeiten zur Aneignung technischer Kompetenzen. Die Pflegefachkräfte vor Ort werden von ihren Kolleginnen angelernt. Es dominiert ein „learning by doing" ausschließlich auf der Basis „innerbetrieblicher Kompetenz", ohne jegliche externe Hinzunahme von Wissen seitens der Hersteller. Die Initiative zur Aneignung von Kompetenzen folgt einem radikalen „bottom-up-Prinzip", sie geht immer von den Pflegekräften bzw. Pflegeleitungen aus. Eine Professionalisierung des Wissenstransfers ist nicht einmal im Ansatz zu erkennen. Es bestehen keinerlei Weiterbildungsangebote von Seiten der Hersteller, in einigen Ausnahmen wird dies von den Verbänden initiiert. Die Pflegefachkräfte vor Ort kommen in seltensten Fällen mit den Herstellern in Berührung. In Ausnahmefällen werden einige Neuinstallationen mittels kurzer Einweisungen beim Patienten erprobt. Die Handhabung und Wartung obliegt aber wiederum den Pflegekräften. Eine regelmäßige Betreuung im Sinne eines „klassischen Kundendienstes" oder des „klassischen Vertriebsweges" waren bei den hier befragten Betrieben nicht zu erkennen.

Vor allem die Ausnahmslosigkeit bei den von uns befragten Betrieben über-raschte. Die Pflegedienstleitungen und Pflegekräfte kommen beispielsweise selten mit „Vertretern" der Herstellerfirmen in Kontakt. Offensichtlich be-schränken sich diese auf die Kommunikation mit den Sanitätshäusern. Selbst die Pflegeleitungen fühlen sich nicht einmal ansatzweise über die Entwicklun-gen am Markt informiert. Sie sind gezwungen, sich diese unter Hinzunahme von Fachliteratur selbst anzueignen. Dies ist umso bemerkenswerter, da wie oben beschrieben, die entscheidenden Anstöße inwieweit und welche Technik vor Ort am jeweiligen Patienten verwendet wird, von den Pflegedienstleitungen und Pflegefachkräften ausgehen. Hier darf unterstellt werden, dass zuvorderst entscheidende Markterschließungspotentiale für den Einsatz neuerer Entwick-lungen verschenkt werden. Ferner kann auf diese Art und Weise auf den „unte-ren Arbeitsebenen" kein ganzheitliches Verständnis für den umfassenden Ein-satz von AAL-Technologien erweckt werden.

4.2 Den Pflegekräften ist die Begrifflichkeit AAL unbekannt – Es existiert kein ganzheitliches Verständnis für den Umgang mit Technik

Auf der Basis der eben aufgeführten Ergebnisse hinsichtlich eines De-Facto-Nicht-Vorhandenseins von institutionalisierten Kommunikationskanälen, des nicht existenten Transfers von Know-how zwischen Herstellern und Pflege-dienstleitungen und noch verschärft den angestellten Pflegefachkräften auf der untersten Bearbeitungsebene überrascht es nicht, dass die Begrifflichkeit AAL und vor allem die damit vorhandenen Möglichkeiten für die Pflegefachkräfte nahezu gänzlich unbekannt sind. Bis auf drei Pflegefachkräfte, die zeitgleich „Management und Expertise für Pflege- und Gesundheitsberufe" an der HTW des Saarlandes studierten, hatte keiner der Befragten jemals etwas von der Be-grifflichkeit AAL gehört und konnte sich auch nichts darunter vorstellen. Inte-ressant war die Diskrepanz zu den Pflegedienstleitungen. Diese wussten aus-nahmslos die Begrifflichkeit AAL richtig einzuordnen.

Zentral für unsere Untersuchung hinsichtlich der aktuellen und zukünftigen Akzeptanz von Technologien auf Seiten der Beschäftigten ist: Bislang haben die Pflegekräfte unterhalb der Leitungsebene überhaupt kein ganzheitliches, ver-netztes Verständnis von Technik in der Pflege und den damit verbundenen Mög-lichkeiten. Gerade diese Ganzheitlichkeit des Einsatzes von Technologie ist jedoch das wesentliche Charakteristikum der AAL-Technologien. Ohne dieses ganzheitliche Verständnis kann eine umfassende Marktdurchdringung der bishe-rigen Insellösungen nicht gelingen. Diejenigen, die den Bedarf vor Ort auch in Zukunft wohl ermitteln müssen, wissen sehr wenig über die aktuellen techni-schen Entwicklungen am Markt.

Dass hier entscheidende Markterschließungspotentiale nicht erschlossen werden, wird insbesondere im Zusammenhang mit der seitens der Pflegekräfte geäußerten Berufsauffassung deutlich. Diese ist durchaus als erweiternd und modern zu beschreiben. Die Pflegekräfte beschrieben sich selbst als „Berater für die Patienten" und sind auch in Zukunft bereit, verstärkt diese Rolle einzunehmen. Gerade an dieser Stelle wird die Bereitschaft der Pflegekräfte deutlich, sich verstärkt (technologische) Kompetenzen anzueignen und sich auch auf diesem Terrain weiterzubilden. Gleichzeitig wird hier der Wunsch nach einer allgemeinen Aufwertung des Berufsbildes und einer höheren gesamtgesellschaftlichen Wertschätzung deutlich (Blass 2011). Insgesamt kann hier von einer ausgeprägten Mismatch-Situation hinsichtlich der vorhandenen technischen Möglichkeiten und den Kompetenzen auf der Anwenderseite gesprochen werden.

Letztlich kann aus unseren Ergebnissen zusammenfassend konstatiert werden, dass der Bekanntheitsgrad von AAL-Technologien auf den administrativen Bereich der ambulanten Pflege ausgerichtet bleibt. Obwohl die Technisierung der häuslichen Pflege und Versorgung hierzulande vergleichsweise moderat voranzuschreiten scheint, kann behauptet werden, dass es an einer systematischen Gestaltung des Technikeinsatzes ebenso mangelt, wie an einer, von Anbieterinteressen unabhängigen Überprüfung der Effektivität und Effizienz der eingesetzten Verbrauchsmaterialien, der technischen Hilfsmittel und elektronischen Geräte unter den häuslichen Bedingungen (Hülsken-Giesler 2011).

4.3 Lessons Learned

- Ein für die PflegemitarbeiterInnen strukturierter Überblick über den aktuellen Markt und ein Erfahrungsaustausch zwischen Experten und Anbietern wären hilfreich, um den Bedarf zu konkretisieren und umzusetzen, z.B. über intensive Zusammenarbeit von ambulanten Pflegediensten und Sanitätshäusern für eine Bedarfserhebung und das Finden/Umsetzen und entwickeln von innovativen Lösungen (Nöst 2010: 28).

- Eine bessere Steuerung und Beratung (Welcher Technikeinsatz ist geeignet?) ist insbesondere im ambulanten Pflegebereich notwendig, da oft eine Überversorgung bzw. falsche Versorgung der Pflegebedürftigen mit Hilfsmitteln besteht, die gar nicht genutzt und in der Wohnung quasi „gelagert" werden. Für den ambulanten Bereich werden daher hochgradig flexible Lösungen gebraucht.

- Die PflegemitarbeiterInnen sind durch eine zielgerichtete bundesweite Kampagne mit dem AAL-Kontext vertraut zu machen.

- Die Herausbildung von Pflegeexperten zu den Themen Technikentwicklung und -nutzung ist ein entscheidender Schritt zur erfolgeichen Imple-

mentierung neuer Technologien im Kontext von Pflegearbeit. Beispielsweise in Form von „Change Agents". Diese meist erfahrenen Pflegekräfte könnten als Vollzeitkräfte für die Einbindung von Teilzeitkräften in innovative Aspekte pflegerischen Handelns sorgen, externe Innovationen
internalisieren und interne Innovationen anstreben. Ein solches Modell
könnte aus dem System heraus, auf der Grundlage von Beständigkeit,
der Institutionalisierung passender Strukturen und bewährter Prozesse,
Innovationen generieren.

5 Steigende Qualifikationsanforderungen an die Pflegefachkräfte durch den vermehrten Einsatz von AAL

Bereits die Aufarbeitung von (älteren) Typologisierungen, die das Tätigkeits-
spektrum von Pflegekräften ohne den Einsatz von höherwertiger Technologie
vornehmen, verdeutlichen die zahlreichen, interdisziplinären Anforderungen des
Pflegeberufs (Klein 2006): Pflegeplanung und Dokumentation, Arbeitsbespre-
chungen, Kontakte zu Angehörigen, Zusammenarbeit mit anderen Berufsgruppen, Koordination, Organisation, Verwaltung, Mahlzeitenversorgung, Wäsche-
versorgung, Arzneimittelversorgung sowie übergreifende Qualitätssicherungs-
maßnahmen. Hieraus ergeben sich zusätzlich ableitende generelle soziale Kompetenzen und Anforderungen wie Teamfähigkeit, Kommunikationsfähigkeit,
Organisations- und Prozesswissen sowie Stressmanagement. Hinzu kommen bei
der Arbeit mit neuen Technologien kommunikative Kompetenzen für den Umgang mit den virtuellen Strukturen. Für das berufsgruppen- und institution-
enübergreifende Arbeiten spielen letztlich Selbstbehauptungsfähigkeiten eine
große Rolle.

Blass (2011) nähert sich den vielfältigen Anforderungen der Pflegefachkräfte
über den Kompetenzbegriff. Professionssoziologische Analysen legen die Be-
rufs- und Tätigkeitsprofile entlang der Handlungsfelder offen und ermitteln die
Kompetenzerfordernisse auf Basis der Ausbildungsanforderungen, der Stellen-
ausschreibungen und anderer berufsfachlicher Dokumente. Dabei gelingt es
nicht nur aufzeigen, dass die Pflegekräfte interdisziplinären Anforderungen
gegenüberstehen, sondern, dass gerade die gegenüber dem Patienten jedes Mal
aufs Neue, innerhalb jeder Behandlungssituation zu entwickelnde Kombination
dieser Kompetenzen die entscheidende Voraussetzung ist.

Das Spezifische an Pflegekompetenzen ist, dass sie eine Kombination aus Wissen, Fähigkeiten (kognitive oder physische, sensorische oder psychomotorische
Fähigkeiten) und Skills, d.h. (praktizierten) Tätigkeiten, und anderen Charakte-
ristika zusammenfassen und deswegen nicht von einer einzigen Fähigkeit dominiert sind. Die marktförmig erbrachte Pflegearbeit setzt entgegen den (bislang
üblichen Abwertungen) ein breites „Generalistenwissen" voraus. Dieses Gene-

ralistenwissen hat in der jüngeren Vergangenheit sichtbar an Konturen gewonnen. Blass unterscheidet dabei fünf Kompetenzfelder: Während Sozialkompetenz und Vernetzungskompetenz im weitesten Sinne auf die Beziehungsgestaltung zwischen einerseits Pflegekräften und Pflegebedürftigen (Sozialkompetenz) und andererseits zwischen beruflich Tätigen in der gesamten Gesundheitsbranche zielen und somit Soft Skills umschreiben, konkretisieren die berufsspezifischen Kompetenzzuschreibungen und organisatorischen Kompetenzen die fachlich erforderlichen Kenntnisse und Fähigkeiten. Blass führt letztlich mit der methodischen Kompetenz ein „dynamisches Element" ein, das die Fähigkeiten summiert, da die vormals genannten Kompetenzen kontextabhängig und situativ in der jeweiligen Anwendungssituation zu verknüpfen sind. Insofern schließt sie direkt an die Erkenntnisse an, die auch in der vorliegenden Arbeit aus der Auseinandersetzung mit den Theoriesträngen der Interaktionsarbeit gewonnen wurden. Im Kern wird hier ebenfalls das Leitbild einer „Ganzheitlichen Pflege" gestützt. Innerhalb dieses Leitbilds wird jedoch von einem dynamischen Verständnis der einzelnen Kompetenzbereiche ausgegangen, welches sich immer wieder aufs Neue zusammensetzt. Auch der zunehmende Einsatz von Technik ist innerhalb des skizzierten ganzheitlichen Analyserahmens als dynamisches Element zu interpretieren.

Bei einem hier zu untersuchenden forcierten Einsatz von Technologie modifizieren sich die Arbeitsanforderungen und die damit verbundenen Qualifikationen in der Pflege permanent. Dem wachsenden Bedarf im Feld der Versorgung und Betreuung des Alltags der Pflegebedürftigen steht bislang jedoch eine Ausbildungs- und Beschäftigungsstruktur gegenüber, die im Spannungsfeld eines dynamischen und empirischen Wachstums und fehlender fachberuflicher Qualität in personenbezogenen Ausbildungsberufen und Erwerbsfeldern verläuft.

Konträr zu den Zuschreibungen der Pflege als einer Arbeit für Geringqualifizierte, kristallisierte sich jedoch in den letzten Jahren immer eindringlicher heraus, dass für die Ausübung der beruflichen Altenpflege ein breites Generalistenwissen erforderlich ist: „Dieses hat in der jüngsten Vergangenheit sichtbar an Konturen gewonnen und es ist davon auszugehen, dass eine vergleichbare Kompetenzvielfalt vermutlich nur in wenigen anderen Berufen vorgehalten und abgerufen werden muss". „Pflege" beinhaltet längst nicht mehr „nur" direkte Pflege, also die sog. Pflegedurchführung, sondern auch die Planung und das Monitoring, kurz das Pflegemanagement (Blass 2011). Konkret sollen in diesem Szenario die Pflegefachkräfte die Verantwortung für die Pflegeplanung und für die fachgerechte Pflegedurchführung tragen. Der Handlungs- und Autonomiespielraum wird somit innerhalb dieses Szenarios erweitert, was wiederum weitere Qualifikationsanforderungen nach sich zieht.

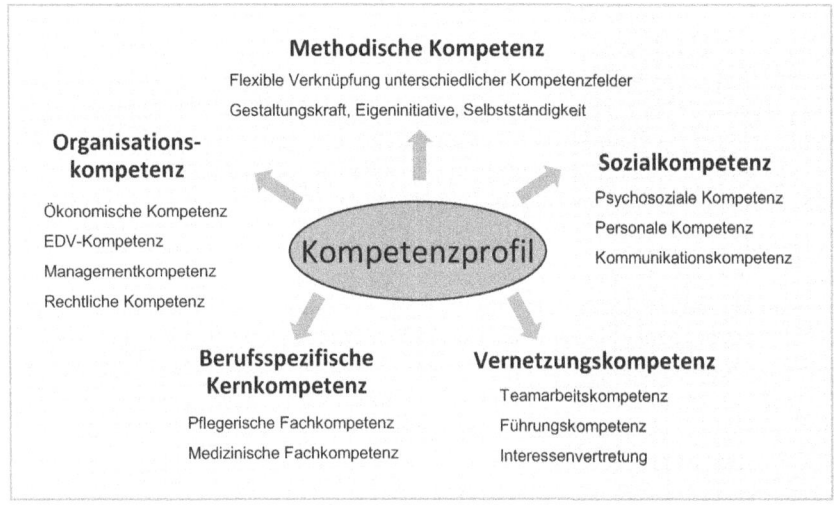

Abbildung 1   Kompetenzprofil Altenpflege. Quelle: Blass (2011)

5.1 Ganzheitliche, berufsübergreifende Qualifikationsanforderungen durch den Einsatz von AAL-Technologien

Die verstärkte Anwendung von AAL-Technologien im Pflegealltag setzt gemäß einer Untersuchung des Instituts für Innovation und Technik in der VDI/VDE-IT ein hohes Qualifikationsniveau der Beschäftigten voraus. Dies lässt sich auch bei den Unternehmen und Einrichtungen quantitativ aufzeigen, die bereits höherwertige Technik im Versorgungsbereich einsetzen. Der Anteil an höher qualifizierten Mitarbeitern ist bei ihnen signifikant höher als in Betrieben, die auf diese Technologien verzichten. Insofern lässt sich hier ein qualitativer Upgradingprozess konstatieren, welcher für die weitere Entwicklung des Gesamtsektors von strategischer Bedeutung sein kann. Wegen der vielfältigen Anforderungen in der Pflegetätigkeit einerseits und des angestrebten umfassenden Ansatzes von AAL, haben wir es mit einer Vielzahl nicht nur von Individuen, sondern auch von Fachrichtungen, Institutionen und Regelwerken zu tun (Buhr 2009). Es geht also aktuell nicht zuvorderst um die Integration von elektronischen, mechanischen und optischen Technologien zu neuen, erweiterten, hochtechnischen Systemen. Im Hinblick auf den Aufbau von AAL-Kompetenzen geht es vielmehr um die Vermittlung und Inkorporation technischer Inhalte für die Bereiche Soziales und Gesundheit und um die Vermittlung gerontologischer, medizinischer und sozialer Kompetenzen.

Kotterba et al. (2011) sehen vor allem in dem umfassenderen Versorgungsanspruch bei gleichzeitiger Zielsetzung der Ausschöpfung der technologischen Individualisierungspotentiale die wesentlichen Ursachen für die permanent ansteigenden Qualifikationsanforderungen. Diese komplexen Anforderungen innerhalb der Verknüpfung der Dienstleistungen der unterschiedlichsten Lebensbereiche erfordern überfachliches Denken bei gleichzeitiger Beachtung der individuellen Versorgungslage des jeweiligen Patienten.

Neben diesen fachlichen Anforderungen thematisieren Kotterba et al. (2011) noch eine weitere zentrale Voraussetzung für die Anwendung von AAL-Technologien im Pflegealltag: Offenheit für die individuelle Situation des Menschen und gegenüber neuen (technischen) Entwicklungen in den unterschiedlichsten Bereichen sowie die Bereitschaft an den beständigen Neu- und Weiterentwicklungen technischer Assistenzsysteme mitzuwirken. Insofern wird bei dem vermehrten Einsatz von Technologien von Beginn an deutlich, dass die zu erwartenden technologischen Innovationsschübe synchron ansteigende Qualifikationsanforderungen nach sich ziehen.

5.2 Lessons learned

- Die Einführung von Technik aller Art, selbst bereits bei „einfacheren" technischen Unterstützungsmitteln wie Sensormatten, Ruf- und Gegensprechanlagen sowie EDV-gestützter Pflegedokumentation, ist durch einen langfristig angelegten Schulungs- und Trainingsprozess zu begleiten, der insbesondere auch den Umgang mit Fehlfunktionen beinhaltet (Claßen et al. 2010).

- Das übergeordnete Ziel, Menschen möglichst lange in ihrer angestammten Umgebung leben zu lassen, erfordert von den „AAL-Assistenten" die Aneignung einer Haltung: Offenheit für die individuelle lebensweltliche Situation des Menschen, Bereitschaft gegenüber neuen Entwicklungen in den unterschiedlichen Lebensbereichen der unterschiedlichen Patienten.

- Zudem erfordern auf der betrieblichen Ebene vernetzte Einrichtungsstrukturen, wie sie durch AAL-Systeme forciert werden, die Neuausrichtung des Leistungsspektrums, neue Managementkonzepte, die Veränderungen von Technikeinsatz und Arbeitsorganisation sowie neue Formen der betrieblichen und interprofessionellen Arbeitsteilung und letztlich neue Qualifikationen und Wege der Qualifizierung (Evans und Hilbert 2009).

- Evans und Hilbert (2009) folgern aus dem bekannten „Wildwuchs" an Weiterbildungsmöglichkeiten", dass im Bereich der Weiterbildungsabschlüsse eine Standardisierung anzustreben sei. Während es für zahlreiche etablierte Berufe und Tätigkeitsfelder funktions- und fachbezogene

Weiterbildungsgänge gibt, sind in den letzten Jahren zunehmend auch betriebliche oder konzernweit organisierte Zusatzausbildungen entstanden. Diese sind mit Blick auf ihre demokratische Legitimierung, ihre gesellschaftliche Anerkennung und Verwertbarkeit außerhalb der jeweiligen Betriebsstrukturen kritisch zu prüfen.

- Auch ist davon auszugehen, dass sich aktuell das Thema Aus- und Weiterbildung in AAL eher zu einem Bereich der Weiterbildung und weniger zu einem Thema für die Schaffung ganz neuer Berufe entwickelt (Buhr 2009). Insofern sind Weiterbildungsoptionen zu schaffen, die den Widerspruch zwischen spezifischen, aber ganzheitlichen Anforderungen an die AAL-Technologien zu bewerkstelligen wissen.

6   Fazit

Obwohl die Potentiale der AAL-Anwendungen immer deutlicher werden und die Nutzerintegration als wesentliche Voraussetzung zur breiteren Implementierung angesehen wird, konnte aufgezeigt werden, dass die ambulanten Pflegekräfte bislang unzureichend in diese Prozesse integriert werden. Gerade hinsichtlich einer breiten Anwendung von AAL-Lösungen im Pflegealltag überrascht vor allem die Dominanz der Ergebnisse. Offensichtlich wird die Bedeutung der Pflegekräfte nicht nur hinsichtlich der Implementierung, sondern vor allem hinsichtlich der täglichen Nutzung von AAL-Gerätschaften unterschätzt.

Diese mangelnde Entwicklungspraxis resultiert nicht zuletzt auf mangelnder Interdisziplinarität der beteiligten Wissenschaftsdisziplinen und Theorieansätze. Nach wie vor agieren viele Technikentwickler weitgehend losgelöst von der alltäglichen Pflegepraxis und beachten die Erkenntnisse aus den Pflegewissenschaften und sozialwissenschaftlichen Theoriebildung insbesondere zur Dienstleistungsforschung unzureichend. Für die Kreation erfolgreicher Dienstleistungs-Technologiekombinationen ist eine forcierte interdisziplinäre Herangehensweise am gewinnbringendsten. Dabei ist im Sinne der Nutzer- und Kundenorientierung von einem Verständnis auszugehen, welche die eigentliche Schnittstellenarbeit mit dem Patienten, die Dienstleistungs- bzw. Pflegetätigkeit in den Vordergrund rückt. Diese theoretischen Überlegungen liefern die Voraussetzungen für eine Forschungspraxis, die sich zuvorderst an den Bedürfnissen der Beschäftigten orientiert.

7 Literaturverzeichnis

Abt-Zegelin, A. 2010: Der Ausverkauf der Pflege. Die Schwester. Der Pfleger 49 (9): 892-894.

Blass, K. 2011: Altenpflege zwischen Jederfrauqualifikation und Expertentum. Verberuflichungs- und Professionalisierungschancen einer Domäne weiblicher (Erwerbs-)Arbeit. Saarbrücken: iso-Verlag.

Bürckholdt, R. G. 2011: Deutschland gehen die Pfleger aus. Badische Zeitung vom 13. Mai 2011.

Buhr, R. 2009: Die Fachkräftesituation in AAL-Tätigkeitsfeldern – Perspektive Aus- und Weiterbildung. Berlin: Institut für Innovation und Technik in der VDI/VDE-IT.

Buxel, H. 2011: Wie Pflegende am Arbeitsplatz zufriedener werden. Die Schwester Der Pfleger 50 (5): 426-430.

Claßen, K. / Oswald, F. / Wahl, H.-W. / Heusel, C. / Antfang, P. / Becker, C. 2010: Bewertung neuerer Technologien durch Bewohner und Pflegemitarbeiter im institutionellen Kontext. Befunde des Projekts BETAGT. Zeitschrift für Gerontologie und Geriatrie 43(4), 210-218.

Colombo, F. / Llena-Nozal, A. / Mercier, J. / Tjadens, F. 2011: Health Wanted? Providing and Paying for Long-Term Care. Paris: OECD, http://dx. doi.org/10.1787/9789264097759-en, letzter Download am 30. Sept. 2011

Die Zeit 2011: Experten warnen vor Notstand in der Altenpflege. Die Zeit vom 2. August 2011.

DGB Abteilung Arbeitsmarktpolitik 2011: Fachkräftemangel in der Pflege branche ist hausgemacht. Arbeitsmarkt aktuell 1/11: 1-7.

Dunkel, W. / Weihrich, M. 2010a: Arbeit als Interaktion. In: Böhle, F. / Voß, G. G. / Wachtler, G. (Hg.): Handbuch Arbeitssoziologie. Wiesbaden: VS Verlag für Sozialwissenschaften, 177-200.

Dunkel, W. / Weihrich, M. 2010b:. Interaktive Arbeit: Professionalisierungs-option semiprofessioneller Dienstleistungsberufe? In: Soeffner, H.-G. (Hg.): Unsichere Zeiten. Herausforderungen gesellschaftlicher Transformationen. Ver-handlungen des 34. Kongresses der Deutschen Gesellschaft für Soziologie in Jena 2008, CD-ROM. Wiesbaden: VS Verlag für Sozialwissenschaften.

Ernst, G. / Kopp, I. 2010: Interaktionsarbeit als zentrales Element der Dienst-leistungsinnovation. In: Schröder, L. / Urban, H.-J. (Hg.): Gute Arbeit. Folgen der Krise, Arbeitsintensivierung, Restrukturierung,. Frankfurt a. M.: Bund-Verlag, 261-273.

Evans, M. / Hilbert, J. 2009: Mehr Gesundheit wagen! Gesundheits- und Pflegedienste innovativ gestalten; Memorandum des Arbeitskreises Dienstleistung. Bonn: Friedrich-Ebert-Stiftung.

Fuchs-Frohnhofen, P. / Blass, K. / Dunkel, W. / Hinding, B. / Keiser, S. / Klatt, R. / Zühlke-Robinet, K. 2010: Wertschätzung, Stolz und Professionalisierung in der Dienstleistungsarbeit „Pflege" – Beiträge aus den pflegebezogenen Projekten der Förderrichtlinie „Dienstleistungsqualität durch professionelle Arbeit" des BMBF. Marburg: Tectum.

Geiger, M. 2011: Pflege in einer alternden Gesellschaft. In: Bieber, D. (Hg.): Sorgenkind demografischer Wandel? Warum die Demografie nicht an allem schuld ist, München: oekom, 250-289.

Gersch, M. 2011: Geschäftsmodelle und Diffusionsprozesse. Vortrag. E-Health @Home Abschlusstagung, 30. Juni 2011.

Glaser, J. 2006: Arbeitsteilung, Pflegeorganisation und ganzheitliche Pflege – arbeitsorganisatorische Rahmenbedingungen für Interaktionsarbeit in der Pflege. In: Böhle, F. / Glaser, J. (Hg.) Arbeit in der Interaktion – Interaktion als Arbeit Arbeitsorganisation und Interaktionsarbeit in der personenbezogenen Dienstleistung. Wiesbaden: VS Verlag für Sozialwissenschaften, 43-57.

Glende, S. / Nedopil, C. 2011: Erfolgreiche AAL-Lösungen durch Nutzerintegration. Ergebnisse der Studie „Nutzerabhängige Innovationsbarrieren im Bereich Altersgerechter Assistenzsysteme". TU-Berlin.

Görtz, J. 2011: Hospital at Home. Marktprognose: Wachsender Bedarf nach spezialisierter häuslicher Krankenpflege. Häusliche Pflege 3/2011: 27-30.

Heinze, R. G. / Hilbert, J. / Wolfgang, P. 2008: Der Gesundheitsstandort Haushalt: Mit Telematik in eine neue Zukunft? Internet-Dokument. Gelsenkirchen: Inst. Arbeit und Technik. Forschung Aktuell, Nr. 11/2008.

Heinze, R. G. / Naegele, G. / Schneiders, K. 2011: Wirtschaftliche Potenziale des Alters. Stuttgart: Kohlhammer.

Hülsken-Giesler, M. 2011: Neue Technologien in der häuslichen Versorgung älterer Menschen – Anforderungen aus pflegewissenschaftlicher Perspektive. In: Remmers, H. (Hg.): Pflegewissenschaft im interdisziplinären Dialog. Göttingen: Vandenhoek & Ruprecht unipress Universitätsverlag Osnabrück, 315- 342.

Klein, B. 2006: Pflege vor neuen Herausforderungen? Das Berufsbild, neue Technologien und Anforderungen an die Qualifikationsentwicklung in der Pflege. In: Bsirske, F. / Paschke, E. (Hg.): Innovationskraft Mensch. Wie Qualität in der Gesundheitswirtschaft entsteht. Hamburg: VSA-Verlag, 119-135.

Klingbeil, D. 2011: Pflegedienste versorgen mehr als eine halbe Million Menschen. Häusliche Pflege Nr. 5/2011: 42-44.

Kotterba, B. / Bär, A. / Karosser, E. / Peukert, D. 2011: Jenseits der Fachgrenzen. AAL-Magazin 1/2011: 12-13.

Lenzen-Schulte, M. 2011: Der unsichtbare Patient. FAZ vom 15. März 2011.

Lindenberger, U. / Nehmer, J. / Steinhagen-Thiessen, E. / Delius, J. 2011: Altern und Technik: Altern in Deutschland Band 6. Stuttgart: Wissenschaftliche Verlagsgesellschaft.

Meis, J. 2010: AAL für ein besseres Pflegemanagement. Pflegezeitschrift 5/2010: 292-295.

Meyer, Sibylle / Mollenkopf, M. 2010: AAL in der alternden Gesellschaft. Anforderungen, Akzeptanz und Perspektiven. Analyse und Planungshilfe. Berlin/Offenbach: VDE Verlag GmbH.

Nöst, S. 2010: Wenn Technik auf Pflegedienstleistungen trifft – Dokumentation des Expertenworkshops zur Anschlussfähigkeit von Technologien an Dienstleistungen –16./17.6.2010 Saarbrücken. Broschüre. Saarbrücken: iso-Institut.

Schmidt, A. 2008: Intelligente Assistenzsysteme für ein besseres Leben im Alter. Bericht vom Ersten Deutschen Ambient-Assisted-Living-Kongress im dbb-Forum. In Technikfolgenabschätzung Theorie und Praxis Nr. 1, 17. Jg.: 135-136.

Statistisches Bundesamt 2011: Pflegestatistik 2009. Pflege im Rahmen der Pflegeversicherung. Wiesbaden: Statistisches Bundesamt.

Thomsen, M. 2010: Die Bedeutung des person-zentrierten Ansatzes für die Pflegekultur: Vertrauensvolle Begegnungen fördern. Pflegezeitschrift 63 (11): 672-675.

Die Rolle von technologiebasierten Assistenzsystemen bei der ganzheitlichen Versorgung pflegebedürftiger Patienten – Herausforderungen einer flächendeckenden Implementierung

Grzegorz Koczula, Carsten Schultz, Mehmet Gövercin[1]

1 IT-gestützte Versorgungsprozesse

Das hohe Potential von Informationstechnologien (IT) zur Steigerung der Effizienz und Qualität der Leistungserstellung ist bereits seit Jahren in vielen Wirtschaftsbereichen bekannt und fördert dort die Akzeptanz und Adoption dieser Systeme (Banker et al.1990; Kohli/Devaraj 2003). Auch im Gesundheitssektor gewinnt der Einsatz von sogenannten Health Information Technologies (HIT) zunehmend an Bedeutung. Health Information Technologies können im Allgemeinen beschrieben werden als *„the application of information processing involving both computer hardware and software that deals with the storage, retrieval, sharing, and use of health care information, data, and knowledge for communication and decision making"* (Brailer/Thompson 2004). Sie umfassen ein vielfältiges Bündel von Assistenzsystemen, welche speziell für die Erfassung, die Verwaltung und die sichere Übertragung von behandlungsrelevanten Informationen zwischen den Patienten, den medizinischen Leistungserbringern, den Kostenträgern und sonstigen Gesundheitsdienstleistern entwickelt worden sind. Neben der bekannten, jedoch bis heute noch nicht flächendeckend implementierten, elektronischen Patientenakte (EPA) gehören unter anderem Dokumentations- und Datenaustauschsysteme, sowie die computerbasierte Medikation und Vitaldatenerfassung (Telemonitoring) zur Familie der HIT. Durch die Anwendung von Informationstechnologien können neben rein administrativen Betriebsabläufen vor allem medizinisch-pflegerische Versorgungsprozesse durch die Überwindung von räumlichen und zeitlichen Distanzen zwischen den Patienten und den Gesundheitsdienstleistern, sowie den Gesundheitsdienstleistern untereinander unterstützt werden (Schultz et al. 2011). Der positive Einfluss der Nutzung von HIT auf die Qualität, die Effizienz, sowie die Kosten der medizinisch-pflegerischen Versorgung konnte bereits in zahlreichen wissenschaftlichen

---

[1] Die Autoren sind Mitarbeiter im BMBF-geförderten Forschungsprojekt PAGE (Förderkennzeichen: 01FC08041).

Studien nachgewiesen werden (Chaudhry et al. 2006; Stroetmann et al. 2006). So kamen Forscher in einer europaweiten Untersuchung zum ökonomischen Nutzen von HIT-Systemen im Leistungserstellungsprozess zu der Schlussfolgerung: *„Electronically enhanced healthcare (when properly implemented) promises to reduce costs, improve quality and efficiency and treat more patients with the same resources* (Stroetmann et al. 2006).

Trotz positiver wissenschaftlicher Erkenntnisse und des öffentlich antizipierten Nutzenpotentials konnte eine Implementierung von technologiebasierten Assistenzsystemen in Versorgungsstrukturen bis heute flächendeckend noch nicht realisiert werden. Dies liegt unter anderem darin begründet, dass bislang entwickelte Technologien zumeist nur für sich selbständige Insellösungen unterschiedlicher Anbieter darstellen, die keine Schnittstellen zu Konkurrenzsystemen aufweisen. Die fehlende Standardisierung und Interoperabilität stellen ein wesentliches Hindernis im Akzeptanz- und Adoptionsprozess dar, da erst durch die Vernetzung von Akteuren der wesentliche Nutzen dieser Technologien, sowohl für die potentiellen Nutzer, als auch für die Anbieter entsprechender Dienstleistungen, erzielt werden kann. Des Weiteren herrscht auch weitestgehend Unklarheit über das fachspezifische Kosten-Nutzen-Verhältnis einer Integration von Informationstechnologien in die jeweiligen Versorgungsprozesse und -strukturen. Viele Gesundheitsdienstleister kritisieren, dass in zahlreichen wissenschaftlichen Studien zwar allgemein das hohe Potential von IT-gestützten Gesundheitsdienstleistungen zur Qualitäts- und Effizienzsteigerung proklamiert wird, es jedoch bisher an evidenzbasierten Erkenntnissen über die Höhe des ökonomischen Nutzens für den jeweiligen Stakeholder (Gesundheitsdienstleister, Kostenträger oder Patient) mangelt. Dementsprechend können die einzelnen Akteure nur schwer einschätzen, ob sich die Investitionskosten in absehbarer Zeit amortisieren werden (Kaye et al. 2010).

Ziel dieses Beitrags ist es daher, zunächst den hohen Veränderungsbedarf im deutschen Gesundheitssystem und die potentiellen Anwendungsbereiche von IT-gestützten Assistenzsystemen darzustellen. Neben grundlegenden Herausforderungen wird auch anhand einer empirischen Studie zur Untersuchung von Koordinationsproblemen bei der Versorgung von Schlaganfall- und Sturzpatienten in Berlin und Brandenburg das Meinungsbild von 201 Therapeuten zu dieser Thematik abgebildet. Anschließend wird der Status quo der IT-Nutzung im ganzheitlichen Versorgungsprozess pflegebedürftiger Patienten aufgezeigt und das tatsächliche Potential assistierender Technologien zur Steigerung der Versorgungseffizienz auf Basis einer bundesweiten Befragung von ambulanten Pflegedienstleistern untersucht. Abschließend werden mögliche Empfehlungen für eine bessere Kundenakquise und segmentspezifische Einführungsstrategien von *Health Information Technologies* beschrieben.

2 Handlungsbedarf im Gesundheitswesen

Bedingt durch den demographischen Effekt einer schrumpfenden und zugleich überalternden Bevölkerung sind die Leistungserstellungsprozesse im deutschen Gesundheitswesen einem stetig wachsenden Effizienz- und Qualitätsdruck ausgesetzt. Die Herausforderungen liegen dabei nicht nur in der steigenden Anzahl an pflegebedürftigen Personen, deren Anteil an der Gesamtbevölkerung nach den Vorausberechnungen der Statistischen Ämter 4,4 % (3,37 Mio.) im Jahr 2030 betragen wird (Statistisches Bundesamt 2010). Auch der zunehmende Pflegefachkräftemangel wird die strukturelle und finanzielle Problematik in den kommenden Dekaden verstärken (Afentakis/Maier 2010). Eine weitere Herausforderung besteht zudem in der zunehmenden Verzahnung der bisher überwiegend autark agierenden Gesundheitssektoren. Infolge des Anstiegs der Komplexität und Diversität an Krankheitsmustern wächst zunehmend der Bedarf an sektorenübergreifenden Strukturen, um patientenorientierte und ganzheitliche Versorgungsprozesse effektiv abbilden zu können. Gleichzeitig steigt jedoch auch der Koordinationsaufwand zwischen den Gesundheits-dienstleistern. Abstimmungsdefizite an den Versorgungsschnittstellen können nicht nur zu Effizienzproblemen, sondern auch zur Reduktion der Ergebnis- und Prozessqualitäten führen, die sich in Versorgungsdiskontinuitäten und Be-handlungsfehlern äußern (Moore et al. 2003; Poon et al. 2004; v. Walraven 2004). Informations- und Versorgungsbrüche bei der sektorenübergreifenden Patientenbehandlung konnten bereits in vielen Studien aufgezeigt werden. Neben der hohen Verzögerung bei der Übermittlung wichtiger Patientendaten und den qualitativ minderwertigen Überleitungs- und Entlassungsdoku-mentationen wurden auch die Kommunikation und die Koordination zwischen den Gesundheitsdienstleistern stark bemängelt und als Hauptursachen dieser Ineffizienzen identifiziert (Kripalani et al. 2007; Ommen et al. 2007). Im Zusammenhang mit den vorangestellten Erkenntnissen wurde eine Umfrage zu Koordinations- und Schnittstellenproblemen in der Versorgung von Schlag-anfall- und Sturzpatienten in Berlin und Brandenburg durchgeführt. Die Zielsetzung der Studie bildete die Analyse der Interaktionsmuster zwischen den am Versorgungsprozess beteiligten Akteuren, die Aufdeckung zentraler Koordinations- und Kommunikationsdefizite an den Versorgungsschnittstellen, sowie die Darstellung der aktuellen Nutzung von IT-gestützten Diensten und Anwendungen im Versorgungsalltag. Die Studie basierte auf einer Online-Befragung von 201 zufällig ausgewählten Therapeuten unterschiedlicher Fachbereiche. Die Auswahlkriterien dieser Kohorte bildeten einerseits der direkte Patientenkontakt und andererseits die Komplentarität erbrachter rehabilitativer Leistungen zu den ärztlichen Maßnahmen bei gleichzeitiger vielfach wahrgenommener mangelhafter Abstimmung zwischen diesen Gesund-heitsdienstleistern.

Viele Erkenntnisse aus den vorangegangenen Untersuchungen konnten auch in dieser Studie bestätigt werden. Bei der Frage nach der Zufriedenheit in der Kooperation mit Ärzten wurden die Therapeuten gebeten, folgende Qualitätskriterien der Zusammenarbeit zu bewerten: Kompetenz, Erreichbarkeit, Häufigkeit des Feedbacks und Qualität des Feedbacks (siehe Abbildung 1).

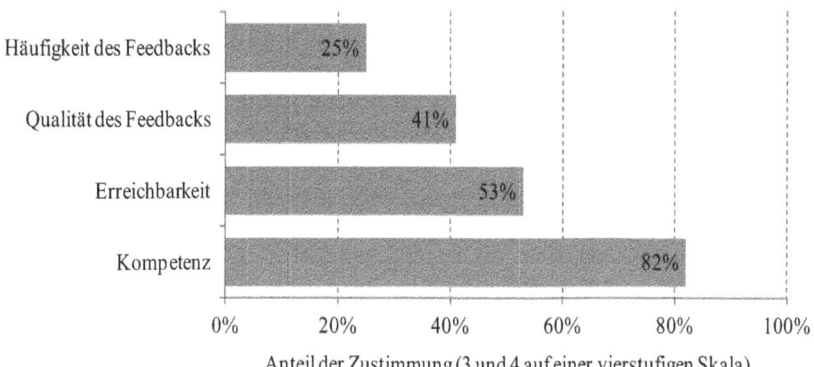

Abbildung 1   Zufriedenheit der Therapeuten in der Zusammenarbeit mit Ärzten (N=193)

Mehr als 80% der Befragten geben an, dass sie mit der fachlichen Kompetenz ihrer ärztlichen Kooperationspartner zufrieden sind. Eine hohe Zufriedenheit bei der Erreichbarkeit der ärztlichen Kollegen wird jedoch nur von jedem Zweiten bestätigt (entspricht den Antworten 3 und 4 auf der verwendeten vierstufigen Skala), was auf einen mangelnden Informationsfluss hinweist. Bei der Frage nach der Qualität und der Häufigkeit des Feedbacks zu Behandlungs- und Therapieverläufen ist das Meinungsbild der Therapeuten eher durch Unzufriedenheit geprägt. So beklagen ca. 60% der Befragten die minderwertige Qualität der Rückmeldung durch die ärztlichen Kollegen und nur jeder Vierte beurteilt die Häufigkeit des Feedbacks als vollkommen ausreichend.

In der Untersuchung wurden die Befragten ebenfalls gebeten, eine Bewertung über die vielfach in der Literatur aufgezählten Ursachen unbefriedigender Behandlungsergebnisse in der Versorgung von Schlaganfall-Patienten abzugeben. In Abbildung 2 sind drei der von den Therapeuten am häufigsten benannten Ursachen ineffektiver Behandlungsprozesse dargestellt.

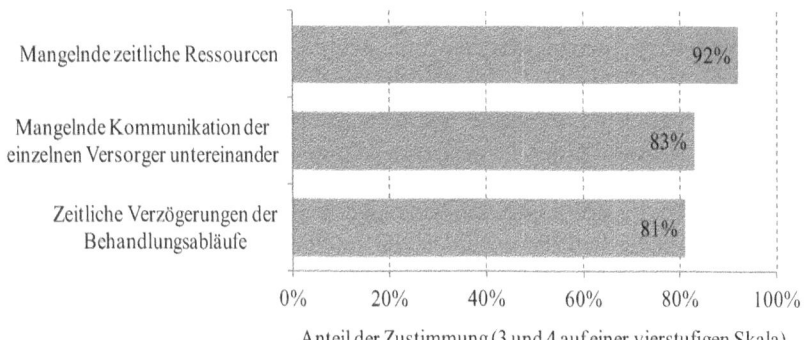

Abbildung 2   Ursachen unbefriedigender Behandlungsergebnisse (N=186)

Über 90% der Umfrageteilnehmer vertreten die Meinung, dass schlechte Behandlungsresultate vor allem auf fehlende zeitliche Ressourcen der am Versorgungsprozess beteiligten Gesundheitsdienstleister zurückgeführt werden können. Zeitaufwendige Tätigkeiten, wie das Stellen von Anträgen, die Dokumentationen für Kostenträger oder die Bearbeitung von Regressen haben zur Folge, dass effektiv weniger Zeit für die Sichtung und Erstellung von Befundberichten und die Patientenversorgung zur Verfügung steht. Ohne die Informationen über bereits durchgeführte Diagnosen, Behandlungs- und Therapieverläufe oder die medikamentösen Therapien können sich die einzelnen Leistungserbinger kein ganzheitliches Bild vom bisherigen Versorgungsprozess ihrer Patienten verschaffen. Die Asymmetrien in der Informationsverteilung führen dazu, dass bei bestimmten Patienten unnötige diagnostische und therapeutische Maßnahmen verordnet werden und andere Patienten wiederum nur unzureichend oder falsch behandelt werden (Cortekar/Hugenroth 2006). Ein ähnliches Meinungsbild spiegelt sich auch bei der Bewertung des fachinternen und -übergreifenden Informationsaustausches wider. Demnach sehen mehr als 80% der Befragten auch in der mangelnden Kommunikation der einzelnen Versorger untereinander eine Quelle schlechter Behandlungsergebnisse. Unzureichende Absprachen und Abstimmungen der Behandlungsabläufe konnten bereits in einer Studie des Robert-Koch-Instituts (2001) als Hauptquellen von Behandlungsfehlern identifiziert werden. Davon wurden 48% der Fehler auf die mangelhafte Abstimmung zwischen der ambulanten und der stationären Versorgung und 52% auf die Kommunikationsdefizite zwischen den niedergelassenen Ärzten zurückgeführt (Hansis et al. 2001). Schließlich haben auch zeitliche Verzögerungen der Behandlungsabläufe einen entscheidenden Einfluss auf den Behandlungserfolg. Diese lassen sich nicht zuletzt auf die beschriebenen Abstimmungsdefizite zurückführen.

Die Ergebnisse der aktuellen und der vergangenen Studien verdeutlichen, dass trotz technologischer Fortschritte und einer kontinuierlichen Optimierung der Versorgungsprozesse in den vergangenen Jahren weiterhin ein enormer Bedarf an informationslogistischer Unterstützung im deutschen Gesundheitssektor besteht. Erste Ansätze einer Veränderung in Richtung einer IT-gestützten Leistungserstellung sind aber bereits in der untersuchten Versorgungsstruktur zu erkennen. Abbildung 3 gibt einen Überblick über das Ausmaß der aktuellen Nutzung von computergestützten Diensten und Anwendungen durch Therapeuten in ihrem Versorgungsalltag.

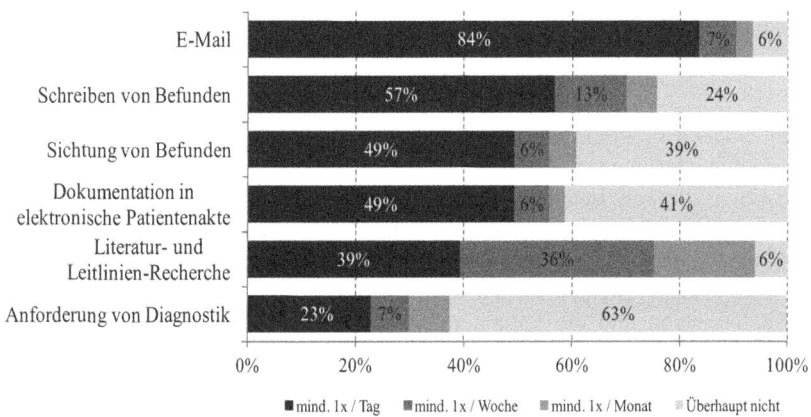

Abbildung 3   Ausmaß der Nutzung computergestützter Dienste durch Therapeuten (N=201)

Die Befragten nutzen den Computer bisher am häufigsten als Kommunikations-medium zum Versenden und Empfangen von elektronischen Nachrichten (84%). Jeder Zweite gibt aber auch an, mehrmals täglich computergestützte Dienste und Anwendung zur Erstellung (57%) und Sichtung (49%) von Befundberichten und/ oder zur Erfassung von Behandlungs- und Therapieabläufen und –ergebnissen in EPA (49%) zu nutzen. Gleichzeitig sagen jedoch etwa 40% der Therapeuten, dass sie die elektronischen Befundberichte und Patientenakten bislang überhaupt nicht in ihrem Versorgungsalltag einsetzen. Eine noch höhere fehlende Anwendungsbereitschaft von Computern zeigt sich bei der Anforderung von Diagnostiken. So geben 63% der Befragten an, Diagnostiken noch nie auf elektronischem Wege eingefordert zu haben. Die Gründe hierfür liegen vor allem in der nach wie vor starken Dominanz traditioneller Kommunikationskanäle (wie bspw. Telefon, Fax) und der hohen Präferenz von persönlichen Kontakten. Trotz vorläufig nur partieller Integration von Informationstechnologien in die Versorgungsprozesse sind die meisten Befragten jedoch der Meinung, dass durch die Unterstützung von computergestützten Diensten und Anwendungen bei der Erstellung und Sichtung von Befunden, der Dokumentation in Patientenakten, der Literatur- und Leitlinien-Recherche, sowie der Anforderung von Diagnostiken die Arbeitseffektivität deutlich erhöht werden kann (Abbildung 4).

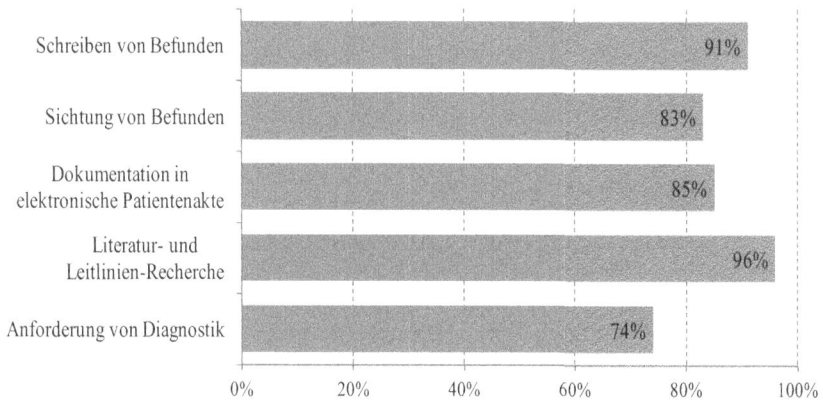

Anteil hoher Zustimmung (3 und 4 auf einer vierstufigen Skala)

Abbildung 4   Durch Therapeuten wahrgenommene Effektivitätsvorteile von IT-Unterstützung (N=187)

3 Einsatz technologiebasierter Assistenzsysteme im Pflegesektor

3.1 Status quo der IT-Nutzung und Nutzungsintention

Zur Abbildung des gegenwärtigen Stands und Intensität der HIT-Nutzung, sowie möglicher Implementierungsabsichten von Gesundheitsdienstleistern wurde eine bundesweite Befragung von ambulanten Pflegediensten durchgeführt. Die Zielsetzung der Untersuchung bestand in der Aufnahme der aktuellen technologischen Ausstattung ambulanter Pflegedienstleister und deren Nutzungsintensität in pflegerischen Versorgungsprozessen, sowie der Analyse des Wirkungszusammenhangs zwischen der Nutzungsintensität technologiebasierter Assistenzsysteme und der Versorgungseffizienz dieser Institutionen. Damit wird dem in wissenschaftlichen Studien bislang unterrepräsentierten

Aspekt der Höhe des ökonomischen Nutzens für den Anwender Rechnung getragen. Darüber hinaus wurde auch das Meinungsbild der Befragten zur Absicht einer möglichen – falls nicht bereits in Verwendung – zeitnahen Einführung von technologiebasierten Assistenzsystemen erfasst. Die Untersuchung der strategischen Ausrichtung von ambulanten Pflegediensten in ihrem Marktumfeld zur Ableitung kundenspezifischer Markteinführungsstrategien der HIT bildete den zweiten Schwerpunkt dieser Studie. Die Auswahlkriterien der Untersuchungsgruppe stellten – wie bereits in der vorangegangenen Studie – der direkte Patientenkontakt und die vielfach wahrgenommene Koordinationsfunktion im Versorgungsprozess dar, wodurch ambulante Pflegedienste einerseits als Nutzer und andererseits als Träger innovativer Gesundheitstechnologien auftreten können und damit ein wichtiges Kundensegment abbilden. Die Erhebung basiert auf einer schriftlichen Befragung von zufällig ausgewählten, bundesweit verteilten und dem Bundesverband privater Anbieter sozialer Dienste e.V. (bpa) angehörenden, ambulanten Pflegediensten. Die Fragebögen wurden vom bpa e.V. über die Landesstellen bundesweit versendet. Insgesamt wurden 153 Fragebögen vollständig beantwortet. Die Datenerhebung erfolgte mit Hilfe eines fünfseitigen standardisierten Fragebogens. Bewertungen wurden von den Befragten auf einer 5-stufigen Likert-Skala (1=„Trifft gar nicht zu“ bis 5=„Trifft voll zu“) vorgenommen. Aufgrund der Selbstauswahl der teilnehmenden Pflegedienste kann jedoch nicht ohne weiteres von einer Repräsentativität der Ergebnisse für den gesamten Pflegemarkt ausgegangen werden, da wahrscheinlich überproportional viele innovative und aufgeschlossene Pflegedienste teilnahmen. Jedoch erlauben die Ergebnisse einen ersten Einblick und sind insbesondere in der Analyse zwischen den Pflegediensten (z.B. hinsichtlich der Effizienzwirkung) als valide anzusehen. Zur Erfassung des Status quo der Anwendungshäufigkeit von technologiebasierten Assistenzsystemen im Pflegeprozess wurden die Befragten gebeten, Angaben zur Nutzungsintensität von ausgewählten technologiebasierten Assistenzsystemen zu machen. Die zu bewertenden Systeme wurden dabei so ausgewählt, dass sie folgende Kategorien und damit einen breiten Anwendungsbereich abdecken: Koordination der pflegerischen Versorgungsprozesse, Patientenüberwachung im häuslichen Umfeld, sowie fachinterner und –übergreifender Informationsaustausch.

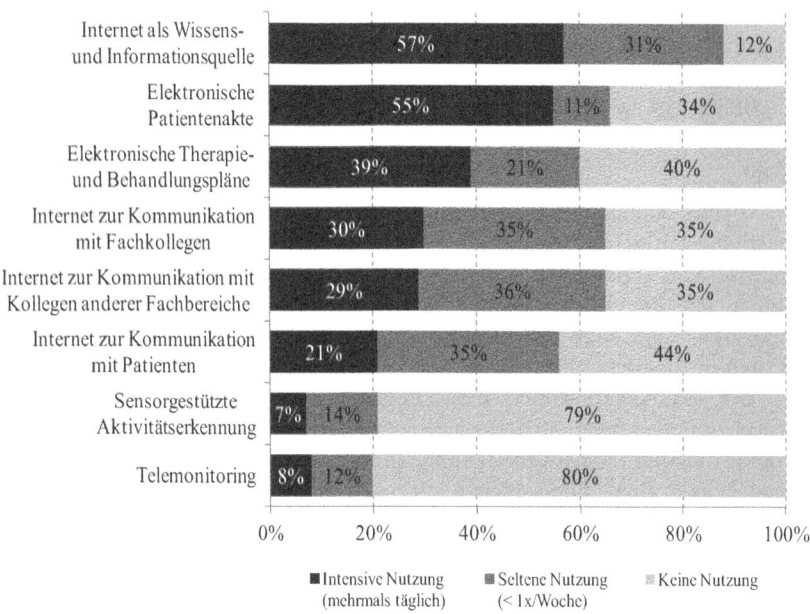

Abbildung 5   Ausmaß der gegenwärtigen IT-Nutzung im Pflegebereich (N=153)

Die vorangehende Abbildung 5 zeigt das gegenwärtige Ausmaß der Inanspruchnahme von Informations- und Kommunikationstechnologien durch ambulante Pflegedienstleister. Am häufigsten wird von den Befragten das Medium Internet (57%) im Versorgungsalltag eingesetzt. Durch den schnellen Zugang zu wichtigen Informationen über neue Versorgungsleitlinien, spezielle Pflegeleitsätze, oder rechtliche Rahmenbedingungen stellt es eine der wichtigsten und relativ kostengünstigen Wissens- und Informationsquellen dar. Nur 12% der Befragten verzichten im Versorgungsalltag vollständig auf diesen Dienst. Abgesehen vom reinen Informations- und Wissensbezug wird das Internet außerdem von einem Teil der Befragten sehr häufig zur Übertragung von Daten und Informationen und als Kommunikationsmedium eingesetzt. Demnach nutzen 30% der Befragten das Internet intensiv sowohl zum Austausch mit fachinternen, als auch fachexternen Gesundheitsdienstleistern. Zum Informationsaustausch mit Patienten wird dieses Medium wiederum nur von jedem fünften Pflegedienst sehr häufig in Anspruch genommen. Die Anteile der temporären Nutzung internetbasierter Kommunikationsdienste durch die Befragten fallen hingegen sowohl bei der fachinternen und –externen

Nachrichtenübermittlung, als auch der Patientenkonversation mit 34% bzw. 35% annähernd gleich aus. 35% der Teilnehmer verzichten dagegen vollständig auf die internetbasierte Interaktion mit Gesundheitsdienstleistern und sogar 44% der Befragten präferieren den persönlichen oder über traditionelle Kommunikationsmedien (wie bspw. Telefon, Fax) stattfindenden Patientenkontakt.

Jeder zweite ambulante Pflegedienst (55%) gibt an, die Krankheits- und Behandlungsverläufe in einer EPA zu dokumentieren. Durch die elektronische Sammlung und Verwaltung von Diagnosen, Befundberichten und Behandlungsabläufen hat die Pflegedienstleitung einen besseren Überblick über den Pflegeverlauf und kann die Mitarbeiter schneller über neue Ereignisse beim Patienten in Kenntnis setzen. Trotz der offensichtlichen Nutzenvorteile erfassen 34% der Studienteilnehmer die Pflegedokumentation nach wie vor in klassischen Papierakten. 39% der befragten Pflegedienstleister geben außerdem an, den Computer intensiv zur Erstellung und Archivierung von elektronischen Therapie- und Behandlungsplänen einzusetzen. Mit Hilfe von IT-gestützten Therapieplanungssystemen können individuelle und kundengerechte Behandlungskonzepte schneller gestaltet, in der Praxis umgesetzt und bei Bedarf aktualisiert werden. Nur jeder fünfte ambulante Pflegedienst nutzt die IT-gestützten Planungssysteme und die Mehrheit der Teilnehmer (40%) gibt an, dass ihre Therapieplanung gegenwärtig nur auf klassischen Planungsinstrumenten basiert.

Den geringsten Anteil an intensiver Nutzung weisen gegenwärtig sensorgestützte Systeme zur Aktivitäts- und Sturzerkennung von Patienten im häuslichen Umfeld sowie Technologien zur Vitaldatenerfassung und –übermittlung (Telemonitoring) auf. Nur 7% beziehungsweise 8% der Studienteilnehmer geben an, diese Systeme im Versorgungsprozess einzusetzen. Eine geringe Nutzungshäufigkeit wird bei der Aktivitätserkennung von 14% und beim Telemonitoring von 12% der Befragten bekundet. Hierbei kann davon ausgegangen werden, dass es sich in der Mehrheit um einfachste Lösungen wie digitale Blutzuckermessgeräte oder Bluetooth-Waagen handelt und die dort aufgezeichneten Daten zur Erfassung des Gesundheitszustandes und zur Planung des weiteren Pflegeverlaufs herangezogen werden. Insgesamt wird deutlich, dass die Durchdringung dieser Technologien noch sehr gering ist. Die Mehrheit der Studienteilnehmer (80%) setzt derzeitig keine gesundheitstelematischen Dienste bei der Versorgung pflegebedürftiger Patienten ein, was unter anderem auf die relativ hohen Investitionskosten bei der Implementierung solcher Systeme, aber auch auf das unzureichende Bewusstsein über tatsächliche Nutzenvorteile und Effizienzsteigerungen im Pflegeprozess zurückgeführt werden kann.

Neben den Angaben zur Häufigkeit der gegenwärtigen Nutzung von technologiebasierten Assistenzsystemen wurde ebenfalls das Meinungsbild der ambulanten Pflegedienste zum zukünftigen regulären Einsatz dieser Systeme im Versorgungsprozess erhoben (Abbildung 6).

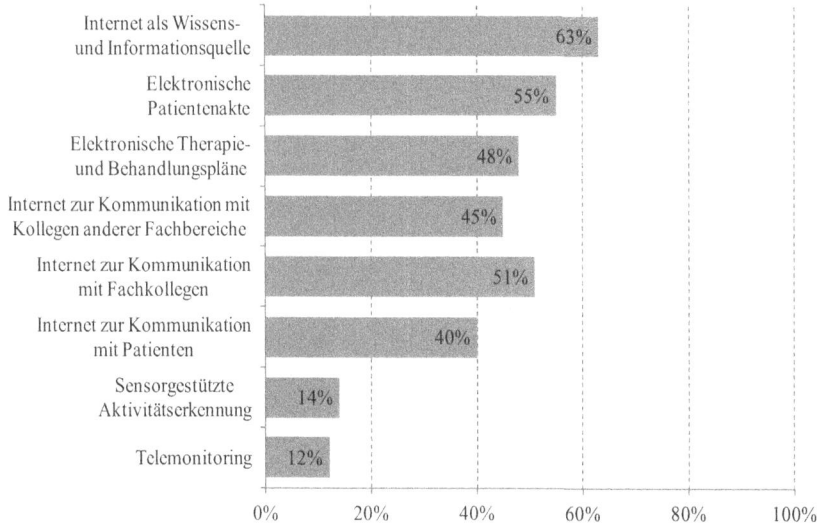

Anteil hoher Zustimmung (4 und 5 auf einer fünfstufigen Skala)

Abbildung 6   Zukünftiges Ausmaß intensiver HIT-Nutzung im Versorgungsprozess (N=147)

Es zeigt sich, dass zukünftig alle aufgelisteten technologiebasierten Assistenzsysteme von einer höheren Anzahl an ambulanten Pflegediensten regulär im Versorgungsalltag eingesetzt werden. Der Anteil der intensiven Nutzer internetbasierter Informations- und Wissensportale steigt hierbei von 57% auf 63%. Den stärksten Zuwachs von Anwendern mit einer hohen Nutzungshäufigkeit erfahren internetbasierte Kommunikationsdienste. Demnach wollen 51% der Befragten das Internet zukünftig regulär zur Kommunikation mit Fachkollegen einsetzen, was einem Zuwachs von 21 Prozentpunkten gegenüber dem Status quo entspricht. Beim Informationsaustausch mit Kollegen anderer Fachbereiche werden 45% der Studienteilnehmer in naher Zukunft ebenfalls internetbasierte Medien in Anspruch nehmen. Ein hoher Anstieg zeigt sich ebenfalls bei der Interaktion mit Patienten. Folglich möchten 40% der ambulanten Pflegedienste zukünftig intensiver auf elektronischem Wege mit den Patienten kommunizieren, was unter anderem auf die zunehmende Technikaffinität vor allem

auf Seiten der Patienten zurückgeführt werden kann. Auch bei der Planung von
Behandlungs- und Therapieverläufen wollen viele Pflegedienstleister auch in
Zukunft noch stärker auf IT-Unterstützung setzen. Demnach werden 48% der
Befragten kundengerechte Behandlungskonzepte in Zukunft regulär mit Hilfe
von IT-basierten Therapieplanungssystemen erstellen. Keine Veränderung zeigt
sich dagegen bei den Anteilen intensiver Nutzer der EPA. Sowohl bei der Frage
nach der gegenwärtigen als auch der zukünftigen Nutzung sind 55% der
Befragten von den Nutzenvorteilen der EPA überzeugt und wollen diese auch
weiterhin regulär im Versorgungsprozess einsetzen. Eine Steigerung des Anteils
intensiver Anwender verzeichnen sensorbasierte Systeme zur Aktivitätserkennung sowie Vitaldatenerfassung und –übermittlung. 14% der Teilnehmer
werden künftig sensorgestützte Überwachungssysteme in ihrem Leistungsangebot führen und 12% der ambulanten Pflegedienste möchten in Zukunft
telemedizinische Dienste regulär in der Patientenversorgung einsetzen.

Die Ergebnisse der Studie zeigen, dass bereits eine Vielzahl der ambulanten
Pflegedienstleister von dem Nutzenpotential technologiebasierter Assistenzsysteme überzeugt ist und diese mittlerweile fest in die bestehenden
Versorgungsprozesse integriert hat. Dennoch verzichten nach wie vor viele
Pflegedienstleister auf die IT-Unterstützung und auf das Angebot innovativer
technologiebasierter Gesundheitsdienstleistungen. Die Gründe hierfür sind
vielfältig. Einerseits scheitert die Implementierung solcher Systeme an den
finanziellen Ressourcen der Institutionen, andererseits ist die Darstellung von
Effizienzgewinnen für den jeweiligen Nutzer oder Träger dieser Technologien
noch immer unzureichend. Infolgedessen können die potentiellen Kunden den
realen Mehrwert und Nutzenzuwachs nur schwer abschätzen, wodurch eine
flächendeckende Implementierung technologiebasierter Assistenzsysteme ver-
hindert wird.

3.2 Einfluss der HIT-Nutzung auf die Versorgungseffizienz ambulanter Pflegedienste

Durch den Pflegefachkräftemangel, die wachsende Anzahl an Pflegebedürftigen
und den vermehrten Wettbewerb gewinnen die Leistungsfähigkeit und die
Wirtschaftlichkeit im Pflegesektor zunehmend an Bedeutung. Pflegeein-
richtungen streben danach, mit einem möglichst geringen Aufwand (Input) eine
möglichst hohe Anzahl an Patienten (Output) versorgen zu können. In diesem
Zusammenhang wird im folgenden Abschnitt der Einfluss einer intensiven
Nutzung der abgebildeten technologiebasierten Assistenzsysteme auf die
Versorgungseffizienz ambulanter Pflegedienste eruiert. Zur Berechnung der
Effizienz wurden die Pflegeeinrichtungen gebeten, die Anzahl der Mitarbeiter
(differenziert nach der Qualifikation) und die Anzahl der pro Monat zu
versorgenden Patienten (differenziert nach Pflegestufen) anzugeben. Darauf

aufbauend wurden fünf Inputfaktoren der folgenden Kategorien erstellt: Examinierte Pflegekraft, Examinierte Pflegeassistenz, Pflegekraft mit Grundausbildung, Nichtexaminierte Pflegeassistenz und Verwaltungspersonal. Zu den drei Outputfaktoren zählten die versorgten Patienten der Pflegestufe eins bis drei. Selbstzahlende Patienten wurden in Abhängigkeit von der Anzahl an versorgten Patienten der jeweiligen Pflegestufe anteilig auf die drei Patienten-gruppen verteilt. Zur Analyse der Effizienz (Quotient von Output und Input) der jeweiligen Pflegeeinrichtung wurde das Verfahren der Data Envelopment Analysis (DEA) herangezogen (Charnes et al. 1978; Seiford 1996). Mit Hilfe der DEA können mehrere Input- und Outputgrößen unterschiedlicher Skalierungen in der Analyse berücksichtigt werden. Die Gewichtungen der einzelnen Faktoren werden dabei für jede Untersuchungseinheit separat bestimmt. Infolgedessen können individuelle Effizienzmaße berechnet und somit auch individuelle Strategien zur Verbesserung der Leistungsfähigkeit für jeden ambulanten Pflegedienst aufgezeigt werden. Eine Pflegeeinrichtung ist dann effizient (Effizienzwert = 100 %), wenn sie unter gleichen Input-Output-Bedingungen von keiner anderen Einrichtung dominiert wird. Ein Pflegedienst mit einem Effizienzmaß von 0,8 muss demnach bei einer inputorientierten Betrach-tung seine Inputs auf 80% des aktuellen Wertes senken, um auf das Niveau des effizienten Pflegedienstes zu kommen.[2] Durch das Effizienzintervall von 0-100 % können jedoch alle effizienten Einheiten (Effizienzwert = 100 %) nicht mehr differenziert werden. Mit Hilfe der Supereffizienzanalyse und der Abbildung des tatsächlichen Effizienzwertes wird diese Restriktion aufgehoben. Demnach können Untersuchungseinheiten auch Effizienzwerte von über 100 % erreichen. Der Effizienzpuffer gibt an, um wie viele Einheiten die Inputs angehoben werden könnten (Inputorientierung), ohne den Status einer effizienten Einheit zu verlieren (Cantner et al. 2007). Die mit Hilfe der Analysesoftware EMS (*Efficiency Measurement System*) (Scheel 2000) errechneten Effizienzwerte wurden in einem zweiten Schritt in Relation zur Nutzungsintensität (gering, mittel, hoch) von HIT gesetzt. In der HIT-Variable wurden alle vorgestellten technologiebasierten Dienste und Anwendungen (siehe Abschnitt 3.1) zu einem Faktor zusammengefasst. Das Ergebnis dieser Analyse ist in Abbildung 7 dargestellt.

---

[2]   Bei der Outputorientierung müsste die Einrichtung die Outputs um 20% steigern, um das Effizienzmaß der Referenzeinheit zu erreichen.

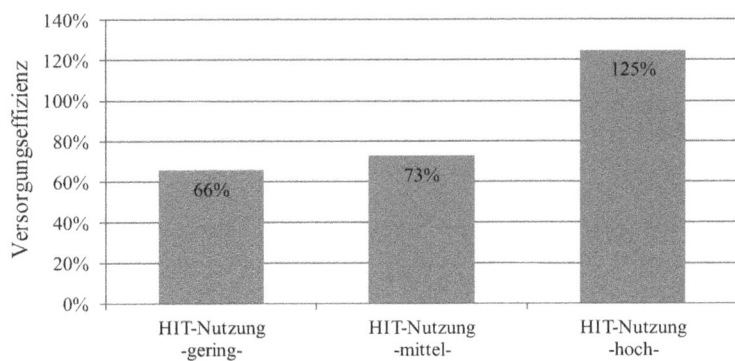

Ausmaß der Nutzung von Health Information Technologies

Abbildung 7   Supereffizienzwerte ambulanter Pflegedienste in Abhängigkeit von der HIT-
               Nutzungsintensität (N=142)

Ambulante Pflegedienste mit einer hohen Nutzungsintensität von technologiebasierten Diensten und Anwendungen weisen demnach eine höhere
Versorgungseffizienz auf als Einrichtungen mit einer geringen Nutzungsintensität. Daraus kann gefolgert werden, dass technologiebasierte Assistenzsysteme die Pflegeeinrichtungen dabei unterstützen, die Versorgungsprozesse
besser zu koordinieren und aufeinander abzustimmen, wodurch mit der gleichen
Anzahl an Pflegefachkräften eine höhere Anzahl an pflegebedürftigen Patienten
versorgt werden kann. Die Ergebnisse konnten durch eine signifikante
Korrelation bestätigt werden (r=0,246; $p=0,003$), wo ein positiver Zusammenhang zwischen Nutzungsintensität und der Versorgungseffizienz festgestellt
werden konnte. Ein relativ geringer Effizienzunterschied liegt dagegen
zwischen geringer und mittlerer Nutzung vor. Dies kann darauf zurückgeführt
werden, dass die Leistungsfähigkeit erst durch die vollständige Integration
technologiebasierter Assistenzsysteme in die Versorgungsprozesse und nicht
durch vereinzeltes Versenden und Empfangen von elektronischen Nachrichten
oder die internetbasierte Leitlinienrecherche beeinflusst werden kann. Basierend
auf diesen Erkenntnissen werden im folgenden Abschnitt geeignete Markteinführungsstrategien abgeleitet.

4 Marktorientierte Einführung technologiebasierter Assistenzsysteme

4.1 Marktorientierte Segmentierung

Der erfolgreichen Markteinführung innovativer Produkte und Dienstleistungen werden vielfach marktorientierte Aktivitäten zugrunde gelegt. Diese umfassen im Allgemeinen die Phasen der marktbezogenen Informationsbeschaffung und – bewertung, der Ableitung von Markteinführungsstrategien auf Basis der gewonnenen Erkenntnisse und der operativen Umsetzung von strategischen Vorgaben anhand marktorientierter Einführungsoperationen (Ruekert 1992). In der primären Phase der strategischen Marktanalyse gilt es, die marktseitigen Gegebenheiten zu erheben. Dabei werden Informationen über die Anforderungen des Absatzmarktes, der Unternehmensumwelt, sowie der unternehmensinternen Struktur berücksichtigt (Jaworski/ Kohli 1996). Bei der Analyse des Absatzmarktes wird das Wettbewerbsverhalten von Konkurrenten sowie die Aktivitäten und Bedürfnisse von potentiellen Kunden erfasst, wobei den Letzteren sicherlich die größte Bedeutung zukommt. Dies kann darin begründet werden, dass die positive Adoptionsentscheidung der Kunden sehr stark davon beeinflusst wird, inwieweit die Innovation ihre Bedürfnisse abdecken kann (Slater/Narver 1995; Rogers 1995). Anforderungen der Unternehmensumwelt umfassen hingegen rechtliche, strukturelle oder soziale Rahmenbedingungen des Marktes (Staehle 1999). Im Gesundheitssektor können hierzu beispielsweise medizinische Gesetze und Verordnungen, soziale Normen oder die demographischen Veränderungen zählen. Auch unternehmensinterne Anforderungen nehmen eine wichtige Rolle ein. Innovationen können demnach nur dann vermarktet werden, wenn das Unternehmen selbst ein tiefes Verständnis hinsichtlich der Innovation entwickelt und von deren Nutzenpotential überzeugt ist. Erst auf Basis dieser Erkenntnisse können Markteinführungsstrategien entwickelt werden, die infolge einer zielgerichteten und konsequenten Umsetzung durch die Mitarbeiter die Adoptionsentscheidung der Kunden positiv beeinflussen und somit Diffusionsbarrieren abbauen können (La Place 1999; Talke 2005). Da es in diesem Beitrag primär um das Auftreten gegenüber den relevanten Abnehmern des Pflegesektors geht, werden die Unternehmensumwelt und unternehmensinterne Aspekte aus dem Betrachtungsfokus ausgeschlossen und als extern vorgegeben erachtet.

Die Berücksichtigung der Kundenheterogenität und die zielgenaue Ansprache potentieller Nachfrager stellen wesentliche Schlüsselfaktoren einer effektiven Einführung von Innovationen dar. Um diese Aspekte realisieren zu können, muss der gesamte Absatzmarkt zunächst jedoch in kleine und überschaubare Einheiten aufgeteilt werden. Das grundlegende Ziel dieser Marktsegmentierung besteht darin, den heterogenen Stamm potentieller Kunden mit Hilfe zuvor definierter Segmentierungskriterien in einzelne, intern homogene und untereinander heterogene Kundensegmente zu fragmentieren. Infolgedessen können einzelne Kundengruppen systematischer und differenzierter angesprochen und die Nutzenpotentiale innovativer Produkte und Dienstleistungen gruppenspezifisch dargestellt werden. Speziell bei hochgradigen und radikalen Innovationen wird eine Marktsegmentierung auf Grund der heterogenen Innovations- und Adoptionsbereitschaft der Kunden als erfolgskritische Voraussetzung erachtet. Auf Grund dessen wurde dieses Konzept ebenfalls im Rahmen der bundesweiten Untersuchung ambulanter Pflegedienstleister mit dem Ziel eingesetzt, Pflegedienste in homogene Segmente mit ähnlichem Innovations- und Wettbewerbsverhalten zu kategorisieren. Durch die Fragmentierung können die einzelnen Pflegedienstgruppen gezielter adressiert, deren jeweiliger Bedarf treffsicherer identifiziert und infolgedessen individuellere Markteinführungsstrategien für HIT im Pflegebereich abgeleitet werden. Als Segmentierungskriterien wurden die Dimensionen der innovativen, proaktiven und analytischen Orientierung, sowie der Wettbewerbsorientierung in Anlehnung an das Konstrukt der strategischen Orientierung nach Venkatraman herangezogen, die auf einer Selbsteinschätzung der Einrichtungen basieren und im Zuge der Befragung erhoben wurden (Venkatraman 1989).

Ambulante Pflegedienste mit einem hohen Grad an Innovativität sind ständig bestrebt, den Versorgungsprozess durch die Generierung und Anwendung neuer Ideen, innovativer Problemlösungsstrategien und Arbeitsverfahren kontinuierlich zu verbessern. Akteure mit einem proaktiven Verhaltensmuster suchen stets nach neuen Marktnischen und sind vielfach die Ersten, die innovative Produkte und/ oder Dienstleistungen weit vor der Konkurrenz am Markt anbieten (Schultz et al. 2011). Eine starke Wettbewerbsorientierung zeichnet sich vor allem durch eine mutige und aggressive Haltung der ambulanten Pflegedienstleister gegenüber den Konkurrenten aus. Dabei versuchen die Pflegedienste, neue Mitarbeiter abzuwerben und ihre Wettbewerber ins Abseits zu drängen, um den Marktanteil noch weiter auszubauen. Analytisch orientierte Pflegedienste nehmen hingegen eine eher defensive Haltung ein und treffen ihre Entscheidungen auf Basis gründlicher, vielfach IT-gestützter, Analysen. Informations-, Controlling- und Planungssysteme helfen dabei, die Leistungsfähigkeit der Institution zu überwachen, sowie neue Leistungsangebote zu entwickeln und umzusetzen.

Zur besseren Abgrenzung wurden die Dimensionen der Innovativität und Proaktivität zu einem Konstrukt zusammengefasst und in Bezug zur analytischen Orientierung und Wettbewerbsorientierung gesetzt. Die Abbildung 8 zeigt das Ergebnis der hierarchischen Clusteranalyse.

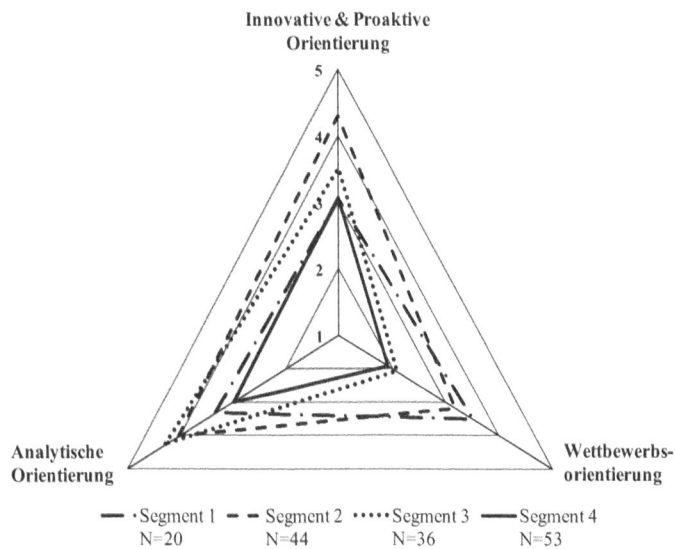

Innovative & Proaktive
Orientierung

Analytische
Orientierung

Wettbewerbs-
orientierung

—— ·Segment 1   — — Segment 2   ·····Segment 3   ——— Segment 4
N=20   N=44   N=36   N=53

Abbildung 8   Pflegedienst-Segmente (N=153)

Auf Basis der drei Dimensionen wurden aus der Gesamtanzahl an ambulanten Pflegedienstleistern (N=153) insgesamt vier Segmente (Gruppen) mit N=20 bis N=53 Pflegediensten identifiziert, die sich jeweils in der Ausprägung der jeweiligen Orientierungen (1=„Trifft gar nicht zu" bis 5=„Trifft voll zu") unterscheiden. Ambulante Pflegedienste, die dem Segment 1 (N=20) zugeordnet wurden, nehmen hinsichtlich der innovativen und proaktiven Orientierung eine neutrale Stellung (Ø =3) ein. Daraus lässt sich folgern, dass diese Einrichtungen zwar offen für neue, innovative Lösungen sind, jedoch nicht alle Konzepte sofort übernehmen und in die eigenen Versorgungsprozesse integrieren. Gestützt wird dies ebenfalls durch die Tendenz dieser Akteure zu eher analytischen Verhaltensweisen bei der operativen Umsetzung wichtiger Entscheidungen (Ø=3,35). Gleichzeitig weisen die Pflegedienste des ersten Segments eine erhöhte Wettbewerbsorientierung (Ø=3,5) auf, was sicherlich infolge der abnehmenden Anzahl an ausgebildeten Pflegekräften auf die kontinuierliche Suche und das Abwerben vom Pflegefachpersonal zurückgeführt werden kann. Ein besonders innovatives und proaktives Verhalten (Ø=4,3) zeigen Einrichtungen des zweitgrößten (N=44) Segments 2. Mit der Generierung und Verwertung zahlreicher neuer Ideen oder Dienstleistungen sollen deren Versorgungsprozesse stetig optimiert und das Leistungsangebot kontinuierlich erweitert werden. Trotz hoher Innovativität und Proaktivität werden die Entscheidungen über die Umsetzung neuer Projekte jedoch sehr stark von den Ergebnissen zuvor durchgeführter Nutzwertanalysen beeinflusst und die Implementierungsphasen mit Hilfe von IT-Systemen überwacht (Ø=4,0). Beim Verhalten gegenüber anderen Wettbewerbern nehmen die Pflegedienste des Segments 2 eine eher neutrale Stellung ein (Ø=3,2). Das dritte Segment (N=36) zeichnet sich vor allem durch Pflegedienste mit einem stark ausgeprägten analytischen Verhaltensmuster (Ø=4,3) aus. Strategische Entscheidungen, beispielsweise bzgl. der Einführung innovativer Produkte, werden hier fast ausschließlich auf Basis detaillierter Markt- und Nutzwertanalysen getroffen. Gleichzeitig stehen die Pflegedienste Innovationen jedoch offen gegenüber (Ø=3,5), die bei einer entsprechenden Bedarfserfüllung und einem hohen Nutzenpotential auch in die bestehenden Versorgungsprozesse integriert werden. Auffallend niedrig ist die Ausprägung der Wettbewerbs-orientierung (Ø=2,0). Demnach scheint diese Gruppe von Pflegediensten in einem Markt mit einer sehr geringen Wettbewerbsintensität zu agieren. Ein noch geringeres Wettbewerbsverhalten weisen die Pflegedienste des vierten und größten (N=53) Segments auf (Ø=1,9). Bezüglich des innovativen und proaktiven Verhaltens (Ø=3,1) und der analytischen Orientierung (Ø =3,0) beziehen diese Pflegedienste eher eine neutrale Position. In diesem Segment ist auch die Anzahl der durchschnittlich von einem Pflegedienst versorgten Patienten mit 32 im Vergleich zu Segment 3 (46), Segment 2 (52) und Segment 1 (39) am geringsten. Daraus lässt sich folgern, dass es sich um eher kleine Einrichtungen handelt, die nur kleine Nischen abdecken und demnach bisher kein Nutzenpotential im IT-Einsatz, sowie innovativem und proaktivem Verhalten sehen.

Aufbauend auf der Clusteranalyse wird die Intensität der Nutzung technologiebasierter Assistenzsysteme von Pflegediensten des jeweiligen Segments eruiert. In der HIT-Variablen werden alle Assistenzsysteme (siehe Abschnitt 3.1) abgebildet. Die Variable „IKT" umfasst dagegen nur Technologien, die zur Übertragung von Daten und Informationen und als Kommunikations-medium eingesetzt werden. Auf Grund der geringen Unterschiede zwischen den jeweiligen Segmenten wird auf die detaillierte Darstellung der Nutzungsintensi-tät von IT-gestützten Planungs- und Dokumentationssystemen, sowie telemedi-zinischen Infrastrukturen verzichtet. Die nachfolgende Abbildung 9 veran-schaulicht die Ergebnisse der Untersuchung.

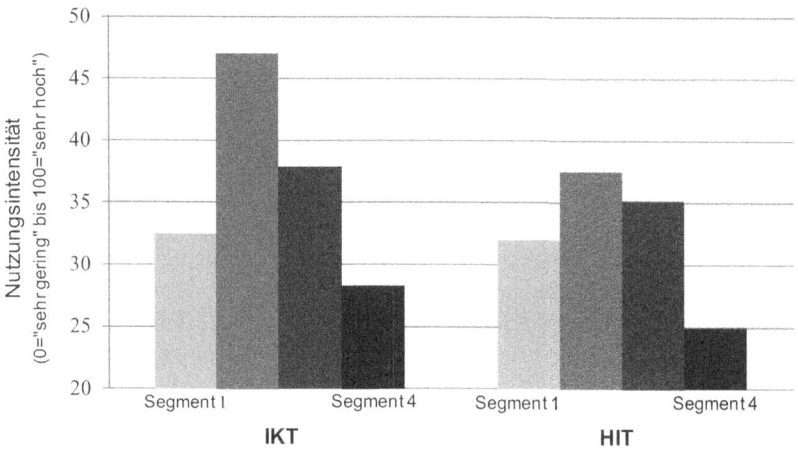

Abbildung 9   HIT-Nutzungsintensität der jeweiligen Segments (N=142)

Ambulante Pflegedienste des zweiten Segments weisen demnach die höchste Nutzungsintensität bei den IT-basierten Informations- und Kommunikationssystemen auf. Kaum eingesetzt werden diese Assistenzsysteme dagegen von Einrichtungen des vierten Segments. Ein ähnliches Bild ergibt sich auch bei der Betrachtung der Nutzungsintensität von HIT insgesamt. Es zeigt sich, dass ambulante Pflegeeinrichtungen mit einer ausgeprägten innovativen, proaktiven und analytischen Orientierung (Segment 2) auch die höchste Intensität bei der Nutzung von technologiebasierter Assistenzsystemen aufweisen.

Basierend auf den vorangestellten Erkenntnissen werden nachfolgend mögliche Marktbearbeitungsaktivitäten abgeleitet und näher beschrieben.

4.2   Segmentspezifische Markteinführungsstrategien

Grundsätzlich lassen sich Markteinführungsstrategien in unternehmensbezogene, produktbezogene und marktbezogene Strategien unterteilen (Hultink et al. 1999). Während auf der Unternehmensebene Entscheidungen über strategische Geschäftsfelder adressiert werden, fokussiert man auf der Produktebene technische Eigenschaften der Produkt- und Prozessinnovationen. In marktbezogenen Strategieentscheidungen werden schließlich Aktivitäten zur Akquise potentieller Abnehmergruppen entwickelt und umgesetzt. Im Folgenden wird zur Ableitung konkreter segmentspezifischer Handlungsempfehlungen für die Einführung technologiebasierter Assistenzsysteme in den Pflegesektor daher nur der marktbasierte Ansatz verfolgt.

Auf Grund der Identifikation von vier Segmenten muss zunächst die Reihenfolge der Segmentbearbeitung bestimmt werden. Gemäß dem Diffusionsmodell von Rogers kann zur marktorientierten Priorisierung der Grad der Innovativität herangezogen werden (Rogers 1995). Dabei wird davon ausgegangen, dass ambulante Pflegedienste mit einem ausgeprägten Innovations- und Proaktivitätsverhalten durch ihre Offenheit gegenüber Neuerungen besonders geringe Adoptionshemmnisse aufweisen. Durch die gezielte Ansprache wird den potentiellen Abnehmern das Gefühl vermittelt, einzigartige und bedarfsgerechte Systemlösungen zu erhalten, was zu einer Senkung der Unsicherheiten und einer positiven Beeinflussung der Adoptionsentscheidung führt. Zu den primären Ansprechpartnern gehören demzufolge ambulante Pflegedienste mit einer hohen innovativen und proaktiven Orientierung und somit Einrichtungen des zweiten Segments (Ø-Inno-Pro-Orientierung=4,3), gefolgt von Segment drei (Ø=3,5), vier (Ø=3,1) und eins (Ø=3,0). Bei der Bearbeitung der Pflegedienstgruppen kann zunächst auf das in Abschnitt 3.2 dargestellte hohe Potential von technologiebasierten Assistenzsystemen zur Steigerung der Versorgungseffizienz und -qualität eingegangen werden. Insbesondere innovative und proaktive Pflegedienste sind bestrebt, durch den Einsatz neuer Arbeitsverfahren ihre Versorgungsprozesse zu optimieren. Auch defensiv und analytisch orientierte Einrichtungen können vom Potential dieser Technologien überzeugt werden, indem neben der Möglichkeit einer Effizienzsteigerung insbesondere das Potential des Systems zur effektiveren Überwachung und Planung der Leistungsprozesse hervorgehoben wird. Darüber hinaus orientiert sich diese Gruppe der Pflegedienste bei der Entscheidungsfindung vielfach an der Meinung bestimmter Schlüsselpersonen oder -gruppen (sogenannter Peers). Werden also ambulante Pflegedienste des ersten Kundensegments vom Nutzenpotential dieser Systeme überzeugt, so kann dies dazu führen, dass auch bei weniger innovativ und proaktiv orientierten Einrichtungen die Adoptionshemmnisse durch den Einfluss von sozialen Normen abgebaut werden.

Des Weiteren können produktbegleitende Zusatzleistungen die Adoptionsentscheidung positiv beeinflussen. Durch das Hinzufügen von an segmentspezifische Bedürfnisse angepassten Produktfunktionen oder Serviceleistungen werden individualisierte Systemlösungen generiert, so dass die Anforderungen der jeweiligen Gruppe ambulanter Pflegedienste treffsicherer adressiert werden können. Der positive Zusammenhang zwischen Produktdifferenzierung und Adoption konnte auch in anderen Studien nachgewiesen werden (Nowlis/ Simonson 1996). So können ambulante Pflegedienste mit einem innovativen und proaktiven Verhaltensmuster nicht nur reine Nutzer technologiebasierter Gesundheitsdienstleistungen, sondern auch Träger dieser Systeme sein und damit ein ganzheitliches Case und Care Management im Versorgungsprozess Pflegebedürftiger übernehmen.

Unsicherheiten der Kunden bezüglich der Nutzung technologiebasierter Assistenzsysteme im Versorgungsalltag können ebenfalls abgebaut werden, indem die potentiellen Abnehmer bereits in den frühen Phasen des (Weiter-) Entwicklungsprozesses mit einbezogen werden (Lee/ O'Connor 2003). Insbesondere innovative Pflegedienste verfügen infolge der stetigen Suche nach neuen Ideen und Produkten über eine erhebliche Wissensbasis. Durch die Kundenintegration können langfristige Kommunikations- und Kooperations-beziehungen entstehen, die in einem Prozess der kontinuierlichen Produktver-besserung schließlich in einer Reduktion von Informationsasymmetrien hin-sichtlich der Innovationseigenschaften und im Aufbau vom gegenseitigen Vertrauen resultieren. Insbesondere bei radikalen Innovationen hilft Vertrauen, das von den Kunden wahrgenommene Risiko bei der Einführung innovativer Lösungen zu reduzieren (Reinartz/ Kumar 2003).

Neben der Kundenorientierung ist auch eine Orientierung an Wettbewerbern und deren Konkurrenzprodukten von großer Bedeutung für die Ansprache der potentiellen Abnehmer. Infolge der Wettbewerbsanalyse können Vorteile der eigenen Systemkomponenten deutlicher gegenüber anderen Technologien hervorgehoben werden, aber auch Schnittstellen zu bereits bestehenden und am Markt etablierten Einzellösungen aufgezeigt und damit der integrative Charakter des eigenen Produktes betont werden. Besonders bei innovativ und proaktiv agierenden Einrichtungen spielen Standardisierung und Interopera-bilität eine besonders wichtige Rolle, da diese Einrichtungen zumeist bereits mit vielfältigen IT-gestützten Lösungen ausgestattet sind (Barney et al. 2001). Zusammenfassend lässt sich sagen, dass eine segmentspezifische Ansprache von potentiellen Abnehmern, eine intensive Kommunikation und Kooperation fördern und durch die Entwicklung kundenorientierter Systemlösungen die Adoptions- und Diffusionshemmnisse bei der Einführung innovativer technolo-giebasierter Assistenzsysteme senken können (Talke 2005).

5 Zusammenfassung

Basierend auf den Ergebnissen der zwei Untersuchungen können einige wichtige Erkenntnisse für die zukünftige Einführung von technologiebasierten Assistenzsystemen abgeleitet werden. Zum einen konnte aufgezeigt werden, dass trotz technologischer Fortschritte und einer kontinuierlichen Optimierung der Versorgungsprozesse weiterhin ein enormer Bedarf an informations-logistischer Unterstützung im Gesundheitssektor besteht. So wird die minder-wertige Qualität und geringe Häufigkeit des Feedbacks zu Behandlungsabläufen weiterhin stark bemängelt. Unzureichende Absprachen und Abstimmungen, sowie die daraus resultierenden zeitlichen Verzögerungen der Behandlungsabläufe werden von der Mehrheit der Befragten als Hauptquellen von Behandlungsfehlern angesehen. Im Zusammenhang mit diesen Ineffizienzen wird den technologiebasierten Assistenzsystemen ein hohes Potential zur Verbesserung der Leistungserstellungsprozesse zugeschrieben. Erste Ansätze einer IT-gestützten Versorgung existieren schon. So werden bereits vielfach IT-basierte Planungs- und Dokumentationssysteme, sowie Informations- und Kommunikationsmedien in der Rehabilitation und der Pflege unterstützend eingesetzt. Die positive Wirkung einer intensiven Nutzung von technologiebasierten Assistenzsystemen auf die Versorgungseffizienz konnte für den Pflegesektor ebenfalls bestätigt werden. Insbesondere im Pflegebereich spielen Aspekte der Leistungsfähigkeit und Wirtschaftlichkeit auf Grund des zunehmenden Pflegefachkräftemangels und der steigenden Anzahl an Pflegebedürftigen eine immer bedeutendere Rolle. Um die Diffusion technologiebasierter Assistenzsysteme in diesem Sektor zu fördern, muss dementsprechend der Effizienzvorteil durch die Nutzung dieser Systeme stark nach außen getragen werden. Eine Marktsegmentierung hilft die potentiellen Kunden systematischer und differenzierter anzusprechen und somit die Nutzenpotentiale technologiebasierter Assistenzsysteme mit individualisierten Systemlösungen gezielter zu vermitteln. Dabei zeigt sich, dass insbesondere Pflegeeinrichtungen mit einer starken innovativen, proaktiven und analytischen Orientierung offen gegenüber IT-basierten Versorgungskonzepten stehen und damit die primäre Abnehmergruppe darstellen. Schließlich können durch eine intensive Zusammenarbeit mit den potentiellen Kunden ebenfalls Adoptions- und Diffusionshemmnisse frühzeitig abgebaut und die flächendeckende Einführung innovativer Versorgungskonzepte gefördert werden.

6   Literaturverzeichnis

Afentakis, A. / Maier, T. 2010: Projektionen des Personalbedarfs und –angebots in Pflegeberufen bis 2025. Wirtschaft und Statistik 11/2010: 990-1002.

Banker, R. D. / Kauffmann, R. J. / Morey, R. C. 1990: Measuring Gains in Operational Efficiency from Information Technology: A Study of the Positran Deployment at Hardee's Inc. Journal of Management Information Systems 7 (2): 29-54.

Berger, R. G. / Kichak, J. P. 2004: Computerized physician order entry: Helpful or harmful? Journal of the American Medical Informatics Association 290 (2): 259-264.

Brailer, D. / Thompson, T. 2004: Health IT strategic framework. Washington, DC. Department of Health and Human Services.

Cantner, U. / Krüger, J. / Hanusch, H. 2007: Produktivitäts- und Effizienzanalyse – Der nichtparametrische Ansatz. Band 1. Berlin: Springer Verlag.

Charnes, A. / Cooper, W. W. / Rhodes, E. E. 1978: Measuring the efficiency of decision making units. European Journal of Operational Research 2: 429-444.

Cortekar, J. / Hugenroth, S. 2006: Managed Care als Reformansatz für das deutsche Gesundheitswesen. Marburg: Metropolis-Verlag.

Hansis, M. L. / Hart, D. / Becker-Schwarze, K. / Hansis, D. E. / Robert Koch Institut (Hg.) 2001: Medizinische Behandlungsfehler in Deutschland. Gesundheitsberichterstattung des Bundes 2001: 4.

Hulting, E. J. / Hart, S. / Robben, H. S. / Griffin, A. 1999: New Consumer Product Launch: Strategies and Performance. Journal of Strategic Marketing 7: 153-174.

Jaworski, B .J. / Kohli, A. K. 1996: Market Orientation: Review, Refinement, and Roadmap. Journal of Market Focused Management 1: 119-135.

Kaye, R. / Kokia, E. / Shalev, V. / Idar, D. / Chinitz, D. 2010: Barriers and success factors in health information technology: A practitioner's perspective. Journal of Management & Marketing in Healthcare 3(2): 163-175.

Kohli, R. / Devaraj, S. 2003: Measuring information technology payoff: a meta-analysis of structural variables in firm-level empirical research. Information Systems Research 14(2): 127–145.

Kripalani, S. / Le Fevre, F. / Phillips, C. O. / Williams, M. V. / Basaviah, P. / Baker, D. W. 2007: Deficits in communication and information transfer between hospital-based and primary care physicians – Implications for patient safety and continuity of care. Journal of the American Medical Association 297(8): 831-841.

LaPlace, P. 1999. Marketing Planning for High-Technology Products and Services. In: Dorf, R. C. (Hg.): The Technology Management Handbook. Heidelberg: Boca Raton, 83-88.

Lee, Y. / O´Connor G. C. 2003: New Product Launch Strategy for Network Effects Products. Journal of the Academy of Marketing Science 31(3): 241-255.

Moore, C. / Wisnivesky, J. / Wiliams, S. / McGinn, T. 2003: Medical errors related to discontinuity of care from an inpatient to an outpatient setting. Journal of General Internal Medicine 18: 646-651.

Niehoff, J.-U. 2007: Gesundheitssicherung, Gesundheitsversorgung, Gesundheitsmanagement – Grundlagen, Ziele, Aufgaben, Perspektiven. Berlin: MWV Medizinisch Wissenschaftliche Verlagsgesellschaft.

Nowlis, S. M. / Simonson, I. 1996: The Effect of New Product Features on Brand Choice. Journal of Marketing Research 32: 36-46.

Ommen, Oliver, Britta Ullrich, Christian Janßen und Holger Pfaff. 2007. Die ambulant-stationäre Schnittstelle in der medizinischen Versorgung – Probleme, Erklärungsmodell und Lösungsansätze. Medizinische Klinik 2007 102(11): 913-917.

Poon, E. G. / Gandhi, T. K. / Sequist, T. D. / Murff, H. J. / Karson, A. S. / Bates, D. W. 2004: "I wish i had seen this test result earlier!" – Dissatisfaction with test result management systems in primary care. Archives of Internal Medicine 2004, 164: 2223-2228.

Reinartz, W. J. / Kumar, V. 2003: The Impact of Customer Relationship Characteristics on Profitable Lifetime Duration. Journal of Marketing 67: 77-99.

Rogers, E. M. 1995: Diffusion of Innovations. New York: Free Press.

Ruekert, R. W. 1992: Developing a Market Orientation: An Organizational Strategy Perspective. International Journal of Research in Marketing 9: 225-245.

Scheel, H. 2000: Effizienzmaße der Data Envelopment Analysis. Wiesbaden: Deutscher Universitäts-Verlag.

Schultz, C. / Bogenstahl, C. / Hellrung, N. / Thoben, W. 2011: IT-basiertes Management integrierter Versorgungsnetzwerke. Stuttgart: Kohlhammer Verlag.

Schultz, C. / Zippel-Schultz, B. / Salomo, S. 2011: Innovationen im Kranken-haus sind machbar!: Innovationsmanagement als Erfolgsfaktor. Stuttgart: Kohlhammer Verlag.

Seiford, L. M. 1996: Data Envelopment Analysis: The Evolution of the State of the Art (1978-1995). Journal of Productivity Analysis 7 (2-3): 99-137.

Slater, S. F. / Narver, J. C. 1995:   Market Orientation and the Learning Organization. Journal of Marketing 59(3): 63-74.

Statistische Ämter des Bundes und der Länder 2010: Demographischer Wandel in Deutschland – Auswirkungen auf Krankenhausbehandlungen und Pflege-bedürftige im Bund und in den Ländern 2. Wiesbaden.

Staehle, W. H. 1999: Management: Eine verhaltenswissenschaftliche Per-spektive. München: Vahlen Verlag.

Stroetmann, K. A. / Jones, T. / Dobrev, A. / Stroetmann, V. N. 2006: eHealth is Worth it? The Economic Benefits of Implemented eHealth Solutions at Ten European Sites. eHealth Impact project study supported by the European Commission Information Society and Media Directorate-General. Luxembourg.

Talke, K. 2005: Einführung von Innovationen – Marktorientierte strategische und operative Aktivitäten als kritische Erfolgsfaktoren. Wiesbaden: Deutscher Universitäts-Verlag.

Van Walraven, C. / Mamdani, M. / Fang, J. / Austin, P. C. 2004: Continuity of care and patient outcomes after hospital discharge. Journal of General Internal Medicine 2004 19(6): 624–645.

Analyse der Akzeptanzkriterien für mobile Anwendungen im Bereich Gesundheit in der Zielgruppe 50+

Andreas Schmid, Isabel Dörfler, Fabian Dany, Oliver Böpple[1]

1 Einleitung

Um den Rahmen, dem die in diesem Kapitel beschriebenen Ergebnisse entstammen, zu verdeutlichen, wird zunächst die Ausgangssituation im zugehörigen Forschungsprojekt CrossGeneration dargestellt. Anschließend wird detailliert darauf eingegangen, worin die Motivation zur Untersuchung der Akzeptanzkriterien für mobile Anwendungen im Bereich Gesundheit in der Zielgruppe 50+ begründet liegt, und weshalb es sich dabei aus Forschungssicht um ein relevantes Thema handelt. Als Basis für die weitere Betrachtung wird eine zentrale Forschungsfrage für dieses Kapitel formuliert, um anschließend kurz die Hypothesen, sowie das Vorgehen zu ihrer Überprüfung darzustellen.

1.1 Motivation

Vor dem Hintergrund der Entwicklung von Dienstleistungsinnovationen im Gesundheitswesen ist mobilen Applikationen eine hohe Bedeutung beizumessen. Dieser Umstand ergibt sich daraus, dass mobile Applikationen ein wichtiger Baustein zur Erbringung neuartiger Dienste im Gesundheitsumfeld sind. Mobile Lösungen erlauben die Erbringung deutlich weitreichenderer Dienstleistungen als bisher, da sie die Gebundenheit an einen bestimmten Ort aufbrechen und den Zugriff auf gesundheitsbezogene Dienste auch unterwegs verfügbar machen. Damit stellen mobile Anwendungen ein Schlüsselelement bei der Entwicklung ubiquitärer Dienste dar, die weitaus umfassendere Einsatzmöglichkeiten als ortsgebundene Konzepte bieten. Darüber hinaus ermöglichen mobile Anwendungen die Einbindung bisher nicht verfügbarer Kontextinformationen, auf deren Basis sich ohne diese Informationen nicht realisierbare Dienstleistungen umsetzen lassen. So erlauben beispielsweise über eine mobile Anwendung ermittelte Ortsinformationen neuartige Notfalldienste, die in der Lage sind Helfer direkt zum Ort des Geschehens zu navigieren. Ein weiterer wichtiger Aspekt für die Entwicklung neuartiger Dienstleistungen im Gesundheitswesen ist die

---

[1] Die Autoren sind Mitarbeiter im BMBF-geförderten Forschungsprojekt CrossGeneration (Förderkennzeichen: 01FC08069).

Möglichkeit zur Einbindung gesundheitsrelevanter Sensoren mittels mobiler Anwendungen. Solche Sensoren können beispielsweise den Puls des Trägers erfassen und die Pulsdaten kontinuierlich über eine mobile Applikation aufzeichnen und in Echtzeit für gesundheitsbezogene Dienste verfügbar machen, ohne dabei an einen bestimmten Ort gebunden zu sein. Nachdem mobile Anwendungen eine wichtige Rolle für die Entwicklung neuartiger Dienstleistungen im Gesundheitswesen spielen, erscheint es wichtig, sich mit den Akzeptanzkriterien mobiler Applikationen auf Seiten der Nutzer zu beschäftigen, um eine hohe Akzeptanz zugehöriger Dienstleistungskonzepte zu gewährleisten und diesen so zum Erfolg zu verhelfen.

Die Betrachtung der Akzeptanzkriterien für mobile Applikationen im Gesundheitsbereich in diesem Kapital widmet sich im Besonderen der Zielgruppe 50+. Dies hat den Hintergrund, dass die Generation der über 50-Jährigen eine besonders bedeutsame Zielgruppe für gesundheitsbezogene Dienstleistungen darstellt. Eine Reihe weit verbreiteter Zivilisationskrankheiten, wie etwa Diabetes Mellitus Typ 2 oder verschiedene Herz-Kreislauf-Erkrankungen, die zusammen einen wesentlichen Teil der Kosten des Gesundheitssystems verursachen, treten gehäuft bei Menschen jenseits der 50 auf. Der Verlauf solcher Erkrankungen ließe sich dabei in vielen Fällen durch eine Anpassung des Lebensstils erheblich verbessern (Kemmer et al. 2009). Nachdem in der Generation 50+ verstärkt Symptome vieler Zivilisationskrankheiten auftreten, ist anzunehmen, dass diese Gruppe besonders empfänglich für Dienstleistungen ist, die in der Lage sind, solche Symptome zu vermindern oder abzuwenden. Dabei besteht ein signifikantes Potential für technische Lösungen, die z. B. durch Unterstützung von Verhaltensänderungen dazu beitragen, kostspieligen Krankheiten vorzubeugen oder entgegenzuwirken. Der Versicherungskonzern Allianz hat im Forschungsprojekt CrossGeneration, in dessen Rahmen die in diesem Kapitel dargestellten Ergebnisse ausgearbeitet wurden, auf Basis eigener Daten Berechnungen zu dem durch geeignete Dienstleistungskonzepte adressierbaren Einsparpotential angestellt. Diese Berechnungen haben ergeben, dass ein Dienst, der in der Lage ist bei nur 1% der in Deutschland versicherten Diabetiker eine Änderung von einem trägen zu einem sportlich aktiven Lebensstil herbeizuführen, ein Einsparpotential von 175 Mio. Euro für das Jahr 2012 bietet.

Trotz der Chancen, die sich durch den Einsatz entsprechender Dienste im Bereich Gesundheit bieten, gibt es bisher kaum verbreitete Lösungen, die sich direkt an den Patienten richten. Die wenigen existenten Ansätze auf diesem Markt erfahren oft nicht die erwartete Resonanz. Selbst Vorstöße großer erfahrener Player wie z. B. Google scheitern wie im Falle von Google Health, weil eine breite Akzeptanz durch die Nutzer ausbleibt (Brown/Weihl 2011). Auch im Bereich mobiler Applikationen rangieren gesundheitsbezogene Anwendungen in Bezug auf die Nutzung im Vergleich zu anderen Kategorien wie z. B. Spielen oder Wetterdiensten auf den hinteren Rängen (Nielsen 2010). Ein Grund für das Scheitern vieler gesundheitsbezogener Dienste könnte ein mangelndes Verständnis der Anforderungen der Nutzer an solche Applikationen sein. So kommt beispielsweise eine breite Studie zu Pilotprojekten, die technologische Lösungen im Gesundheitsbereich mit dem Fokus Ambient Assisted Living – also sich in das natürliche Umfeld einfügende Lösungen zur Unterstützung des alltäglichen Lebens – betrachtet, zu dem Schluss, dass die Bedürfnisse und Anforderungen der Nutzer teilweise nicht adressiert werden, da die verantwortlichen Entwickler diese entweder nicht kennen oder nicht berücksichtigen (Giesecke et al. 2005). Auch im Falle von Google Health gibt es Indizien dafür, dass Probleme bei der Bedienbarkeit und damit ein mangelndes Verständnis der Nutzeranforderungen zum Scheitern beigetragen haben könnten (Liu et al. 2011).

In diversen Arbeiten aus verschiedenen Forschungsbereichen wurde in der Vergangenheit versucht, die Anforderungen älterer Menschen an technische Systeme aus unterschiedlichen Perspektiven und anhand verschiedener Ansätze zu beleuchten. So wird das Thema beispielsweise von Oppenauer et al. (2007) anhand des *Human-Factors*-Ansatzes nach Czaja et al. (1993) aus psychologischer Sicht aufgearbeitet. Der Human-Factors-Ansatz beschreibt dabei ein Modell, das die Ansprüche eines technischen Systems an den Nutzer dessen Fähigkeiten gegenüberstellt. Rogers et al. (2005) stützen sich in ihrer Analyse ebenfalls auf den Human-Factors-Ansatz, betrachten aber eher die Auswirkungen physiologischer Aspekte, wie etwa verminderte Sehfähigkeit oder Bewegungseinschränkungen, auf das Thema ältere Menschen und Technologie. In Wagner et al. (2010) wird versucht, sich den Anforderungen älterer Menschen an Computersysteme anhand der *Social Cognitive Theory* von Bandura (1986) zu nähern. Bei dieser Theorie handelt es sich um eine Theorie aus der Soziologie, welche die Wechselwirkungen zwischen einer Person, ihrem Verhalten und ihrem Umfeld betrachtet.

Die beschriebenen Arbeiten zeigen, dass die Anforderungen älterer Nutzer an technische Systeme durch vielfältige Faktoren beeinflusst werden. So spielen neben psychologischen und physiologischen Aspekten auch soziale Einflüsse eine Rolle. Den meisten Arbeiten auf diesem Gebiet ist allerdings gemein, dass sie sich in der Regel mit den verschiedenen Einflussfaktoren und Hintergründen des Themas Technologie im Alter beschäftigen, aber kaum konkrete Ansatzpunkte und Handlungsempfehlungen für Details bei der Umsetzung entsprechender Dienste geben. Aufgrund der Breite und Komplexität des Themas ist es daher schwierig, technische Lösungen zu entwickeln, die die Anforderungen älterer Menschen optimal erfüllen. Dieser Umstand wird noch dadurch erschwert, dass die Kommunikation zwischen Entwicklern und älteren Menschen besondere Hindernisse birgt (Eisma et al. 2004) und sich der Einsatz traditioneller Methoden zur Ermittlung der Anforderungen einer Nutzergruppe mit älteren

Menschen teilweise schwierig gestaltet. Beispielsweise scheint die zu diesem Zwecke häufig angewandte Fokusgruppen-Methode ältere Menschen in Bezug auf ihre Aufmerksamkeitsspanne und die Fähigkeit anspruchsvollen Diskussion zu folgen, ohne zu weit vom Thema abzuschweifen, in manchen Fällen zu überfordern (Lines/Hone 2004, Inglis et al. 2002).

Im Projekt CrossGeneration gemachte Erfahrungen haben bestätigt, dass es nicht leicht ist, optimal auf die Zielgruppe 50+ zugeschnittene Dienstleistungskonzepte zu entwickeln. Die eingeschränkte Anwendbarkeit wichtiger Methoden der Anforderungsanalyse, sowie der Mangel an Vorarbeiten mit konkreten Anhaltspunkten zu den Anforderungen dieser Nutzergruppe in Bezug auf Details der Umsetzung, erschweren die zielgruppengerechte Ausgestaltung entsprechender technischer Lösungen. In Anbetracht der beschriebenen Aspekte kommt man zu dem Schluss, dass auf mobilen Anwendungen basierende Dienste im Bereich Gesundheit für die Zielgruppe 50+ ein großes Potential bieten, das sich bisher aber nicht optimal ausschöpfen lässt, da die Bedürfnisse und Anforderungen dieser Nutzergruppe bislang nicht ausreichend beschrieben sind. Zur Erhöhung der Akzeptanz entsprechender Dienste scheint es daher sinnvoll, sich eingehend mit der Frage nach der konkreten Ausgestaltung der Bedürfnisse und Anforderungen älterer Menschen in Bezug auf mobile Applikationen im Bereich Gesundheit zu beschäftigen.

1.2 Forschungsfrage

Vor dem Hintergrund der Motivation für dieses Kapitel soll betrachtet werden, welche Voraussetzungen mobile Anwendungen im Bereich Gesundheit für die Zielgruppe 50+ erfüllen müssen, um von den Nutzern akzeptiert zu werden. Dazu soll zunächst festgestellt werden, ob sich die Anforderungen wie vermutet tatsächlich in vielen Bereichen signifikant von den Anforderungen jüngerer Zielgruppen unterscheiden. Basierend auf den Ergebnissen soll dann eruiert werden, ob sich gegebenenfalls bestehende Unterschiede zur Ableitung konkreter Handlungsanweisungen für die Ausgestaltung entsprechender Applikationen eignen und wie solche Handlungsanweisungen aussehen könnten.

Die zentrale Forschungsfrage dieses Kapitels lässt sich also wie folgendermaßen formulieren:

Inwiefern unterscheiden sich die Anforderungen und Bedürfnisse der Zielgruppe 50+ in Bezug auf mobile Anwendungen im Bereich Gesundheit signifikant von denen jüngerer Zielgruppen und inwieweit lassen sich aus gegebenenfalls bestehenden Unterschieden konkrete Handlungsanweisungen zur Erhöhung der Nutzerakzeptanz bei der Ausgestaltung geeigneter Applikationen formulieren?

Das Ziel ist dabei die Schaffung einer Basis für die Ausarbeitung eines Katalogs mit konkreten Anforderungen und Handlungsanweisungen zur Unterstützung der Entwicklung mobiler Anwendungen im Gesundheitsbereich, um die Akzeptanz entstehender Dienste durch die Zielgruppe 50+ zu erhöhen.

2 Grundkonzepte

In den nachfolgenden Abschnitten werden einige Grundkonzepte vorgestellt, die für die Untersuchungen in diesem Kapitel als Basis dienen. Teilweise wurden diese Konzepte auch modifiziert, um der speziellen Fokussierung auf den Bereich mobile Anwendungen im Bereich Gesundheit für die Zielgruppe 50+ Rechnung zu tragen.

2.1 Technology Acceptance Model

Die in diesem Kapitel untersuchten Aspekte lassen sich auf das *Technology Acceptance Model* (TAM) von Davis et al. (1989) zurückführen. Dieses Model versucht die Faktoren, die dazu führen, dass Nutzer technologische Lösungen tatsächlich verwenden, sowie die Beziehungen solcher Faktoren untereinander, zu beschreiben. Das TAM geht davon aus, dass externe Einflüsse (*External Variables*) Auswirkungen auf die empfundene Nützlichkeit (*Perceived Usefulness*) und die empfundene Einfachheit der Nutzung (*Perceived Ease of Use*) haben. Diese Faktoren beeinflussen wiederum die Einstellung eines Nutzers gegenüber der Nutzung (*Attitude Toward Using*) eines bestimmten technischen Systems, sowie die konkrete Absicht zur Nutzung (*Behavioral Intention to Use*), die letztendlich darüber bestimmen ob es zur tatsächlichen Nutzung eines Systems (*Actual System Usage*) kommt.

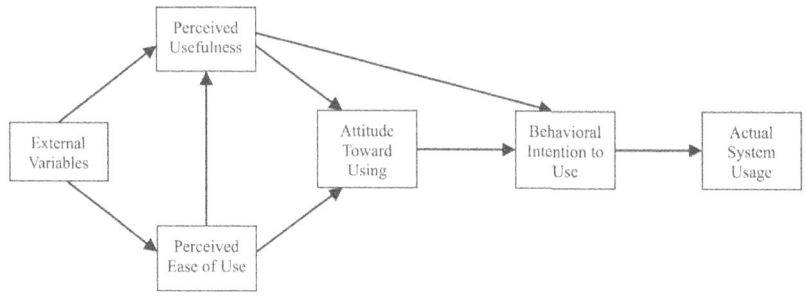

Abbildung 1   Übersicht über das *Technology Acceptance Model* (Davis et al. 1989)

Das ursprüngliche Model von Davis wurde im Laufe der Zeit vielfach angepasst und erweitert. Ein guter Überblick über die verschiedenen Ausprägungen und Erweiterungen des TAM findet sich in Lee et al. (2003). Das vorliegende Kapitel orientiert sich an der ursprünglichen Version des TAM zur Ableitung relevanter Faktoren für die Betrachtung der Nutzerakzeptanz mobiler Anwendungen.

2.2 Bedienbarkeit

Der Begriff Bedienbarkeit oder *Usability* wird Nielsen (2003) zufolge als Qualitätsattribut einer Benutzerschnittstelle definiert, das beschreibt, wie einfach deren Bedienung durch den Nutzer ist. Generell lassen sich Ansätze zur Verbesserung der Bedienbarkeit in drei Bereiche unterteilen: *Inquiry*, *Inspection* und *Testing*. *Inquiry*-Ansätze versuchen, im Vorfeld der Entwicklung die Bedürfnisse der Nutzer zu ergründen, *Inspection*-Methoden zielen auf die Untersuchung einer vorliegenden Benutzerschnittstelle durch Experten ab und *Testing*-Ansätze beschreiben das Testen eines Entwicklungsergebnisses durch potentielle Nutzer (Nielsen 1993). Die Ergebnisse dieser Arbeit zielen darauf ab, die generellen Anforderungen der Zielgruppe 50+ in Bezug auf mobile Anwendungen zu ergründen, um einen Beitrag zum Bereich *Inquiry* zu liefern und eine Ausgangsbasis für entsprechende *Inspection*-Methoden zu schaffen.

2.3 Informationssicherheit

Der Begriff Informationssicherheit oder Information Security lässt sich beispielsweise definieren als Schutz von Informationen und Informationssystemen vor unerlaubtem Zugriff, Nutzung, Offenlegung, Unterbrechung oder Zerstörung, zur Sicherstellung der Integrität, Vertraulichkeit und Verfügbarkeit (Legal Information Institute 2010). Verschiedene Autoren kommen zu unterschiedlichen Ansichten darüber, welche Aspekte im Detail unter dem Oberbegriff Informationssicherheit zusammengefasst werden sollen. Traditionell stellen die Aspekte Vertraulichkeit, Verfügbarkeit und Integrität den Kern dar. Söderström und Eriksson (2009) schlagen eine Erweiterung um den Begriff Zurechenbarkeit (*Accountability*) vor. Eines der umfassendsten Modelle stammt von Parker (2002), der dem Begriff Informationssicherheit die Aspekte Verfügbarkeit (*Availability*), Verwendbarkeit (*Utility*), Integrität (*Integrity*), Authentizität (*Authenticity*), Vertraulichkeit (*Confidentiality*) und Besitz (*Possession*) unterordnet. Für die Betrachtung des Aspekts Informationssicherheit in den folgenden Abschnitten soll das Modell von Parker zugrunde gelegt werden.

3 Stand der Forschung

Die bestehende Literatur lässt sich in verschiedene Bereiche untergliedern. Einige der relevanten Vorarbeiten befassen sich mit dem Einsatz von Technologielösungen für ältere Menschen im Bereich Gesundheit. Andere gehen gezielt auf die Anforderungen älterer Menschen in Bezug auf mobile Lösungen ein, ohne jedoch notwendigerweise den Bereich Gesundheit zu betrachten. Darüber hinaus lassen sich auch eine Reihe von Vorarbeiten den in diesem Kapitel betrachteten Fokusbereichen Empfundene Nützlichkeit, Bedienbarkeit und Informationssicherheit zuordnen.

3.1 Technologieanforderungen älterer Menschen im Bereich Gesundheit

Einige Autoren nähern sich den Anforderungen an entsprechende Lösungen aus unterschiedlichen Perspektiven an. Oppenauer et al. (2007) betrachten beispielsweise in erster Linie psychologische Faktoren, Fozard et al. (1994), Stroetmann et al. (2002) und Rogers et al. (2005) befassen sich vornehmlich mit physiologischen Aspekten, wohingegen Wagner et al. (2010) sich den Anforderungen aus soziologischer Sicht nähern. Den beschriebenen Arbeiten ist gemein, dass sie sich in erster Linie mit Einflussfaktoren auf die Bedürfnisse älterer Menschen befassen, aber kaum konkrete Handlungsvorschläge zur Adressierung der Anforderungen dieser Zielgruppe geben.

3.2 Anforderungen älterer Menschen an mobile Lösungen

Im Bereich mobiler Lösungen existieren einige Arbeiten, die die Bedürfnisse älterer Menschen in Bezug auf verschiedene Aspekte solcher Lösungen untersuchen. So widmen sich beispielsweise Martin et al. (2006) und Holzinger et al. (2007) vornehmlich den physischen Aspekten mobiler Endgeräte. Einzelne Studien z. B. von Holzinger (2002) gehen dabei auch spezifisch auf bestimmte Komponenten solcher Endgeräte wie Touchscreens und deren Eignung für ältere Menschen ein. Zur Ermittlung der Anforderungen älterer Menschen in Bezug auf physische Aspekte der Endgeräte werden die Einschränkungen älterer Menschen gelegentlich simuliert, z. B. durch das Tragen entsprechender Anzüge (Holzinger et al. 2007). Es gibt auch Arbeiten, die Anforderungen an mobile Gesamtlösungen allgemein (Mikkonen et al. 2002) oder spezifisch für den Bereich Gesundheit betrachten, wie etwa ein interaktives Kommunikationssystem für Patienten für den Einsatz im Krankenhaus (Holzinger et al. 2008a). Es findet sich allerdings kaum Literatur, die nicht in erster Linie auf Hardwareaspekte eingeht, sondern spezifisch die Anforderungen an mobile Anwendungen für ältere Menschen im Bereich Gesundheit beleuchtet. Connelly et al. (2006) beschreiben zwei Beispiele für solche Anwendungen, gehen allerdings nur am Rande auf die Anforderungen der Nutzer ein.

3.3 Ansätze zur Erhöhung der empfundenen Nützlichkeit technischer Lösungen für ältere Menschen im Gesundheitsbereich

Der Aspekt Empfundene Nützlichkeit beschreibt die Wahrnehmung der Nützlichkeit einer technischen Lösung auf Seiten des Nutzers. Eine Möglichkeit zur Verbesserung der Nützlichkeit einer Anwendung ist eine enge Einbeziehung der Nutzer in frühe Phasen des Konzeptdesigns. Dieser Ansatz wird beispielsweise von Marquis-Faulkes et al. (2003) und Eisma et al. (2004) verfolgt. De Blok et al. (2010) verfolgen eine andere Strategie, indem sie versuchen, Gesundheitsdienste möglichst modular zu gestalten, um damit jedem Nutzer zu erlauben, die ihm am nützlichsten erscheinenden Module zu einer Gesamtlösung zu kombinieren. Neben den beschriebenen Möglichkeiten werden teilweise Studien durchgeführt, um Bereiche oder Anwendungsmöglichkeiten für technologische Lösungen zu identifizieren, die vermutlich von älteren Nutzern als nützlich empfunden werden. Karahasanovic et al. (2009) untersuchen beispielsweise, wie ältere Menschen aktuell bestimmte Technologien nutzen bzw. welche Meinung sie zu bestimmten Technologieaspekten haben, um aus den Ergebnissen Erkenntnisse über deren Anforderungen an nützliche Lösungen zu gewinnen. Im UTOPIA-Projekt wurde ebenfalls versucht, gezielt Anwendungsbereiche zu identifizieren, in denen technische Lösungen einen besonders großen Mehrwert für ältere Menschen schaffen (Dickinson et al. 2003). Die beschriebenen Arbeiten berühren teilweise den hier untersuchten Punkt der empfundenen Nützlichkeit, insgesamt gibt es allerdings kaum Ergebnisse zur methodischen Identifikation konkreter Ansätze für Anwendungen im Bereich Gesundheit mit einem hohen zu erwartenden Mehrwert für ältere Menschen und einer sich daraus ergebenden hohen empfundenen Nützlichkeit.

3.4 Ansätze zur Steigerung der Bedienbarkeit von Benutzerschnittstellen

Ein wichtiger Aspekt für die Akzeptanz technischer Lösungen durch den Nutzer ist ein hohes Maß an Bedienbarkeit. Nachdem spezifische Ergebnisse in Bezug auf die Bedienbarkeit konkreter Benutzerschnittstellen an späterer Stelle diskutiert werden, soll hier auf die verschiedenen Grundgedanken zu diesem Thema eingegangen werden. Stephanidis (2001) plädiert dafür, keine Benutzerschnittstellen für spezifische Zielgruppen zu entwickeln, sondern von Anfang an die maximale Bandbreite an Nutzergruppen zu berücksichtigen. Diese Herangehensweise bietet den Vorteil, technische Lösungen nicht nachträglich durch umständliche Anpassungen an die Bedürfnisse zusätzlicher Nutzergruppen verändern zu müssen und eventuell nur zu einem suboptimalen Ergebnis zu gelangen. Ist die Nutzergruppe im Vorfeld allerdings klar umrissen, stellt diese Herangehensweise nicht den effektivsten Einsatz der verfügbaren Ressourcen dar. Generell besteht ein beliebter Ansatz zur Erhöhung der Bedienbarkeit technischer Lösungen darin, potentielle Nutzer bereits sehr früh in den Entwicklungsprozess zu integrieren. Diese Herangehensweise ist unter dem Namen User-Centered Design nach Norman und Draper (1986) bekannt und wird in Bezug auf ältere Menschen z. B. von Demirbilek und Demirkan (2004) oder Nischelwitzer et al. (2007) vertreten. Bei der Anwendung dieses Ansatzes auf ältere Nutzer sollte zusätzlich berücksichtigt werden, dass ethische Aspekte eine besonders wichtige Rolle spielen (Goodman et al. 2005). Über die beschriebenen Maßnahmen hinaus besteht auch die Möglichkeit, sich an Standards zu orientieren, die auf die spezifischen Einschränkungen älterer Menschen eingehen. Ausgehend von einem derartigen Standard, wie er z. B. von der *International Organisation for Standardization* (ISO 2000) beschrieben wird, lassen sich Punkte ableiten, die eine geeignete Benutzerschnittstelle in besonderer Weise adressieren sollte.

3.5 Konzepte zur Erhöhung der Informationssicherheit mobiler Anwendungen im Gesundheitsbereich

Zum Thema Informationssicherheit für mobile Anwendungen im Bereich Gesundheit existieren einige Vorarbeiten, die konkrete Sicherheitskonzepte vorschlagen. Martí et al. (2004) stellen beispielsweise die verschiedenen Gefahren, die sich für mobile Gesundheitsanwendungen ergeben, dar und beschreiben, wie sich diese am besten adressieren lassen. Bandara et al. (2008) schlagen ein detailliertes Konzept zur Sicherstellung des Datenschutzes mobiler Systeme vor. Was die konkreten Bedürfnisse ältere Menschen in Bezug auf dieses Thema angeht, finden sich jedoch keine detaillierten Ergebnisse in der Literatur.

4   Methodik

Zur Strukturierung der Untersuchung der Anforderungen und Bedürfnisse älterer Menschen in Bezug auf die Akzeptanz mobiler Anwendungen im Gesundheitsbereich wurde das *Technology Acceptance Model* (TAM) nach Davis (1989) herangezogen. Das Model beschreibt zwei Hauptfaktoren, die einen Einfluss auf die tatsächliche Nutzung technischer Lösungen haben, nämlich die durch den Nutzer empfundene Nützlichkeit und die empfundene Einfachheit der Nutzung. Diese beiden Faktoren werden dabei durch externe Parameter bestimmt, die sich beliebig tief aufgliedern lassen.

Der Faktor Empfundene Nützlichkeit wurde für die Betrachtung der Forschungsfrage nicht weiter untergliedert, da er bereits eine für die verwendeten Methoden ausreichende Granularität aufweist. Der Faktor Empfundene Einfachheit der Nutzung wird in vielen Anpassungen des TAM in recht unterschiedliche Einflussfaktoren untergliedert (Lee et al. 2003). Dabei finden sich sowohl Faktoren wie Bedienbarkeit, die eher auf Seiten des technischen Systems angesiedelt sind, als auch Faktoren wie Ängste und Bedenken im Umgang mit Technik, die eher auf Seiten des Nutzers liegen. Aus der Fülle der möglichen Einflussfaktoren greift die vorliegende Betrachtung die Faktoren Bedienbarkeit und Bedenken in Bezug auf die Informationssicherheit heraus. Diese Beschränkung der betrachteten Faktoren musste getroffen werden, um der notwendigen Tiefe zur Untersuchung einzelner Faktoren in dem zur Verfügung stehenden Projektrahmen gerecht zu werden. Der Faktor Bedienbarkeit wurde herausgegriffen, da es sich dabei um einen der zentralsten Aspekte auf Seiten des Systems handelt. Der Aspekt Informationssicherheit wurde gewählt, da er für Anwendungen im Gesundheitsbereich aufgrund der sensiblen Natur der erfassten Daten besonders bedeutsam scheint. Hier nicht berücksichtigte Faktoren, wie beispielsweise das Selbstvertrauen in die eigenen Fähigkeiten im Umgang mit technischen Systemen, sind aber für die Akzeptanz solcher Systeme ebenfalls von Bedeutung und sollten in nachfolgenden Untersuchungen in ähnlicher Weise betrachtet werden.

Um sich den drei betrachteten Hauptfaktoren Empfundene Nützlichkeit, Bedienbarkeit und Informationssicherheit zu nähern, wurden unterschiedliche Methoden verwendet, um der verschiedenartigen Natur der Faktoren Rechnung zu tragen. Nachfolgend werden die Eckpunkte der verwendeten Methoden beschrieben.

4.1 Methodik zur Untersuchung der empfundenen Nützlichkeit

Zur Ermittlung der Anforderungen, die ältere Menschen an aus ihrer Sicht nützliche mobile Anwendungen im Bereich Gesundheit stellen, wurden im Projekt CrossGeneration Sekundäranalysen, qualitative Experteninterviews, Fokusgruppen mit der Zielgruppe, sowie Probandentests durchgeführt. Aufgrund projektspezifischer Anforderungen zielte die Analyse in erster Linie auf Diabetiker vom Mellitus-Typ 2 ab. Ein Großteil der Ergebnisse erscheint aber für andere Segmente der Zielgruppe 50+ verallgemeinerbar.

Den Ausgangspunkt der Analyse bildeten qualitative, halbstrukturierte Experteninterviews mit drei Psychologen, zwei Diabetologen, zwei Sportwissenschaftlern, zwei Ergonomiespezialisten, einem Allgemeinmediziner und einem Produktentwicklungsexperten. Die Experten wurden dabei über verschiedene Iterationen hinweg teilweise mehrfach befragt. Basierend auf den Ergebnissen wurden Fokusgruppen durchgeführt. Die Fokusgruppen setzten sich aus insgesamt zehn Diabetikern Typ 2 im Alter 50+ zusammen, wobei 60 % weiblich und 40 % männlich waren. Der Altersdurchschnitt lag bei 64 Jahren. 80 % der Fokusgruppe nutzten regelmäßig ein Handy, 7 % waren mindestens ein bis zwei Mal pro Woche im Internet. Die anschließend durchgeführten Probandentests mit auf den Ergebnissen der Fokusgruppe basierenden Prototypen wurden mit je sechs Probanden in vier Iterationen durchgeführt, wobei sich jeweils ein Interview anschloss.

4.2 Methodik zur Untersuchung der Anforderungen in Bezug auf den Faktor Bedienbarkeit

Zu den Anforderungen älterer Menschen an die Bedienbarkeit von Benutzeroberflächen mobiler Anwendungen existieren zahlreiche Vorarbeiten. Aus diesem Grund wurde zunächst eine Literaturrecherche in einschlägigen Datenbanken, insbesondere aus dem Bereich *Human Computer Interaction* durchgeführt. Darüber hinaus wurden eigene Erkenntnisse zu allgemeinen Bedienbarkeitsanforderungen älterer Menschen erarbeitet. Dabei wurde auf die bereits im letzten Abschnitt beschriebenen Fokusgruppen und Probandentest zurückgegriffen. Schließlich wurde anhand eines konkreten Szenarios im Bereich Gesundheit eine Onlineumfrage zu den Bedienbarkeitsanforderungen an eine spezifische mobile Anwendung durchgeführt. Die Umfrage richtete sich an verschiedene Nutzergruppen, die basierend auf zuvor in Experteninterviews erarbeiteten Personae anhand bestimmter Umfragevariablen segmentiert wurden. Zur Gewinnung von Teilnehmern wurden akademische Mailinglisten, öffentliche Newsgroups und Foren zu den Themen Fitness und Gesundheit, Fitnessnetzwerke auf XING, sowie persönliche Kontakte und direkte Ansprache durch Projektmitglieder verwendet. Insgesamt konnten so 175 verwertbare Antworten generiert werden.

4.3 Methodik zur Untersuchung bestehender Bedenken zur Informationssicherheit

Zur Untersuchung der Bedürfnisse der Nutzergruppe 50+ im Bereich Gesundheit bezogen auf den Parameter Informationssicherheit wurde zunächst eine Literaturrecherche in einschlägigen wissenschaftliche Datenbanken wie etwa Medline oder WISO, sowie eine Onlinesuche auf den Seiten relevanter Institutionen wie der *World Health Organization* oder der *California Health Care Foundation* durchgeführt. Nachdem die Recherche keine Ergebnisse für diesen spezifischen Bereich zu Tage förderte, wurde eine Onlineumfrage zur Ergründung der Nutzerbedürfnisse durchgeführt. Dabei wurde besonderer Wert auf die Analyse der Unterschiede zwischen älteren und jüngeren Nutzern in Bezug auf den Faktor Informationssicherheit gelegt.

Die Umfrage bestand aus einem Onlinefragebogen, der den Grad der Bedenken der Teilnehmer zu verschiedenen Aspekten der Informationssicherheit technischer Gesundheitslösungen ermittelte. Die Teilnehmer wurden über Mailinglisten aus dem akademischen und persönlichen Umfeld der Projektmitglieder rekrutiert. Die Ergebnisse der Umfrage sind daher nicht notwendigerweise repräsentativ. Allerdings dürfte die Teilnehmergruppe über viele relevante Faktoren hinweg, wie beispielsweise den Bildungsgrad oder das sozio-ökonomische Umfeld, relativ homogen sein, was eine gute Reduktion auf das Unterscheidungsmerkmal Alter erlaubt.

Die Onlineumfrage umfasste insgesamt 83 Teilnehmer. Das Durchschnittsalter der Teilnehmer lag bei 42 Jahren, 39% der Teilnehmer waren über 50 Jahre alt. 70% der Teilnehmer waren männlich, wobei die Geschlechterverteilung über die verschiedenen Altersgruppen hinweg in etwa gleich war.

5 Ergebnisse

Für die verschiedenen betrachteten Faktoren mit Relevanz für die Akzeptanz mobiler Anwendungen im Bereich Gesundheit wurden im Rahmen des Projekts CrossGeneration umfangreiche Untersuchungen durchgeführt. Die Ergebnisse dieser Untersuchungen für die einzelnen Faktoren werden nachfolgend beschrieben.

5.1 Ergebnisse zur empfundenen Nützlichkeit

Die im Rahmen von CrossGeneration durchgeführte Analyse hat basierend auf Experteninterviews und Fokusgruppen drei Hauptbedürfnisse älterer Menschen im Bereich Gesundheit ergeben, für die, bei einer adäquaten Adressierung durch mobile Anwendungen, entsprechende Lösungen als besonders nützlich empfunden werden:

- Unterstützung im alltäglichen Leben
- Förderung der Gesundheit und der Mobilität
- Ermöglichung von Kontakten mit dem sozialen Umfeld

Unter den Punkt Unterstützung im alltäglichen Leben fallen dabei alle Lösungen, die ältere Menschen bei täglichen Aufgaben entlasten. Ein Beispiel für eine solche Lösung im Bereich Gesundheit ist eine mobile Anwendung, die ältere Menschen beim Management der Einnahme verschiedener Medikament unterstützt und sie z. B. an den Einnahmezeitpunkt erinnert.

Hinsichtlich der Förderung der Gesundheit und Mobilität spielt der Aspekt der Prävention, insbesondere durch ausreichende Bewegung und sportliche Aktivitäten, sowie eine ausgewogene Ernährung eine besondere Rolle. Den Ergebnissen zufolge erachten ältere Menschen eine gesunde Lebensweise als wichtig, berichten aber von vielen Hürden auf dem Weg zu einem gesünderen Lebensstil und wünschen sich daher Lösungen, die sie z. B. im Punkt Motivation unterstützen. Eine mobile Anwendung zur Adressierung dieses Problems könnte beispielsweise Bewegungsdaten erfassen, um diese aufzubereiten und so in spielerischer Weise ältere Menschen zu mehr Bewegung zu animieren.

Der Bereich Ermöglichung von Kontakten mit dem sozialen Umfeld umfasst Lösungen, die ältere Menschen bei der Interaktion mit ihrem sozialen Umfeld unterstützen. Für den Bereich Gesundheit wären hier beispielsweise mobile Anwendungen denkbar, die älteren Menschen den Austausch über Krankheitserfahrungen mit anderen Erkrankten aus der Zielgruppe ermöglichen.

Ausgehend von den drei ermittelten Hauptbedürfnissen, wurden spezifische Bedürfnisse älterer Menschen in Bezug auf eine bereits vorliegende Erkrankung untersucht. Dabei konnten folgende Bedürfnisse identifiziert werden:

- *Möglichkeit zur Selbstkontrolle:* Ältere Menschen wünschen sich Möglichkeiten zur Überprüfung des aktuellen Gesundheitszustands in Bezug auf ihre Erkrankung.

- *Unterstützung bei der Medikation:* Viele ältere erkrankte Menschen müssen verschiedene Medikamente einnehmen und wünschen sich Unterstützung beim Management der Einnahme.

- *Unterstützung bei der Verbesserung des Gesundheitszustands:* Erkrankte ältere Menschen haben das Bedürfnis, selbständig an ihrem Gesundheitszustand zu arbeiten und wünschen sich hierbei Unterstützung.

- *Sicherheit über den Körperzustand:* Ältere Menschen mit einer ernsthaften Erkrankung machen sich Sorgen über eine akute Verschlechterung ihres Zustands und wünschen sich daher Sicherheit in Bezug auf ihren aktuellen Körperzustand.

- *Informationsmöglichkeiten über Erkrankungen:* Kranke ältere Menschen wollen sich mit ihrer Krankheit auseinandersetzen und haben daher einen Bedarf nach geeigneten Informationsmöglichkeiten.

- *Kontakt- und Austauschmöglichkeiten mit anderen Erkrankten:* Ältere Menschen wollen mit einer Erkrankung nicht alleine sein, sondern wünschen sich Möglichkeiten zum Austausch mit Gleichgesinnten.

Neben der funktionalen Gestaltung entsprechender Lösungen wurden in CrossGeneration auch nicht-funktionale Anforderungen an unterstützende Lösungen untersucht. Ältere Menschen gaben an, dass ihnen Hilfestellungen bei der Nutzung, hohe Benutzerfreundlichkeit, hohe Verlässlichkeit und Qualität, geringe Kosten, echter Mehrwert, ansprechendes Design, das nicht stigmatisierend ist, hoher Spaßfaktor, sowie die Möglichkeit zur Integration des sozialen Umfelds in Bezug auf mobile Anwendungen wichtig seien.

Insgesamt hat die Analyse der Bedürfnisse der Zielgruppe 50+ ergeben, dass es sich dabei um eine sehr heterogene Gruppe handelt, deren Mitglieder ein hohes

Maß an Individualität zeigen und stark unterschiedliche Bedürfnisse besitzen. Entwicklungen für diese Zielgruppe sollten diesem Umstand Rechnung tragen und zum Beispiel durch einen modularen Aufbau die unterschiedlichen Bedürfnisse in der Zielgruppe berücksichtigen.

5.2 Ergebnisse zum Faktor Bedienbarkeit

Einige Studien konnten Erkenntnisse über konkrete Bedienbarkeitsanforderungen älterer Menschen allgemein (ISO 2000; Holzinger et al. 2008b) und in Bezug auf mobile Lösungen (Jorge 2001; Hellmann 2007; Mallenius et al. 2010) gewinnen. Einige Arbeiten gehen dabei sogar spezifisch auf Aspekte im Bereich Gesundheit ein (Hubert 2006; Lorenz/Oppermann 2009). Eine Analyse der verfügbaren Quellen hat folgende Hauptanforderungen älterer Menschen ergeben:

- *Gute Erkennbarkeit:* Benutzeroberflächen für ältere Menschen sollten leicht zu erkennende Bedienelemente und gut leserlichen Text enthalten.

- *Reduktion auf wesentliche Elemente:* Die Benutzeroberfläche sollte möglichst einfach gehalten sein und wenige Elemente enthalten. Dies betrifft insbesondere Navigationselemente und Menüstrukturen.

- *Hohe Anpassbarkeit:* Die Bedienoberfläche sollte sich möglichst gut an die individuellen Anforderungen eines Nutzers anpassen lassen.

- *Leichte Verständlichkeit:* Verwendeter Text und verwendete Symbole sollten leicht verständlich sein.

- *Umfangreiche Hilfestellungen:* Die Bedienoberfläche sollte dem Nutzer umfangreiche Hilfestellungen, z. B. in Form von ausführlichen Erläuterungen bieten.

- *Hohe Fehlertoleranz:* Die Bedienoberfläche sollte eine hohe Toleranz für Fehler auf Seiten des Nutzers aufweisen.

- *Geringer physischer Aufwand:* Die Bedienung der Benutzeroberfläche sollte einen geringen physischen Aufwand erfordern.

- *Häufiges Feedback:* Die Benutzeroberfläche sollte häufig Feedback zu Eingaben an den Nutzer geben.

Zur Bestätigung der Erkenntnisse aus der einschlägigen Literatur wurden im Rahmen von CrossGeneration eigene Studien in Form von Fokusgruppen und Probandentests durchgeführt. Dabei wurden im Detail folgende Erkenntnisse gewonnen:

- *Verständliche Semantik:* Ältere Menschen haben häufig Probleme beim Verständnis von Symbolen, Metaphern und Wörtern, die für jüngere Nutzer intuitiv verständlich sind. So werden z. B. standardmäßig vorgegebene Symbole gängiger Smartphone-Betriebssysteme nicht immer verstanden und korrekt interpretiert.

- *Ausführliche Bezeichnungen:* Nachdem sich gängige Bedienkonzepte, Begrifflichkeiten und Symboliken älteren Menschen teilweise nicht intuitiv erschließen, sollte darauf geachtet werden, diese falls möglich mit geeigneten Texterklärungen zu versehen. Wo genügend Platz vorhanden ist, sollten Buttons und Symbole mit Texterklärungen und Unterschriften versehen werden. Wo der nötige Platz fehlt, können Pop-Up-Texte nach längerem Berühren eines Elements eingeblendet werden.

- *Unmittelbare Rückmeldungen:* Das Auslösen einer Aktion durch bloßes Berühren der Benutzeroberfläche wurde von älteren Probanden in Tests als unnatürlich und nicht erwartungskonform beurteilt. Ältere Nutzer sollten daher eine unmittelbare Rückmeldung über getätigte Eingaben erhalten, um ihnen ein besseres Verständnis der Zusammenhänge einer mobiler Anwendungen zu ermöglichen.

- *Einfache Menüstrukturen:* Ältere Menschen haben häufig Probleme, sich in einer komplexen Menüstruktur zurechtzufinden. Navigationselemente innerhalb einer Anwendung sollten daher leicht erfassbar und in sich konsistent sein. Dabei sollten auch entsprechende gestalterische Mittel, wie leicht unterscheidbare Farben oder besonders große Bedienelemente, eingesetzt werden, um Navigationsmenüs deutlich hervorzuheben.

- *Hohe Fehlertoleranz:* Die Bedienelemente einer Anwendung werden von älteren Nutzern häufig versehentlich berührt, ohne dass die Nutzer das bemerken. Bedienelemente sollten daher eine hohe Fehlertoleranz aufweisen und im Falle des Auslösens einer Aktion unmittelbar Feedback geben. Solches Feedback kann sowohl über visuelle als auch akustische oder haptische Rückmeldungen, wie z. B. über eine fühlbare Vibration, gegeben werden.

- *Große Bedienelemente:* Filigrane Bedienelemente mit einer kleinen Bedienfläche, wie z. B. Regelschieber, verursachen bei älteren Menschen häufig Probleme bei der Benutzung. Dies ist darauf zurückzuführen, dass feinmotorische Fähigkeiten im Alter nachlassen. Aus diesem Grund sollten Bedienelemente immer eine möglichste große Bedienfläche aufweisen.

Die Erkenntnisse decken sich also größtenteils mit den bisherigen Ergebnissen aus der einschlägigen Literatur.

Neben den Fokusgruppen und Probandentests wurde zum Vergleich der Ergebnisse verschiedener Nutzergruppen eine ausführliche Onlineumfrage durchgeführt. Die Umfrage bezog sich dabei auf eine konkrete mobile Anwendung zur Nachverfolgung der eigenen Bewegungs- und Ernährungsdaten. Anhand verschiedener Parameter wurden vier Nutzergruppen unterschieden: ältere Menschen über 50, Übergewichtige, mit der eigenen Fitness Unzufriedene und Sportliche jeweils unter 50. Die Nutzergruppen wurden gebeten, die Bedeutung verschiedener Aspekte der mobilen Anwendungen für die eigene Nutzung auf einer Skala von 0 (nicht wichtig) über 2 (mäßig wichtig) bis 4 (sehr wichtig) zu bewerten. Viele der abgefragten Aspekte hängen dabei mit der Bedienbarkeit der Anwendung zusammen.

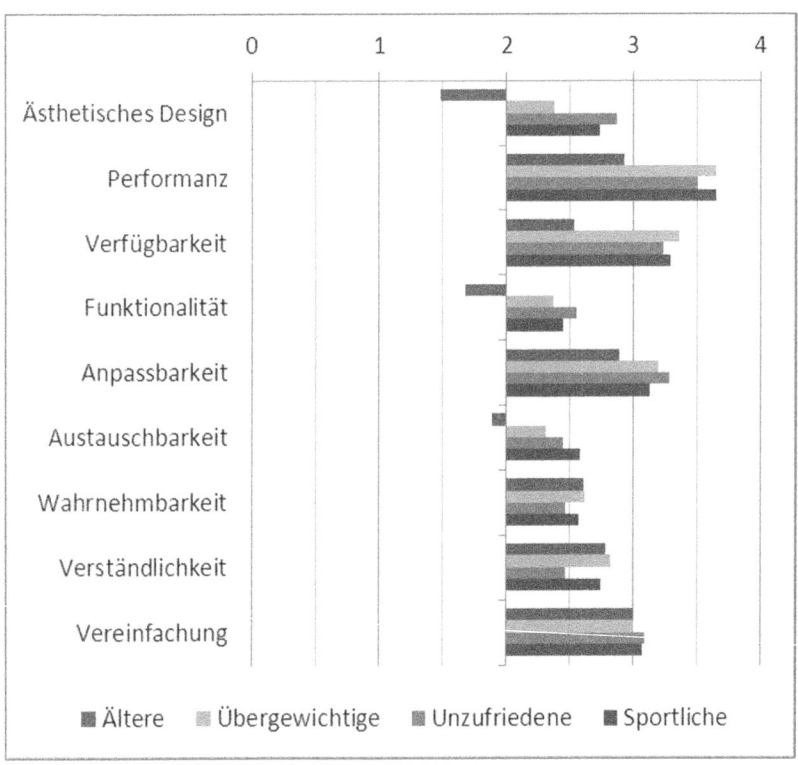

Abbildung 2   Ergebnisse einer Onlineumfrage zur Bedeutung verschiedener Aspekte einer mobilen Anwendung im Bereich Gesundheit (Quelle: Eigene Darstellung).

Das Diagramm zeigt, dass sich die Bedürfnisse älterer Menschen teilweise deutlich von den Anforderungen anderer Nutzergruppen unterscheiden. So ist den älteren Teilnehmern etwa eine ästhetische Benutzeroberfläche oder ein großer Funktionsumfang deutlich weniger wichtig als anderen Nutzergruppen. Auch

Möglichkeiten zum Datenaustausch mit anderen Anwendungen werden als weniger wichtig erachtet. Umfangreiche Erklärungen von Funktionen, Nachvollziehbarkeit der Herkunft dargestellter Daten und die möglichst simple Darstellung von Daten sind älteren Nutzern im Vergleich zu anderen Nutzergruppen hingegen relativ wichtig. Aus diesen Erkenntnissen lassen sich unmittelbar Ansatzpunkte für Bedienoberflächen ableiten, welche die Nutzergruppe 50+ als besonders gut bedienbar empfinden dürfte.

5.3 Ergebnisse zu bestehenden Bedenken zur Informationssicherheit

Zur Ermittlung der Bedenken älterer Menschen in Bezug auf den Faktor Informationssicherheit für Anwendungen im Bereich Gesundheit wurde eine Onlineumfrage durchgeführt. Diese basierte auf dem Modell zur Informationssicherheit nach Parker (2002). Um den Spezifika der Anwendung im Bereich Gesundheit Rechnung zu tragen, wird das Modell jedoch um die Hauptbedenken der Nutzer in Bezug auf Applikationen in diesem Bereich, basierend auf einer Studie von Lake Research Partners (2006), ergänzt. Die zusätzlichen Aspekte sind Datenschutz, die Verwendung der Daten im besten Interesse des Nutzers sowie Zugriffskontrolle. Darüber hinaus wurde zu Beginn nach allgemeinen Bedenken zum Thema Informationssicherheit bei technischen Lösungen im Bereich Gesundheit gefragt. Jeder der abgefragten Parameter wurde kurz erläutert und zu Gesundheitsanwendungen in Bezug gesetzt. Die Teilnehmer hatten dann Gelegenheit, den Grad ihrer Besorgtheit über den jeweiligen Parameter in vier Stufen von 'keine Bedenken' über 'leichte Bedenken' und 'Bedenken' bis hin zu 'große Bedenken' auszudrücken oder sich alternativ für die jeweilige Frage zu enthalten. Die ersten beiden Stufen wurden als 'eher keine Bedenken' interpretiert, die anderen beiden Stufen wurde als 'eher Bedenken' interpretiert. Eine Übersicht über die Ergebnisse findet sich im nachfolgenden Diagramm. Die Antworten, die in die Kategorie 'eher Bedenken' fallen, werden prozentual dargestellt; die 50%-Marke drückt aus, dass mehr als die Hälfte der Teilnehmer der Umfrage aus der jeweiligen Altersgruppe in Bezug auf Parameter, die diese Marke überschreiten, Bedenken hat.

Das Diagramm zeigt, dass generell deutliche Bedenken zum Thema Informationssicherheit vorhanden sind. Insbesondere Parameter wie Datenschutz oder Datenbesitz, die im Zusammenhang mit einem möglichen Missbrauch der Daten stehen, werden als besonders kritisch gesehen. Parameter wie Nutzbarkeit oder Verfügbarkeit, die eher im Zusammenhang mit einer reibungslosen Funktionsweise des Systems stehen, werden hingegen als weniger bedenklich erachtet.

Die Umfrage zeigt signifikante Unterschiede zwischen älteren und jüngeren Nutzern. Jüngere Nutzer scheinen für das Thema Informationssicherheit stärker sensibilisiert zu sein und haben fast durchgängig größere Bedenken als ältere Nutzer. Insgesamt lässt sich aus den Ergebnissen ableiten, dass bei mobilen

Gesundheitsanwendungen im Bereich Gesundheit für den Nutzer transparente und verständliche Vorkehrungen gegen den Missbrauch von Daten treffen müssen. Ein besonderes Augenmerk sollte dabei auf die Aspekte Informationszugriff, Informationsbesitz und Datenschutz gelegt werden.

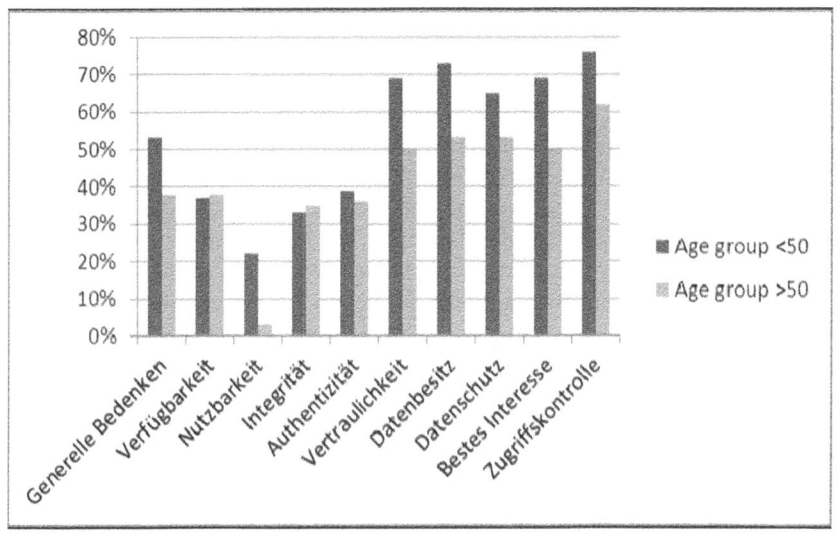

Abbildung 3   Ergebnisse einer Umfrage zur Einschätzung der Bedenklichkeit verschiedener Aspekte der Informationssicherheit (Quelle: Eigene Darstellung).

6 Diskussion

Die Forschungsfrage zu Beginn des Kapitels besteht aus zwei Teilen. Das Ziel der Untersuchungen ist einerseits zu beantworten inwiefern sich die Anforderungen und Bedürfnisse der Zielgruppe 50+ in Bezug auf mobile Anwendungen im Bereich Gesundheit signifikant von denen jüngerer Zielgruppen unterscheiden. Andererseits soll ermittelt werden, inwieweit sich aus gegebenenfalls bestehenden Unterschieden konkrete Handlungsanweisungen zur Erhöhung der Nutzerakzeptanz bei der Ausgestaltung geeigneter Applikationen formulieren lassen. Nachfolgend wird die Bedeutung der im letzten Abschnitt beschriebenen Ergebnisse in Bezug auf die Forschungsfrage diskutiert.

6.1 Diskussion der Ergebnisse zur empfundene Nützlichkeit

Die Untersuchung des Faktors Empfundene Nützlichkeit hat eine Reihe von Anforderung älterer Menschen an als nützlich empfundene Anwendungen ergeben. Obwohl in der Analyse kein direkter Vergleich mit anderen Zielgruppen gezogen wurde, konnten einige Anforderungen identifiziert werden – beispielsweise der Wunsch nach Unterstützung im Alltag oder die Forderung nach einem nicht-stigmatisierenden Design – die für diese Nutzergruppe charakteristisch sein dürften. Die Ergebnisse zu diesem Faktor deuten also darauf hin, dass sich die Bedürfnisse älterer Nutzer in Bezug auf den Faktor Empfundene Nützlichkeit von anderen Zielgruppen unterscheiden.

Aus den Ergebnissen lassen sich darüber hinaus auch klare Ausgangspunkte für zukünftige Anwendungen ableiten. Einige Beispiele für solche Anwendungen wurden bereits zusammen mit den Ergebnissen genannt. Zusätzlich lassen sich auf Basis der Ergebnisse auch klare Handlungsempfehlungen aussprechen. So kann beispielsweise die Empfehlung ausgesprochen werden, bei Anwendungen für die Zielgruppe 50+ auf ein nicht-stigmatisierendes Design zu achten. Der zweite Teil der Forschungsfrage kann für den Faktor Empfundene Nützlichkeit also ebenfalls positiv beantwortet werden.

6.2 Diskussion der Ergebnisse zum Faktor Bedienbarkeit

Die Untersuchung des Faktors Bedienbarkeit hat ergeben, dass ältere Menschen sich in ihren Anforderungen an die Bedienbarkeit mobiler Anwendungen deutlich von jüngeren Nutzergruppen unterscheiden. Die Ergebnisse im Projekt CrossGeneration decken sich mit den Erkenntnissen aus der einschlägigen Literatur.

Andere Autoren stellen ähnliche Unterschiede im Hinblick auf die Anforderungen von jüngeren und älteren Nutzergruppen fest, so dass von einer Konsistenz der Anforderungen über die Grenzen verschiedener Anwendungen hinweg auszugehen ist. Darüber hinaus lassen sich von den spezifischen Anforderungen älterer Menschen an die Bedienbarkeit mobiler Anwendungen konkrete Handlungsempfehlungen ableiten. Zusammen mit den Anforderungen wurden bereits zahlreiche Beispiele für solche Handlungsempfehlungen genannt. Die Forschungsfrage kann also auch für den Faktor Bedienbarkeit positiv beantwortet werden.

6.3 Diskussion der Ergebnisse zu bestehenden Bedenken zur Informationssicherheit

Die Ergebnisse der Umfrage im Bereich Informationssicherheit haben gezeigt, dass signifikante Unterschiede zwischen der Einschätzung älterer und jüngerer Nutzer zu diesem Thema bestehen. Nachdem jüngere Nutzer das Thema aber fast durchgängig kritischer betrachten, sollten Lösungen, die den Anforderungen jüngerer Nutzer genügen, auch den Bedürfnissen älterer Nutzer gerecht werden.

Nachdem die Umfrage nicht an eine konkrete Anwendung geknüpft war, sind die Ergebnisse über verschiedene Anwendungen hinweg verallgemeinerbar. Darüber hinaus lassen sich konkrete Handlungsempfehlungen darüber ableiten, welche Aspekte der Informationssicherheit bei der Entwicklung besondere Berücksichtigung erfahren sollten. Die Betrachtung des Faktors Informationssicherheit führt also ebenfalls zu einer positiven Beantwortung der Forschungsfrage.

7 Fazit

Zusammenfassend lässt sich feststellen, dass die Forschungsfrage für alle betrachten Akzeptanzkriterien mobiler Anwendungen im Bereich Gesundheit durch ältere Menschen positiv beantwortet werden konnte. Das bedeutet, dass sich die Anforderungen und Bedürfnisse der Zielgruppe 50+ in Bezug auf mobile Anwendungen im Bereich Gesundheit signifikant von denen jüngerer Zielgruppen unterscheiden und sich aus Unterschieden konkrete Handlungsanweisungen zur Erhöhung der Nutzerakzeptanz bei der Ausgestaltung geeigneter Applikationen formulieren lassen.

Es überrascht wenig, dass sich ältere Menschen aufgrund körperlicher und geistiger Einschränkungen in ihren Anforderungen von anderen Nutzergruppen deutlich unterscheiden. Bedeutender ist jedoch die Erkenntnis, dass sich die Unterschiede in den Anforderungen in vielen Bereichen gut verallgemeinern lassen. Insbesondere die Tatsache, dass sich davon konkrete Handlungsempfehlungen ableiten lassen, birgt das Potential, die Entwicklung nutzerspezifischer Anwendungen zu vereinfachen. In der vorliegenden Betrachtung wurden dazu schon einige Aspekte angesprochen, die bei der Entwicklung geeigneter Anwendungen zu berücksichtigen sind.

Wie zu Beginn dieses Kapitels dargelegt, scheitern viele Lösungen für die Zielgruppe 50+ daran, dass die Entwickler die Anforderungen dieser Nutzergruppe nicht gut genug verstehen. Es scheint daher sinnvoll, einen umfassenden Katalog mit zu berücksichtigenden Aspekten zu erstellen. Die bisherigen Arbeiten dazu betrachten häufig nur einzelne Aspekte, wie z. B. auf körperlichen Einschränkungen basierende Anforderungen. Ein ganzheitlicher Ansatz, der alle Dimensionen der Technikakzeptanz berücksichtigt, fehlt bislang.

Auf dem Weg zu einem solchen Katalog sind jedoch noch viele Forschungsfragen in nachfolgenden Arbeiten zu beantworten. So ist bislang nicht geklärt, welche Faktoren im Detail zu einer erhöhten Technikakzeptanz im untersuchten

Bereich beitragen. In der vorliegenden Arbeit wurden nur einige ausgewählte Faktoren untersucht. Zusätzlich ist bisher nicht erforscht, ob sich die gestellte Forschungsfrage auch für die hier nicht betrachteten Faktoren positiv beantworten lässt. Die vorliegende Untersuchung hat unter anderem ergeben, dass die Nutzergruppe 50+ relativ heterogen ist. Es erscheint daher sinnvoll in nachfolgenden Arbeiten auch Unterschiede in den Anforderung innerhalb diese Nutzergruppe entlang bestimmter Kriterien wie etwa Bildungsgrad oder soziökonomischem Hintergrund zu differenzieren. Schließlich bleiben noch die Ausarbeitung einer deutlich umfangreicheren Sammlung von Handlungsempfehlungen als der hier ausgearbeiteten Startpunkte, sowie die Strukturierung des dabei entstehenden Katalogs. Es gibt also noch viele offene Punkte auf einem Weg, der letztlich zu einer Erleichterung der Entwicklung von stärker durch die Zielgruppe 50+ akzeptierten Dienstleistungsinnovationen im Gesundheitswesen führen sollte. Wir hoffen, mit dem vorliegenden Kapital einen kleinen Beitrag zu diesem Ziel geleistet zu haben.

8 Literaturverzeichnis

Bandara, A. K. / Nuseibeh, B. A. / Price, B. A. / Rogers, Y. / Dulay, N. / Lupu, E. C. / Russo, A. / Sloman, M. / Joinson, A. N. 2008: Privacy Rights Management for Mobile Applications. 4th Int. Symposium on Usable Privacy and Security, Pittsburgh, Juli 2008.

Bandura, A. 1986: Social foundations of thought and action : A social cognitive theory. Prentice-Hall, Englewood Cliffs.

Brown, A. / Weihl, B. 2011: An update on Google Health and Google PowerMeter, http://googleblog.blogspot.com/2011/06/update-on-google-health-and-google.html, letzter Download am 26. August 2011.

Connelly, K. H. / Faber, A. M. / Rogers, Y. / Siek, K. A. / Toscos, T. 2006: Mobile applications that empower people to monitor their personal health. Elektrotechnik und Informationstechnik 4.

Czaja, S. / Weber, R. / Nair, S. 1993: A Human Factors Analysis of ADL Activities: A Capability-Demand Approach, The Journal of Gerontology, 48 (Special Issue): 44-48.

Davis, F. D. 1989: Perceived usefulness, perceived ease of use, and user acceptance of information technology. MIS Quarterly 13:3, 319–340.

Davis, F. D. / Bagozzi, R. P. / Warshaw, P. R. 1989: User Acceptance of Computer Technology: A Comparison of Two Theoretical Models. Management 35:8, 982-1003.

De Blok, C. / Luijkx, K. / Meijboom, B. / Schols, J. 2010: Modular care and service packages for independently living elderly. International Journal of Operations & Production Management 30:1, 75-97.

Demirbilek, O. / Demirkan, H. 2004: Universal product design involving elderly users: a participatory design model. Applied Ergonomics 35: 361–370.

Dickinson, A. / Goodman, J. / Syme, A. / Eisma, R. / Tiwari, L. / Mival, O. / Newell, A. 2003: Domesticating technology. In-home requirements gathering with frail older people. Proceedings of HCI International, Kreta.

Eisma, R. / Dickinson, A. / Goodman, J. / Syme, A. / Tiwari, L. / Newell, A.F. 2004: Early user involvement in the development of information technology-related products for older people. Universal Access in the Information Society 3:2, 131-140.

Fozard, J. L. / Graafmans, J. A. M. / Rietsema, J. / Bouma, H. / van Berlo, A. 1994: Aging, Health and Technology. Paper presented at the workshop Social impact of technology on disabled people and elderly people 1994. Brüssel.

Giesecke, S. / Hull, J. / Schmidt, S. / Strese, H. / Weiß, C. / Baumgarten, D. 2005: AAL – Ambient Assisted Living: Country Report Germany. White Paper.

Goodman, J. / Gray, P. / Brewster, S. 2005: Not just a matter of design: Key issues surrounding the inclusive design process. International Conference on Inclusive Design and Communications (INCLUDE 2005), London.

Hellman, R. 2007: Universal design and mobile devices. In: Stephanidis, C. (Hg.): Proceedings of the 4th international conference on Universal access in human computer interaction: coping with diversity (UAHCI'07).. Springer-Verlag. Berlin Heidelberg, 147-156.

Holzinger, A. 2002. User-Centered Interface Design for Disabled and Elderly People: First Experiences with Designing a Patient Communication System (PACOSY). In: Miesenberger, K. / Klaus, J. / Zagler, W. (Hg.): ICCHP 2002, LNCS 2398: 33–40.

Holzinger, Schaupp K., Eder-Halbedl, W. 2008a: An Investigation on Acceptance of Ubiquitous Devices for the Elderly in a Geriatric Hospital Environment: Using the Example of Person Tracking. In: Miesenberger, K. et al. (Hg.): ICCHP 2008, LNCS 5105: 22–29.

Holzinger, A., Searle, G., Kleinberger, T., Seffah, A., Javahery, H. 2008b: Investigating Usability Metrics for the Design and Development of Applications for the Elderly. In Miesenberger, K. et al. (Hg.) ICCHP 2008, LNCS 5105: 98–105.

Holzinger, A., Searle, G., Nischelwitzer, A. 2007: On Some Aspects of Improving Mobile Applications for the Elderly. In: Stephanidis, C. (Hg.) Universal Access in HCI. Part I. HCII 2007, LNCS 4554: 923–932.

Hubert, R. 2006: Accessibility and usability guidelines for mobile devices in home health monitoring. SIGACCESS Access. Comput. 84: 26-29.

Inglis, E. A. / Szymkowiaks, A. / Gregor, P. / Newell, A.F. / Hine, N. / Shah, P. / Wilson, B. A. / Evans, J. 2002: Issues surrounding the user-centred development of a new interactive memory aid. In: Keates S. / Langdon P. / Clarkson P. J. / Robinson, P. (Hg.): Universal Access and Assistive Technology, Proceedings of the Cambridge Workshop on UA and AT 02, 171–178.

ISO/IEC Dokument 2000: Guidelines for standardization to address the needs of older persons and people with disabilities. http://www.cettico.fi.upm.es /aenor/BTWG101-5(Sec)22.pdf, letzter Download am 15. August 2011.

Jorge, J. A. 2001: Adaptive tools for the elderly: new devices to cope with age-induced cognitive disabilities. Proceedings of the 2001 EC/NSF workshop on Universal accessibility of ubiquitous computing: providing for the elderly (WUAUC'01). ACM, New York, 66-70.

Karahasanovic, A. / Brandtz, P. B. / Heim, J. / Lüders, M. / Vermeir, L. / Pierson, J. / Lievens, B. / Vanattenhoven, J. / Jans, G. 2009: Co-creation and user-generated content–elderly people's user requirements. Computers in Human Behavior 25: 655–678.

Kemmer, F.W. / Halle, M. / Stumvoll, M. / Thurm, U. / Zimmer, P. 2009: Diabetes, Sport und Bewegung. Diabetologie 4:2, 183–186.

Lake Research Partners, American Viewpoint 2006: Survey Finds Americans Want Electronic Personal Health Information to Improve Own Health Care. White Paper, http://www.markle.org/publications/1214-survey-finds-americans-want-electronic-personal-health-information-improve-own-hea,   letzter Download am 13. Juli 2011.

Legal Information Institute 2010: Definitions. 44 U.S.C. § 3542(b)(1).

Lee, Y. / Kozar, K. A. / Larsen, K. R. 2003: The Technology Acceptance Model: Past, Present, and Future. Communications of the Association for Information Systems 12:50, 752-780.

Lines, L. / Hone, K. 2004: Eliciting User Requirements with Older Adults: Lessons from the Design of an Interactive Domestic Alarm System. Universal Access in the Information Society 3:2, 141–148.

Liu, L. S. / Shah, P. C. / Hayes, G. R. 2011: Barriers to the Adoption and Use of Personal Health Record Systems. Proceedings of the iConference 2011, Seattle.

Lorenz, A. / Oppermann, R. 2009: Mobile health monitoring for the elderly: Designing for diversity. Pervasive Mob. Comput. 5:5, 478-495.

Mallenius, S. / Rossi, M. / Tuunainen, V. K. 2010: Factors affecting the adoption and use of mobile devices and services by elderly people - results from a pilot study.

Marquis-Faulke, F. / McKenny, S. / Gregor, P. / Newell, A. 2003: Scenario-based Drama as a Tool for Investigating User Requirements with Application to Home Monitoring for Elderly People, HCI International, Kreta.

Martí, R. / Delgado, J. / Perramon, X. 2004: Security Specification and Implementation for Mobile e-Health Services. Proceedings of the IEEE International Conference on e-Technology, e-Commerce and e-Service, 241–248.

Martin, J. L. / Murphy, E. / Crowe, J. A. / Norris, B. J. 2006: Capturing User Requirements in Medical Device Development: The Role of Ergonomics. Physiological Measurement 27:8, R49-R62.

Mikkonen, M. / Väyrynen, S. / Ikonen, V. / Heikkila, M. O. 2002: User and Concept Studies as Tools in Developing Mobile Communication Services for the Elderly. Personal and Ubiquitous Computing 6: 113–124.

Nielsen, J. 2010: The State Of Mobile Apps, White Paper, http://blog.nielsen.-com/nielsenwire/wp-content/uploads/2010/09/NielsenMobileAppsWhitepaper .pdf, letzter Download am 05. September 2011.

Nielsen, J. 2003: Usability 101: Introduction to Usability, http://www.useit.com/ alertbox/20030825.html, letzter Download am 15. März 2011.

Nielsen, J. 1993: Usability Engineering. San Diego: Academic Press.

Nischelwitzer, A. / Pintoffl, K. / Loss, C. / Holzinger, A. 2007: Design and De-velopment of a Mobile Medical Application for the Management of Chronic Diseases: Methods of Improved Data Input for Older People. In USAB 2007, Hrsg. Holzinger, A. LNCS 4799: 119–132.

Norman, D. A. / Draper, S. W. 1986: User-Centered System Design: New Per-spectives on Human-Computer Interaction. Lawrence Earlbaum Associates, Hillsdale: NJ.

Oppenauer, C. / Preschl, B. / Kalteis, K. / Kryspin-Exner, I. 2007: Technology in Old Age from a Psychological Point of View. In: Holzinger, A. (Hg.): USAB 2007, LNCS 4799: 133–142.

Parker, D. 2002: Toward a new framework for information security. In: Computer Security Handbook. New York, John Wiley & Sons, Inc.

Rogers, W. / Stronge, A.J. / Fisk, A.D. 2005: Technology and Aging. Reviews of Human Factors and Ergonomics 1:1, 130-171.

Söderström, E. / Eriksson, R.-M. 2009: Standards for information security and processes in health care. Journal of Systems and Information Technology 11:3, 295-308.

Stephanidis, C. 2001: User Interfaces for All: New perspectives into Human-Computer Interaction. In: Ders. (Hg.): User Interfaces for All - Concepts, Methods, and Tools. Mahwah, NJ: Lawrence Erlbaum Associates, 3-17.

Stroetmann, V. N. / Hüsing, T. / Kubitschke, L. / Stroetmann, K. A. 2002: The attitudes, expectations and needs of elderly people in relation to e-health applications: results from a European survey. Journal of Telemedicine and Telecare 8:2, 82-84.

Wagner, N. / Hassanein, K. / Head, M. 2010: Computer use by older adults: A multi-disciplinary review. Computers in Human Behavior 26: 870-882

Teil II: Methoden der nutzerzentrierten Technikgestaltung

Das Szenariobasierte Design als Instrument für eine partizipative Technikentwicklung im Pflegedienstleistungssektor[1]

Silvana Cieslik, Peter Klein, Diego Compagna, Karen Shire

1 Einleitung

Die Entwicklung von neuen Technologien und Produkten für den Dienstleistungssektor profitiert erheblich von einer Beteiligung der künftigen Nutzer (Giesecke 2003). Hierbei geht es nicht nur darum eine Entwicklung zu gewährleisten, die sich an den tatsächlichen Bedarf orientiert, sondern auch die spezifischen Eigenheiten des Einsatzfeldes frühzeitig in die Technikentwicklung mit einzubeziehen (Compagna et al. 2011a). Ein wertvolles Instrument zur Umsetzung einer solchen partizipativen Technikentwicklung stellt das sogenannte Szenariobasierte Design (SBD) dar (Rosson/Carroll 2003). Im Kern ist das SBD ein narrativer Ansatz, wobei die Darstellung und Nacherzählung typischer Handlungsabläufe des geplanten Einsatzfeldes in einzelnen Szenarien nach und nach mit der neu zu entwickelnden und zu implementierenden Technik angereichert werden (Nardi 1995). Die Zielsetzung ist hierbei selbstredend die Arbeits- und/oder Lebensbedingungen der Personen des Einsatzfeldes durch den Technikeinsatz zu verbessern. Die schrittweise und iterative Anpassung, in der die Abstraktions- und Detailtiefe der Szenarien immer weiter zunimmt, begleitet und modelliert den gesamten Gestaltungs- und Entwicklungsprozess (Mack 1995).

Im Zuge einer partizipativen Technikentwicklung für den Pflegedienstleistungsbereich, stellt sich der für eine bedarfsorientierte Entwicklung notwendige Austausch zwischen den Nutzern und den Entwicklern in einem besonders hohen Maß als Wissensaustausch dar. Der Pflegebereich ist unlängst als ein wissensintensiver Dienstleistungsbereich identifiziert und charakterisiert worden (Schroeter 2008; Heinlein 2003). Insofern ist der Erfolg eines solchen Vorhabens abhängig von Verfahren und Instrumenten, die es erlauben spezifisches Wissen

---

[1] Die in diesem Beitrag präsentierten Ergebnisse sind Teil eines vom Bundesministerium für Bildung und Forschung (BMBF) geförderten Verbundvorhabens mit dem Titel "Förderung des Wissenstransfers für eine aktive Mitgestaltung des Pflegesektors durch Mikrosystemtechnik" (WiMi-Care); Förderkennzeichen: 01FC08024-27.
Weiterführende Informationen: http://www.wimi-care.de/.

erfolgreich zwischen den involvierten Personengruppen zirkulieren zu lassen. Es stellt sich also die Frage inwieweit sich das SBD als Instrument für einen erfolgreichen Wissenstransfer zwischen sehr heterogenen Gruppen (bspw. Pflegekräfte, pflegebedürftige Senioren, Pflegeeinrichtungsmanagement, Technik- und Softwareentwickler, etc.) eignet.

Eine wichtige Voraussetzung für die Durchführung einer SBD basierten Entwicklung stellt die Kenntnis sowie eine grobe Zielvorstellung des Systems dar, das entworfen werden soll. Die Zielsetzung des WiMi-Care Projektes – das sich als Fallbeispiel in besonderer Weise eignet, da in dessen Rahmen das SBD als Methode einer partizipativen Nutzerintegration in umfassender Weise zur Anwendung gekommen ist (vgl. Compagna et al. 2010) – bestand darin, Verfahren zur Optimierung des Wissenstransfers einzusetzen und weiterzuentwickeln, um den Einsatz von Mikrosystemtechnik und Servicerobotik zur Entlastung von Pflegeeinrichtungen bedarfs- und nutzerorientiert zu ermöglichen. Dabei standen zwei Serviceroboter mit unterschiedlichen Fähigkeiten zur Weiterentwicklung für konkrete Anwendungsszenarien zur Verfügung: Das fahrerlose Transportfahrzeug CASERO der MLR System GmbH (Ludwigsburg) sowie der Roboterassistent Care-O-bot 3 des Fraunhofer IPA (Stuttgart). Auch das Einsatzfeld stand fest, da es vor dem Hintergrund des demografischen Wandels darum gehen sollte, den bereits beklagten und künftig höchstwahrscheinlich weiter ansteigenden Pflegekräftemangel in stationären Einrichtungen durch den Einsatz angemessener Technik zumindest teilweise auszubalancieren.

Somit war gegeben, welche Systeme in welcher Umgebung entwickelt werden sollten und warum. Offen war jedoch, welche Anwendungsfälle passend sind und wie sie umgesetzt werden könnten. Im WiMi-Care Projekt galt es also hinsichtlich der Technikentwicklung zwei Bereiche miteinander in Verbindung zu bringen: Auf der einen Seite die Weiterentwicklung der Serviceroboter Casero und Care-O-bot für die erarbeiteten Anwendungsszenarien und auf der anderen Seite die Neuentwicklung einer Bedienoberfläche, die als Schnittstelle zwischen den Pflegekräften und Servicerobotern fungiert.

In diesem Beitrag soll es allerdings schwerpunktmäßig darum gehen, inwiefern sich das SBD als Instrument der Nutzerbeteiligung im Allgemeinen eignet. Die im Fallbeispiel gesetzten 'Vorgaben' stellen dabei lediglich das Material bereit, um folgenden, der allgemeinen Fragestellung des Beitrags abgeleiteten, Unterfragestellungen nachgehen zu können: Welche Aspekte müssen – jenseits einer allgemeinen Eignung des SBD für partizipative Technikentwicklungen – bei der Anwendung dieses Verfahrens im Dienstleistungssektor sowie speziell im Pflegedienstbereich beachtet werden? Welche Limitationen des Verfahrens mussten hierbei konstatiert werden und schließlich: Welche Anpassungen sind noch während der Projektarbeit durchgeführt worden bzw. welche lassen sich für einen künftigen Einsatz des SBD in ähnlich gelagerten Forschungs- und Entwicklungsprojekten darüber hinaus ableiten?

Die Struktur des Beitrages gliedert sich demnach wie folgt: Zunächst soll das SBD als Verfahren für partizipativer Technikentwicklung in Kürze dargestellt werden (2.). Sodann soll in ebenso kursorischer Darstellung wiedergegeben werden, wie das Verfahren in den gesamten Projekt- und damit Entwicklungsablauf eingebettet worden ist (3.), um daraufhin anhand der im Projekt gesammelten Erfahrungen sowohl die Eignung des Verfahrens für partizipative Technikentwicklung im Allgemeinen zu reflektieren als auch Veränderungen und Ergänzungen dessen vorzuschlagen (4.). Neben der Darstellung des SBD als Verfahren für den Wissenstransfer heterogener sozialer Gruppen, liegt ein Schwerpunkt auch auf den eingesetzten Erhebungsinstrumenten (3.1), die es erst ermöglichen das für die Nutzung des SBD notwendige Wissen zu eruieren.

2 Das Szenariobasierte Design als Grundlage für eine benutzerzentrierte Technikgestaltung

2.1 Die Nutzer stehen im Vordergrund

In einer benutzerzentrierten Technikgestaltung (User-Centered Design: DIN EN ISO 9241-210) bilden die vier Phasen "Analysieren", "Gestalten", "Erfahrbar machen" und "Testen" die Grundlage und Rahmung solcher Bemühungen. Charakteristisch für diesen Prozess sind die iterativen Durchläufe der einzelnen Phasen, bis schlussendlich ein ausgereiftes, validiertes Produkt entsteht, das den Bedürfnissen der potenziellen Nutzer entspricht, von ihnen akzeptiert wird und optimal im jeweiligen Nutzungskontext funktioniert.

Der erste und essenzielle Schritt für die Entwicklung einer tragenden Produktidee ist es, den Nutzungskontext möglichst ganzheitlich zu verstehen. Analysieren im Sinne einer nutzerzentrierten Entwicklung bedeutet, dass Fakten über die Nutzer selbst sowie zum Nutzungskontext zusammengetragen werden. Dabei sind vor allem folgende drei Bereiche zu untersuchen: (1) Welche Aufgaben führen die Nutzer durch und welche Ziele verfolgen sie dabei? (2) Was sind die sozialen, emotionalen und motivationalen Hintergründe der Nutzer, die den Umgang mit einem Produkt beeinflussen? Welche Fähigkeiten, Bedürfnisse, Wünsche und Probleme haben die Nutzer? (3) In welcher Nutzungsumgebung interagiert der Nutzer mit einem (zukünftigen) System? Dies umfasst die physischen, sozialen und technischen Gegebenheiten.

88 Cieslik, Klein, Compagna, Shire

2.2 Charakteristika des Szenariobasierten Designs

Das Szenariobasierte Design ist ein Verfahren, das eine nutzerzentrierte Entwicklung gemäß der im letzten Abschnitt dargestellten Rahmenbedingungen erlauben soll. Es legt den Fokus auf den Nutzer und dessen innere und äußere Faktoren bei der Durchführung seiner Aufgaben mit dem zu gestaltenden Produkt:

„Like other user-centered approaches scenario-based design changes the focus of design work from defining system operations (i.e. functional specification) to describing how people will use a system to accomplish work tasks and other activities [...]. However, unlike approaches that consider human behavior and experience through formal analysis and modeling of well-specified tasks, scenario-based design is a relatively lightweight method for envisioning future use possibilities" (Rosson/Carroll 2003: 1033).

Da Szenarien in den meisten Fällen ohnehin generiert werden, ist es nur konsequent diese explizit zu machen und niederzuschreiben. Der Vorteil von Szenarien liegt in ihrer Greifbarkeit und Lebendigkeit, die sich aus der Nähe zum Nutzer ergibt und die Kommunikation über die Thematik erleichtert (Carroll 1995a). Dies ermöglicht, Konzepte zu diskutieren, zu reflektieren und zu überprüfen, sowie neue Aspekte und Problematiken aufzudecken.

2.2.1 Szenarien im Szenariobasierten Design

Ein Szenario beschreibt eine Sequenz von Handlungsabläufen und Ereignissen, die in ihrem Abschluss zu einem konkreten Ergebnis führen. Die bestimmende Eigenschaft eines Szenarios besteht darin, eine narrative Beschreibung von Tätigkeiten zu entwerfen, die ein Anwender, während er eine vorgegebene Aufgabe löst, typischer Weise ausführt. Die Beschreibung sollte so weit detailliert sein, dass designrelevante Schlussfolgerungen gezogen und über diese diskutiert werden kann. Üblicherweise werden Szenarien grafisch umgesetzt und dabei wird wie in einem Comicstrip oder Storyboard durch eine Reihe von einzelnen Zeichnungen, begleitet von jeweils kurzen, kommentierenden Textpassagen, der geplante Einsatz 'erzählt' (Erickson 1995).

Allgemein gilt, dass Szenarien stets aus der Perspektive des potenziellen Nutzers formuliert werden, wobei seine sozialen und emotionalen Hintergründe sowie persönlichen Motivationen und Ziele zu berücksichtigen sind. In Szenarien interagieren also ein oder mehrere Akteure in Form von 'Personas' unter Zuhilfenahme von diversen Werkzeugen mit Objekten, um ein persönliches Ziel zu erreichen. Personas sind fiktive Akteure bzw. Charaktere, die typische Eigenschaften einer bestimmten Nutzergruppe in sich vereinen, ein konkretes Nutzungsverhalten besitzen und stellvertretend für den größten Teil der späteren tatsächlichen Anwender stehen sollen. Die Gestaltung solcher Personas soll von vornherein die Gefahr minimieren, dass ein Produkt für einen vermeintlichen Nutzer entsteht, der tatsächlich überhaupt nicht existiert. Dabei soll pro Persona ein Szenario beschrieben und in der dritten Person erzählt werden (Pruitt/Adlin 2005).

Der Vorteil von Szenarien gegenüber der Darstellung von Use Cases liegt in ihrer leichteren Verständlichkeit auch für Laien. Des Weiteren gehen Use Cases oftmals schon von einer festen Sequenzabfolge von Aktionen und Reaktionen zwischen Nutzer und einem System aus, dessen Eigenschaften schon relativ feststehen. Da Szenarien zwar konkret, aber dennoch unvollständig und somit auch grob sind, werden immer neue Perspektiven des Designs ermöglicht und eine frühzeitige Fixierung auf eine vermeintlich 'beste Lösung' wird damit umgangen.

Durch schrittweise und iterative Anpassung der Abstraktions- und Detailtiefe modellieren die Szenarien die gesamte Analyse- und Konzeptionsphase (Mack 1995). Dabei lassen sich fünf Szenariotypen unterscheiden, die den Prozess kennzeichnen: Problem-Szenario, Aktivitäts-Szenario, Informations-Szenario, Interaktions-Szenario und Dokumentations-Szenario (Rosson/Carroll 2003).

2.2.2   Die Relevanz der Prototyp- und Evaluationsphase

Eine Grundlage des Szenariobasierten Design ist es, die Evaluation von Konzeptideen schon frühzeitig durchzuführen und regelmäßig während des Gestaltungs- und Entwicklungsprozesses zu wiederholen. Wenngleich die Nutzerorientierung bei der Anwendung des Szenariobasierten Designs maßgeblich ist (Carroll 1995a) und eine am Design orientierte Entwicklung von vornherein als sozialer Prozess aufzufassen ist, bei dem heterogene Gruppen zueinander geführt werden und über die Szenarien miteinander ins Gespräch kommen (Erickson 1995), stellt gerade der narrative Charakter dieses Verfahrens eine nicht unerhebliche Gefahr dar:

"Part of the appeal of scenarios is that they are short and fun and vivid. But if used uncritically, without due attention to data quality and representativeness, scenarios will be no more expressive of the needs of real users than the musings of engineers or researchers unaided by a representation of user experience. It is easy to feel that one has caught user experience because it is represented in a narrative or storyboard; but these accessible representations can easily be inflated into more than they really are. We want to be careful to distinguish the form that the information is packaged in from the quality of the content therein. As we attempt to design for broader and broader classes of users who are less and less like designers themselves, it is critical that we find a way to pipe stimulating input to designers that faithfully captures users' needs and problems." (Nardi 1995: 397f)

Ein wesentlicher Aspekt, um nicht in diese 'Szenario-Falle' zu tappen, stellt ein intensiver und wiederholter Abgleich mit den Nutzern dar (Mack 1995: 373). Ob sich das Szenariobasierte Design als Verfahren für partizipative Technikentwicklungen eignet, entscheidet sich also letztendlich nicht über eine vorhandene Übereinstimmung der Nutzerwünsche – bzw. vorhandenen Einschätzung der Entwickler hinsichtlich des technisch Umsetzbaren – bezüglich der Szenarien 'auf dem Papier', vielmehr können nur Pilotanwendungen den Nachweis über einen erfolgreichen Einsatz von Szenarien für eine partizipative Technikentwicklung erbringen (Mack 1995: 371f).

3   Fallbeispiel: Der Einsatz des Szenariobasierten Designs im WiMi-Care Projekt

Die übergeordnete Zielsetzung des WiMi-Care Projektes bestand darin, den Wissenstransfer zwischen Nutzern und Entwicklern durch die Wahl und Anwendung geeigneter Verfahren herzustellen und zu optimieren. Das Szenariobasierte Design stellte sich vor dem Hintergrund dieser Anforderungen als Mittel der Wahl dar: Die hohe Anschaulichkeit und relative Offenheit sind Merkmale, die es nicht nur erlauben sollten Pflegekräfte und mitunter Bewohner stationärer Pflegeeinrichtungen in die Lage zu versetzen den geplanten Einsatz vorausschauend zu bewerten, sondern auch den Entwicklern helfen sollte technisch umsetzbare Anwendungsmöglichkeiten zu identifizieren. Im Folgenden sollen die zur Anwendung gekommenen Methoden der Datenerhebung, die als Grundlage für die Erstellung und Anpassung der Szenarien gedient haben, der Abgleichungsprozess sowie die Ergebnisse dessen vorgestellt werden. Die im 4. Gliederungspunkt exemplarisch dargestellten Erfahrungen aus den Pilotanwendungen sowie der diesen vorhergehenden und zwischengelagerten Szenariengenerierung bzw. -anpassung sollen darauf aufbauend die Reichweite und Eignung diese Verfahrens hinsichtlich eines geglückten Wissensaustauschs reflektieren.

3.1 Methoden zur Datenerhebung für die Anwendung des Szenariobasierten Designs mit der Zielsetzung einer partizipativen Technikentwicklung

Das SBD hat seine Wurzeln im Softwareengineering; eine grundsätzliche Methodenferne hinsichtlich der Erhebungsmethoden zur Informationsgewinnung aus dem geplanten Einsatzfeld kann zwar der diesbezüglichen Literatur nicht pauschal vorgeworfen werden, dennoch bleiben die Darstellung entweder recht vage oder werden lediglich hinsichtlich einzelner übergeordneter Verfahren, wie bspw. der Ethnografie, expliziert (vgl. Carroll 1995b; Jacko/Sears 2003: 907-1090). Insofern finden sich wenige Hinweise auf konkrete methodische Vorgehensweisen oder detaillierte und begründete Darstellungen angewendeter Methoden zur Datenerhebung, die für die Erstellung und Überprüfung bzw. Anpassung von Szenarien notwendig sind.

Im WiMi-Care Projekt ging es also unter anderem auch darum, aus dem vorhandenen, etablierten Methodenfundus geeignete Instrumente für die Erhebung des notwendigen Wissens sowohl für die Generierung der Szenarien als auch für den Abgleich dieser mit den Entwicklern und den Nutzern auszuwählen und hinsichtlich ihrer Eignung zu reflektieren. Die folgenden Abschnitte sollen also nicht nur die angewendeten Methoden, die zur Durchführung des SBD zur Anwendung gekommen sind vorstellen, sondern stellen zugleich auch einen Beitrag für eine Hinführung zu einem reflektierten Umgang mit diesen bei der Anwendung vom SBD dar.

3.2 Bedarfsanalyse als Dreh- und Angelpunkt von partizipativer Technikentwicklung

Wenn eine nutzerzentrierte Technikentwicklung erfolgen soll, so stellt eine gründliche Bedarfsanalyse eine Schlüsselkomponente und einen notwendigen Arbeitsschritt dar. Eine möglichst hohe Adäquanz zwischen Bedarf und darauf abgestimmter Technikentwicklung kann durch eine Bedarfsanalyse erreicht werden, wenn den relevanten Akteuren des Einsatzgebietes möglichst unvoreingenommen begegnet und ihnen durch den Einsatz qualitativer Methoden die Chance gegeben wird, einen möglichst vollständigen Einblick in das Einsatzgebiet der zu entwickelnden Technik zu erhalten.

Ein entscheidendes Kriterium für den Einsatz qualitativer Methoden, die sich durch ein besonders hohes Maß an Flexibilität und Offenheit gegenüber dem zu erschließenden Feld/Untersuchungsgegenstand auszeichnen (Strauss 1994), stellt die Möglichkeit dar Zusammenhänge und Sachverhalte wahrzunehmen und für die darauf aufbauende Technikentwicklung berücksichtigen zu können, die andernfalls nicht hätten in den Blick genommen werden können. Beim Einsatz standardisierter Verfahren würden spezifische Gegebenheiten des künftigen Einsatzgebietes der zu entwickelnden Technik leicht übersehen werden, da diese grundsätzlich eine relativ hohe Vorkenntnis des Untersuchungsgegenstandes voraussetzen (Friedrichs 1990). Wenn diese Kenntnisse nicht vorliegen – in Innovationsprozessen ist dies üblicherweise der Fall (Rammert 2008; Braun-Thürmann 2005) – führt die Anwendung solcher Verfahren zur systematischen Ausblendung relevanter Informationen und Sachverhalte, die somit eine bedarfsgerechte und nutzerzentrierten Entwicklung vereiteln. Andererseits kann ein Methodenmix (Triangulation) von offenen und teilstandardisierten Verfahren durchaus angebracht sein.

3.3 Qualitative Methoden als Mittel der Wahl

Je höher der Innovationsgrad, bzw. je kleiner die Erfahrungswerte hinsichtlich des Einsatzgebietes und/oder der zu entwickelnden Technik sind, umso offener sollte dem Feld gegenübergetreten werden, um relevante Sachverhalte für die Technikentwicklung in Erfahrung bringen zu können. Instrumente, die sich dabei eignen sind einerseits die Memogestützte (ethnografische) Beobachtung als auch Ad-hoc- und Problemzentrierte Interviews[2], die zunächst einmal die Zielsetzung haben, die Beobachtungen anzureichern und zu verdichten (Becker/Geer 1993; Mayring 1999). Erst in einem zweiten Schritt werden leitfadengestützte Interviews mit den in der Beobachtungsphase als relevant identifizierten Akteuren geführt, in denen gezielt die sich als ausschlaggebend herausgestellten Sachverhalte erfasst werden sollen. So können in solchen Interviews systematisch zusätzliche Informationen für die Erstellung von Problemszenarios erhoben werden, nachdem sich mögliche Problemfelder im Rahmen der deutlich offeneren Beobachtungsphase herauskristallisiert haben.

Eine solche Vorgehensweise gründet nicht zuletzt in der Annahme, dass relevantes Wissen in der Arbeitspraxis generiert, reproduziert und aktualisiert wird (Knoblauch/Heath 2006). Das für eine erfolgreiche Adaption und Integration in bestehende Arbeitsabläufe relevante Wissen für eine bedarfsgerechte Technikentwicklung kann folglich nur durch eine intensive Beobachtung der Arbeitsabläufe und -organisation rekonstruiert und anschließend in anschauliche Szenarien modelliert werden. In diesem zweiten Schritt soll also das maßgeblich personengebundene Wissen bezüglich des Bedarfs durch Interviews weiter expliziert und ermittelt werden (Porschen 2008; Polanyi 1985).

Falls – so wie im WiMi-Care Vorhaben – eine innovative Technologie in ein komplexes soziales System – nämlich eine stationäre Pflegeeinrichtung – integriert werden soll, dann ist es außerdem wichtig die Personen in die Bedarfsanalyse intensiv einzubeziehen, die mit der Technik in direkten Kontakt kommen werden. So muss bspw. immer davon ausgegangen werden, dass die konkrete Arbeitspraxis von den formalen Vorgaben abweicht, weshalb es nicht ausreichen würde sich an den Angaben der Leitungsebene zu orientieren (Herrmann et

---

[2]   Das "Problemzentrierte Interview" darf nicht mit dem "Fokussierten Interview" verwechselt werden. So stellt das Problemzentrierte Interview ein dialogisch-diskursives Verfahren dar, in dem die Befragten als Experten ihrer Orientierungen und Handlungen in einer narrativ-offenen Gesprächssituation ihre subjektive Wahrnehmung und Verarbeitungsweise gesellschaftlicher Realität darlegen sollen (Witzel 2000). Wohingegen das Fokussierte Interview auf der Grundlage bereits gefestigter Kategorien und darauf aufbauender Hypothesen - meist mit Hilfe eines strukturierten Leitfadens - in der Regel im Anschluss an ein durch die Forscher 'kontrolliertes' Ereignis durchgeführt wird (Merton/Kendall 1993). Das Fokussierte Interview ist insofern im Rahmen des WiMi-Care Vorhabens im Anschluss an die Pilotanwendungen als Instrument zur Anwendung gekommen.

al. 2003; Frenkel et al. 1999). Insofern ist eine ausführliche Beobachtung der
Arbeitsabläufe des konkreten Einsatzgebietes unbedingt erforderlich und eine
Einbeziehung aller von der Einführung einer neuen Technik betroffenen Perso-
nen unbedingt ratsam.

3.4 Die Übersetzungsleistung von Szenarien für eine nutzerzentrierte Technikentwicklung

Die Übersetzung zwischen dem von den Nutzern artikulierten Bedarf, der beobachteten und von relevanten Akteuren dargestellte Arbeitsorganisation und der
aufgrund dessen abzustimmenden Technikentwicklung kann auf besonders
effektive Weise durch den Einsatz von Szenarien erfolgen. Schließlich gilt es
einen Weg zu finden, wie die relativ dichte Beschreibungen hinsichtlich der
möglichen Einsatzweisen der weiter zu entwickelnden Technik in handhabbare
Anweisungen für den konkreten Einsatz der Technik überführt werden können.
Erst auf dieser Grundlage können Ingenieure, Informatiker und Designer hand-
lungsleitende Pläne entwerfen.

Das SBD eignet sich darüber hinaus aber auch insofern sehr gut, als die Nutzer
während der Planung und Projektierung der Technikentwicklung miteinbezogen
werden können: Sobald auf der Grundlage der ersten Ergebnisse der Bedarfsanalyse (Anforderungsanalyse, Problemszenarien) damit begonnen wird mit
Hilfe von Szenarien Entwürfe für den Einsatz der Technik zu skizzieren (Designphase, Aktivitätsszenarien), können diese den Nutzern anschaulich präsentiert und mit diesen abgestimmt werden (voranschreitende Designphase: von
Aktivitäts- über Informations- zu Interaktionsszenarien). Es erfolgt also ein
iterativer Prozess des Abgleichens zwischen ermitteltem Bedarf, technisch
Machbarem und des in Szenarien skizzierten Technikeinsatzes, an dem die zukünftigen Nutzer, Technikentwickler und Produktdesigner teilnehmen. Auf
dieser Grundlage kann folglich ein Technikgeneseprozess erfolgen, an dem alle
relevanten Akteure teilhaben und mit ihren jeweiligen Expertisen, Zielsetzungen
und Wünschen, sowie auch Befürchtungen partizipieren können.

3.5 Bedarfsanalyse als iterativer Abgleichungsprozess

Die Bedarfsanalyse ist also mit der Ermittlung des Bedarfs längst nicht abgeschlossen und muss vielmehr als ein Prozess verstanden werden, an dem nicht
nur die potenziellen Nutzer, sondern ebenso die Entwickler, Designer und gegebenenfalls auch künftige Produzenten teilnehmen. Insofern muss auch hinsichtlich der einzusetzenden Methoden differenziert vorgegangen werden, je nachdem in welcher Phase sich die Bedarfsanalyse befindet. Die zum Einsatz kommenden Instrumente werden im Großen und Ganzen, je weiter der Abgleichungsprozess vorangeschritten ist, immer standardisierter und in ihrem Erfas-
sungsradius spezifischer werden. Da wo es zu Beginn darum geht dem Einsatz-

feld so unvoreingenommen wie möglich gegenüberzutreten und so vollständig wie möglich zu erfassen, wird es in einem zweiten Schritt bereits wesentlich konkreter darum gehen unter Verwendung von leitfadengestützten Interviews zum Teil bereits relativ spezifische Sachverhalte und Einschätzungen von den Personen zu erhalten, die mit der zu entwickelnden Technik in Kontakt kommen werden und letztlich davon profitieren sollen.

Wenn daraufhin diese Befunde den Entwicklern in Form von Problemszenarien präsentiert und mit dem technisch Machbaren abgeglichen werden, können auf dieser Grundlage erste 'Kompromisse' des geplanten Einsatzes erarbeitet werden, die von Produktdesignern in recht groben Skizzen zeichnerisch umgesetzt werden. Es ist allerdings damit zu rechnen, dass in dieser dritten Phase Fragen von Seiten der Entwickler aufgeworfen werden, die mit dem Einsatzfeld geklärt werden müssen, insbesondere was die Umsetzbarkeit bestimmter Szenarien betrifft. Dieser Arbeitsschritt erfordert den Einsatz sehr spezifischer Instrumente, die je nach Fragestellung durchaus auch durch die Durchführung standardisierter Befragungen oder Experteninterviews geklärt werden können. Erst nachdem diese offenen Fragen, die hinsichtlich der geplanten technischen Umsetzbarkeit auftauchen, geklärt worden sind, können erste grobe Entwürfe der Aktivitätsszenarien entwickelt werden. Diese werden in einem vierten Schritt den Nutzern zurückgespiegelt und ermöglichen aufgrund ihrer hohen Anschaulichkeit einen vergleichsweise validen 'Response' und führen gegebenenfalls zu einer erneuten Abstimmungsschleife auf Seiten der Entwickler und Designer bzw. künftigen Produzenten der neuen Technologie. Die überarbeiteten Szenarien werden daraufhin erneut den potenziellen Nutzern vorgelegt und mit diesen abgestimmt. Diese Abstimmungsschleifen müssen so lange fortgesetzt werden, bis die Szenarien durch diesen iterativen Abgleichungsprozess von allen Personengruppen in ihrer jeweiligen Fassung als wünschenswert und umsetzbar wahrgenommen werden.

In der folgenden Tabelle sollen die vier Schritte bezüglich Methoden/ Instrumente, beteiligte Personengruppen und Zielsetzung zusammenfassend dargestellt werden − wobei die erste Phase der Analysephase des SBD entspricht und die zweite bis vierte Phasen − spätestens ab der ersten Iterationsschleife − Designphasen darstellen, die graduell von der Erstellung und Verwendung von Aktivitäts- über Informations- zu Interaktionsszenarien (und ggf. Dokumentationsszenarien) auszeichnen:

Tabelle 1   Phasenmodell für partizipative Technikentwicklungen (Quelle: Compagna/Derpmann 2009: 21)

	Beteiligte	Metho-den/Instrumente	Zielsetzung
1. Phase	Nutzer	Teilnehmende Be-obachtung ad hoc Interviews	Erfassung relevanter Aspekte (Arbeits-organisation, -abläufe, etc.) Identifizierung rele-vanter Personengruppen
2. Phase	Nutzer	Leitfadengestützte Interviews Gruppeninterviews	Erfassung spezifischer Informationen über Ein-satzfeld und Abläufe
3. Phase	Entwickler	Pläne Skizzen Szenarien	Abstimmung zwischen Bedarf und technisch Machbarem Identifizierung fehlender Informationen über das Einsatzfeld
4. Phase	Entwick-ler, Nutzer	Präsentation Szenaren Gruppeninterviews leitfadengestützte Interviews	Kommunikative Validie-rung der ermittelten und entwickelten Szenarien ggf. modifizierte Szenarienbildung → Zurück zur 2. und / oder 3. Phase

3.6 Fazit: Methodenmix für eine umfassende Bedarfsanalayse des Szenariobasierten Designs

In WiMi-Care ist der Versuch unternommen worden eine möglichst umfassende Bedarfsanalyse durchzuführen. Dies hat unweigerlich zur Folge, dass mehrere Methoden respektive Instrumente zur Anwendung gekommen sind. Verallge-meinernd lässt sich aus den in WiMi-Care gesammelten Erfahrungen sagen, dass mit zunehmender Konkretion der Einsatzmöglichkeiten der abzustimmen-den Technik, die Instrumente und Methoden spezifischer hinsichtlich der Ant-

wortmöglichkeiten bzw. des zu Erfassenden werden. So wechseln sich qualita-
tiv-offene Verfahren mit teilstandardisierten, teilweise geschlossene Verfahren
im Zuge des angestrebten Abgleichungsprozesses ab, wobei der Schwerpunkt
sich immer stärker in Richtung spezifischer werdenden, gesättigter Kategorien
und darauf aufbauender Dimensionen verlagert (Glaser/Strauss 1998). Diese
Verdichtung und zunehmende Standardisierung der Erhebungsinstrumente korreliert mit dem Voranschreiten der Szenarienentwicklung: Von der Erstellung
von Problemszenarien hin zu der von Interaktionsszenarien.

Dreh- und Angelpunkt einer Bedarfsanalyse als Abgleichungsprozess sind die
Szenarien, die als Grenzobjekt aller an der Analyse beteiligter Personen fungie-
ren (Star/Griesemer 1989). Diese nehmen schnell nach der ersten Schleife zur
Erfassung des Bedarfs den Stellenwert von 'Übersetzungswerkzeugen' ein, also
Instrumente, die in einem besonders hohen Maße geeignet sind, die Kommunikation und den Austausch zwischen allen relevanten Akteure trotz sehr heterogener Ausgangs- und Interessenslagen sowie Referenzsystemen zu ermöglichen
(Strübing 1997). Die Szenarien sollten in mehreren iterativen Schleifen so lange
verändert und konkretisiert werden, bis alle an diesem Prozess Beteiligten zufrieden gestellt sind. Wesentlich hierbei ist freilich, dass im Zentrum dieses
Prozesses des Abgleichens und im Zuge dessen Konkretisierens, die Nutzer mit
ihren je spezifischen Interessen, Bedürfnissen und Wünschen sowie das Einsatzfeld mit seinen je spezifischen Besonderheiten stehen.

3.7 Kurzdarstellung der Ergebnisse aufgrund der Nutzung des Szenariobasierten Designs in WiMi-Care

In den folgenden Abschnitten sollen die Hauptergebnisse und zentralen Arbeits-
schritte bei der Anwendung des SBD im Projekt WiMi-Care in Kürze dargestellt
werden. Diese deskriptive Wiedergabe des Vorgehens stellt zugleich die Grundlage für die Reflexion des SBD als Methode für partizipative Technikentwicklung, die im nächsten Abschnitt (4.) erfolgen wird.

3.7.1   Personas

Im Projekt WiMi-Care wurden als ein Ergebnis der Kontextanalyse zwei Haupt-
Nutzergruppen identifiziert: Pflegekräfte und Bewohner von Pflegeeinrichtungen. Die Bedarfsanalyse mit den Kontextbeobachtungen und -interviews vor
Ort half, diese Nutzergruppen kennenzulernen und zu verstehen. Dadurch, dass
den Pflegekräften in ihrem Arbeitsalltag 'über die Schulter' geschaut wurde,
konnten Personas kreiert werden, die typische Merkmale von Pflegekräften und
Bewohnern widerspiegeln. Insgesamt wurden drei Personas erstellt:

| Irina Petrova: Examinierte Pflegekraft | Martha Müller: Bewohnerin im Pflegeheim mit hohem Grad an Mobilität | Gutfried Seibel: Bewohner im Pflegeheim mit geringem Grad an Mobilität. |

Abbildung 1-3   Die im WiMi-Care Projekt verwendeten Personas. (Quelle: UID GmbH)

3.7.2   Anforderungsanalyse: Problemszenarien

Im Projekt WiMi-Care wurden die in der Anforderungsanalyse gesammelten Daten über die Nutzer und das Einsatzfeld innerhalb eines Ideen-Workshop mit Vertretern aller Projektpartner besprochen und Schwerpunkten zugeordnet. Darauf aufbauend wurden vier Hauptszenarien formuliert, die bereits anhand der Fähigkeiten der eingesetzten Roboter eingegrenzt wurden:

- Das Transport-Szenario beschreibt verschiedene Aufgaben, die mit dem Transport von Gegenständen verbunden sind und von den Pflegekräften regelmäßig ausgeführt werden müssen.

- Das Nacht-Notfall-Szenario beschreibt die typischen Aufgaben auf einer Station während einer Nachtschicht.

- Das Getränkeversorgungs-Szenario beschreibt die typischen Aufgaben auf den Stationen, die im Umgang mit der Getränkeversorgung der Bewohner anfallen.

- Das Unterhaltungs-Szenario beschreibt die Freizeitgestaltung und Aktivierung der Bewohner vor allem (aber nicht nur) durch das Personal.

Anhand der erstellten Szenarien wurde die Ist-Situation der vier Abläufe aufgrund einer Wirkungsanalyse beschrieben und Optimierungspotenzial aufgedeckt. Im Szenario "Getränkeversorgung" konnten bspw. als positive "Wirkungen" identifiziert werden, dass bei der Kontrolle der Trinkmengen und beim Auffordern der Bewohner zum Trinken vor allem empathische Fähigkeiten und Erfahrungswissen hinsichtlich der Bewohner notwendig sind. Als eher negative "Wirkung" hat sich ergeben, dass die Getränkeversorgung eine ständig mitlaufende permanente Aufgabe für die Pflegekräfte ist, die zuweilen als Stressor empfunden wird. Genauso erfordert das Protokollieren der Trinkmengen auf Papier, dass das Aufaddieren und Auswerten der Tagestrinkmenge per Kopfrechnen erfolgt. Ein späteres Nachtragen der Trinkmengen aus dem Kopf ist zudem kognitiv belastend und fehleranfällig. Daraus konnten erste Anwendungsideen generiert werden, die später in Form von Aktivitätsszenarien beschrieben wurden.

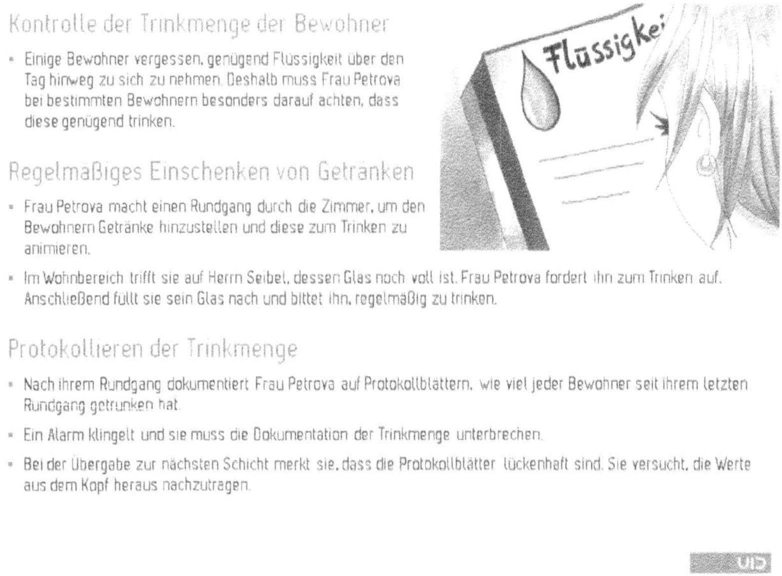

Kontrolle der Trinkmenge der Bewohner

- Einige Bewohner vergessen, genügend Flüssigkeit über den Tag hinweg zu sich zu nehmen. Deshalb muss Frau Petrova bei bestimmten Bewohnern besonders darauf achten, dass diese genügend trinken.

Regelmäßiges Einschenken von Getränken

- Frau Petrova macht einen Rundgang durch die Zimmer, um den Bewohnern Getränke hinzustellen und diese zum Trinken zu animieren.

- Im Wohnbereich trifft sie auf Herrn Seibel, dessen Glas noch voll ist. Frau Petrova fordert ihn zum Trinken auf. Anschließend füllt sie sein Glas nach und bittet ihn, regelmäßig zu trinken.

Protokollieren der Trinkmenge

- Nach ihrem Rundgang dokumentiert Frau Petrova auf Protokollblättern, wie viel jeder Bewohner seit ihrem letzten Rundgang getrunken hat.

- Ein Alarm klingelt und sie muss die Dokumentation der Trinkmenge unterbrechen.

- Bei der Übergabe zur nächsten Schicht merkt sie, dass die Protokollblätter lückenhaft sind. Sie versucht, die Werte aus dem Kopf heraus nachzutragen.

Abbildung 4   Beispiel für das Problemszenario zur Getränkeversorgung. (Quelle: UID GmbH)

3.7.3 Designphase: Aktivitäts-, Informations- und Interaktionsszenarien

Die aus der vorherigen Phase abgeleiteten Anforderungen führten bei WiMi-Care zu Ideen, wie Probleme des Ist-Zustands durch den Einsatz von Servicerobotik und Mikrosystemtechnik behoben werden könnten. Anhand dieser Optimierungsideen wurden die vier Problemszenarien zu Aktivitätsszenarien umformuliert und ergänzt.

Im Szenario "Getränkeversorgung" wurden bspw. unter Anderem folgende Anwendungsideen aufgegriffen, die bereits auf den Serviceroboter Care-O-bot zugeschnitten waren:

-   Unterstützung beim Verteilen und Anbieten von Getränken durch Servicerobotik in Kombination mit einer automatischen Protokollierung der Trinkmengen

-   Digitalisieren des Trinkprotokolls und dadurch automatisches Anzeigen der aktuellen Tagestrinkmenge

Eine erste Abstimmungsschleife mit den Entwicklern (E) und Nutzern (N) – Pflegekräfte und Bewohner – erbrachte bspw. folgende zu berücksichtigende Informationen:

-   E: Wenn der Care-O-bot bei Bewohnern, die dies erlauben, ins Zimmer fährt, muss er die Tür öffnen und über Teppich fahren können.

-   E: Zum automatischen Protokollieren der Trinkmengen muss Care-O-bot erkennen können, welchen Bewohnern er ein Getränk anbietet.

-   N: Care-O-bot muss genügend Abstand zum Bewohner halten, damit dieser sich nicht erschreckt und nicht von ihm berührt wird.

-   N: Die automatische Dokumentation durch Care-O-bot muss nachträglich bearbeitbar/ergänzt werden können.[3]

Um den Bezug zu den einzelnen Szenario-Schritten nicht zu verlieren, wurden diese Anforderungen in der Szenario-Darstellung mit eingebunden. Deshalb wurde eine Aufteilung in drei Spalten gewählt: Illustrationen, narrative Beschreibung und abgeleitete Anforderungen.

Anhand der Informationsszenarien konnte eine generelle Auflistung erstellt werden, welche Informationen wann zur Verfügung stehen und gespeichert werden müssen. Zum Beispiel wurde entschieden, welche Informationen bei der Eingabe eines Eintrags im Trinkprotokoll vom Nutzer eingegeben werden müssen (z.B. Getränk und Trinkmenge) und welche Informationen automatisch gespeichert werden sollen (z.B. Uhrzeit und Protokollant).

---

[3]   Es handelt sich hierbei freilich um einen kleinen, exemplarischen Ausschnitt des insgesamt deutlich umfangreicheren Rückmeldungskatalogs.

Kontrolle der Trinkmenge der Bewohner

- Frau Petrova kontrolliert die Trinkmenge der Bewohner. Sie geht in die Zimmer der Bewohner, um diesen Getränke hinzustellen und sie zum trinken aufzufordern.
- Vorher beauftragt sie Care-O-bot, diese Aufgabe bei Bewohnern, die damit einverstanden sind, dass er in ihr Zimmer fährt, sowie im Wohnbereich zu übernehmen.

Anforderungen:

- Wissen über die Bewohner und ihr Trinkverhalten
- Muss erkennen können, in welche Zimmer er fahren darf
- Muss Türen öffnen können

Verteilen und Anbieten von Getränken

- Care-O-bot fährt zum Wasserspender, der auf der Station steht.
- Er entnimmt einen Becher und stellt ihn auf die Abstellfläche.
- Care-O-bot füllt den Becher.
- Anschließend stellt er den Becher auf sein Tablett.

Anforderungen:

- Wasserspender auf Station
- Spender muss mit Bechern gefüllt sein
- Muss den Wasserspender erkennen können

- Care-O-bot trifft im Wohnbereich auf Herrn Seibel und erkennt diesen.
- Er fordert Herrn Seibel zum Trinken auf und bittet diesen, den gefüllten Becher vom Tablett zu nehmen.

- Personenerkennung (anhand von Kamera, RFID,...)
- Auf Bewohner abgestimmte Ansprache
- Genügend Abstand zum Bewohner halten

Abbildung 5   Beispiel für das Aktivitätsszenario zur Getränkeversorgung mit Care-O-bot 3. (Quelle: UID GmbH)

Bei der Ausarbeitung der Interaktionsszenarien galt es, die Roboterabläufe innerhalb der vier Szenarien im Zusammenspiel mit den Interaktionsabläufen auf der Bedienoberfläche zu beschreiben. Diese umfassten also neben der Interaktion mit der Oberfläche auch das Verhalten der Roboter in den jeweiligen Abläufen. Es wurde beispielsweise festgelegt, wann die Roboter anhalten und wann sie zur ihrer Parkstation fahren sollen. Dadurch konnten weitere Anforderungen an die Roboter mit aufgenommen werden. Zudem waren die Szenarien hilfreich in der Vorbereitung der Pilotphasen, indem diese zum einen als Diskussionsgrundlage und zur Abstimmung mit den Projektpartnern dienten und zum anderen darauf aufbauend die Anbindung zwischen der Bedienoberfläche und den Robotern maßgeblich vorangetrieben wurde.

4   Erfahrungen aus den Pilotphasen und der Szenariengenerierung

In den zwei jeweils einwöchigen Pilotphasen verdichteten sich die auf der Grundlage des SBD entwickelten und abgestimmten Anwendungsszenarien hinsichtlich eines erfolgreichen Wissenstransfers zwischen den Nutzern in der Pflegeeinrichtung und den Entwicklerteams der zwei Artefakte. Ein zentrales Ergebnis läuft hierbei auf eine Ergänzung des SBD durch Verfahren des 'Rapid Prototyping' hinaus. Aus den – sicher noch nicht verallgemeinerbaren – Erfahrungen im Projekt WiMi-Care müsste sogar über eine systematischen Implementierung von Rapid Prototyping während den Pilotphasen in SBD basierten Entwicklungen nachgedacht werden – zumindest hinsichtlich bestimmter Anwendungsfälle auf die im nächsten Unterpunkt (4.1) eingegangen wird.

Im darauf folgenden Abschnitt (4.2) soll in der Chronologie des Projektablaufs ein Schritt zurückgegangen werden und einige wichtige Beobachtungen im Zuge der Anwendung des SBD besprochen werden, die vermutlich den Besonderheiten des Einsatzfeldes (Pflegekräfte und pflegebedürftige Senioren einer stationären Pflegeeinrichtung) geschuldet sind.

4.1 Prototyp- und Evaluationsphase - die Pilotanwendungen

In der Prototyp- und Evaluationsphase war deutlich zu erkennen, dass neben der Weiterentwicklung der Serviceroboter und der Umsetzung der Bedienoberfläche ebenfalls Ausarbeitungen im Interaktionskonzept sowie im Screendesign nötig waren und häufig – so weit möglich – 'vor Ort' durchgeführt worden sind. Während in der Designphase das Grobkonzept und das grundlegende Screendesign für die Bedienoberfläche ausgearbeitet wurden, fanden hier vor allem Vertiefungen und Detailänderungen statt. Schnell zeichnete sich ab, dass die Arbeiten während den Pilotphasen die Züge von Rapid Prototyping annahmen. Auf die Bedeutsamkeit des Rapid Prototyping im Rahmen der Anwendung des SBD haben schon sehr früh Johnson et al. (1995) hingewiesen. Zwei Beispiele aus dem WiMi-Care Projekt sollen die Relevanz einer systematischen Kombination bzw. Integration von Rapid Prototyping in das SBD verdeutlichen - zugleich kommt darin eine dem SBD geschuldete Problematik besonders gut zum Vorschein, die im Anschluss an die Beispiele diskutiert wird.

Im Rahmen der Erprobung des Getränkeszenarios hat sich gezeigt, dass einige Bewohner den in den Gemeinschaftsraum hineinfahrenden Serviceroboter aufgrund der kaum wahrnehmbaren Fahrgeräusche nicht bemerkten und sich zu-

Abbildung 6   Care-O-bot 3 führt das Getränkeszenario während der ersten Pilotphase durch.
                   (Quelle: Fraunhofer IPA)

weilen erschreckten, als dieser ihnen durch eine Sprachausgabe etwas zu trinken
angeboten hat. Dieser unerwünschte Effekt konnte vor Ort behoben werden,
indem eine zusätzliche Funktion programmiert und aktiviert wurde, die darin
bestand, dass der Roboter sich beim 'betreten' des Raumes angekündigt hat,
durch Floskeln wie "Guten Tag", "Da bin ich wieder", etc. Selbstverständlich ist
dieser Effekt auf den 'Bildern' des SBD schwer erkennbar und dementsprechend
kaum voraussagbar bzw. noch vor der Pilotanwendung implementierbar.

Das zweite Beispiel stellt sich zwar anders dar, die Ursache liegt allerdings auch
hier in einem zentralen Merkmal des SBD begründet, nämlich das der Visualisierung der geplanten Einsätze anhand von gezeichneten Skizzen. Im Rahmen
der Erprobung des Transportszenarios – das genauso wie das Getränkeszenario
noch vor der Entwicklung und ersten Pilotierung mehrfach zwischen Nutzern
und Entwicklern auf der Grundlage eines gezeichneten Szenarios abgeglichen
worden ist – stellte sich heraus, dass die Nutzung der Behälter für die schmutzi-
ge Wäsche eine erhebliche Belastung für die Pflegekräfte darstellte, da die oben
liegende Öffnung zu hoch war. Schmutzwäschesäcke können, da sie teilweise
nasse Wäsche enthalten, bis zu 15 Kg wiegen. Für Pflegekräfte bedeutete dies,
dass diese schwere Last je nach Statur bis auf Brusthöhe gehoben werden musste, um diese in den Container ablegen zu können. Wie sich im Nachhinein herausgestellt hat, ist für den Abgleich der Szenarien bis zuletzt eine recht frühe
Skizze, die den Casero mit einem Wäschebehälter zeigt, verwendet worden.
Diese war für die grundsätzliche Abstimmung völlig ausreichend.

Was die Größe des Behälters betrifft, haben die Pflegekräfte die Zeichnung vermutlich emblematisch aufgefasst ohne darauf hinzuweisen, dass der Behälter für einen sinnvollen Einsatz zu klein ist – um daraufhin zugleich anzugeben, wie groß er sein soll bzw. vielmehr sein darf. Die Entwickler sind wiederum ebenfalls stillschweigend und selbstverständlich davon ausgegangen, dass der Behälter, um funktional zu sein, größer ausfallen muss. Obwohl sich letztlich die Entwicklung des Transportszenarios an den groben Vorgaben des Szenarios orientierte, kam es offensichtlich zu einer Addition zweier entgegengesetzter 'Abweichungen': Die Pflegekräfte haben während der Designphase die Größe des Behälters auf den Zeichnungen 'nicht so genau genommen' und der tatsächlich Behälter ist in seiner Ausführung (selbstredend) größer – allerdings zu groß – als auf den Skizzen ausgefallen:

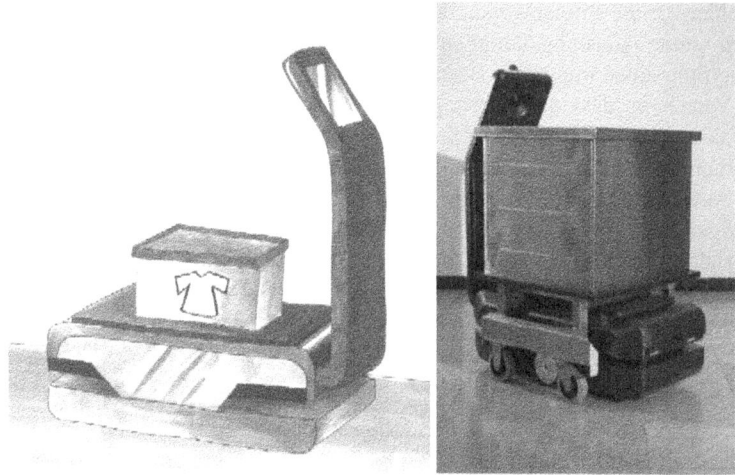

Abbildung 7-8   Das Bild links zeigt die für die Szenarienabstimmung verwendete Skizze des Wäschetransportszenarios, rechts der in den Pilotanwendungen zum Einsatz gekommene Container für die Schmutzwäsche. (Quelle: Abb. 7 UID GmbH, Abb. 8 Fraunhofer IPA)

Es kommt in diesem Beispiel deutlich zum Vorschein, dass die Zeichnungen, die im SBD verwendet werden, nicht nur 'bloß' Zeichnungen mit emblematischen Charakter, sondern ernst zu nehmende Repräsentationen der prospektiven Wirklichkeit sind (Compagna 2011). Wenn diesem Umstand nicht Rechnung getragen wird, kann der erwünschte positive Effekt einer Abstimmung geplanter Einsätze noch bevor die eigentlich Entwicklungsarbeit beginnt im Nu verpuffen.

Das 'Problem' des Wäschecontainers konnte natürlich nicht durch Rapid Prototyping (ein Verfahren aus der Softwareentwicklung (vgl. Johnson et al. 1995))
auf die Schnelle behoben werden und musste auf die nächste Pilotanwendung
verschoben werden, da ein Container mit neuen Maßen in Auftrag gegeben
werden musste.

Neben der offensichtlich wichtigen und dem Vorgehen des SBD inhärenten
Evaluierung der Szenarien in möglichst frühen Pilotierungen (Mack 1995:
371f), deuten diese Beispiele allerdings auch auf einen anderen wichtigen Umstand hin: Das SBD ist im Bereich der Softwareentwicklung entstanden und
wurde zunächst auch nur auf diesen Bereich angewendet und diskutiert. Die
Beispiele zeigen die Limitierung und notwendige Erweiterung des Verfahrens in
verschiedenen Hinsichten auf: Einmal kommt zum Vorschein, dass bei der Nutzung vom SBD für die Entwicklung komplexer Artefakte in komplexen sozialen
Umfeldern frühe Pilotanwendungen besonders wichtig sind, und dass das Verfahren seine Leistungsfähigkeit deutlich verbessern könnte, wenn Rapid
Prototyping einen integralen Bestandteil einnimmt. Außerdem kommt aber auch
zum Vorschein, dass die Übertragung des Verfahrens für die Entwicklung von
Artefakten (im Unterschied zu Software) dieses zugleich deutlich anfälliger für
unvorhersehbare Effekte macht. Im Umkehrschluss bedeutet dies, dass in solchen Anwendungsfällen nicht nur das Rapid Prototyping (soweit möglich) umso
wichtiger wird, sondern auch, dass – gerade weil Rapid Prototyping auf die
Materialität von Geräteentwicklungen ungleich schwerer anzuwenden ist – der
Darstellungsweise der Szenarien deutlich mehr Aufmerksamkeit geschenkt
werden müsste (Compagna 2011).

4.2 Szenariengenerierung – die Designphasen

Zwei feldspezifische Aspekte, die während der Designphase aufgefallen sind
sollen im Folgenden kurz angerissen werden. Auffällig war, dass bei der Erhebung der Arbeitsabläufe, die Pflegekräfte den Abläufen verhaftet geblieben
sind, die der Dokumentationssoftware entsprachen, die in der Einrichtung genutzt worden ist. Diese Tendenz zeigte sich besonders auffällig, als es bei der
Erstellung der Informations- und Interaktionsszenarien um die Gestaltung der
Bedienoberflächen ging. Die im Prinzip grafisch aufwendigere und intuitivere
Bedienung der Artefakte bzw. Dokumentation (bspw. der Trinkmenge beim
Getränkeszenarios) ließ sich kaum ermitteln, da auch bei Nachfragen hinsichtlich Änderungswünschen, es für die Pflegekräfte fast unmöglich war von den
Dokumentationsroutinen der in der Einrichtung genutzten EDV-Software abzu-
weichen, wenngleich diese unter Usability-Gesichtspunkten erheblich verbesse-
rungswürdig war. Hier zeigen sich die Dominanz von Arbeitsroutinen und die
tiefe Verankerung von EDV-Systemen in solchen Routinen, die unter Umständen Verbesserungspotenzial verunmöglicht. Es stellt sich hier also die Frage,

inwiefern eine zu starke Nutzereinbindung einer effizienzsteigernden Innovation nicht gar im Wege steht, insofern unter Umständen die Vorstellungskraft der Nutzer von der 'Dominanz der Praxis' eingeengt wird.

Eine weitere, den Spezifika des Feldes Pflegesektor geschuldete Erfahrung, zielt auf die Integrationsfähigkeit der Senioren ab. Hier kommen verschiedene Faktoren zum Tragen, die je nach Einsatzfeld sehr unterschiedlich ausfallen können. Im WiMi-Care Projekt beschränkt sich der Einsatzradius und dementsprechend die Einbeziehung der Nutzergruppen auf stationäre Pflegeeinrichtungen. Die in solchen Einrichtungen betreuten Senioren wähnen sich vielmals dem Tode sehr Nahe, was in der Regel zu einem generellen Desinteresse für zukünftige Entwicklungen führt (Charles/Carstensen 2009; Compagna et al. 2011b).

Außerdem erscheint es gerechtfertigt die Frage aufzuwerfen, inwiefern die Szenarien Veränderungen betreffen, die die Vorstellungskraft dieser speziellen Personengruppe übersteigen und infolgedessen eine Rückmeldung hinsichtlich des geplanten Einsatzes von Servicerobotik erschwert wenn nicht gar verunmöglicht. Trotz mehrmaliger Interviews mit einer Vielzahl von Bewohnern einer Pflegeeinrichtung blieben die von dieser Nutzergruppe erhaltenen Hinweise spärlich. Es stellt sich also die Frage, inwieweit das SBD entweder zu konkret oder unkonkret ist. Andererseits darf dieser Befund keinesfalls auf Senioren im Allgemeinen übertragen werden, da – worauf schon hingewiesen wurde – die pflegebedürftigen Bewohner einer stationären Einrichtung eine besondere 'Untergruppe' bilden (Compagna et al. 2011b).

Ein vermeintlich trivialer, für den iterativen Ansatz des SBD aber nicht unerheblicher, weiterer Umstand, der die Praktikabilität dieses Verfahrens für diese spezielle Personengruppe in Zweifel zieht, ist die Tatsache, dass die Mortalität sehr hoch ist, was dazu geführt hat, dass noch vor Abschluss der Designphase kurz vor Beginn der ersten Pilot- und Evaluationsphase ca. die Hälfte der in den Abstimmungs- und Szenariogenerierungsprozess involvierten Senioren verstorben war.

5   Fazit

Die Grundidee des SBD besteht zusammenfassend darin, mithilfe der Szenarien und Personas den zumeist interdisziplinären Produktentwicklungsteams und weiteren Stakeholdern dabei behilflich zu sein, sich leichter in die Zielgruppe, den Nutzungskontext und die Produktideen hineinversetzen zu können. Die an Konkretion zunehmenden Phasen im Gestaltungsprozess gewähren eine bedarfsgerechte Technikentwicklung und bilden somit die Voraussetzung für partizipative Technikentwicklungen. Außerdem wird aufgrund der verschiedenen Szenarienstufen eine iterative Vorgehensweise unterstützt, die dem Lösungs- und Gestaltungsraum genügend Freiraum schenkt und gleichzeitig ein kontinuierliches Anforderungsmanagement gewährleistet.

Das WiMi-Care-Team empfand das Erstellen der Personas und Problem-Szenarien als gute Möglichkeit, um das "Gesehene" aus der Bedarfsanalyse zu verarbeiten und festzuhalten. Personen aus dem Gestaltungs- und Entwicklerteam, die nicht vor Ort bei den Beobachtungen beteiligt waren, hatten dadurch einen Gesamteindruck zur konkreten Situation der Nutzer und ihren Aufgaben erhalten. Außerdem war es dank der Anschaulichkeit der Szenarien einfacher, Anforderungen abzuleiten sowie diese mit den Nutzern abzugleichen bzw. zu validieren. Alles in allem deutet vieles darauf hin, dass sich das SBD in besonderer Weise für partizipative Technikentwicklung eignet. Folgende Aspekte sollten ausgehend von den Erfahrungen im WiMi-Care Projekt für künftige Einsätze dieses Verfahrens beachtet werden:

Im Zuge der Szenariengenerierung sollte die Plastizität stetig zunehmen, so dass die letzte Fassung der Abgestimmten Szenarien eine sehr hohe Detailtiefe erreicht; außerdem sollten möglichst frühe Pilotanwendungen durchgeführt werden, um Aspekte, die sich 'zeichnerisch' nicht 'darstellen' lassen möglichst frühzeitig zu bemerken. (Siehe 4.1)

In einigen Fällen kann es durchaus sinnvoll sein, die Rückmeldungen der Nutzer zu ignorieren, vor allem dann, wenn die geplante Entwicklung eine 'offensichtlich' bessere Lösung als das in der Praxis bereits eingespielte System darstellt; hinsichtlich der Einbindung bestimmter Nutzergruppen sollten zwei Dinge beachtet werden: A) Befindet sich die zu entwickelnde Technik außerhalb des Vorstellungshorizontes dieser bestimmten Personengruppe? B) Ist die einzubindende Personengruppe ausreichend motiviert die weiterzuentwickelnde Technik mitzugestalten? (Siehe 4.2)

6 Literaturverzeichnis

Becker, H. S. / Geer, B. 1993: Teilnehmende Beobachtung. Die Analyse qualitativer Forschungsergebnisse. [Original: (1960)] In: Hopf, C. / Weingarten, E. (Hg.): Qualitative Sozialforschung. (3. Aufl.) Stuttgart: Klett-Cotta, 139-166.

Braun-Thürmann, H. 2005: Innovation. (1. Aufl.) Bielefeld: Transcript-Verl.

Carroll, J. M. 1995a: Introduction. The Scenario Perspective on System Development. In: Ders. (Hg.): Scenario-based design. Envisioning work and technology in systems development. (1. Aufl.) New York, NY [u.a.]: Wiley, 1-17.

Carroll, J. M. (Hg.) 1995b: Scenario-based design. Envisioning work and technology in systems development. (1. Aufl.) New York, NY [u.a.]: Wiley.

Charles, S. T. / Carstensen, L. L. 2009: Social and Emotional Aging. In: Annual Review of Psychology 61, 383–409.

Compagna, D. / Derpmann, S. 2009: Verfahren partizipativer Technik-entwicklung. (WPktS 04/2009) In: Compagna, D. / Shire, K. (Hg.): Working Papers kultur- und techniksoziologische Studien. (Duisburg: Universität Duisburg-Essen, Institut für Soziologie.) http://www.uni-due.de/soziologie/compagna_wpkts.php, letzter download am 02.04.2010.

Compagna, D. / Derpmann, S. / Graf, B. / Hartmann, C. / Hilmer, M. / Jacobs, T. / Klein, P. / Luz, J. / Mauz, K. / Shire, K. 2010: Anwenderorientierte Technik-entwicklung im Pflege-Bereich. Instrumente für den Wissenstransfer zur parti-zipativen Gestaltung von Mikrosystemtechnik. In: VDI/VDE/IT; Bundes-ministerium für Bildung und Forschung (Hg.): Ambient Assisted Living 2010. 3. Deutscher AAL-Kongress. (1. Aufl.) Frankfurt a.M.: VDE-Verlag. (S. Paper 20.5)

Compagna, D. 2011: Partizipative Technikentwicklung: Eine soziologische Betrachtung und Reflexion. (WPktS 03/2011) In: Compagna, D. / Shire, K. (Hg.): Working Papers kultur- und techniksoziologische Studien. (Duisburg: Universität Duisburg-Essen, Institut für Soziologie.) http://www.uni-due.de/soziologie/compagna_wpkts.php, letzter download am 26.09.2011.

Compagna, D. / Derpmann, S. / Helbig, T. / Shire, K. A. 2011b: Partizipationsbereitschaft und -ermöglichung einer besonderen Nutzergruppe. Funktional-Partizipative Technikentwicklung im Pflegesektor. In: Bieber, D. / Schwarz, K. (Hg.): Mit AAL-Dienstleistungen altern. Nutzerbedarfsanalysen im Kontext des Ambient Assisted Living. (1. Aufl.) Saarbrücken: iso-Verl, 161-176.

Compagna, D. / Hilmer, M. / Shire, K. A. 2011a: Partizipative Technik-entwicklung für den Pflegesektor. Der Einsatz von Fahrerlosen Transport-systemen in stationären Pflegeeinrichtungen. In: Gatermann, I. / Fleck, M. (Hg.): Mit Dienstleistungen die Zukunft gestalten. Impulse aus Forschung und Praxis. Beiträge der 8. Dienstleistungstagung des BMBF. (1. Aufl.) Frankfurt a.M. [u.a.]: Campus, 75-83.

Erickson, T. 1995: Notes on Design Practice. Stories and Prototypes as Catalysts for Communication. In: Carroll, J. M. (Hg.): Scenario-based design. Envisioning work and technology in systems development. (1. Aufl.) New York, NY [u.a.]: Wiley, 37-58.

Frenkel, S. J. / Korczynski, M. / Shire, K. A. / Tam, M. 1999: On the front line. Organization of work in the information economy. (1. Aufl.) Ithaca, NY [u.a.]: ILR Press.

Friedrichs, J. 1990: Methoden empirischer Sozialforschung. (14. Aufl.) [Original: (1973)] Opladen: Westdt. Verl.

Giesecke, S. 2003: Von der Technik- zur Nutzerorientierung. Neue Ansätze in der Innovationsforschung. In: Dies. (Hg.): Technikakzeptanz durch Nutzer-integration? Beiträge zur Innovations- und Technikanalyse. (1. Aufl.) Teltow: VDI/VDE-Technologiezentrum Informationstechnik, 9-18.

Glaser, B. G. / Strauss, A. L. 1998: Grounded theory. Strategien qualitativer Forschung. (1. Aufl.) [Original: (1967)] Bern [u.a.]: Huber.

Heinlein, M. 2003: Pflege in Aktion. Zur Materialität alltäglicher Pflegepraxis. (1. Aufl.) München [u.a.]: Hampp.

Herrmann, T. / Mambrey, P. / Shire, K. A. (Hg.) 2003: Wissensgenese, Wissens-teilung und Wissensorganisation in der Arbeitspraxis. (1. Aufl.) Wiesbaden: Westdt. Verl.

Jacko, J. A. / Sears, A. (Hg.) 2003: The human-computer interaction handbook. Fundamentals, evolving technologies and emerging applications. (2. Aufl.) [Original: (2002)] Mahwah, NJ [u.a.]: Erlbaum.

Johnson, P. / Johnson, H. / Wilson, S. 1995: Rapid Prototyping of User Interfaces Driven by Task Models. In: Carroll, J. M. (Hg.): Scenario-based design. Envisioning work and technology in systems development. (1. Aufl.) New York, NY [u.a.]: Wiley, 209-246.

Knoblauch, H. / Heath, C. 2006: Die Workplace Studies. In: Rammert, W. / Schubert, C. (Hg.): Technografie. Zur Mikrosoziologie der Technik. (1. Aufl.) Frankfurt a.M. [u.a.]: Campus-Verl, 141-161.

Mack, R. L. 1995: Discussion. Scenarios as Engines of Design. In: Carroll, J. M. (Hg.): Scenario-based design. Envisioning work and technology in systems development. (1. Aufl.) New York, NY [u.a.]: Wiley, 361-386.

Mayring, P. 1999: Einführung in die qualitative Sozialforschung. Eine Anleitung zu qualitativem Denken. (4. Aufl.) [Original: (1990)] Weinheim: Beltz.

Merton, R. K. / Kendall, P. L. 1993: Das fokussierte Interview. [Original: (1945/46)] In: Hopf, C. / Weingarten, E. (Hg.): Qualitative Sozialforschung. (3. Aufl.) Stuttgart: Klett-Cotta, 171-204.

Nardi, B. A. 1995: Some Reflections on Scenarios. In: Carroll, J. M. (Hg.): Scenario-based design. Envisioning work and technology in systems development. (1. Aufl.) New York, NY [u.a.]: Wiley, 387-399.

Polanyi, M. 1985: Implizites Wissen. (1. Aufl.) [Original: (1966)] Frankfurt a.M.: Suhrkamp.

Porschen, S. 2008: Austausch impliziten Erfahrungswissens. Neue Perspektiven für das Wissensmanagement. (1. Aufl.) Wiesbaden: VS Verlag für Sozialwissenschaften / GWV Fachverlage GmbH.

Pruitt, J. / Adlin, T. 2005: The persona lifecycle. keeping people in mind throughout product design. (1. Aufl.) Amsterdam, Boston: Elsevier.

Rammert, W. 2008: Technik und Innovation. (TUTS-WP-1-2008) In: Technische Universität Berlin, Techniksoziologie (Hg.): Technical University Technology Studies Working Papers. (Berlin: Technische Universität Berlin, Techniksoziologie.) http://www2.tu-berlin.de/~soziologie/Tuts/index.php?tuts=5&langu=de, letzter download am 04.08.2008.

Rosson, M. B. / Carroll, J. M. (2003): Scenario-based design. In: Jacko, J. A. / Sears, A. (Hg.): The human-computer interaction handbook. Fundamentals, evolving technologies and emerging applications. (2. Aufl.) Mahwah, NJ [u.a.]: Erlbaum, 1032-1050.

Schroeter, K. R. 2008: Pflege in Figurationen. Ein theoriegeleiteter Zugang zum 'sozialen Feld der Pflege'. In: Bauer, U. / Büscher, A. (Hg.): Soziale Ungleichheit und Pflege. Beiträge sozialwissenschaftlich orientierter Pflegeforschung. (1. Aufl.) Wiesbaden: VS, Verl. für Sozialwiss., 49-77.

Star, S. L. / Griesemer, J. R. 1989: Institutional Ecology. 'Translations' and Boundary Objects: Amateurs and Professionals in Berkeley's Museum of Vertebrate Zoology, 1907-1939. In: Social Studies of Science 19, 387-420.

Strauss, A. L. 1994: Grundlagen qualitativer Sozialforschung. Datenanalyse und Theoriebildung in der empirischen soziologischen Forschung. (1. Aufl.) [Original: (1987)] München: Fink.

Strübing, Jörg 1997: Symbolischer Interaktionismus revisited. Konzepte für die Wissenschafts- und Technikforschung. In: Zeitschrift für Soziologie 26 (5), 368-386.

Witzel, A. 2000: The problem-centered interview. In: Forum Qualitative Sozialforschung / Forum: Qualitative Social Research 1 (1), Art. 22, 26 paragraphs. In: http://nbn-resolving.de/urn:nbn:de:0114-fqs0001228, letzter download am 29.06.2009).

Service Engineering für IT-basierte Dienstleistungen 50+

Philipp Menschner, Andreas Prinz, Jan Marco Leimeister[1]

1 Einleitung

Die Bevölkerung Deutschlands befindet sich seit einigen Jahren im demografischen Wandel. Während 2008 noch knapp 82 Millionen Menschen in Deutschland lebten, wird die Bevölkerung bis 2060 deutlich schrumpfen (Statistisches Bundesamt 2009). Die abnehmende Bevölkerungszahl ist auf mehrere Faktoren zurückzuführen. Einerseits existiert in Deutschland seit 1972 ein Geburtendefizit, das zudem nicht mehr durch das Wanderungssaldo kompensiert werden kann. Anderseits nimmt die Lebenserwartung aufgrund von besserer Ernährung, höherem Wohlstand und Fortschritten in Medizin und Hygiene stetig zu. Dies hat zur Folge, dass es zu einem signifikanten Anstieg des Anteils der Alten an der Gesamtbevölkerung kommt.

Durch diese zunehmende Alterung der Gesellschaft steigt der Bedarf nach Unterstützungsleistungen im Alltag drastisch. Die mit dem demographischen Wandel einhergehende Veränderung der Haushaltstrukturen wird außerdem eine stärkere soziale Isolation der älteren Generationen nach sich ziehen (OECD 2005). Zeitgleich bietet der demographische Wandel jedoch auch Chancen zur Erschließung neuer Absatzmärkte. Die Pro-Kopf-Kaufkraft der Generation 50+ liegt deutlich höher als bei der Gruppe der Unter-50-jährigen (GfK 2005). Diese finanzstarke Zielgruppe bietet auch Wachstumspotentiale für neue Dienstleistungen. Es ist jedoch eine professionelle Einbindung von Informationstechnologie (IT) in den Erbringungsprozess der Dienstleistung notwendig, um diese Potentiale zu heben, also um bezahlbare und bedarfsgerechte Dienstleistungen für die Generation 50+ zu schaffen.

Ein großer Wachstumsmarkt an Dienstleistungen für die Generation 50+ sind sogenannte personenbezogene Dienstleistungen (Menschner/Leimeister 2010). Diese, wie bspw. häusliche Pflege, Ernährungs- oder Lebensberatungen, sind in der Regel in ihrer Erbringung hochgradig individuell, wissensbasiert und werden von Angesicht zu Angesicht erbracht. Probleme, die in der heutigen Praxis bei personenbezogenen Dienstleistungen auftreten, sind unter anderem auf

---

[1] Die Autoren sind Mitarbeiter im BMBF-geförderten Forschungsprojekt Mobil 50+ (Förderkennzeichen: 01FC08046-8).

mangelnde Strukturen und fehlende Standards zurückzuführen. Dies wiederum korreliert mit einem geringen Einsatz von IT und der damit fehlenden Teilautomatisierung von Dienstleistungen (Prinz et al. 2010). Ein hoher Grad an implizitem Wissen rund um personenbezogene Dienstleistungen erschwert den Wissenstransfer zwischen allen Anspruchsgruppen. Unterschiedliche Servicequalitäten werden u.a. durch mangelnde Qualitätskontrollen befördert, die wiederum zum Teil auf fehlende Informationslogistik (bspw. durch fehlende Dokumentation) um Dienstleistungsprozesse und -strukturen herum zurückzuführen sind. Darüber hinaus werden Angebot und Nachfrage von personenbezogenen Dienstleistungen bisher oftmals nur ineffizient zusammengeführt, da insb. Anbahnung, Vereinbarung, Durchführung und Kontrolle von personenbezogenen Dienstleistungen meist nur lokal und nicht IT-gestützt ablaufen.

Um personenbezogene Dienstleistungen systematisch zu entwickeln, also sie von Analyse, Design, Implementierung, Evaluation zur sich kontinuierlich weiterentwickelnden Erbringung und Evolution zu gestalten, bedarf es neuer Lösungsansätze, die auf den Ergebnissen des Service Engineerings (SE), der systematischen Kundenintegration und IT-Innovationsentwicklung aufsetzen (siehe Abbildung 1) (Menschner/Leimeister 2010).

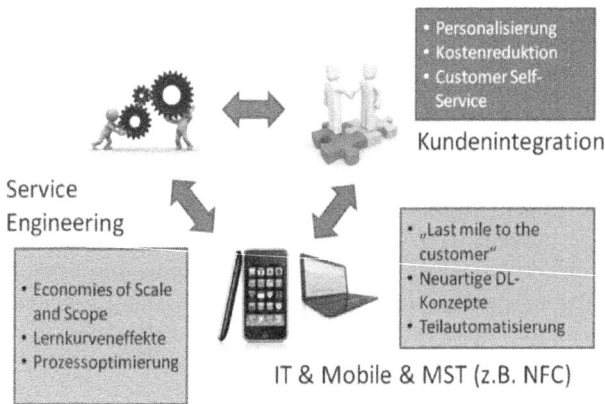

Abbildung 1   Lösungsvision im Projekt Mobil 50+ (Menschner und Leimeister 2010)

Essentiell für eine erfolgreiche Dienstleistungsentwicklung ist deren Untermauerung durch sinnvolle Dienstleistungsprozesse und ein adäquates Dienstleistungsdesign. Service Engineering tauchte, insbesondere in Deutschland, erstmals in den 1990er Jahren auf. Es geht zurück auf Konzepte des *New Service Development* und *Service Design*, welche in den 1980er Jahren hauptsächlich im Bereich des Dienstleistungsmarketing entwickelt wurden (Scheuing/Johnson 1989; Edvardsson/Olsson 1996). SE fokussiert sich auf die Anpassung und Anwendung von Konzepten, die bereits erfolgreich im Produkt- und Software-engineering etabliert sind, auf Dienstleistungen. Es ist definiert als das systematische Gestalten und Entwickeln von Dienstleistungen unter Verwendung geeigneter Vorgehensmodelle, Methoden und Werkzeugen (Bullinger et al. 2003). Besondere Bedeutung kommt dem Service Engineering in der Wirtschaftsinformatik-Forschung, da vor allem durch den intelligenten Einsatz von IT Dienstleistungen verändert werden: einerseits kann IT dazu beitragen, den Entwicklungsprozess zu beschleunigen und besser zu strukturieren, andererseits können durch die Nutzung von IT gänzlich neue Dienstleistungen entstehen. Daher beinhaltet der Großteil der Dienstleistungsinnovationen heutzutage eine Anpassung und Integration von IT-Komponenten (Leimeister/Glauner 2008; Spohrer/Kwan 2009). Jedoch variiert die innovative Anwendung von IT innerhalb verschiedener Dienstleistungssektoren (Sheehan 2006). Insbesondere wissensintensive, personenbezogene Dienstleistungen (KIPOS – *knowledge-intense person-oriented services* (Menschner et al. 2010)), welche vorwiegend im Gesundheitswesen oder der Bildung vorzufinden sind, hinken hierbei hinterher. Typische Beispiele für KIPOS sind etwa die Ernährungs- oder Gesundheitsberatung. Sie sind gekennzeichnet durch einen hohen Grad an Kundenintegration und sind an bestimmte Personen oder persönliches Wissen gebunden (Menschner et al. 2010).

Obwohl für KIPOS nur wenig statistische Daten zur Verfügung stehen, bergen sie großes ökonomisches Potential. Das Gesundheitswesen, um nur ein Beispiel aufzuführen, umfasst sehr komplexe und extrem teure Dienstleistungen, die einen signifikanten Einfluss auf die Wirtschaft und die Lebensqualität der Patienten haben (OECD 2009). Deutschland hat zum Beispiel im Jahr 2009 mehr als 250 Milliarden Euro in das Gesundheitswesen investiert und die Kosten sollen laut Prognosen um 70% bis 2020 steigen, wovon ein großer Teil den KIPOS zugerechnet wird (Kartte et al. 2005). Falls der gleiche Anstieg für die Produktivität, die Qualität und das Wachstum mit diesen Dienstleistungen erreicht werden soll wie zu Zeiten der industriellen Revolution in Bezug auf die Produktion von Gütern realisiert wurde, sind eine angemessene IT-Unterstützung, strukturierte Entwicklungsmethoden und Routinen essentielle Heber für die Industrialisierung von Dienstleistungen (Menschner/Leimeister 2010). Das Realisieren von IT-Potentialen für diese Art von Dienstleistungen birgt zudem Probleme, da das Design zugleich personengebundene Aktivitäten und technologische Einflüsse sowie deren Wechselbeziehung vereinigen muss (Menschner et al. 2011). Jedoch wurden bereits einige neue Technologien, die zu IT-unterstützten Dienstleistungsinnovationen in diesen Sektoren führen können, entwickelt und vorgestellt (Leimeister et al. 2005; Bessant/Maher 2009;

Menschner et al. 2011). Allerdings wurden jedoch nur wenige dieser Innovationen in die Praxis umgesetzt (Essén 2009).

Das Ziel dieses Kapitels ist demzufolge eine Methode für die systematische Entwicklung solcher Dienstleistungen vorzustellen, und deren Eignung zu zeigen. Zunächst präsentieren wir den aktuellen Stand der Forschung für die Entwicklung von KIPOS. Daraufhin stellen wir eine Methode zum Service Engineering vor und zeigen deren Anwendung an einem Fallbeispiel. Wir schließen mit einer Diskussion der Methode und einem Ausblick.

2 Stand der Forschung

Bevor auf den aktuellen Stand näher eingegangen wird, erfolgt eine Erklärung und Definition des Verständnisses einer Methode. Der Begriff Methode ist eng verwandt mit *Method Engineering* (Brinkkemper 1996). Demnach bezieht sich eine Methode auf eine bestimmte Vorgehensweise oder ein Verfahren, um ein Ziel zu erreichen (Odell 1996). Eine Methode ist daher ein Prozess, welcher bezüglich seiner Möglichkeiten und Absichten geplant und systematisiert ist (Braun et al. 2005). Dies führt zu den definitorischen Eigenschaften einer Methode. Diese sind Zielorientierung, ein systematischer Ansatz (Regeln die Handlungsanweisungen und präzise Aufgaben zum Erreichen der Ziele vorgeben), Prinzipien (Design-Richtlinien, Strategien, Vorgehensmodelle) und Reproduzierbarkeit.

Ein aktueller Literatur-Review von Menschner et. al (2011) zeigt, dass ein Mangel an Methoden existiert, die den Anforderungen eines umfassenden SE-Ansatzes zur Entwicklung von IT-basierten KIPOS genügt. Bisherige Arbeiten zum SE können zwei verschiedenen Gruppen zugeordnet werden. Die erste Gruppe umfasst Ansätze, welche im Allgemeinen als Rahmenkonzepte oder Prozessmodelle klassifiziert werden können. Die identifizierten Schwächen dieser Ansätze sind eine fehlende Detailgenauigkeit, d.h. es werden keine konkreten Methoden oder Aktivitäten beschrieben, die angewendet werden können, ein Mangel an praktischer Unterstützung sowie nur ungenügende Unterstützung durch IT. Die zweite Gruppe umfasst Ansätze die sich hauptsächlich auf Teilaspekte des SE beziehen, z.B. auf Interaktionspunkte oder Dienstleistungsqualität. Nur wenige Artikel präsentieren einen umfassenden Ansatz. Zusätzlich wurden mehrere Arbeiten identifiziert, die den Einfluss und die Herausforderungen von Technologie auf den Dienstleistungseinsatz analysieren. Jedoch konzentrieren sich diese Ansätze, z.B. (Simons/Bouwman 2005), hauptsächlich auf die Kundeninteraktionspunkte und das Dienstleistungserlebnis und vernachlässigen dabei die Prozesse, die sich im Hintergrund abspielen (sogenannte Back-office Prozesse).

Einige Arbeiten verfolgen einen Methodenintegrationsansatz, z.B. durch die Kombination von „Service Blueprinting" mit „Failure Mode Effects Analysis" (Chuang 2007) oder durch die Integration von „Quality-Function-Deployment" mit „Gap-Analysen" (Jing-Hua et al. 2009). Andere Arbeiten erweitern vorhandene Ansätze durch das Einbinden von anderen Sichtweisen und Techniken, zum Beispiel durch erweitertes Service Blueprinting (Patrício et al. 2008) oder die „Theory of Inventive Problem Solving" (TRIZ) Methode (Chai et al. 2005). Diese Arbeiten bieten gute Ansatzpunkte für eine weitere Betrachtung der Methodenintegration. Eine der größten Herausforderungen beim Entwickeln von KIPOS liegt in der Dualität von personengebundenen Aktivitäten und IT-Komponenten. Ein erster Ansatzpunkt zum Adressieren dieses Konflikts kann von Arbeiten, die sich mit der Gestaltung von Multi-Channel Dienstleistungen beschäftigen, hergeleitet werden (Simons/Bouwman 2005; Patrício et al. 2008). Diese Arbeiten können potentiell erweitert werden, um den gesamten Dienstleistungsprozess zu analysieren. Andere interessante Ansatzpunkte zur Lösung der Dualität sind die Ansätze von (Chai et al. 2005), die die TRIZ Methode zum Bewältigen von widersprüchlichen Design-Bedürfnissen verwenden. Jedoch beziehen sie die Technologie-Sicht nicht explizit mit ein. Gute Ansatzpunkte zur Integration von Informations- und Wissensdimensionen sind die Ansätze von Froehle und Roth (Froehle/Roth 2007) und Qi und Chuan Tan (Qi/Chuan Tan 2009).

Darüber hinaus haben mehrere Vorarbeiten gezeigt, dass die Integration des Nutzers in den gesamten Entwicklungsprozess eine der zentralen Aspekte einer erfolgreichen Entwicklung von Dienstleistungen ist (Kleinberger et al. 2007; Naranjo et al. 2009). Es ist wichtig, die Bedürfnisse der Nutzer bereits während der frühen Phasen der Entwicklung zu bestimmen, da sich die Entwicklung von solchen Innovationen innerhalb einer sich wandelnden Nutzerumgebung abspielt (Iachello et al. 2006). Partizipatives Design und Prototypenentwicklungsansätze haben sich als wertvoll erwiesen, bspw. für die Entwicklung von mobilen und ubiquitären Diensten. Dies gilt auch für das Design von IT-gestützten KIPOS. Durch das frühe Einbeziehen aller Anspruchsgruppen in den Entwicklungsprozess und die Visualisierung von Teilen des Systems durch Prototypen kann die Gefahr von falschen oder ungenauen Anforderungen an das finale System reduziert werden. Allgemeine Anforderungen werden zusätzlich detailliert und verfeinert mit Fortschreiten des Entwicklungsprozesses (Resatsch et al. 2008). Partizipatives Design hat somit Priorität, um eine hohe Akzeptanz neuer technologischer Möglichkeiten zu erreichen und ist daher ein zentraler Bestandteil beim Service Engineering. Weitere Studien heben ebenfalls das Potential von Nutzerintegration hervor. Das Einbeziehen von Nutzern kann in einer größeren Anzahl innovativer Dienste mit höherem Nutzenwert resultieren (Magnusson 2003). Das trifft besonders für mobile Informationssysteme zu (van de Kar/den Hengst 2009). Zudem sind signifikante Kosten für das Erheben dieser Anforderungen in einem Nicht-nutzerintegriertem Design involviert, da Nutzeranforderungen oftmals implizite Informationen sind (Oliveira/von Hippel 2009).

Bei KIPOS ist eine adäquate Dienstleistungserbringung oft abhängig von der Mitwirkung des Kunden, sowie dessen Charakteristiken und Verhalten. Kunden erfüllen daher die Rolle eines „externen Faktors" (Fitzsimmons/Fitzsimmons 2005) und sind ein wesentlicher Bestandteil der Dienstleistungserbringung. Dies wird besonders deutlich im Gesundheitswesen. Bei Gesundheitsdienstleistungen kann das Einbeziehen von Patienten einen positiven Einfluss auf die Produktivität und Servicequalität haben, da die Patienten einen bestimmten Teil der Dienste selbst übernehmen z.B. durch die exakte Mitteilung von korrekten Informationen über ihre Symptome oder indem sie detaillierte Fragen über ihren Gesundheitsstatus beantworten (Zeithaml et al. 2006). Hieraus lässt sich folgern, dass die intelligente Einbindung der Kunden in den Dienstleistungsprozess in der Methode berücksichtigt werden muss.

3 Forschungsdesign

Um Methoden zu entwickeln, kann das Konzept des *Method Engineering* (Brinkkemper 1996) verwendet werden, um konsolidierte Methoden zu entwickeln, die die Defizite der existierenden Ansätze bewältigen können. Die Konzepte des *Method Engineering* sind unter anderem Methodenintegration oder „*Best of Breed*" Ansätze, um verschiedene Fragmente von vorhandenen Methoden zu kombinieren. Weitere Autoren betonen, dass Entwicklungsmethoden angepasst und auf die spezifischen Kontexte, in denen sie genutzt werden, zugeschnitten werden müssen (Henderson-Sellers/Ralyté 2010). *Method Engineering* begreift Methoden als eine Zusammenstellung von verschiedenen Fragmenten. Diese Methodenbruchstücke müssen in einem Repositorium vorliegen, standardisiert werden und letztlich dazu verwendet werden, um eine neue Methode basierend auf der Projektsituation zu erstellen. Für den Fall von KIPOS erweist sich dies als schwierig, da ein solcher formaler Ansatz unpraktisch ist, sobald man die sozialen und persönlichen Aspekte berücksichtigt, da diese nicht formalisierbar sind. Daher wird die Idee von Karunakaran et al. (2009) adaptiert. Diese nutzen sogenannten *Knowledge-Units* (Wissenseinheiten) anstelle von Fragmenten, die aus Best Practices hergeleitet sind.

Das in diesem Kapitel verwendete Vorgehen des *Method Engineerings* ist eine Form des *Design Research* (Hevner et al. 2004; Jones/Gregor 2007). Dieses zielt auf die Entwicklung von Lösungen für organisationale und betriebswirtschaftliche Probleme durch Gestaltung und Evaluation von neuen Artefakten abzielt. Der Prozess ist also iterativ, daher werden Testzyklen wiederholend ausgeführt, die letztlich zur Lösung führen (Simon 1996; Hevner et al. 2004). Solche Artefakte beinhalten nicht nur neue Konstruktionen oder Prototypen, sondern, wie in diesem Fall, auch neue Methoden zur Entwicklung von Artefakten. Der Gestaltungsprozess der Methode basiert dabei auf bestehenden Methoden und Ansätzen, welche neu gemäß den Anforderungen von KIPOS kombiniert und erweitert wurden und auf einen beispielhaften Anwendungsfall angewendet wurden.

In dieser Studie gehen wir wie folgt vor. Zuerst kombinieren wir verschiedene, etablierte Methoden aus dem SE sowie der Systementwicklung (auf bereits bestehenden Theorien aufbauend), um eine Methode zu entwickeln. Diese wenden wir wiederum an, um einen Prototyp einer Dienstleistung zu entwickeln und zu gestalten. Die daraus resultierende IT-gestützte Dienstleistung stellt ein weiteres Artefakt dar, das für Patienten und Pflegepersonal nützlich ist. Zuletzt können aus der Anwendung der Methode, also dem Dienstleistungsentwicklungsprozess, wiederum Design Prinzipien für IT-gestützte KIPOS abgeleitet werden, die über den einzelnen Anwendungsfall hinausgehen. In den folgenden Abschnitten wird die Methode und ihre Anwendung im Detail präsentiert und diskutiert.

4   Eine Service Engineering Methode für wissensintensive, personenbezogene Dienstleistungen

Die Methode wurde entwickelt, um ein integriertes Design von IT-Komponenten und personengebundenen Aktivitäten zu ermöglichen. Die Methode beinhaltet fünf Schlüsselschritte (Details siehe Abbildung 2).

Jeder dieser fünf Schlüsselschritte ist in den folgenden Abschnitten näher erläutert. Eine Iteration ist nicht nur erlaubt, sondern auch empfohlen, um die Risiken besser kontrollieren zu können und um mit den sich verändernden Bedingungen und unbekannten Nutzererfahrungen umgehen zu können.

Im ersten Schritt muss zuerst der Problembereich verstanden werden. Nach Dubberly et al. (2008) beginnt jeder Design oder Engineering Prozess mit der Beobachtung und Ermittlung der Ausgangssituation. Folglich beginnt dieser Schritt mit einer Tiefenanalyse des sozio-organisationalen Problems. Die größte Herausforderung bei der Realisierung von IT-Potentialen innerhalb von KIPOS ist, dass die Integration neuer Technologien zu komplett neuen und unbekannten Dienstleistungen führt und deshalb als Systementwicklung innerhalb einer sich für den Nutzer ändernden Umgebung angesehen werden kann (Iachello et al. 2006). Das ruft Schwierigkeiten bezüglich der Erhebung von Anforderungen für die Lösung hervor, da die Nutzer kaum in der Lage sind sich den Umfang und

Nutzen einer potentiellen Lösung vorzustellen (Berkovich et al. 2009). Zusätzliche Herausforderungen resultieren aus den speziellen Eigenschaften von KIPOS, wie emotionale Bindungen und Stress (Menschner et al. 2010). Um diese Schwierigkeiten zu bewältigen nutzt die Methode qualitative Ansätze, um ein gut fundiertes und detailliertes Verständnis der Problemsituation zu erhalten. Das

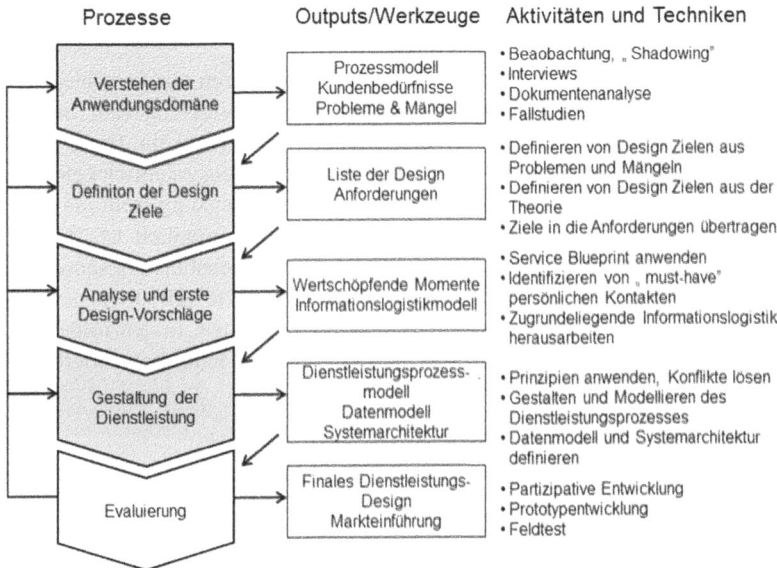

Abbildung 2   Detaillierte Schritte zur Entwicklung des Dienstleistungsdesigns (Menschner und Leimeister 2012)

beinhaltet Datenerhebungstechniken wie Fokusgruppen, Fallstudien, Interviews, Fragebögen, Beobachtungen und Dokumentenanalysen (Yin 1989). Diese Vorgehensweise wurde von dem ethnomethodologischen Design inspiriert (Crabtree et al. 2000; Martin/Sommerville 2004). Der erste Schritt beinhaltet mehrere Teilziele: das Identifizieren von Informationsdefiziten, von Kunden-, Anbieter- und Kommunikationsbedürfnissen, sowie von Defiziten bei den vorhandenen Dienstleistungsangeboten und von Prozessen. Die Ergebnisse sind der Ist-Prozess in Form eines *Service Blueprints* (Fließ/Kleinaltenkamp 2004) und eine Liste der Nutzer- und Kundenbedürfnisse.

Im darauffolgenden Schritt werden Design-Ziele festgelegt. Diese können entweder von identifizierten Problemen und Mängeln aus der vorhergehenden

Analyse inspiriert sein, als auch von Dienstleistungsanbietern, Kundenbedürfnissen oder von Theorien hergeleitet werden (Pries-Heje/Baskerville 2008). Das Ziel dieses Schrittes ist daher, eine Transparenz bezüglich des übergeordneten Design-Ziels für alle Anspruchsgruppen herzustellen. Das beinhaltet die Dokumentation der wichtigsten Design-Ziele und deren Kommunikation innerhalb der Anspruchsgruppen sowie sicherzustellen, dass die Ziele diskutiert und von allen Gesichtspunkten her interpretiert werden können. Die Design-Ziele sind essentiell für den weiteren SE-Prozess, da sie die Basis für die Bewertung und Evaluierung des in den folgenden Phasen entwickelten Dienstleistungsdesigns bilden. Das Ergebnis dieses Schrittes ist eine Liste von Design-Zielen und allgemeinen Design-Anforderungen. Dabei ist es wichtig sicherzustellen, dass diese technologisch unabhängig sind.

Der dritte Schritt ist der Kern der Methode. Dieser führt den *Service Engineer* durch die Analyse und liefert erste Design-Vorschläge. Hierbei sind zwei Dinge zu berücksichtigen (1) jeglicher Anstieg in Effizienz (Anwendung von Standardisierung und Automatisierung) ist eng verknüpft mit Wissen und Kenntnissen über den Kunden (Menschner et al. 2010). (2) Das Dienstleistungserlebnis, aus dem der Wert für den Kunden entsteht, ist eng an Personen gebunden. Dies ist darin begründet, dass KIPOS von Menschen für Menschen erbracht werden und der dominierende Faktor für die Wahrnehmung der Dienstleistungsqualität die ausführende Person ist. Daraus folgt, dass KIPOS zumindest einige partielle Prozesse beinhalten, die personenbezogen bleiben müssen und nicht automatisiert oder standardisiert werden können.

Daher müssen diese essentiellen persönlichen Momente identifiziert werden. Dieser Schritt hat demzufolge zwei Ziele: Einerseits das Identifizieren der wertschöpfenden Momente und ein Verständnis der zugrundeliegenden Informationslogistik erhalten, sowie andererseits die wertschöpfenden Momente zu identifizieren. Hier erweist sich *Service Blueprinting* als wertvoll. *Service Blueprinting* ist ein Analysewerkzeug für Prozesse, das erstmalig von Shostack entwickelt wurde (Shostack 1982). Um einen *Service Blueprint* zu erstellen, benötigt man eine Abbildung aller Schlüsselaktivitäten der Dienstleistungserbringung sowie aller Zusammenhänge zwischen diesen Aktivitäten. Zeithaml et al. (Zeithaml et al. 2006) definieren *Service Blueprinting* als ein Werkzeug zur simultanen Darstellung des Dienstleistungsprozesses sowie der Kundeninteraktionspunkte. Hierbei erfordert die „*Line of Interaction*" eine genauere Betrachtung. Sie trennt Kundenaktivitäten von Aktivitäten des Dienstleistungsanbieters und repräsentiert gemeinsame Aktivitäten. Innerhalb von KIPOS befinden sich mehrere Aktivitäten auf dieser Linie, zum Beispiel findet bei einer Ernährungsberatung die Mehrheit der wertschöpfenden Aktivitäten während der Sprechstunden statt. Durch die Anwendung der *Lean*-Prinzipien auf diese Aktivitäten (Wei 2009) können die wertschöpfenden Momente identifiziert werden. Um die darunter liegende Informationslogistik zu begreifen, muss zunächst ein Modell des Informationsflusses erhoben werden. Die Herausforderung beim Modellieren der Daten, die für das Dienstleistungsangebot benötigt werden, liegt darin, eine adäquate Datenbasis zu bestimmen. Dabei sollte jedoch nicht die Intention sein, so viele Daten wie möglich zu sammeln, sondern zu entscheiden, wie feingranular die Daten sein müssen damit sie die zuvor entwickelten Design-Ziele erfüllen. Die Ergebnisse dieses Schrittes sind: (1) Aktivitäten des Dienstleistungsprozesses, die persönlich bleiben müssen. Alle anderen Prozessschritte sind Kandidaten für eine Automatisierung, Kundenintegration oder Beseitigung. Diese Entscheidungen werden im folgenden Schritt getroffen. (2) Ein Modell der Datenlogistik, welches zur Unterstützung bei der Entscheidungsfindung dient, insbesondere die Granularität der Datenpunkte.

Basierend auf diesen Ergebnissen umfasst die nächste Phase die Entwicklung des Dienstleistungs-Designs. Die Methode bietet Prinzipien, welche auf das Dienstleistungs-Design übertragen werden. Prinzipien sind eine Zusammenstellung von Regeln, die den Service Engineer anleiten und welche von früheren SE Projekten, Best Practices und Theorien abgeleitet werden (Pries-Heje/Baskerville 2008). Das erste Ziel im Dienstleistungsdesign beinhaltet das Reduzieren des persönlichen Kontaktes innerhalb der essentiellen Aktivitäten, die identifiziert wurden. Falls ein Prozessschritt komplett auf der „Line of Interaction" liegt, kann dies zum Beispiel durch das Anwenden des Prinzips der Segmentierung gelöst werden. Dieses Prinzip separiert die Aktivität in detailliertere Teilaktivitäten und ermöglicht eine Neubewertung einer jeder Teilaktivität und liefert somit Informationen, ob diese Teilaktivität notwendigerweise ein persönlicher Kontakt bleiben muss. Dann kann die Machbarkeit der Automatisierung oder der Kundenintegration überprüft werden und die verschiedenen konzeptionellen Formen des Kundeninteraktion (Froehle/Roth 2007; Glushko 2009) können auf diese Teilaktivitäten angewendet werden. Nichtwertschöpfende Aktivitäten können automatisiert, halbautomatisiert (welche dem Anbieter die Möglichkeit des Eingreifens erlauben), oder an den Kunden ausgelagert werden. Das Ergebnis von Schritt 4 ist schließlich ein *Service Blueprint* der das neue Dienstleistungsdesign repräsentiert, ein strukturiertes Modell der notwendigen Daten, das die halbautomatisierten Prozessschritte unterstützt, sowie die Architektur des darunter liegenden IT-Systems. Diese drei Ergebnisse können zusammen die Grundlage für den Bau eines ersten Prototyps bilden.

Basierend auf den Ergebnissen der Auswertung wird nun ein Design Konzept sowie ein *Low-Fidelity* Prototyp entwickelt, welcher daraufhin in Fokusgruppen und Workshops bewertet wird. Dieser wird wiederholend nach jedem Testzirkel verfeinert. Da die Nutzer normalerweise keine Erfahrungen mit IT-gestützten KIPOS hatten, wurde der erweiterten Prototyp Entwicklungs- und Bewertungsansatz für Innovationen im Bereich der Informationssysteme von Resatsch et al. (2008) übernommen. Für diesen Ansatz ist jedoch neu, dass auch ein Zielprozess in Form eines *Service Blueprint* gestaltet wird, der Teil der Evaluation ist und innerhalb der Fokusgruppen und Workshops verfeinert wird. Abbildung 3 zeigt dieses Vorgehen. Es basiert auf Prototypenentwicklungsansätzen im Umfeld des *Ubiquitous Computing* (Resatsch et al. 2008), erweitert durch Service Engineering.

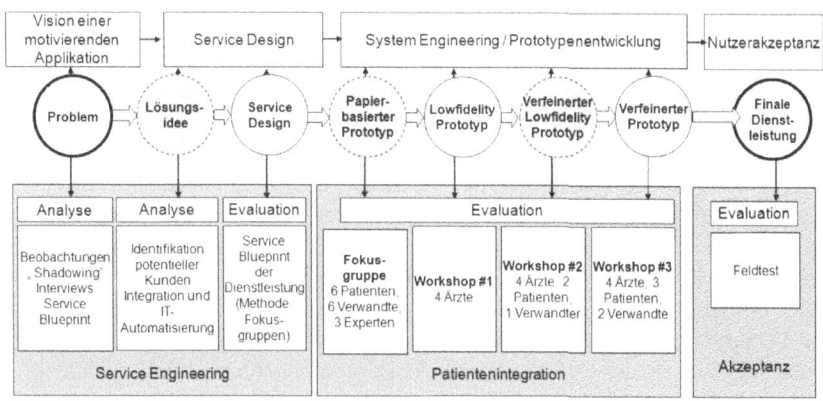

Abbildung 3   Vorgehensmodell für die Entwicklung von KIPOS (Menschner et al. 2011)

5 Anwendung der Methode

Um die Durchführbarkeit und Brauchbarkeit der Methode zu demonstrieren, wird im Folgenden die Anwendung auf das Beispiel Ernährungsberatung und -management dargestellt. Der folgende Abschnitt beschreibt den Entwicklungsprozess und die Ergebnisse der einzelnen Schritte, gefolgt von einer kurzen Beschreibung des entwickelten Prototyps.

5.1 Das Problem der Informationslogistik

Der erste Schritt unseres Ansatzes war eine detaillierte Analyse der Ausgangssituation. Hierzu wurden mehrere Beobachtungen sowie „Shadowing" (McDonald 2005) ärztlicher Beratungsgespräche sowie Konsultationen mit Ernährungsberatern durchgeführt, gefolgt von Interviews mit den involvierten Ärzten und Ernährungsberatern sowie Patienten. Insgesamt wurden 3 Beobachtungen durchgeführt und Interviews mit 4 Ärzten, 2 Ernährungsberatern und 4 Patienten geführt. Unsere Beobachtungen zeigten einen Mangel an Informations- und Interaktionsmöglichkeiten zwischen Patienten, Ärzten, Ernährungsberatern und Pflegepersonal. In der Regel haben Patienten nur alle drei bis sechs Monate einen Termin, während dessen der Ernährungsstatus festgestellt wird und, falls nötig, Anpassungen in der Behandlung erfolgen. Es gibt keine medizinische Betreuung zwischen diesen Terminen und die Ärzte und Berater erhalten in der Regel keine Informationen über potenzielle Veränderungen des Ernährungszustandes ihrer Patienten, weder von diesen selbst, noch durch Pflegepersonal, den Hausarzt oder Verwandte. Daher müssen sie vollständig auf die Informationen vertrauen, die sie am Tag der Termine bekommen, was verschiedene Nachteile mit sich bringt: (1) Patienten sind nicht in der Lage, korrekt Auskunft zu geben, (entweder bewusst oder durch Vergessen); (2) Informationen vom Pflegepersonal oder Hausarzt werden nur über den Patienten weitergegeben, und (3) Patienten haben aufgrund Ihres Krankheitsbildes teilweise Probleme, sich verbal auszudrücken (Menschner et al. 2011). Zusammengefasst basiert die Behandlungsentscheidung des Arztes oder Beraters daher oftmals auf unzureichenden Daten, die zusätzlich aus zweiter Hand stammen. Zudem wird ca. 90% der ärztlichen Beratungszeit zum Abfragen dieser Informationen aufgewendet. Gegen Ende der Beratung bekommen die Patienten Anweisungen und Informationen, die für das Heimpflegepersonal und andere Personen, die in die Versorgung des Patienten involviert sind, bestimmt sind, mit auf den Weg. Auch hier besteht die Gefahr, dass diese Informationen unzureichend übermittelt werden. Insgesamt ergab die Analyse, dass eine unzureichende Informationslogistik zwischen den einzelnen Anspruchsgruppen vorlag.

Als zweiter Schritt wurde der Ist-Prozess erhoben und in einen *Service Blueprint* überführt. Ein *Blueprint* kann im Allgemeinen zur Identifizierung von Engpässen oder Defiziten des Prozesses, zum Hervorheben eines kritischen Pfads sowie zum Definieren eines Input-Output Verhältnisses oder anderen Methoden zur Effizienzmessung genutzt werden. Hierzu gehören z. B. die Identifizierung von Potentialen, die es erlauben, personenbezogene Aktivitäten zu automatisieren oder Aktivitäten über oder unter bestimmte Linien zu verschieben, d.h. die Zuständigkeit zu verändern (für Details zum *Blueprinting* siehe (Fließ/Kleinaltenkamp 2004)). Die Prozessanalyse deckte auf, dass viele Aktivitäten auf der „*Line of Interaction*" liegen, d.h. die Mehrheit der wertschöpfenden Aktivitäten findet während der Sprechstunden statt. Des Weiteren sind Patientenaktivitäten hauptsächlich passiver Natur (z.B. Warten). Dies ist ein nicht zu verachtender Risikofaktor, da diese keinen Mehrwert kreiert und vermutlich auch einen negativen Einfluss auf die wahrgenommene Servicequalität hat. Auffallend ist die geringe Anzahl der Back-Office-Aktivitäten. Unterhalb der „*Line of Implementation*" gibt es keine Support-Prozesse, außer dem nur teilweise digitalisierten Krankenaktenarchiv. Zudem gibt es keine systematische oder automatisierte Erfassung und Aufzeichnung des Ernährungsstatus des

Patienten. Dies liegt allein in der Verantwortung des Arztes. Daher ist es möglich, dass Veränderungen in Essensgewohnheiten und Gewicht zwischen den Terminen unbemerkt bleiben. Die Analyse stellt daher klar die Notwendigkeit einer verbesserten Informationslogistik dar. Die gesamte Datenerfassung findet zudem auf der „Line of Interaction" statt. Diese Linie repräsentiert die persönlichen Kontakte, die normalerweise die teuersten Aktivitäten darstellen.

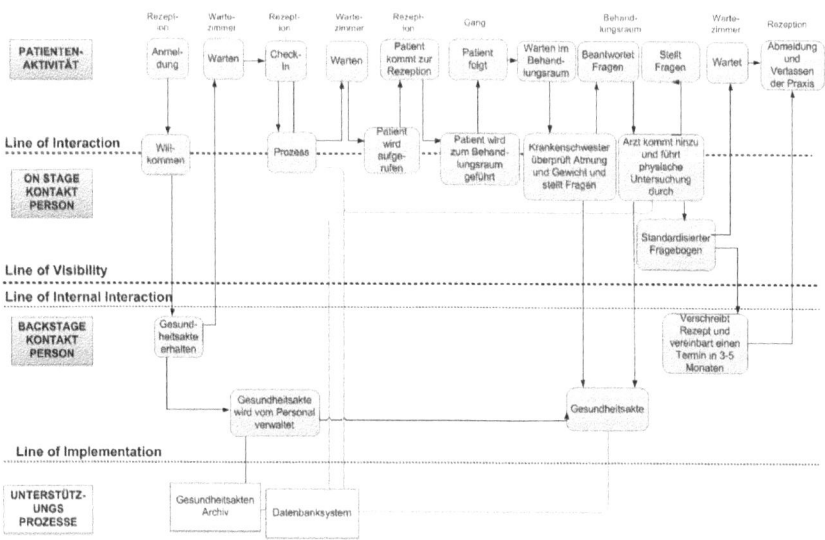

Abbildung 4   Service Blueprint des Ist-Prozesses (Menschner et al. 2011)

5.2 Service Design und partizipative Entwicklung

Die Ergebnisse der Beobachtungen und die Hinweise, die durch die Analyse des Service Blueprint entstanden, bildeten die Basis für die Entwicklung von Lösungsansätzen für ein Ernährungsdokumentationssystem. Der Anwendungsfall Ernährung brachte einige Herausforderungen mit sich. Um die „Line of Interaction" zu entlasten, z. B. durch das Reduzieren unnötiger Kundenkontakte, musste entschieden werden, welche Aktivitäten ins Backoffice verschoben werden können. Um das informationslogistische Defizit zu lösen, mussten neue Prozessschritte hinzugefügt werden, da das kontinuierliche Dokumentieren und Überwachen des Ernährungsstatus bislang nicht existierte. Außerdem wurden Support-Prozesse in das neue System integriert.

Basierend auf diesen Punkten wurden erste Service Design Ideen für die beabsichtigte Lösung entwickelt. Nach kurzen Diskussionen mit den Ärzten und Beratern wurden die Hauptkomponenten der Lösung spezifiziert. Um die Informationssituation zu verbessern, wurde eine Lösung im Haus der Patienten bevorzugt, die auf elektronischer Datenerfassung basiert. Die Integration von Sensoren und Auslösern wurde zugunsten einer Lösung, die Selbsterfassung durch den Patienten erlaubt, abgelehnt, da dies für den Fall der Ernährungsdokumentation besser geeignet wäre. Zusätzlich wurde eine Lösung basierend auf *Near Field Communication* (NFC) bevorzugt.

Dies resultierte in einem Papier-basierten Prototyp und einem Service Szenario, das als Startpunkt für den partizipativen Entwicklungsprozess diente. Der Papier-basierte Prototyp wurde zuerst in einer Fokusgruppe evaluiert. Fokusgruppen sind eine Form von Gruppeninterviews und besonders geeignet um unterschiedliche Perspektiven zu einem Thema zu erhalten (Gibbs 1997). Um ein umfassendes Spektrum von Meinungen zu erhalten, haben wir Teilnehmer aus allen Anspruchsgruppen in die Fokusgruppe einbezogen. Das Ziel der Fokusgruppe war die Diskussion und Evaluation des Systems aus Patientensicht. Sie bestand aus sechs Patienten, sechs Verwandten und drei Experten (ein Arzt und zwei Pfleger). Hierbei kam die „*Thinking-Aloud*"-Methode für die Anforderungserhebung und -identifikation zum Einsatz (Nielsen 1993). Abgesehen von einer im Allgemeinen positiven Reaktion, wurden Bedenken bezüglich Benutzerfreundlichkeit und Datensicherheit geäußert. Diese Belange wurden weiter diskutiert und verhandelt und resultierten in einer Liste von Anforderungen (Kotonya/Sommerville 1998).

Auf die Fokusgruppe folgte Workshop #1, bestehend aus vier Ärzten. Ziel dieses Workshops war die Beurteilung von Bedürfnissen und Anforderungen aus der Sicht der Klinik und der Ärzte. Das Hauptakzeptanzproblem der Ärzte bestand aus den Funktionalitäten des Backend. Dies beinhaltet den Zugriff auf Daten und Visualisierung des Datenverlaufs, um Probleme zu antizipieren. Bezüglich der Datenqualität und Aufwand im Überwachen von mehreren Patienten wurden Bedenken geäußert. Als mögliche Lösung für diesen Aspekt wurde die Implementierung automatischer Warnmeldungen gesehen.

In Workshop #2 folgte eine Evaluation eines weiterentwickelten *Low-Fidelity* Prototypen. Der Prototyp bestand im Wesentlichen aus einem NFC-fähigen Mobiltelefon sowie einem Smart-Poster. Das Poster hatte auf der Vorderseite Abbildungen aufgedruckt und auf der Rückseite NFC-Tags angeklebt. Backend Funktionalitäten wurden im Workshop vernachlässigt. Vier Ärzte, ein Patient und ein Angehöriger nahmen teil. Während des Workshops wurde offensichtlich, dass Erfolg und Umsetzbarkeit des Systems sehr stark von der Benutzerfreundlichkeit der Datenerfassung abhängen. Rückschlüsse hierzu wurden im Workshop gewonnen und flossen in die Überarbeitung des Prototypen mit ein.

In einem dritten Workshop wurde der überarbeitete Prototyp nochmals von vier Ärzten, drei Patienten und drei Angehörigen getestet. Neben positiven Reaktionen ergab der Workshop lediglich noch die Anforderung, einfach in Kontakt mit der Klinik treten zu können. Die vorgestellte Methode ist in zweierlei Hinsicht typisch für partizipatives Design: Erstens, nach Nielsen (1994) kann man zuverlässige Resultate sogar mit vier bis sechs Personen für jeden Durchlauf erhalten und zweitens, ist ein „gutes" Design erreicht, sobald es nur noch kleine oder keine weiteren Anforderungsänderungen während eines Durchlaufes gibt. Das Alter der Patienten befand sich zwischen 29 und 70 Jahren. Jüngere Patienten fühlten sich insgesamt eher angezogen von dem System als ältere, was an einer höheren Vertrautheit in der Nutzung von Mobiltelefonen liegt.

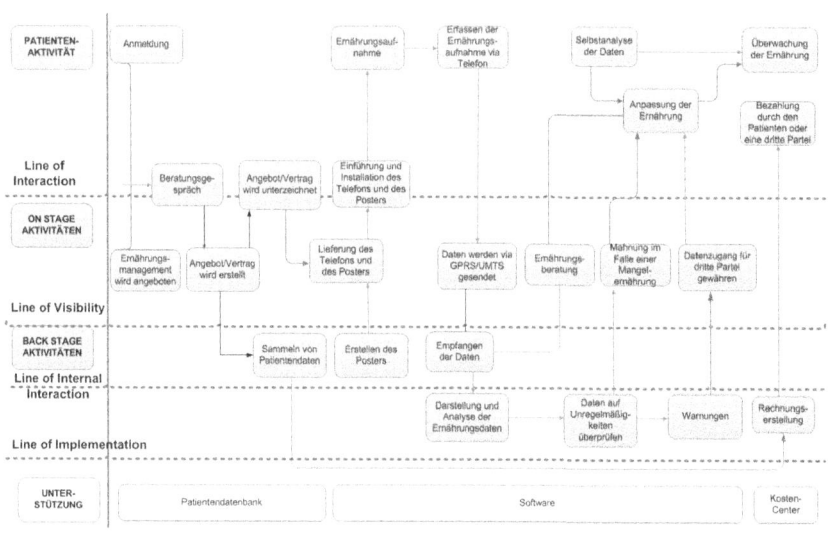

Abbildung 5   Service Blueprint der entwickelten Lösung

6 Diskussion

Der erste Beitrag dieser Studie ist die Entwicklung eines neuen Ansatzes für die Gestaltung und Entwicklung von KIPOS. Dieser Ansatz integriert und erweitert verschiedene Methoden des Service Engineering und partizipativem Design. Hierbei wird der Ansatz von Resatsch et al. (2008) übernommen und erweitert. Insbesondere wird die Methode des *Service Blueprinting* integriert, um die spezifischen Herausforderungen im Engineering von KIPOS zu adressieren. Die

Methode wurde erfolgreich für den speziellen Fall Ernährungsdokumentation und -management eingesetzt und dargestellt. Dieses Anwendungsbeispiel dient als Machbarkeitsnachweis und zeigt die Anwendbarkeit und Realisierbarkeit der Methode. Dieser Ansatz bietet zudem neue Einsichten in das *Service Engineering* von personenbezogenen Dienstleistungen.

Wir können bestätigen, dass das Einbeziehen aller Anspruchsgruppen in den frühen Service Design Prozess durch partizipatives Design nützlich ist. Partizipatives Design hilft, die Anforderungen an eine Lösung zu definieren und die Nutzerakzeptanz bereits in frühen Phasen der Entwicklung sicherzustellen, was zu besseren Lösungen führen kann und die Gefahr des Scheiterns des Projektes reduziert. Für die Entwicklung von IT-gestützten KIPOS ist dies von äußerster Wichtigkeit, da es bisher keine Erfahrungen darüber gibt, wie Nutzer mit den verschiedenen Formen des Technologieeinsatzes interagieren. Durch den Einbezug von *Service Engineering* Methoden differenziert sich unsere Methode von anderen verwandten Arbeiten und erleichtert die Akzeptanz der Lösung in der realen Welt.

Durch das Integrieren von *Service Blueprint* in den Design-Prozess haben wir zudem sichergestellt, dass die neugeschaffene Dienstleistung durch einen angemessenen Behandlungsprozess unterstützt wird, der alle Anforderungsgruppen integriert. Die *Blueprints* waren Teil des iterativen Entwicklungsprozesses. Sie dienten zum Einen, die Lösungen an die jeweiligen Anforderungsgruppen zu kommunizieren und zum Anderen einer Analyse bestehender Prozesse. Verbesserungsaspekte lassen sich u. a. in Prozessschritten finden, die auf der „*Line of Interaction*" angesiedelt sind. Diese sind prädestiniert für Kundenintegration und stellen dadurch Potentiale für Kosteneinsparungen dar, sofern sie nicht zu den essentiellen wertschöpfenden Aktivitäten zählen. Die Ergebnisse belegen die Angemessenheit der Methode und zeigen die Potentiale und Chancen, die ein solcher Ansatz bezüglich Design und Entwicklung von KIPOS bietet.

Der zweite Beitrag der vorliegenden Studie ist der Prototyp und das zugehörige Service Design. Die ersten Evaluationen zeigen, dass der Prototyp großes Potential hat, das Problem der Informationslogistik zwischen Ärzten, Pflegepersonal und Patienten zu verbessern. Durch die aktive Beteiligung und Integration der Patienten kann eine bessere Dokumentation und eine verbesserte Entscheidungsbasis für medizinische Behandlungen erreicht werden. Durch intensivierte Integration der Patienten sind diese außerdem in der Lage, ihren medizinischen Zustand besser zu verstehen und sich aktiver in die Behandlungs- und Beratungsprozesse einzubringen. Die Beobachtungen innerhalb einer größer angelegten Feldstudie bestätigen diese Ergebnisse. Wenn Kundenintegration (oder in unserem Fall Patientenintegration) erfolgreich realisiert wird, kann dies zu einer verbesserten Patienten-Ärzte Beziehung, basierend auf verbesserter Information und Autonomie der Patienten, führen. Zudem können verbesserte Standards in der medizinischen Versorgung zu höherer Produktivität der medizinischen Prozesse führen, was nicht nur die Lebensqualität der Patienten erhöht, sondern auch langfristige Kostenvorteile mit sich bringen kann. Der Prototyp offenbart zudem einige Design Prinzipien für NFC-basierte elektronische Datenerhebung im Allgemeinen. Diese beinhalten die Bedeutung des Feedbacks (akustisch, visuell und haptisch), eine verständliche und schlüssige Struktur des Posters und Maßnahmen zur Sicherung der Datensicherheit. Positiv aufgenommen wurden die automatisierten Erinnerungen und Warnungen, da diese den Patienten das Gefühl einer permanenten Betreuung vermittelten. Die entwickelte Lösung kann zudem einfach auf andere personenbezogene Dienstleistungen im Gesundheitswesen übertragen werden. Beispielsweise könnte die Lösung mit wenigen Änderungen zur Erfassung von Daten bezüglich der emotionalen Situation des Patienten oder zur Selbsterfassung des Krankheitsverlaufs angewendet werden.

7 Zusammenfassung und Ausblick

In dieser Studie haben wir die Anwendbarkeit der Methode auf eine spezielle Kategorie von Dienstleistungen, KIPOS gezeigt. Wir haben die Herausforderungen und Schwierigkeiten zum Entwickeln von KIPOS vorgestellt und die Methode beschrieben. Wir haben des Weiteren die Ergebnisse einer Fallstudie im Bereich Ernährungsdokumentation und -management beschrieben. Der Beitrag dieser Studie war daher, die Eignung dieser Methode zu zeigen. Unsere aktuellen Erfahrungen mit der Methode deuten darauf hin, dass sie ein wertvolles Werkzeug ist, um Dienstleistungen systematisch zu gestalten. Es bleibt zu hoffen, dass die vorgestellte Methode weitere Design-Projekte im Bereich der personenbezogenen Dienstleistungen anregen, sowie Dienstleistungsinnovationen fördern wird.

Das Neue an unserer Methode ist die Integration von Techniken aus der Systementwicklung und dem Dienstleistungsdesign, indem sie präzise Schritte liefert sowie Prinzipien, die sich auf das Design übertragen lassen. Daher kann die Methode eine Brücke zwischen ingenieurswissenschaftlichen Ansätzen und sozialen Aspekten schlagen. Wir konzentrieren uns besonders auf die frühe Phase des SE. Eine übliche Kritik für viele Ansätze ist, dass die Herangehensweise von den Auswertungsergebnissen zu den ersten Dienstleistungsdesignideen nicht ausreichend beschrieben wird oder nicht auf einem systematischen Ansatz beruht (Patrício et al. 2008). Design ist ein kreativer Prozess, jedoch muss der Designprozess durch Prinzipien und Muster unterstützt werden, welche den Entwickler bei der Lösungsentwicklung leiten (Alexander 1973; Schermann et al. 2009). Die Neuheit unserer Methode ist zweifältig: Zunächst schließen wir eine Lücke, die in vielen SE Methoden evident ist, indem wir den Entwickler entlang präziser Aufgaben durch die Entwicklung des Dienstleistungsdesigns aus der Analyse geleiten. Zweitens adressiert die vorgestellte Methode explizit die Rolle der IT innerhalb von Dienstleistungen und bietet Ansatzpunkte, wie man das Zusammenspiel von personenbezogenen Aktivitäten und Teilautomatisierung durch IT lösen kann. Die Methode stellt Richtlinien zur Verfügung, wie man einen Designvorschlag mittels *Service Blueprints* direkt aus einer Dienstleistungsanalyse gewinnen kann und trägt somit zum SE bei. Dies unterscheidet die vorgestellte Methode von bisherigen Ansätzen, da diese entweder nur High-Level-Rahmenkonzepte präsentieren (z. B. Froehle/Roth 2007; Wu/Wu 2010) oder sich nur auf Teilprobleme konzentrieren.

8 Literaturverzeichnis

Alexander, C. 1973: Notes on the Synthesis of Form. Cambridge, MA, USA: Harvard University Press.

Berkovich, M. / Esch, S. / Leimeister, J. M. / Krcmar, H. 2009: Requirements engineering for hybrid products as bundles of hardware, software and service elements–a literature review. Wirtschaftinformatik Proceedings 2009: Paper 67.

Bessant, J. / Maher, L. 2009: Developing Radical Service Innovations In Healthcare - The Role Of Design Methods. International Journal of Innovation Management 13(4): 555-568.

Braun, C. / Wortmann, F. / Hafner, M. / Winter, R. 2005: Method construction-a core approach to organizational engineering: ACM.

Brinkkemper, S. 1996: Method engineering: engineering of information systems development methods and tools. Information and Software Technology 38(4): 275-280.

Bullinger, H.-J. / Fähnrich, K.-P. / Meiren, T. 2003: Service engineering— methodical development of new service products. International Journal of Production Economics 85(13): 275-287.

Chai, K.-H. / Zhang, J. / Tan, K.-C. 2005: A TRIZ-Based Method for New Service Design. Journal of Service Research 8(1): 48-66.

Chuang, P.-T. 2007: Combining Service Blueprint and FMEA for Service Design. Service Industries Journal 27(2): 91-104.

Crabtree, A. / Nichols, D. M. / O'Brien, J. / Rouncefield, M. / Twidale, M. B. 2000: Ethnomethodologically informed ethnography and information system design. Journal of the American Society for Information Science 51(7): 666-682.

Dubberly, H. / Evenson, S. / Robinson, R. 2008: The Analysis-Synthesis Bridge Model. Interactions 15(2): 57-61.

Edvardsson, B / Olsson, J. 1996: Key concepts for new service development. The Service Industries Journal 16(2): 140-164.

Essén, A. 2009. The emergence of technology-based service systems: A case study of a telehealth project in Sweden. Journal of Service Management 20(1): 98-121.

Fitzsimmons, J. A. / Fitzsimmons, M. A. 2005. Service management : operations, strategy, and information technology. Boston: McGraw-Hill/Irwin.

Fließ, S. / Kleinaltenkamp, M. 2004: Blueprinting the Service Company: Managing Service Processes Efficiently. Journal of Business Research 57(4): 392-404.

Froehle, C. M. / Roth, A. V. 2007: A Resource-Process Framework of New Service Development. Production & Operations Management 16(2): 169-188.

GfK. 2005: Generation 50plus. http://www.gfkps.com/imperia/md/content/ps_de/consumerscope/vortraege/09_05_11_wirtschaftsfaktor_alter_print.pdf, letzter download am 24.02.2010.

Gibbs, A. 1997: Focus groups. Social research update 19(8).

Glushko, R. J. 2009: Seven Contexts for Service System Design. In: Maglio, P. P. / Kieliszewsk, C. A. / Spohrer, J. (Hg.): Handbook of Service Science. New York: Springer.

Henderson-Sellers, B. / Ralyté, J. 2010: Situational method engineering: state-of-the-art review. Journal of Universal Computer Science 16(3): 424-478.

Hevner, A. R. / March, S. T. / Park, J. 2004: Design science in information systems research. Management Information Systems Quarterly 28(1): 75–105.

Iachello, G. / Truong, K. N. / Abowd, G. D. / Hayes, G. R. / Stevens, M. 2006: Prototyping and sampling experience to evaluate ubiquitous computing privacy in the real world. Proceedings of the SIGCHI conference on Human Factors in computing systems. Montreal, Quebec, Canada, ACM: 1009-1018.

Jing-Hua, Li, / Lei, X. / Xiu-Lan, W. 2009: New service development using GAP-based QFD: a mobile telecommunication case. International Journal of Services Technology & Management 12(2): 146-174.

Jones, D. / Gregor, S. 2007: The Anatomy of a Design Theory. Journal of the Association for Information Systems 8(5): 312-335.

Kartte, J. / Neumann, K. / Kainzinger, F. / Henke K.-D. 2005: "Innovation und Wachstum im Gesundheitswesen." Roland Berger View 11/2005.

Karunakaran, A. / Purao, S. / Cameron, B. 2009: From" Method Fragments" to" Knowledge Units": Towards a Fine-Granular Approach. ICIS 2009 Proceedings: 108.

Kleinberger, T. / Becker, M. / Ras, E. / Holzinger, A. / Müller, P. 2007: Ambient Intelligence in Assisted Living: Enable Elderly People to Handle Future Interfaces. In Universal Access in Human-Computer Interaction. Ambient Interaction, 103-112.

Kotonya, G. / Sommerville, I. 1998: Requirements engineering: Wiley Chichester.

Leimeister, J. M. / Krcmar, H. / Horsch, A. / Kuhn, K. 2005: Mobile IT-Systeme im Gesundheitswesen, mobile Systeme für Patienten. HMD-Praxis der Wirtschaftsinformatik 41(244): 74-85.

Leimeister, J. M. / Glauner, C. 2008: Hybride Produkte–Einordnung und Herausforderungen für die Wirtschaftsinformatik. Wirtschaftsinformatik 50(3): 248-251.

Magnusson, P. 2003: Benefits of involving users in service innovation. European Journal of Innovation Management 6: 228-238.

Martin, D. / Sommerville, I. 2004: Patterns of cooperative interaction: Linking ethnomethodology and design. ACM Trans. Comput.-Hum. Interact. 11(1): 59-89.

McDonald, S. 2005: Studying actions in context: a qualitative shadowing method for organizational research. Qualitative research 5(4): 455.

Menschner, P. / Hartmann, M. / Leimeister, J. M. 2010: The nature of knowledge-intensive person-oriented services – challenges for leveraging service engineering potentials. The Second International Symposium on Service Science ISSS 2010, Leipzig, Germany.

Menschner, P. / Leimeister, J. M. 2010: Systematische Entwicklung mobiler und IT-gestützter Dienstleistungen für die Generation 50+. In: Gatermann, I. / Fleck, M. (Hg.): Mit Dienstleistungen die Zukunft gestalten - Impulse aus Forschung und Praxis. Beiträge der 8. Dienstleistungstagung des BMBF. Frankfurt a. M.: Campus Verlag, 85-94.

Menschner, P. / Leimeister, J.M. 2012: Devising a Method for Developing Knowledge-Intense, Person-Oriented Services – Results from Early Evaluation. Hawaiian International Conference on System Sciences - HICSS 45. Maui.

Menschner, P. / Peters, C. / Leimeister, J. M. 2011: Engineering knowledge-intense, person-oriented services - A state of the art analysis. ECIS 2011 Proceedings.

Menschner, P. / Prinz, A. / Altmann, M. / Koene, P. / Köbler, F. / Krcmar, H. / Leimeister, J. M. 2011: Reaching into patients' homes – participatory designed AAL services - The case of patient-centered nutrition tracking service. Electronic Markets 21(1): 63-76.

Menschner, P. / Prinz, A / Leimeister, J. M. 2011: Empirically Grounded Design of a Nutrition Tracking System for Patients with Eating Disorders. In: Ahson, S.

/ Ilyas, M. (Hg.): Near field communications handbook. Boca Raton, Fla.; London: Auerbach ; Taylor & Francis, 305-324.

Naranjo, J.-C. / Fernandez, C. / Sala, P. / Hellenschmidt, M. / Mercalli, F. 2009: A Modelling Framework for Ambient Assisted Living Validation. Proceedings of the 5th International on ConferenceUniversal Access in Human-Computer Interaction. Part II: Intelligent and Ubiquitous Interaction Environments, San Diego, CA: Springer-Verlag.

Nielsen, J. 1993: Usability engineering. San Francisco, Calif.: Morgan Kaufmann Publishers.

Nielsen, J. 1994: Estimating the number of subjects needed for a thinking aloud test. Int. J. Hum.-Comput. Stud. 41(3): 385-397.

Odell, J. 1996: A primer to method engineering. In: Brinkkemper, S. / Lyytinen, K. / Welke, R. (Hg.): Method Engineering. 1-7. London: Chapman & Hall, Ltd.

OECD. 2005: Long-Term Care for Older People. Paris: OECD Publishing.

OECD. 2009: OECD Health Data 2009. Paris: OECD Publishing.

Oliveira, P. M. / von Hippel, E A. 2009: Users as Service Innovators: The Case of Banking Services. MIT Sloan Research Paper No. 4748-09.

Patrício, L. / Fisk, R. P. / Cunha, J. F. 2008: Designing Multi-Interface Service Experiences: The Service Experience Blueprint. Journal of Service Research 10(4): 318-334.

Pries-Heje, J. / Baskerville, R. 2008: The Design Theory Nexus. MIS Quarterly 32(4): 731-755.

Prinz, A. / Menschner, P. / Leimeister, J. M. 2010: Integration verschiedener Sichten in der Dienstleistungsentwicklung. Workshop-Proceedings of the Mensch & Computer - Interaktive Kulturen, Duisburg.

Qi, Z. / Tan, K. C. 2009: Towards an integrative service design framework. Proceedings of the QUIS 11, Wolfsburg.

Resatsch, F. / Sandner, U. / Leimeister, J. M. / Krcmar, H. 2008: Do Point of Sale RFID-Based Information Services Make a Difference? Analyzing Consumer Perceptions for Designing Smart Product Information Services in Retail Business. Electronic Markets 18(3): 216-231.

Schermann, M. / Gehlert, A. / Pohl K. / Krcmar, H. 2009: Justifying Design Decisions with Theory-based Design Principles. 17th European Conference on Information Systems (ECIS), Verona, Italy.

Scheuing, E. E. / Johnson, E. M. 1989: A proposed model for new service development. Journal of Services marketing 3(2): 25-34.

Sheehan, J. 2006: Understanding service sector innovation. Commun. ACM 49(7): 42-47.

Shostack, L. G. 1982: How to Design a Service. European Journal of Marketing 16(1): 49-63.

Simon, H. A. 1996: The Sciences of the Artificial (3rd ed.). Cambridge, MA: MIT Press.

Simons, L. P. A. / Bouwman, H. 2005: Multi-channel service design process: challenges and solutions. International Journal of Electronic Business 3(1): 50-67.

Spohrer, J. / Kwan, S. K. 2009: Service Science, Management, Engineering, and Design (SSMED): An Emerging Discipline-Outline & References. International Journal of Information Systems in the Service Sector (IJISSS) 1(3): 1-31.

Statistisches Bundesamt 2009: Bevölkerung Deutschland bis 2060. http://www.destatis.de/jetspeed/portal/cms/Sites/destatis/Internet/DE/Presse/pk/ 2009/Bevoelkerung/pressebroschuere__bevoelkerungsentwicklung2009,propert y=file.pdf, letzter download am 24.02.2010.

van de Kar, E. / den Hengst, M. 2009: Involving users early on in the design process: closing the gap between mobile information services and their users. Electronic Markets 19(1): 31-42.

Wei, J. C. 2009: Theories and principles of designing lean service process. Service Systems and Service Management, 2009. ICSSSM '09. 6th International Conference on.

Wu, L.-C. / Wu, L.-H. 2010: Service Engineering: An Interdisciplinary Framework. Journal of Computer Information Systems 51(2): 14-23.

Yin, R.K. 1989: Research Design Issues in Using the Case Study Method to Study Management Information Systems. In: Cash, J. I. / Lawrence, P. R. (Hg.) The Information Systems Research Challenge: Qualitative Research Methods. 1-6. Boston, Mass.: Harvard Press.

Zeithaml, V.A. / Bitner, M. / Gremler, D. D. 2006: Services marketing : integrating customer focus across the firm. Boston: McGraw-Hill/Irwin.

Teil III: Mikrosystemtechnologien an der Nutzerschnittstelle

Entwicklung und Evaluierung einer exemplarischen mobilen IKT-Anwendung zur Vermittlung von sozialen Internetdiensten

Philip Koene, Felix Köbler, Maximilian Könnings, Jan Marco Leimeister, Helmut Krcmar[1]

1 Einleitung

Soziale Netzgemeinschaften – engl. *social networking sites* (SNS) – wie Facebook, LinkedIn und Google, sowie die auf diesen bereitgestellten Internetdienste, erleben in den letzten Jahren einen enormen Anstieg in der Adoption und Nutzung. Die Motivationshintergründe, die zu einer Anmeldung, aktiven Teilnahme und Nutzung von bereitgestellten Internetdiensten führen, sind verschiedenartig (Bilandzic et al. 2009). Die primären Funktionalitäten dieser Plattformen sind jedoch das Verwalten von realweltlichen und virtuellen sozialen Verbindungen zu anderen Nutzern sowie die Bereitstellung von verschiedenen Funktionen zur Nutzung von Internetdiensten, bspw. das Einloggen an einem bestimmten Ort. Diese sozialen Verbindungen und durch spezifische Funktionen bereitgestellten Dienste, schaffen ein Unterstützungsnetzwerk und erzeugen unterschiedliche Arten von sozialem Kapital (Lampe et al. 2007; Leimeister et al. 2008).

Im Gegensatz zu früheren Generationen sozialer Netzgemeinschaften – sog. Virtuellen Communities – werden soziale Beziehungen in SNS typischerweise nicht virtuell und auf beiderseitigem Interesse initiiert (*social browsing*) (Lampe et al. 2006) und anschließend in realweltliche Beziehungen zwischen den Nutzern überführt (Parks/Floyd 1996; Parks/Roberts 1998; Cummings et al. 2002). Die aktive Teilnahme an SNS ist vielmehr durch eine Intensivierung und Verfestigung bestehender realweltlicher Beziehungen motiviert (*social searching*) (Lampe et al. 2006). Eine detaillierte Diskussion zu den Unterschieden zwischen den Nutzungsarten *social searching* und *social browsing* findet sich in Lampe et al. (2006). Obwohl etablierte SNS eine Vielzahl von Funktionalitäten zur Pflege und Stärkung sozialer Beziehungen unterstützen sowie eine Vielzahl an Internetdiensten bereitstellen, muss dennoch ein erheblicher Aufwand betrieben werden, um realweltliche Beziehungen auf SNS abzubilden oder Internetdienste abzurufen. So ergeben sich zahlreiche Nachteile für den Nutzer, bspw.

---

[1] Die Autoren sind Mitarbeiter im BMBF-geförderten Forschungsprojekt Mobil 50+ (Förderkennzeichen: 01FC08046-8).

eine signifikante zeitliche Diskrepanz zwischen der Knüpfung einer Bekanntschaft in einer realweltlichen Situation und deren virtueller Abbildung.

Dieser Medienbruch zwischen realweltlicher Situation und virtueller Abbildung, in Kombination mit mangelnder Benutzerfreundlichkeit und einer Nichtberücksichtigung der speziellen Bedürfnisse einer älteren Zielgruppe (Hawthorn 2003) haben auch dazu geführt, dass die Gruppe der Senioren die kleinste Nutzerschicht der SNS darstellt. Ein Mangel an sozialen Kontakten und an der Teilnahme an sozialen Aktivitäten erhöht für die ältere Generation das Risiko in die Pflegebedürftigkeit einzutreten (Stuck et al. 1999). SNS können einer älteren Bevölkerungsschicht Zugriff auf kulturelle und kommerzielle Angebote und Dienstleistungen, sowie neue Kommunikationsmöglichkeiten bieten und somit das Risiko der sozialen Isolierung vermindern (Craig 2004). Mobile Endgeräte ermöglichen dabei theoretisch einen zeit- und ortsunabhängigen Zugriff auf SNS (Leimeister et al. 2004).

Der NFriendConnector Prototyp versucht den Medienbruch zwischen realweltlicher Situation und virtueller Repräsentation zu verringern, und die realweltliche soziale Interaktion durch eine mobile, ubiquitäre Nutzerschnittstelle zu bereichern. Der Prototyp kann somit als exemplarisches Interaktionskonzept für andere Internetdienste dienen, die auch von einer älteren Generation leichter verstanden und genutzt werden können.

In diesem Beitrag wird der NFriendConnector als prototypische Anwendung anhand des "*Uiqubitous Computing Application Development and Evaluation Process Model*" (UCAN) (Resatsch 2010) entwickelt. Die Arbeit beschreibt die Reaktionen potentieller Nutzer gegenüber der prototypischen Anwendung und diskutiert Implikationen und Ergebnisse eines Laborexperiments.

2 Methodik

2.1 Design Science

Design Science kann als technologie-orientierter Forschungsansatz verstanden werden, der es versucht, Dinge zu erschaffen, welche menschlichen Zwecken dienen und diese anhand von Kriterien wie Wert und Nutzen zu beurteilen. Im Gegensatz zu traditionellen Naturwissenschaften zielt Design Science darauf ab, Lösungen und Möglichkeiten zu entwickeln, die der Erreichung von menschlichen Zielen dienen. Ergebnisse (sog. Artefakte) von Forschungsarbeiten, die nach dem Design Science Paradigma durchgeführt werden, sind entweder Konstrukte, Modelle, Methoden oder Instanziierungen (bspw. die prototypische Anwendung NFriendConnector).

Es gibt zwei grundlegende Aktivitäten, die jede Design Science Forschungsarbeit einschließen – die *Erstellung* und die *Evaluierung* eines Artefakts. Hevner

(2007) lässt diese beiden Aktivitäten in einen iterativen „*design cycle*" einfließen (siehe Abbildung 1), der die Erzeugung und Evaluierung von Alternativen
erlaubt, bis ein zufriedenstellendes Artefakt gestaltet worden ist. In der Regel
wird ein Artefakt in Bezug auf Funktionalität, Vollständigkeit, Konsistenz, Fehlerfreiheit, Leistung, Ausfallsicherheit und Bedienbarkeit evaluiert (Peffers et al.
2006). Die Anforderungen für ein Artefakt sind innerhalb des Anwendungsumfeldes zu identifizieren, um so die Grundlage für die Erstellung und Evaluierung
des Artefaktes bereitzustellen. Somit ist es notwendig ein ausreichendes Verständnis („*relevance cycle*") der sozio-technischen und organisatorischen Umweltfaktoren zu entwickeln. Zusätzlich wird im Kontext der gestaltungsorientierten Forschung gefordert, die entwickelten Artefakte durch geeignete Evaluie-
rungsmethoden (bspw. Fokusgruppen und Experimentes) zu erforschen („*rigor
cycle*") und diese Ergebnisse zu dokumentieren (Hevner 2007).

Die Entwicklung und Evaluierung des NFriendConnector erfolgte in drei Schritten, die sich an der gestaltungsorientierten Forschung ausrichtete: (1) Erarbei-
tung der Problemrelevanz; (2) Gestaltung des Artefakts mit Hilfe der Richtlinien
zur Entwicklung von ubiquitären Anwendungen nach Resatsch (2010) und (3)
quantitative Evaluierung des Artefakts nach der *Expectation Confirmation
Theory* (ECT) (Oliver, 1980).

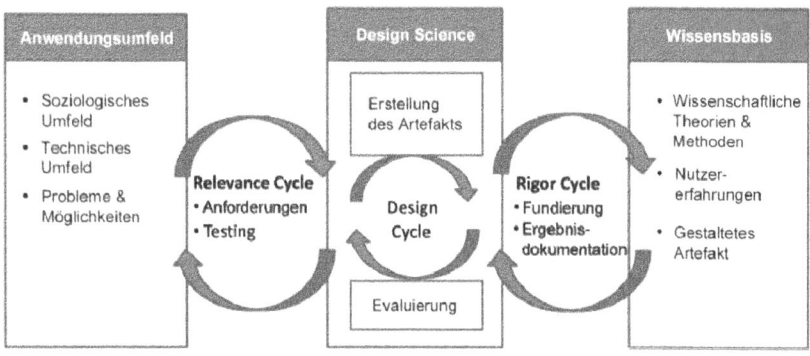

Abbildung 1   Gestaltungsorientierte Forschung nach dem Design Science Paradigma nach
                   Hevner (Quelle: Eigene Darstellung in Anlehnung an (Hevner 2007))

2.2 Ubiquitous Computing Application Development and Evaluation Process Model (UCAN)

Die iterative Natur der Zyklen des Design Science Forschungsansatzes fordert
ein iterativ-ausgerichtetes Entwicklungsmodell für mobile, ubiquitäre Anwendungen. Die Entwicklung des NFriendConnector Prototyps wurde daher anhand

des "*Ubiquitous Computing Application Development and Evaluation Process Model*" (UCAN) (Resatsch 2010) umgesetzt. Abbildung 2 stellt die Phasen der verschiedenen Iterationsstufen der Entwicklung einer prototypischen mobilen, ubiquitären Anwendung auf Basis des UCAN Modells dar.

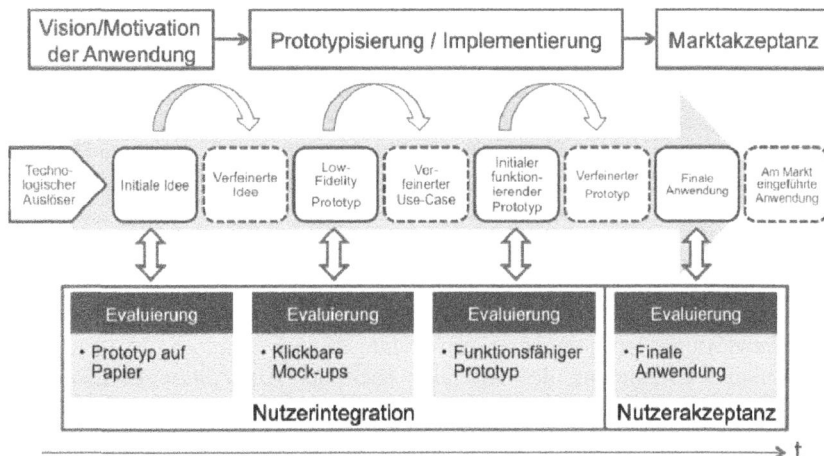

Abbildung 2   UCAN Vorgehensmodell (Quelle: Eigene Darstellung in Anlehnung an (Resatsch 2010))

Im Fall der Entwicklung des NFriendConnector ist der technologische Auslöser die Integration der Technologie Near Field Communication (NFC) in mobile Endgeräte und eine dadurch ermöglichte mobile, ubiquitäre Nutzung von SNS Funktionen und Internetdiensten, die in einer potentiellen Verbesserung der Interaktion und Nutzung dieser Dienste resultieren. Jeder Entwicklungsschritt wurde durch eine Evaluierung abgeschlossen. Initial wurden prototypisch Benutzeroberflächen auf Papier (*paper-based mock-ups*) erstellt und diese durch zwei Fokusgruppen (N=10) diskutiert und bewertet. Mit den hieraus gewonnen Erkenntnissen konnten die prototypischen Benutzeroberflächen zu interaktiven Prototypen (*low-fidelity prototype*) verfeinert werden. Die Evaluierungsergebnisse erlauben es im Anschluss daran, einen verfeinerten Anwendungsfall (*refined use case*) zu erstellen und diesen in einen voll funktionsfähigen Prototypen (*high-fidelity prototype*) zu überführen. Die in diesem Beitrag dargestellten Ergebnisse der Evaluierung fokussieren auf die Nutzerakzeptanz einer „finalen Anwendung".

3 Verwandte Arbeiten

Eine Vielzahl von Forschungsprojekten beschäftigt sich mit der prototypischen Entwicklung von mobilen, ubiquitären Anwendungen, die auf Funktionalitäten die durch SNS bereitgestellt werden, oder ähnlichen Internetdiensten zurückgreifen. Diese Anwendungen greifen meist auf Technologien, wie bspw. Bluetooth, Global Positioning System (GPS), Wireless Local Area Network (WLAN) zum Zwecke der Annäherungs- und Ortserkennung zurück und werden in der Literatur meist als *social proximity* Anwendungen (Eagle und Pentland 2005; Persson et al. 2005; Ziv und Mulloth 2006) bezeichnet. Im Gegensatz zu einigen Ausnahmen (Kostakos und O'Neill 2008; Pietiläinen et al. 2009) basieren die meisten Anwendungen auf kleinen, proprietären sozialen Netzwerkplattformen und blenden dabei die enorme Nutzerbasis sowie den Umfang an bereitgestellten Funktionen und Diensten der etablierten SNS aus. Aus der technologischen Umsetzung dieser Anwendungen ergeben sich für den Nutzer datenschutzrechtliche Nachteile und negative Auswirkungen auf die Privatsphäre (Eagle und Pentland 2005; Kostakos und O'Neill 2008).

NFriendConnector bedient sich im Gegensatz zu diesen nicht an Informationen zu Orten, Entfernung zu anderen Nutzern, oder vergleichbaren sensorischen Daten. Der Prototyp ermöglicht die nahtlose Integration der sozialen realweltlichen Interaktion in SNS durch die Benutzung eines Mobiltelefons mit ausgestatteter NFC-Schnittstelle. Dabei muss die Interaktion und der Austausch von Information zwischen zwei Nutzern von den Nutzern selbst willentlich initiiert werden, indem diese einen nahezu physischen Kontakt zwischen den mobilen Endgeräten herstellen. Folglich führt die Anwendung keinen Datenaustausch ohne die aktive Beteiligung der Nutzer aus und das Konzept dieser Anwendung steht exemplarisch für einen sichere Vermittlung und Imitierung von Internetdiensten.

4 NFriendConnector Anwendung

4.1 Problemdefinition

Zum besseren Verständnis eines möglichen Nutzungsszenarios und der Problemdefinition dient folgende exemplarische Beschreibung eines Anwendungsfalles:

Seit dem letzten Treffen zwischen Andrea und Michael ist einige Zeit vergangen, da Michael nach dem Eintreten in den Ruhestand in eine andere Stadt gezogen ist. Nach Jahren ohne persönlichen Kontakt treffen sich die beiden ehemaligen Arbeitskollegen auf einer Geburtstagsfeier eines gemeinsamen Freundes. An-

drea und Michael verfügen über ein NFC-fähiges mobiles Endgerät mit einem mobilen Breitbandanschluss, der installierten NFriendConnector Anwendung und sind registrierte Nutzer der Facebook Netzwerkplattform. Die Anwendung ermöglicht den Austausch ihrer Profildaten über die NFC-Schnittstelle, indem die Mobiltelefone für eine kurz Zeit zusammen gehalten werden. Nach erfolgreicher Übermittlung können beide die Profildaten des jeweils anderen betrachten und mit ihren eigenen vergleichen. Auf dieser Grundlage entdecken beide, dass sie das gleiche Hobby teilen und passionierte Schachspieler sind. Die Anwendung ermöglicht es ihnen nun augenblicklich eine Facebook Freundschaftsbeziehung zu erstellen. Michael will seinen virtuellen Freundeskreis von diesem Wiedersehen mit Andrea unterrichten und generiert eine automatisierte Statusnachricht, die über das Treffen informiert und auf seiner Profilseite angezeigt wird.

Es kann viele Gründe für die Teilnahme und Nutzung einer SNS und der dort angebotenen Dienste geben. SNS ermöglichen es ihren Mitgliedern viele verschiedene menschliche Bedürfnisse zu adressieren, wie bspw. Kommunikation, Neugier und Selbstdarstellung. Dies geschieht durch die Erzeugung, den Austausch und die Kombination von Informationen (Bilandzic et al. 2009). Vorteile von der Teilnahme an SNS sind unter anderem der Zugang zu einer Vielzahl von Ressourcen, ein größeres soziales Kapital, sowie eine Zunahme an emotionaler, psychologischer und informationsbezogener Unterstützung (House 1981; Wellman et al. 2001; Lampe, Ellison und Steinfield 2007; Leimeister et al. 2008).

Während soziale Interaktionen im realen Leben spontan und natürlich geschehen, müssen Nutzer von SNS zurzeit noch enormen Aufwand betreiben (bspw. die Suche nach sozialen Kontakten und das Versenden von Freundschaftanfragen), um diese natürliche soziale Interaktion auf der SNS abzubilden. Dieser Aufwand tritt verstärkt zutage, wenn die Nutzer unerfahren im Umgang mit SNS sind, wie dies bspw. bei der älteren Generation gehäuft auftritt. Folglich existiert eine Lücke zwischen der realweltlichen Interaktion und Kontaktaufnahme und der virtuellen Abbildung dieser auf einer SNS. Diese Lücke kann auch auf die Initiierung und Vermittlung von Internetdiensten übertragen werden.

NFriendConnector schließt diese Lücke exemplarisch, indem die prototypische Anwendung am Beispiel von SNS, ein adäquates Nutzungskonzept präsentiert, welches die realweltliche und virtuelle soziale Interaktion verbindet.

4.2 Prototypendesign

Die Entwicklung richtet sich zum einen an dem bereits beschrieben UCAN Modell und zum anderen an den NFC-Design Richtlinien von Resatsch (2010) aus. NFC ist eine hochfrequente drahtlose Kommunikationstechnologie mit sehr geringer Reichweite, die unter Anderem einen Datenaustausch zwischen Endgeräten bis zu einer Entfernung von ca. 10 cm ermöglicht, und kompatibel zu *Radio Frequency Identification* (RFID) ist. NFC ist eine vergleichsweise neue drahtlose Kommunikationstechnik, die vor allem für mobile Anwendungen und Initiierung von Dienstleistungen (wie z. B., Bezahl- und Ticket-Anwendungen (Ondrus und Pigneur 2007; Mulliner 2009)) verwendet wird und dabei primär in mobilen Endgeräten zum Einsatz kommt.

Die Technologie ermöglicht somit eine Modalität der Interaktion, die einer Berührungsmetapher gleich kommt und so ein natürliches Konzept der Initiierung von Funktionen oder Internetdiensten darstellt. Die Nutzungsszenarien der prototypischen Anwendung basieren auf zwei NFC-fähigen Endgeräten, die mit einer mobilen Breitbandanbindung sowie einer ausreichenden Displayauflösung und -größe ausgestattet sind.

Die mobile Anwendung integriert eine Reihe von Funktionen der sozialen Netzwerkplattform Facebook in das mobile Endgerät durch die Benutzung der *Facebook Application Programming Interface* (API) und Nutzerprofildaten. Die Anwendung erlaubt Nutzern somit eine realweltliche soziale Interaktion zum Zeitpunkt des Geschehens, durch das Zusammenführen oder durch Berührung der mobilen Endgeräte, in eine virtuelle Interaktion zu übertragen.

Um einen Austausch von Profildaten zu initiieren stellen zwei Nutzer einen physischen Kontakt ihrer Mobiltelefone her, auf denen NFriendConnector läuft. Die Facebook Profildaten werden übertragen und der Nutzer kann über das Initiale Menü (siehe Abbildung 3) auf die im Folgenden beschriebenen Funktionen zugreifen.

Abbildung 3   „Profil Optionen" Menü

Der Nutzer kann nun die Profildaten der anderen Person auf seinem Mobiltelefon ansehen und lokal speichern. Im NFriendConnector Prototyp werden nur das Profilbild, der Name und die Felder Heimatstadt, Interessen, Filme und Musik angezeigt (siehe Abbildung 4). Es ist jedoch technisch möglich, alle vorhandenen Profildaten anzuzeigen. Das lokale Speichern der Profildaten erlaubt es dem Anwender eine individuelle Kontaktliste seiner virtuellen Beziehungen auf seinem Mobiltelefon zu erstellen, die später auch ohne eine aktive mobile Internetverbindung zur Verfügung steht.

Abbildung 4   "Profil betrachten" und "Profil vergleichen" Funktionen

Die "Profil vergleichen" Funktion ermöglicht es dem Nutzer, sein eigenes Facebook-Profil mit dem Facebook-Profil einer anderen Person zu vergleichen, um gemeinsame Interessen, Vorlieben und Abneigungen, Hobbies, etc. zu identifizieren (siehe Abbildung 4). Diese kann bei der Partnersuche, oder bspw. bei der Suche nach Teilnehmern für gemeinschaftliche Veranstaltungen (z.B. Sport) hilfreich sein. Der NFriendConnector Prototyp vergleicht alle Profildaten.

NFriendConnector ermöglicht den Nutzern auch den Zugriff auf die Facebook Funktionen „als Freund hinzufügen" und " Statusmeldung erstellen" (siehe Abbildung 5). Ein einfaches Beispiel für eine solche, automatisierte Statusmeldung ist "<Person1> ist an <Ort> mit <Person2>" (siehe Abbildung 5). Der Ort (in diesem Fall "Monaco, Frankreich") kann durch den GPS-Empfänger des Mobiltelefons abgefragt werden.

OK

Abbildung 5   „Statusmeldung erstellen" Funktion

4.3 Implementierung der NFriendConnector Anwendung

Der NFriendConnector Prototyp wurde für das NFC-fähige Mobiltelefon Nokia 6212 classic entwickelt. Anwendungen, die auf NFC Technologie zurückgreifen, benutzen eine von drei unterschiedlichen Betriebsarten, die wie folgt, definiert sind (Forum 2010):

- Der *Peer-to-Peer Modus* wird für eine bidirektionale Kommunikation zwischen zwei NFC-fähigen Endgeräten verwendet. Dieser Modus ermöglicht die Übertragung von kleinen Datenmengen zwischen mobilen Endgeräten, z.B. Kontakt- und Kundendaten (Köbler et al. 2010) oder Daten, die für die Initiierung sowie der sicheren Abrechnung von (personenbezogenen) Dienstleistungen verwendet werden können.

- In dem *Emulationsmodus* agiert ein NFC-fähiges Endgerät wie eine Smartcard, die dann von einem externen NFC-Lesegerät gelesen werden kann. Dieser Modus wird primär für die Bereitstellung von Bezahldiensten verwendet (Ondrus und Pigneur 2007).

- Der *Lese/Schreib-Modus* erlaubt einem NFC-fähigen (mobilen) Endgerät Daten von einem NFC-konformen, passiven (ohne Batterie) Transponder auszulesen (Madlmayr et al. 2008). Diese Transponder oder *Tags* können Informationen, bspw. Standortdaten beinhalten (Köbler, et al. 2010; Koene et al. 2010) und bieten somit enormes Potential zur Initiierung von Dienstleistungen oder den Zugriff auf Internetdienste.

Die NFriendConnector Anwendung ist als Java J2ME Midlet implementiert,
welches einerseits die NFC-Schnittstelle des mobilen Endgeräts ansprechen und
andererseits auf die Funktionen der SNS Facebook zugreifen kann. Die Kommunikation mit der Facebook Netzwerkplattform wird über REST HTTP Anfragen an den Facebook API REST Server über die mobile Internetanbindung realisiert. Die NFC-Lese-/Sendeeinheit des Nokia 6212 wird dabei von dem Java
J2ME Midlet über eine API gesteuert, die von Nokia zur Verfügung gestellt
wird. Der allgemeine Kommunikationsablauf ist exemplarisch in Abbildung 6
dargestellt.

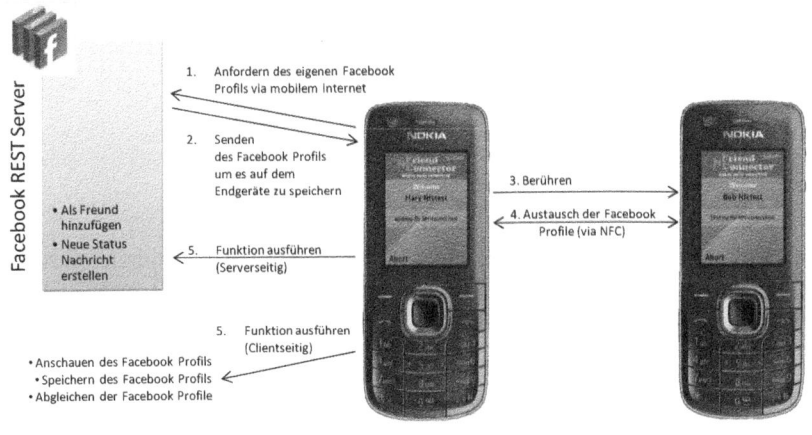

Abbildung 6   Der NFriendConnector Kommunikationsablauf (eigene Darstellung)

Für die prototypische Implementierung wurde eine Mischform der beiden vor-
gestellten Kommunikationsabläufe gewählt (Abbildung 6). Bei der gewählten
Umsetzung kann der Nutzer lokal gespeicherte Profildaten nach jedem Start der
Anwendung aktualisieren. Dabei werden nur Profildaten und keine Multimediadaten (wie bspw. Profilbilder) gespeichert. Um eine hohe Datenlast über die
NFC-Schnittstelle zu vermeiden, werden die Profildaten als XML-Datei über
die NFC-Schnittstelle ausgetauscht und Multimediadaten direkt über die mobile
Internetanbindung heruntergeladen. Der direkte Zugriff auf Profildaten wird
dabei durch den Facebook REST API Server ermöglicht, über welchen zudem
Facebook Funktionen, durch HTTP GET/POST Nachrichten an den REST Server, benutzt werden können, ohne dabei einen mobilen Internetbrowser zu verwenden. Der Großteil der NFriendConnector Funktionen wurde technisch auf

diese Weise realisiert, jedoch können einige Facebook Funktionen, wie bspw. der Login-Prozess, noch nicht über den Facebook REST API Server angesprochen werden. Zur Realisierung dieser Funktionen öffnet die Anwendung automatisch den mobilen Internetbrowser, der die entsprechende mobile Internetseite anzeigt, bspw. Facebook Login. Der Nutzer kann sich über diese an der Plattform anmelden und gelangt durch das Schließen des mobilen Internetbrowsers zur NFriendConnector Anwendung zurück. Die gewählte Realisierung ist aufgrund der momentan mangelhaften Kompatibilität der Facebook REST API mit mobilen Endgeräten notwendig, diese soll jedoch in naher Zukunft durch Initiativen, wie bspw. *Facebook Platform for Mobile* verbessert werden.

5 Evaluierung

NFriendConnector wurde durch ein Laborexperiment und einer anschließenden Befragung der Probanden evaluiert. Durch das Laborexperiment sollte einerseits abgeprüft werden, welche Intentionen hinter der Nutzung von SNS stehen und andererseits inwieweit die Probanden die Anwendung in der Verwendung nützlich finden, und die Anforderungen zur Gestaltung von mobilen, ubiquitären Anwendungen erfüllt wurden, die auch auf zukünftige Anwendungen zur Initiierung und Abrechnung von Internetdiensten sowie (personenbezogener) Dienstleistungen, angewandt werden können. Die Zufriedenheit mit der Nutzung einer IKT-Anwendung (Informations- und Kommunikationstechnologie) ist ein anerkannter Indikator für die Absicht diese auch (zukünftig) zu nutzen. Im den folgenden Kapitel werden das verwendete theoretische Rahmenwerk zur Evaluierung und das Experimentdesign beschrieben sowie die Ergebnisse diskutiert.

5.1 Expectation Confirmation Theorie (ECT)

Die Auswahl von geeigneten Theorien und Methoden zur Evaluierung eines entworfenen Artefaktes ist ein wesentlicher Bestandteil des Design Science Forschungsansatzes (Hevner 2007). Ein zentraler Gradmesser für Akzeptanz einer Anwendung ist die Nutzerzufriedenheit (Vasalou et al. 2010). Dementsprechend haben wir uns für die Evaluierung der NFriendConnector Anwendung, die beispielhaft für eine ubiquitäre Anwendung zur Nutzung von Internetdiensten steht, für die *Expectation Confirmation Theorie* (ECT) (1993) entschieden. Die ECT kann, die neben etablierten Theorien, wie bspw. das *Technology Acceptance Model* (TAM) (Davis et al. 1989; Venkatesh und Davis 2000; Venkatesh et al. 2003), und in verschiedenen Varianten (1993; 1999; 2002; 2010; 2011), zur Evaluierung von IKT-Anwendungen, eingesetzt werden. Die Theorie entstammt der Konsum- und Marketingforschung, um Verbraucherzufriedenheit und Kaufentscheidungen vorauszusagen. Prinzipiell basiert die ECT auf der Differenz zwischen den vorherigen Erwartungen der Benutzer an ein jeweiliges Produkt, IKT-Anwendung oder Dienstleistung und der Erwartungsbestätigung bzw. -widerlegung (Oliver 1980; Swan und Trawick 1981; Tse und Wilton 1988; Anderson und Sullivan 1993; Pizam und Milman 1993; Spreng et al. 1996; Patterson et al. 1997; Dabholkar et al. 2000). Oliver (1980) liefert eine ausführliche theoretische Abhandlung, Beschreibung und Diskussion zu Vor- und Nachteilen der ECT. Das von uns als Forschungsmodell verwendete *Expectation Confirmation Model* (ECM) (Bhattacherjee 2001) (siehe Abbildung 7) misst die zuvor bestehende Akzeptanz in den Konstrukten *Bestätigung* (Confirmation) und *Zufriedenheit* (Satisfaction).

ECM verwendet darüber hinaus den kognitiven Faktor der wahrgenommenen Nützlichkeit (*Perceived Usefulness*) zur Vorhersage von Nutzungsabsichten (*Intention to Use*) (Bhattacherjee 2001). Das ECM sagt die Nutzungsabsicht für eine Anwendung, basierend auf deren Zufriedenstellung nach der erstmaligen Nutzung, vorher. Dabei wurden fünf Hypothesen aufgestellt, die die theoretischen kausalen Zusammenhänge zwischen den Konstrukten vorhersagen (siehe Abbildung 7, H1-H5) (Bhattacherjee 2001). Erwartungen können durch die Nutzung des IKT-Artefakts beeinflusst werden und sich verändern, bzw. verstärken sich im Regelfalle durch die Benutzung eines IKT-Artefakts (Bhattacherjee 2001).

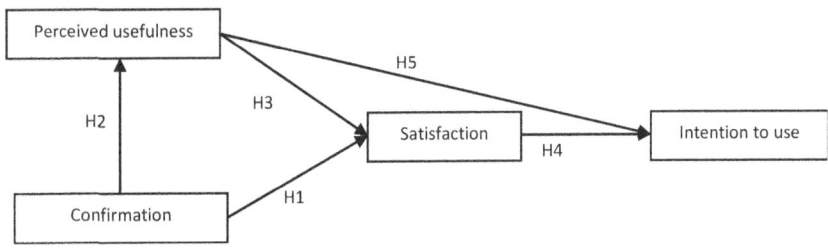

Abbildung 7   Forschungsmodell (in Anlehnung an (Bhattacherjee 2001))

5.2 Experimentdesign

Eine experimentelle Methode wurde gewählt, um den NFriendConnector zu evaluieren. Für dieses Forschungsdesign ist ein Laborexperiment eine geeignete Methode, da es sie uns erlaubt, externe Faktoren zu kontrollieren. Um die externen Einflüsse des Experimentes so klein wie möglich zu halten, wurde das Experiment in einem einfachen Raum und mit denselben NFC-fähigen mobilen Endgeräten der gleichen Marke sowie Modell durchgeführt.

Das Laborexperiment wurde anhand eines festgelegten Protokolls durchgeführt nach dem die Probanden zunächst über die NFriendConnector Anwendung, die realisierten Funktionen und ein fiktives Nutzungsszenario informiert wurden.

Anschließend wurden die Teilnehmer in Gruppen je zwei Personen aufgeteilt und gebeten die unterschiedlichen Funktionen der Anwendung, auf zwei NFC- und internetfähigen Mobiltelefonen, zu testen. Dabei wurden Profildaten generischer Nutzer verwendet, die vor dem Laborexperiment in der SNS Facebook hinterlegt wurden. Insgesamt nahmen 62 Probanden an unserem Experiment teil, die während des Experimentes aufgefordert wurden zwei Fragebögen (ex ante / ex post der Nutzung) auszufüllen. Der erste Fragenbogen, welcher vor der Einführung des Prototyps auszufüllen war, nahm den demographischen Hintergrund der Probanden auf (bspw. Alter und Bildungsabschluss). Der zweite Fragenbogen, der nach der Nutzung der Anwendung aufzufüllen war, setzte sich aus den validierten Frageitems der wichtigsten ECT Variablen zusammen. (Davis, Bagozzi und Warshaw 1989; Bhattacherjee 2001). Die Erwartungen der Probanden gegenüber der Anwendung wurden dabei, wie bei der Verwendung von ECM üblich, ex post im zweiten Fragebogen abgeprüft.

5.3 Ergebnisse und Diskussion

Durch die Auswertung des Experiments zeigte sich, dass die Probanden SNS benutzen, um realweltliche und existierende Beziehungen zu anderen Personen zu verwalten, und nicht um reine und primär virtuelle Beziehungen zu initiieren und zu unterhalten.

Tabelle 1 zeigt die demographische Zusammensetzung des durchgeführten Experimentes. Insgesamt nahmen 62 Probanden an dem Experiment teil (N=62). Das Experiment wurde mit Nutzern einer jüngeren Zielgruppe durchgeführt, da ein Vorwissen im Umgang mit mobilen Endgeräten und sozialen Netzwerken hilfreich war. Da es sich jedoch bei der Interaktion mit NFriendConnector um eine intuitiv zu verstehenden Berührungsmetapher handelt, gehen wir davon aus, dass sich die Ergebnisse des Experiments im Sinne eines „Universal Design"- Ansatzes auch auf eine ältere Zielgruppe übertragen lassen (Plos und Buisine 2006). Ein angemeldeter Nutzer auf Facebook zu sein war jedoch keine Vorbedingung zur Teilnahme und die Daten zeigen, dass das Sample aus etwa zwei Dritteln Facebook Nutzern bestand.

Tabelle 1   Demographische Zusammensetzung des Experimentsamples

Demographische Variable	Kategorien	Häufigkeit
Alter	Jünger als 25	26 (41,9%)
	25-34	35 (56,5%)
	Älter als 35	1 (1,6%)
Geschlecht	Weiblich	8 (12,9%)

	Männlich	54 (87,1%)
Bildungsstand	Bachelor	24 (38,7%)
	Master	26 (41,9%)
	Promotion	6 (9,7%)
	Keine Angabe	6 (9,7%)
Facebook Mitglied	Ja	39 (62,9%)
	Nein	23 (37,1%)
Mitglied einer sozialen Netzwerkplattform	Ja	59 (95,2%)
	Nein	3 (4,8%)

Da ein Drittel der Probanden Mitglieder bei anderen SNS waren, legen die Ergebnisse nahe, dass nicht nur Facebook, sondern SNS Nutzer generell zu dem
beschriebenen Nutzungsverhalten tendieren. Dementsprechend ist anzunehmen,
dass eine Anwendung, die es den Nutzern erlaubt, Daten in Echtzeit in einer
realweltlichen sozialen Interaktion, mit einer Internetplattform auszutauschen,
als sinnvoll und nützlich erachtet wird.

Unser Forschungsmodell wurde mittels einer Partial Least Squares (PLS) Pfadanalyse getestet, was eine gleichzeitige Beurteilung des Mess- und Strukturmo-
dells ermöglicht. Das Messmodell wurde bezüglich Reliabilität, konvergenter
Validität und diskriminanter Validität getestet. Abbildung 8 zeigt das Resultat
der Pfadanalyse. Alle als Hypothesen aufgestellten Beziehungen waren statis-
tisch signifikant.

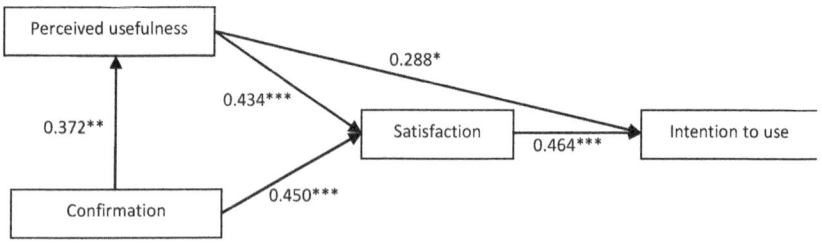

Abbildung 8   Ergebnisse   der   PLS   Pfadanalyse   auf   den   Signifikanz-Niveaus;
               *p<0.05;**p<0.01;***p<0.001

Es konnte zudem gezeigt werden, dass demographische Variablen, wie bspw. das Geschlecht und Alter keinen Einfluss auf die Antworten der Probanden hatten.

Eine gestaltungsorientierte Forschung, die als Beitrag ein IKT-Artefakt erzeugt, kann als erfolgreich angesehen werden, wenn die Zielgruppe der Benutzer die Anwendung als nützlich empfindet und bereit ist, diese auch zukünftig zu benutzen. Unsere Ergebnisse legen nahe, dass die Probanden NFriendConnector als nützliche Anwendung wahrgenommen haben. Es konnte zudem gezeigt werden, dass eine Gruppenzugehörigkeit (Facebook-Nutzer und nicht Facebook-Nutzer) keinen signifikanten Einfluss auf die Einstellung der Nutzer gegenüber der Anwendung hat.

Aktuelle Forschungsergebnisse und praktischen Entwicklungen im Bereich der SNS zeigen, dass es eine Verschiebung in den Verhaltensmustern der Nutzer von SNS gibt, hin zu einer engeren Verbindung zwischen sozialer Interaktion im offline Leben und sozialer Interaktion in SNS (Boyd 2004; Joinson 2008).

Technologische Entwicklungen wie Smartphones, Kommunikationstechnologien wie bspw. Bluetooth und NFC, sowie zunehmende Bandbreiten der mobilen Internetverbindungen ermöglichen es durch spezielle Anwendungen, Nutzer in realweltlichen Situationen zu unterstützen und ihnen bspw. das Initiieren von personenbezogenen Dienstleistungen über das Internet zu erleichtern.

6 Limitierungen

Die Funktionen der prototypischen Anwendung NFriendConnector sind stark auf die durch die SNS Facebook bereitgestellten Funktionen beschränkt. Dieser Sachverhalt könnte sich limitierend auf die Verallgemeinbarkeit der Ergebnisse des Experiments und der Reaktionen der Probanden auswirken. In nächsten Schritten können Experimente in realen sozialen Kontexten durchgeführt werden, eine Nutzerstudie über einen längeren Zeitraum durchgeführt werden bzw. das Konzept auf die Initiierung und Vermittlung von weiteren Internetdiensten und personenbezogener Dienstleistungen erweitert werden.

Die NFriendConnector Anwendung, sowie die durchgeführte Studie sollte im Rahmen ihrer Limitierungen interpretiert werden. NFriendConnector zeigt wie man einen Zugriff auf SNS Funktionen und Dienste in realen sozialen Interaktionen in Echtzeit auf einem NFC-fähigen mobilen Endgerät ermöglicht. Daher ist die derzeitige Umsetzung von NFriendConnector eine technische Machbarkeitsstudie, die sich spezifisch auf die SNS Facebook bezieht und NFC-fähigen Mobiltelefon benötigt. Darüber hinaus unterstützt NFriendConnector nur eine begrenzte Anzahl von Funktionalitäten, die über die SNS Facebook abgerufen werden können. Die Existenz und Popularität von kommerziellen Anwendungen (bspw. Bump, Google Latitude), die ähnliche Funktionen, wie die in diesem Beitrag vorgestellte prototypische Anwendung NFriendConnector, bieten, werden zunehmend zur Initiierung und Vermittlung von (personenbezogenen) Dienstleistungen oder zur Bezahlung von Produkten oder Dienstleistungen, eingesetzt.

7 Zusammenfassung und Ausblick

Die Umsetzung des gewählten Anwendungsszenarios für den NFriendConnector war primär durch die Erforschung der Nutzerakzeptanz und technische Machbarkeit einer auf NFC-basierenden prototypischen Anwendung motiviert, und sollte weniger potentielle kommerzielle Geschäftsfelder aufzeigen. Es sind jedoch verschiedene kommerzielle Anwendungsszenarien denkbar, die auf der bidirektionalen Kommunikation einer NFC-fähigen mobilen Anwendung, bspw. der Initiierung und Vermittlung von (personenbezogenen) Dienstleistungen, zurückgreifen.

Mobile Anwendungen, die durch ubiquitäre Technologien stärker in realweltliche Prozesse integriert werden können, resultieren in einer zunehmenden benutzerfreundlicheren Verwendung und Nutzung der auf Plattformen integrierten Funktionalitäten, bereitgestellten Diensten, sowie Dienstleistungen. Diese benutzerfreundlichere Verwendung, sowie die Reduzierung von Medienbrüchen kann die Technologieakzeptanz für SNS und Internetdiensten gerade für die ältere Generation erhöhen. Für Betreiber dieser Plattformen kann aus diesem generierten Mehrwert ein wirtschaftliches Potential abgeleitet werden. Ein mögliches Geschäftsmodell könnte bspw. auf einer monatlichen Grundgebühr, oder, im Sinne eines hybriden Produkts (Leimeister/Glauner 2008), auf der Initiierung und Vermittlung von (personenbezogenen) Dienstleistungen über eine Internetplattform beruhen.

Des Weiteren zeigt sich, dass es gerade in der ubiquitären und mobilen IT-Unterstützung von Dienstleistungen an Modellierungsansätzen und Werkzeugunterstützung für Entwurf und Konstruktion von Dienstleistungssystemen mangelt. Dies gilt insbesondere für die Teilautomatisierung von Dienstleistungen, ermöglicht durch Sensordaten wie bspw. Ortsinformation durch GPS-Empfänger. Außerdem fehlen *Service Prototyping* Lösungen, mit denen ubiquitäre IT-Unterstützung von Dienstleistungen während der Entwicklung leichtgewichtig und schnell für Endanwender „erlebbar" gemacht werden können.

Die Zielsetzung der vorgestellten prototypischen Implementierung war es folglich (1) ein neues, innovatives technisches Konzept zu beschreiben, welches die mobile und ubiquitäre Nutzung von Internetdiensten ermöglicht, durch (2) einen systematischen Entwicklungsprozess gestaltet und (3) durch wissenschaftliche Methoden evaluiert wurde. NFriendConnector und der systematische Entwicklungsprozess kann dabei auch als neue, innovative Form der IT-gestützten Dienstleistung gesehen werden, bzw. als ein methodischer Vorschlag zum Service Engineering. Der Prototyp wurde als eine *proof-of-concept* Anwendung implementiert und basiert auf der SNS Facebook und NFC-fähigen mobilen Endgeräte und kann als Ausgangspunkt für vergleichbare Konzepte dienen, die die Initiierung und Vermittlung von personenbezogenen Dienstleistungen, unterstützen.

8 Literaturverzeichnis

Anderson, E. W. / Sullivan, M. W. 1993: The Antecedents and Consequences of Customer Satisfaction for Firms. *Marketing Science* 12(2): 125-143.

Bhattacherjee, A. 2001: Understanding Information Systems Continuance: An Expectation-Confirmation Model. *MIS Quarterly* 25(3): 351-370.

Bilandzic, M. / Filonik, D. / Gross, M. / Hackel, A. / Mangesius, H. / Krcmar, H. 2009: *Mobile Application to Support Phatic Communication in the Hybrid Space*. 6th International Conference on Information Technology: New Generations, Las Vegas, USA: IEEE Computer Society.

Boyd, D. M. 2004: *Friendster and publicly articulated social networking*. CHI '04 Human factors in computing systems, Vienna, Austria: ACM.

Brown, S. A. / Venkatesh, V. / Goyal, S. 2011: Expectation Confirmation in Technology Use. *Information Systems Research* forthcoming.

Craig, G. 2004: Citizenship, Exclusion and Older People. *Journal of Social Policy* 33(1): 95-114.

Cummings, J. N. / Butler, B. / Kraut, R. 2002: The quality of online social relationships. *Communications of the ACM* 45(7): 103-108.

Dabholkar, P. A. / Shepherd C. D. / Thorpe, D. I. 2000: A Comprehensive Framework for Service Quality: An Investigation of Critical Conceptual and Measurement Issues Through a Longitudinal Study. *Journal of Retailing* 76(2): 139-173.

Davis, F. D. / Bagozzi, R. P. / Warshaw, P. R. 1989: User acceptance of computer technology: a comparison of two theoretical models. *Management Science* 35(8): 982-1003.

Eagle, N. / Pentland, A. 2005: Social Serendipity: Mobilizing Social Software. *IEEE Pervasive Computing* 4(2): 28-34.

Forum, NFC 2010. NFC Forum: Home. http://www.nfc-forum.org/home/, letzter download am 27.10.2011.

Goyal, S. / Venkatesh, V. 2010: Expectation Disconfirmation and Technology Adoption: Polynomial Modeling and Response Surface Analysis. *Management Information Systems Quarterly* 34(2): 281-303.

Hawthorn, D. 2003: *How universal is good design for older users?* 2003 conference on universal usability, Vancouver, Canada: ACM.

Hevner, A. 2007: A Three Cycle View of Design Science Research. *Scandinavian Journal of Information Systems* 19(2).

House, J. S. 1981: *Work Stress and Social Support*. Reading, USA: Addison-Wesley.

Joinson, A. N. 2008. *Looking at, looking up or keeping up with people?: motives and use of facebook.* 26th annual SIGCHI conference on Human factors in computing systems, Florence, Italy: ACM.

Köbler, F. / Koene, P. / Krcmar, H. / Altmann, M / Leimeister, J. M. 2010: *LocaTag - An NFC-Based System Enhancing Instant Messaging Tools with Real-Time User Location.* Second International Workshop on Near Field Communication (NFC), Monaco, Monte Carlo.

Koene, P. / Köbler, F. / Burgner, P. / Resatsch, R. / Sandner, U. / Leimeister, J. M. / Krcmar, H. 2010: *RFID-Based Media Usage Panels in Real-World Settings.* 18th European Conference on Information Systems, Pretoria, SA: Department of Informatics.

Kostakos, V. / O'Neill, E. 2008: Cityware: Urban computing to bridge online and real-world social networks. In: Foth, M. (Hg.): *Handbook of Research on Urban Informatics: the Practice and Promise of the Real-Time City.* Hershey, USA: Information Science Reference, IGI Global, 196-205.

Lampe, C. / Ellison, N. / Steinfield, C. 2006: *A face(book) in the crowd: social Searching vs. social browsing.* 20th anniversary conference on Computer supported cooperative work, Banff, Canada: ACM.

Lampe, C. / Ellison, N. / Steinfield, C. 2007: *A familiar face(book): profile elements as signals in an online social network.* SIGCHI conference on Human factors in computing systems, San Jose, USA: ACM.

Leimeister, J. M. / Daum, M. / Krcmar, H. 2004: Towards mobile communities for cancer patients: the case of krebsgemeinschaft.de. *International Journal of Web Based Communities* 1(1): 58-70.

Leimeister, J. M. / Glauner, C. 2008: Hybride Produkte – Einordnung und Herausforderungen für die Wirtschaftsinformatik. *WIRTSCHAFTSINFORMA-TIK* 50(3): 248-251.

Leimeister, J. M. / Schweizer, K. / Leimeister, S. / Krcmar, H. 2008: Do virtual communities matter for the social support of patients?: Antecedents and effects of virtual relationships in online communities. *Information Technology & People* 21(4): 350 - 374.

Madlmayr, G. / Langer, J. / Kantner, C. / Scharinger, J. 2008: *NFC Devices: Security and Privacy.* Availability, Reliability and Security, International Conference on, Los Alamitos, USA: IEEE Computer Society.

Mulliner, C. 2009: *Vulnerability Analysis and Attacks on NFC-Enabled Mobile Phones.* Availability, Reliability and Security, International Conference on, Los Alamitos, USA: IEEE Computer Society.

Oliver, R. L. 1980: A Cognitive Model of the Antecedents and Consequences of Satisfaction Decisions. *Journal of Marketing Research* 17(4): 460-469.

Ondrus, J. / Pigneur, Y. 2007: *An Assessment of NFC for Future Mobile Payment Systems*. Mobile Business, International Conference on, Los Alamitos, USA: IEEE Computer Society.

Parks, M. R. / Floyd, K. 1996: Making Friends in Cyberspace. *Journal of Communication* 46(1): 80-97.

Parks, M. R. / Roberts, L.D. 1998: 'Making Moosic': The Development of Personal Relationships on Line and a Comparison to their Off-Line Counterparts. *Journal of Social and Personal Relationships* 15(4): 517-537.

Patterson, P. G. / Johnson, L. W. / Spreng, R. A. 1997: Modeling the Determinants of Customer Satisfaction for Business-to-Business Professional Services. *Journal of the Academy of Marketing Science* 25(1): 4-17.

Peffers, K. / Tuunanen, T. / Gengler, C. E. / Rossi, M. /Hui, W. / Virtanen, V. / Bragge, J. 2006: *The design science research process: a model for producing and presenting information systems research*. First International Conference on Design Science Research in Information Systems and Technology (DERIST), Claremont, USA.

Persson, P. / Blom, J. / Jung, Y. 2005: DigiDress: A Field Trial of an Expressive Social Proximity Application. In: Beigl, M. (Hg.): *UbiComp 2005, LNCS 3660*. Berlin, Heidelberg: Springer-Verlag, 195-212.

Pietiläinen, A.-K. / Oliver, E. / Lebrun, J. / Varghese, G. / Diot, C. 2009: *MobiClique: Middleware for Mobile Social Networking*. 2nd ACM workshop on Online social networks, Barcelona, Spain: ACM.

Pizam, A. / Milman, A. 1993: Predicting satisfaction among first time visitors to a destination by using the expectancy disconfirmation theory. *International Journal of Hospitality Management* 12(2): 197-209.

Plos, O. / Buisine, S. 2006: *Universal design for mobile phones*. CHI '06 extended abstracts on Human factors in computing systems, Montreal, Canada.

Resatsch, F. 2010: *Ubiquitous Computing: Developing and Evaluating Near Field Communication Applications*: Gabler, Betriebswirt.-Vlg.

Spreng, R. A. / MacKenzie, S. B. / Olshavsky, R. W. 1996: A Reexamination of the Determinants of Consumer Satisfaction. *The Journal of Marketing* 60(3): 15-32.

Staples, D. S. / Wong, I. / Seddon, P. B. 2002: Having expectations of information systems benefits that match received benefits: does it really matter? *Information and Management* 40: 115-131.

Stuck, A. E. /Walthert, J. M. / Nikolaus, T. / Büla, C. J. / Hohmann, C. / Beck, J. C. 1999: Risk factors for functional status decline in community-living elderly people: a systematic literature review. *Social Science & Medicine* 48(4): 445-469.

Swan, J. E. / Trawick, I. F. 1981: Disconfirmation of expectations and satisfaction with a retail service. *Journal of Retailing* 57(Fall): 49-67.

Szajna, B. / Scamell, R. W. 1993: The Effects of Information System User Expectations on Their Performance and Perceptions. *MIS Quarterly* 17(4): 493-516.

Tan, B. C. Y. / Wei, K.-w., Sia, C.-L. / Raman, K. S. 1999: A partial test of the task-medium fit proposition in a group support system environment. *ACM Transactions on Computer-Human Interaction (TOCHI)* 6: 47-66.

Tse, D. K. / Wilton, P. C. 1988: Models of Consumer Satisfaction Formation: An Extension. *Journal of Marketing Research* 25(2): 204-212.

Vasalou, A. / Joinson, A. N. / Courvoisier, D. 2010: Cultural differences, experience with social networks and the nature of "true commitment" in Facebook. *International Journal of Human-Computer Studies* 68(10): 719-728.

Venkatesh, V. / Davis, F. D. 2000: A Theoretical Extension of the Technology Acceptance Model: Four Longitudinal Field Studies. *Management Science* 46(2): 186-204.

Venkatesh, V. / Morris, M. G. / Gordon, B. D. / Davis, F. D. 2003: User Acceptance of Information Technology: Toward a Unified View. *MIS Quarterly* 27(3): 425-478.

Wellman, B. / Quan Haase, A. / Witte, J. / Hampton, K. 2001: Does the Internet Increase, Decrease, or Supplement Social Capital?: Social Networks, Participation, and Community Commitment. *American Behavioral Scientist* 45(3): 436-455.

Ziv, N. D. / Mulloth, B. 2006: *An Exploration on Mobile Social Networking: Dodgeball as a Case in Point.* International Conference on Mobile Business, Copenhagen, Denmark: IEEE Computer Society.

Partizipative Prozessgestaltung von AAL-Dienstleistungen: Erfahrungen aus dem Projekt service4home

Michael Prilla, Alexandra Frerichs, Ingolf Rascher, Thomas Herrmann

1 Einleitung

In diesem Beitrag wird beschrieben, wie im Rahmen des Forschungsprojektes „service4home"[1] Dienstleistungen zur Erhaltung der Selbständigkeit älterer Menschen in Privathaushalten identifiziert, gestaltet und mit Hilfe einer speziellen digitalen Schreibtechnologie und Übertragungstechnik umgesetzt wurde. Der Schwerpunkt des Beitrags liegt auf der partizipativen Vorgehensweise, die für das Projekt gewählt wurde. Sie wurde durch Kombination einer bewährten Methode zur partizipativen Prozessgestaltung und neuen Methoden der Gestaltung von (AAL-) Dienstleistungen umgesetzt und erprobt. Die daraus resultierende Vorgehensweise wird anhand eines ausgewählten Dienstleistungsprozesses beschrieben und analysiert. Ein besonderer Aspekt ist hierbei, dass service4home in Erweiterung zu Projekten, in denen Technik und Dienstleistungen im Labor oder außerhalb eines marktlichen Kontexts erprobt werden, seine Ergebnisse in der Praxis erzielt hat. Somit kann auch die Beurteilung der Eignung der umgesetzten Vorgehensweise anhand praxisnaher Ergebnisse erfolgen. Der resultierende Beitrag ist neben den geschilderten Erkenntnissen zu einzelnen Phasen insbesondere in Bezug auf die beschriebene Methodik und die Eignung partizipativer Vorgehensweisen im AAL-Bereich zu sehen.

Neben der Entwicklung technischer Produkte, bspw. zur Gesundheitsprävention oder der Unterstützung pflegerischer Tätigkeiten, verschiebt sich das Tätigkeitsfeld von AAL immer mehr in den Dienstleistungssektor. Die Wirkung von AAL-Technologie tritt besonders zu Tage, wenn sie Dienstleistungen direkt oder indirekt unterstützt, indem sie bspw. den Zugang zu Leistungen herstellt, neue, verbesserte oder günstigere Dienstleistungen ermöglicht, oder die Ausführung von Dienstleistungen vereinfacht. Entsprechend gibt es verschiedene Initiativen zur Entwicklung solcher Angebote (vgl. Compagna et al. 2010; Friesdorf et al. 2007; Menschner et al. 2011). Hier reiht sich auch das Projekt service4home (im Folgenden s4h) ein, in dessen Rahmen eine Dienstleistungs-

---

[1]   service4home wird vom BMBF unter dem Förderkennzeichen 01 FC08008-12 gefördert. Weitere Informationen zum Projekt finden sich unter http://service4home.net.

agentur mit einem Angebot von über 20 Einzelleistungen entwickelt wurde. Dafür ließ sich Mikrosystemtechnologie für den Zugang zu und die Konfiguration, Koordination sowie Qualitätssicherung von Dienstleistungen einsetzen.

Die Entwicklung, Umsetzung und das Angebot AAL-unterstützter Dienstleistungen für Senioren sehen sich einem Anwendungsbereich gegenüber, der durch ein komplexes Netzwerk von Akteuren, Erwartungen und anderen Einflussfaktoren charakterisiert ist. Insbesondere spielen neben den Bedürfnissen und Erwartungen der eigentlichen Zielgruppe der Senioren auch weitere Akteure, wie Wohlfahrtsverbände, Pflegdienstleister und andere eine Rolle sowie auch aktive Dienstleistungsanbieter oder Wohnungsbaugesellschaften. Eine zusätzliche wichtige Gruppe von Akteuren sind die Technikanbieter, die Produkte oder Dienste zur Unterstützung bereitstellen. Häufig kommt hinzu, dass Dienstleistungsbedarfe je nach Anwendungsort stark variieren können (vgl. Schneiders et al. 2011), weder potentielle Nutzer noch Mitarbeiter von Wohlfahrtsverbänden oder Pflegedienstleistern Erfahrungen im Umgang mit Technik aufweisen (vgl. Prilla/Frerichs 2011) und Produkte von Technikanbietern den Bedarf der Zielgruppe nicht exakt treffen (Friesdorf et al. 2007).

Diese Voraussetzungen und Einflussfaktoren weisen darauf hin, dass bei der Dienstleistungsentwicklung von Beginn an alle Akteure integriert werden müssen, um bedarfsgerechte und akzeptierte Angebote zu erhalten insbesondere müssen bereits aktive Dienstleister einbezogen werden, um sowohl ihre Leistungen an das spätere Angebot anzubinden als auch frühzeitig lokale Kooperationsstrukturen aufzubauen. Zudem müssen Dienstleistungsprozesse gemeinsam mit der zur Unterstützung eingesetzten Technologie geplant werden, um eine reibungslos funktionierende Lösung entwickeln zu können. Ein solches Vorgehen steht jedoch verschiedenen Fragestellungen und Problemen entgegen:

- Wie und an welchen Schritten der Entwicklung können unterschiedliche Akteure wie bspw. Senioren oder Technikdienstleister beteiligt werden?
- Wie können die Potentiale vorhandener Technologie zur Verbesserung bestehender oder der Entwicklung neuer Dienstleistungen ausgenutzt werden?
- Welches sind die Bedarfe der Zielgruppe, des Vorhabens und durch welche Prozesse lassen sich diese abdecken?
- Wie kann Technik so in Dienstleistungen und Koordinationsprozesse integriert werden, dass sie reibungslos genutzt werden kann?
- Wie kann die Nutzung von Technik und Dienstleistungen vermittelt und verstetigt werden?
- Im AAL-Bereich sind bisher nur wenige Erkenntnisse zu den oben genannten Fragestellungen vorhanden. Erkenntnisse aus dem Bereich des Service-Engineerings bieten zwar Anhaltspunkte, haben jedoch keine spezifische Orientierung auf den Einsatzbereich und die Zielgruppe von AAL-Projekten.

• Im weiteren Verlauf dieses Beitrags wird zunächst (Abschnitt 2) das Projekt s4h mit seinen Zielen, der eingesetzten Technologie und der Dienstleistungsagentur als zentrales Konzept vorgestellt. Danach (Abschnitt 3) werden die im Projekt verwendeten Methoden vorgestellt und unterfüttert. Abschnitt 4 beleuchtet die praktische Umsetzung der resultierenden Vorgehensweise, ihre Vor- und Nachteile und gibt eine Analyse hinsichtlich der Tauglichkeit. In Abschnitt 5 wird diese Vorgehensweise zusammenfassend diskutiert und bewertet.

2 Pen&Paper-Technologie zur Koordination von Dienstleistungen: Das Projekt service4home

Im Projekt s4h geht es darum, älteren Menschen zu einem „active aging in place" mit Autonomie, Sicherheit, Privatheit und sozialen Kontakten zu verhelfen. Um dies zu ermöglichen, wird mit Pen&Paper-Technologie eine Mikrosystemtechnologie zur Unterstützung des Zugangs zu Dienstleistungen, sowie ihrer Bündelung, Koordination und Ausführung eingesetzt.

2.1 Ausgangssituation und Ziele

Für die Unterstützung älterer Menschen in ihrer eigenen Wohnung fehlen heute noch Lösungen auf dem zweiten Gesundheitsmarkt. Nehmen Senioren Leistungen aus der Kranken- oder Pflegeversicherung in Anspruch, so können sie auf zahlreiche Dienstleister mit einem umfassenden Angebot zurückgreifen. Dies ist jedoch gänzlich anders, wenn Unterstützung jenseits dieser Leistungen benötigt wird. Darunter fallen haushaltsnahe Dienstleistungen wie Unterstützung bei der Reinigung, Lieferdienste für Lebensmittel oder Mahlzeiten und soziale Interaktionen wie Begleitdienste. Solche Angebote sind zwar vorhanden, eine Stelle zur Koordination fehlt jedoch häufig. Die Recherche und Organisation entsprechender Leistungen, welche häufig teuer sind, ist folglich sehr aufwendig für Senioren. Der Einsatz von AAL-Basistechnologien wie Mikrosystemtechnik oder Informations- und Kommunikationsmedien, sowie organisatorische Maßnahmen zur Bündelung und Koordination solcher Leistungen können die vorgenannten Probleme überwinden. Das Projekt s4h hat sich daher zum Ziel gesetzt, ein Konzept für das Angebot von Dienstleistungen an Senioren zu entwickeln und exemplarisch umzusetzen. Das Konzept umfasste

1. die Identifikation relevanter und adäquater Dienstleistungen für die Zielgruppe,
2. die Gestaltung und Entwicklung von soziotechnischen Prozessen bei der Inanspruchnahme, Koordination und Ausführung von Dienstleistungen,

3. die Auswahl, Integration und Anpassung einer geeigneten Technologie zur Bestellung, Koordination und Qualitätssicherung von Dienstleistungen sowie

4. die Entwicklung eines Geschäftsmodells für die Zusammenarbeit zwischen Agentur, Kunden und Dienstleistern.

Um die Probleme zu vermeiden, die bei der Überführung von im Labor oder konzeptionell entwickelten AAL-Lösungen in den Markt auftretenden, wurde bereits zu Beginn des Projekts der Stadtteil Bochum-Grumme als Beispielquartier ausgewählt, in dem die entwickelten Lösungen getestet und eingesetzt werden sollten. Die dort vorgefundenen demographischen und sozialen Strukturen sind repräsentativ für den Wandel im Ruhrgebiet (vgl. Schneiders et al. 2011).

2.2 Pen&Paper-Technologie zur Bestellung, Koordination und Qualitätssicherung von Dienstleistungen

Der Einsatz von Technologie zur Unterstützung von Dienstleistungen kann deren Abläufe vereinfachen und die Kosten für ihre die Inanspruchnahme senken. Insbesondere im Bereich AAL ist bei der Technikeinführung sensibel vorzugehen, da Senioren besondere Ansprüche an ihre Nutzung stellen (vgl. Prilla/Frerichs 2011). Daher ist eine Technologie zu wählen, die sowohl die Dienstleistungsprozesse verbessert als auch für Senioren leicht nutzbar ist.

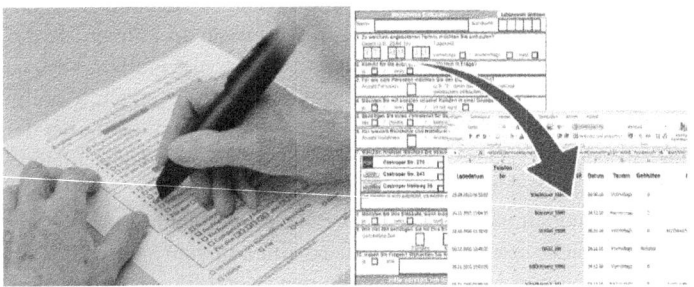

Abbildung 1   Nutzung der Technologie zur Bestellung von Dienstleistungen durch Senioren im Projekt „service4home" (links) und Überführung papierbasierter Formulare in digitale Daten durch Pen&Paper-Technologie (rechts).

Es kommen verschiedene Technologien wie Teletext, Internet oder Mobiltelefone in Betracht, die sich in der AAL-Praxis jedoch nicht immer als erfolgreich erwiesen haben (Friedsdorf/Heine 2007). Für s4h wurde die so genannte Pen&Paper-Technologie ausgewählt, die auf den ersten Blick aus einem gewöhnlichen Stift und Papierformularen besteht. Sie basiert auf einem Papier mit sehr feiner Musterung, welche für das menschliche Auge kaum wahrnehmbar, ist, und einem digitalen Stift. Er enthält eine Minikamera, um handschriftliche Einträge wie Kreuze oder Notizen aufzuzeichnen bzw. zu digitalisieren und sie schließlich mittels Mobilfunk an einen zentralen Server übermittelt werden. Dort können die Daten, die beim Nutzer in ein Formulareingetragen wurden, interpretiert und in ein auswertbares Format überführt werden. Abbildung 1 zeigt das Ausfüllen eines entsprechenden Formulars (links) und die Übertragung von dessen Daten in eine Tabellenkalkulation (rechts).

Der Vorteil dieser Technologie – insbesondere im Einsatz für wenig technikbewanderten Nutzer – liegt in ihrer Intuitivität. Nutzer nehmen bei ihrer Verwendung nicht unmittelbar wahr, dass sie mit einem IT-System interagieren, sondern füllen in gewohnter Weise Formulare aus (vgl. Turnwald et al. 2011), was als Vorteil gegenüber anderen Technologien zu sehen ist (vgl. Prilla et al. 2011).

Auf Basis dieser Technik wurden in s4h für verschiedene Dienstleistungen Bestellformulare für Senioren gemeinsam mit Experten aus der Seniorenbetreuung, mit Wohlfahrtsverbänden und mit Technikpartnern entwickelt. Die daraus resultierenden soziotechnischen Prozesse wurde in Bochum-Grumme getestet und anschließend pilotiert (siehe folgende Abschnitte).

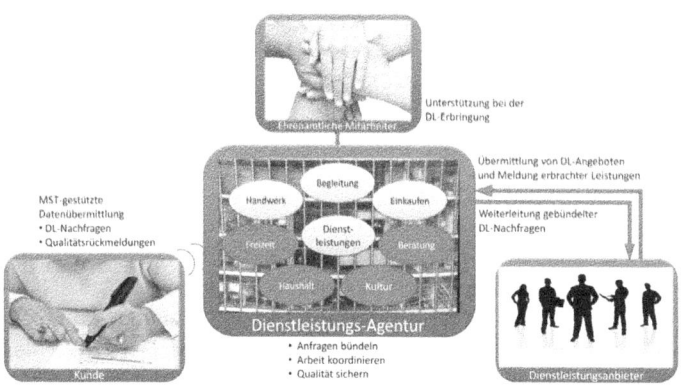

Abbildung 2   Konzept einer AAL-Dienstleistungsagentur in service4home

2.3 Zentrale Idee: Die service4home Dienstleistungsagentur

Das Angebot AAL-gestützter Dienstleistungen in einem Wohnquartier kann nicht lediglich auf neu entwickelten Dienstleistungen basieren, sondern muss zwingend die vorhandenen Dienstleister und ihre Angebote einbinden. Wichtig ist vielmehr, die Leistungsangebote zentral zu koordinieren, um sie aufeinander abgestimmt kostengünstig und auf der etablierten Vertrauensbasis anbieten zu können. In s4h war es daher zentral, eine Agentur zu etablieren, die diese Aufgaben wahrnimmt (siehe Abbildung 2). Entsprechend wurden Akteure im Stadtteil identifiziert und in die Entwicklung von Dienstleistungen eingebunden.

Im Ergebnis sollen Kunden die Bestellungen und Festlegung (Zeit, Sonderwünsche etc.) von Dienstleistungen mit Pen&Paper-Technologie von zu Hause an die Agentur übermitteln. Zur Bündelung und Koordination sollte die Agentur selbst erbrachte Leistungen mit den Beiträgen ehrenamtlicher Mitarbeiter und externer Dienstleister verbinden, um so eine Gesamtleistung zu konfigurieren und zu vermitteln. Nach erfolgter Dienstleistung sollte der digitale Stift erneut eingesetzt werden, um Rückmeldungen zur Qualität der Erbringung auf der Rückseite des Bestellformulars zu geben (vgl. hierzu Abbildung 9).

3 Vorgehensweise und Bausteine partizipativer Gestaltung von AAL-Dienstleistungen

Wie in der Einleitung bereits erwähnt, findet die Gestaltung von Dienstleistungen für ältere Menschen in einem komplexen Spannungsfeld verschiedener Beteiligter statt, bei dem es sich um ein nicht sehr technikaffines Anwendungsfeld handelt. Dies macht einen partizipativen Ansatz zur Identifikation, Gestaltung und Umsetzung von Dienstleistungen notwendig.

3.1 Partizipative und semistrukturierte Gestaltung IT-gestützter Dienstleistungen

Für die Gestaltung von Dienstleistungen oder den Einsatz technischer Produkte, in deren Kontext menschliche Arbeit eine wichtige Rolle spielt, sind verschiedene Eigenschaften wie Perspektiven unterschiedlicher Akteure auf Arbeitsprozesse oder Unwägbarkeiten durch die Kontingenz sozialer Systeme zu berücksichtigen (siehe Herrmann 2012). Der hier präsentierte Ansatz zur Gestaltung von AAL-Services berücksichtigt dies, indem er bei der Entwicklung von Dienstleistungen und ihrer technischen Unterstützungen Freiheiten zulässt und betroffene Akteure aktiv in die Gestaltung der Lösungen und Systeme einbezieht.

Für viele Formen IT-gestützter Dienstleistungen fehlen im Service-Engineering (vgl. Bullinger/Scheer, 2003) Möglichkeiten, organisatorische Rahmenbedingungen und Unwägbarkeiten gezielt zu berücksichtigen. Solche Dienstleistungen sind als komplexe sozio-technische Systeme aufzufassen, die nicht vollständig gestaltbar sind, sondern eine inhärente Kontingenz aufweisen (vgl.

Herrmann, 2009; Prilla et al. 2010). Diese Kriterien gelten insbesondere für AAL-Dienstleistungen. Daher hat es sich als hilfreich herausgestellt, deren Gestaltung als „*wicked problem*" (Rittel/Webber 1973) zu betrachten, bei dem die vollständige Spezifikation der Probleme und Zielsetzungen erst nach Umsetzung und erfolgreicher Etablierung von Lösungen möglich sind und für die folglich bei der Gestaltung Freiheitsgrade vorhanden sein müssen (vgl. Prilla et al. 2010). In der hier vorgestellten Vorgehensweise wird dies vornehmlich durch die Modellierungsmethode SeeMe (vgl. Herrmann et al. 2004a; Prilla et al. 2011a) als Möglichkeit der semi-strukturierten Modellierung von (Arbeits-) Prozessen unterstützt. Beispiele von Freiheitsgraden in resultierenden Modellen finden sich in Abbildung 7 und Abbildung 8 aus Abschnitt 4. In den Abbildungen drücken bspw. Sechsecke an Elementen aus, dass diese Elemente nicht immer oder nur unter bestimmten Bedingungen im Prozess vorhanden sind.

Über die Berücksichtigung von Freiheitsgraden hinaus benötigen Dienstleistungs- und Arbeitsprozesse, an denen verschiedene Stakeholder beteiligt sind, das Einverständnis und die Akzeptanz dieser Beteiligten, um einen reibungslosen Ablauf zu ermöglichen. Insbesondere ist es bei der Gestaltung von Prozessen in sozio-technischen Systemen angemessen, diese partizipativ, also unter aktiver Einbeziehung aller Beteiligten zu entwickeln (vgl. Loser/Herrmann 2002; Prilla/Jahnke 2011). Damit ist gemeint, dass sie Nutzern statt eines passiven Informierungsrechts die Möglichkeit geben, ihre Bedarfe und Gestaltungsideen bei der Einführung technischer Systeme, oder der Umsetzung von Dienstleistungen einzubringen. Dabei variiert der Grad der Beteiligung, bzw. das Beteiligungsmodell. Einige Methoden setzen auf die indirekte Beteiligung von Nutzern, bei der mit Hilfe von Szenarien (bspw. *Scenario Based Design*, Rosson/Caroll 2002) oder anhand von Anwendungsfällen (bspw. *Contextual Design*, Beyer/Holtzblatt 1998) Informationen und Anforderungen erhoben werden, um Nutzungsbedarfe bei der Gestaltung von Produkten oder Dienstleistungen zu berücksichtigen. Andere Methoden beteiligen Nutzer direkter, indem sie ihnen Mitspracherechte bei der Planung von Prozessen (vgl. Herrmann 2009, 2012) oder bei Konzepten und Kriterien der Gestaltung technischer System geben (vgl. Kensing et al. 1998). Bei dem zu wählenden Grad der Partizipation sind bspw. die jeweilige Phase der Entwicklung oder die Kompetenzen bei potentiellen Beteiligten zu berücksichtigen. So kann es bspw. sinnvoll sein, Vertreter von Versorgern oder Dienstleistern direkt in die Gestaltung von Dienstleistungsprozessen von vornherein einzubinden, während es vernünftiger ist, potentielle Kunden indirekter mit dem Dienstleistungsprozess zu konfrontieren, um von ihnen Rückmeldung zu deren Gestaltung zu erhalten.

3.2 Der Socio-Technical Walkthrough (STWT) als Methode des Entwurfs und der Umsetzung von AAL-Dienstleistungen

In s4h wurde mit dem *Socio-Technical Walkthrough* (STWT) (Herrmann 2009) eine Methode zur partizipativen Gestaltung von Prozessen und ihrer technischen Unterstützung verwendet, die sich zuvor bereits in verschiedenen Projekten der Dienstleistungsforschung und anderer Bereich bewährt hatte (vgl. Herrmann et al. 2004; Prilla/Jahnke 2011; Prilla et al. 2009).

Das Vorgehen in einem STWT basiert auf drei Kernelementen: Durchführung einer Workshopreihe mit relevanten Akteuren für den jeweiligen Anwendungskontext, eine geeignete Moderation zur Ausgestaltung von Prozessen und die durchgängige Visualisierung von Prozessen in Form von Modellen (vgl. Abbildung 3). Die Methode hat zum Ziel ausgehend von ersten Erkenntnissen zu einer Anwendungsdomäne Prozesse iterativ zu diskutieren und als Ergebnis dieser Diskussion Modelle zu erstellen, mit denen die Prozesse bis zum gewünschten Detaillierungsgrad beschrieben werden. Der Vorteil dieser *Walkthrough* (vgl. Yourdon 1989) orientierten Methode besteht darin, dass Probleme bei der späteren Umsetzung bereits bei der Planung entdeckt werden können und dass durch die Beteiligung der relevanten Akteure bereits während der Gestaltung ein Einvernehmen mit der entworfenen Lösung erzielt werden kann.

Zu Beginn einer Workshopreihe wird i.d.R. eine Erhebung durchgeführt, um Informationen über die zu gestaltenden Prozesse und ihren Anwendungskontext zu erhalten („Vorbereiten der Workshops" Abbildung 3). Diese kann bekannte Instrumente wie Expertengespräche, Interviews, Beobachtungen oder Dokumentenanalysen beinhalten. Auf Basis dieser Informationen kann ein erstes Modell erstellt werden, dessen Detaillierungsgrad von der Qualität und Menge der gesammelten Informationen abhängt. Diese schwanken nicht nur abhängig von der durchgeführten Erhebung, sondern auch abhängig von der Komplexität der jeweiligen Ausgangslage (vgl. Abschnitt 3.3). Auf Basis dieser Informationen werden zudem die Personen bzw. Rollen identifiziert, die an einem STWT teilnehmen sollten, da sie ein Interesse an dem zu gestaltenden Bereich haben. Diese kommen in einer Reihe von Workshops zu Wort, um entlang vorbereiteter Fragestellungen ihre Sichtweisen und Kenntnisse zu den Prozessen einzubringen.

Die Workshopreihe beginnt entweder auf Basis eines aus den Daten extrahierten ersten Modells, dessen Stimmigkeit Schritt für Schritt überprüft wird oder mit der gemeinsamen Entwicklung eines solchen Modells. Anschließend werden in verschiedenen aufeinander folgenden Workshops bestimmte Bereiche der zu gestaltenden Prozesse in den Fokus genommen und mit Hilfe der Teilnehmer ausmodelliert. Dieses Vorgehen empfiehlt sich, um innerhalb eines Workshops einen klaren Fokus zu behalten und ausreichende Ergebnisse erzielen zu können.

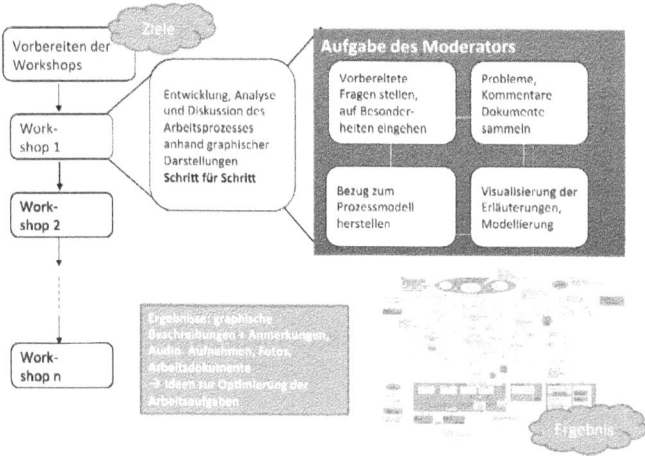

Abbildung 3   Ablauf und Ergebnis(se) des *Socio-Technical Walkthrough* (STWT)

Im Rahmen der Workshopreihe ist neben einer sorgfältigen Planung der inhaltlichen Fokussierung eine geeignete Moderation, mit der die Kommunikation als Element der Partizipation bei der Modellierung fokussiert und koordiniert werden kann, notwendig. Der Moderator ist dafür zuständig, zur inhaltlichen Planung passende Fragen an die Beteiligten zu stellen und die Antworten stets in das Prozessmodell aufzunehmen. Zugleich notiert oder löst er Unstimmigkeiten mit den Beteiligten und fokussiert die Diskussion auf das Modell, um Abschweifen und nicht zielführende Diskussionen zu reduzieren (vgl. „Aufgaben des Moderators" in Abbildung 3). Ein erfahrener und mit Modellierung vertrauter Moderator ist daher unverzichtbar im STWT.

Sind die oben beschriebenen Voraussetzungen und Komponenten eines STWT vorhanden, so können innerhalb weniger Workshops ein oder mehrere umfangreiche und direkt umzusetzende Prozessmodelle als Ergebnis erzielt werden, die zudem von allen Beteiligten getragen werden, da Unstimmigkeiten und unterschiedliche Perspektiven meist als Teil des diskursiven Modellierungsprozesses besprochen und beseitigt werden können.

3.3 Ergänzungen des STWT zur Entwicklung von AAL-Dienstleistungen im Projekt service4home

Die spezifischen Ausgangsbedingungen eines Projekts wie s4h machen es notwendig, Methoden des partizipativen Dienstleistungsentwurfs wie den STWT anzupassen und mit weiteren Maßnahmen zu flankieren. Gründe hierfür liegen darin, dass AAL-Dienstleistungen häufig neu entwickelt werden oder dass die Beteiligten sich der Möglichkeiten vorhandener Technik (noch) nicht bewusst sind und entsprechend von diesen unterrichtet werden müssen. Zudem zeigt sich, dass die direkte Beteiligung von Nutzern an der Gestaltung von Prozessen nicht ratsam ist, da diese vorrangig an dem Mehrwert einer Dienstleistung und nicht an Details ihrer Umsetzung interessiert sind.

3.3.1   Brainstorming zur Generierung neuer Ideen für AAL-Dienstleistungen

Bringt man die für ein AAL-Projekt relevanten Akteure zur Gestaltung eines Dienstleistungsangebots zusammen, so ergibt sich häufig ein Gefälle hinsichtlich des Wissens über Unterstützungsbedarfe einerseits und Möglichkeiten der Technik andererseits. In der Folge kann es dazu kommen, dass nur allgemein bekannte oder triviale Dienstleistungen betrachtet werden, da Bedarfe nicht bekannt und Möglichkeiten der Technik nicht miteinander verbunden werden.

Um dieses zu umgehen, kann die Phase der Erhebung vor einem STWT durch die Erzeugung von Ideen für neue Prozesse oder Dienstleistungen ergänzt werden. Hier eignen sich insbesondere Methoden des Brainstormings, bei denen die Beteiligten ihre Ideen z.B. zu neuen Dienstleistungen für Senioren angeben und in der Folge anderen Beteiligten erläutern (vgl. Carell/Herrmann 2010; Herrmann 2012). Die Ergebnisse der gemeinsamen Betrachtung und Synthetisierung von Ideen können ebenso als Input für weitere Schritte der Prozess- und Portfoliogestaltung einer Dienstleistungsagentur (vgl. Abschnitt 2.3) verwendet werden wie empirisch erhobene Daten.

3.3.2   Prozessbrainstorming zur Gestaltung neuer Prozesse

Für neu zu entwickelnde Prozesse stellt sich die Frage, wie man zu einem initialen Prozessmodell kommt, das im weiteren Verlauf bearbeitet werden kann. Häufig sind zu wenige Informationen vorhanden oder man will den Prozess der Gestaltung nicht zu stark präformieren, indem man ein Modell vorgibt.

Um die Hürde der Erzeugung eines neuen Prozessmodells zu überwinden, hat sich das Brainstorming von Elementen eines Prozesses bewährt (vgl. Herrmann et al. 2011; Prilla/Nolte 2010). Hierbei wird entweder kein oder ein sehr abstrakter Rahmen für einen Prozess vorgegeben und die Teilnehmer eines STWT werden gebeten, Schritte bzw. Tätigkeiten einer der vorgegebenen Phasen zu nennen bzw. in ein Brainstorming-System einzugeben. Die Ergebnisse dieser Phase werden anschließend sowohl hinsichtlich ihrer inhaltlichen Zugehörigkeit, als auch ihrer (vorläufigen) zeitlichen Reihenfolge zusammengefasst und ergeben so einen initialen Prozessentwurf. Ein Beispiel für das Ergebnis dieser Vorgehensweise findet sich in Abschnitt 4.

3.3.3 Usability-Tests zur Integration von Senioren in den Gestaltungs prozess

Es ist generell schwierig, potentielle Endkunden in die Gestaltung von Prozessen einzubinden, da diese vornehmlich am Ergebnis dieser Gestaltung interessiert sind[2]. Für AAL-Dienstleistungen kommt hinzu, dass ein technisch unterstütztes Angebot für die Zielgruppe neu und daher vor seiner eigentlichen Umsetzung schwer zu erfassen ist. Für unsere Anwendung daher Usability und Öffentlichkeitarbeit – qualitative Eingaben In der Konsequenz ist die direkte Beteiligung dieser Gruppe nicht sinnvoll.

Um Senioren als Zielgruppe eines AAL-Projekts dennoch an der Gestaltung der zugrundeliegenden Prozesse zu beteiligen, kann der Weg über Benutzerschnittstellen (Formulare im Usability-Test) oder Technik-Dummies (im Pre-Test) gewählt werden. Diese sollten ohnehin hinsichtlich ihrer Gebrauchstauglichkeit überprüft werden, um später reibungslos genutzt werden zu können.

4 Fallstudie: Gestaltung von Dienstleistungen im Projekt service4home

Dieser Abschnitt beschreibt die Vorgehensweise zur Entwicklung neuer Dienstleitungen für Senioren und ihrer technischen Unterstützung im Projekt s4h. Im Folgenden wird zunächst ein Überblick über den Ablauf der Entwicklung im Projekt gegeben, in der Folge wird dieser Ablauf hinsichtlich seiner Ergebnisse und Probleme diskutiert.

4.1 Vorgehensweise & Meilensteine

Im Kern der Entwicklung von Dienstleistungen in s4h wurde ein umfassender STWT für mehrere Dienstleistungen durchgeführt. Dabei wurde dieser um die in Abschnitt 3.2 beschriebene Methode und die in Abschnitt 3.3 dargestellten Komponenten erweitert. Zudem wurden die resultierenden Prozesse früh umgesetzt und durch die Dienstleistungsagentur angeboten. Der gesamte Prozess dieser Entwicklung lässt sich in drei Meilensteine einteilen (vgl. Abbildung 4), die aus der Phase der STWT-Vorbereitung und Definition eines Dienstleis-

---

[2] Im Projekt service4home wurden die Nutzer indirekt beim *Usability-Testing* und in der Pre-Test-Phase (siehe Abschnitt 4.2 und 4.3) eingebunden.

tungsportfolios (MS1), der Durchführung des partizipativen Entwurfs von Abläufen für Dienstleistungen mit prototypischen Prozessen als Ergebnis (MS2) und der praktischen Evaluation und Optimierung dieser Abläufe zur Erzeugung marktfähiger Prozesse (MS3).

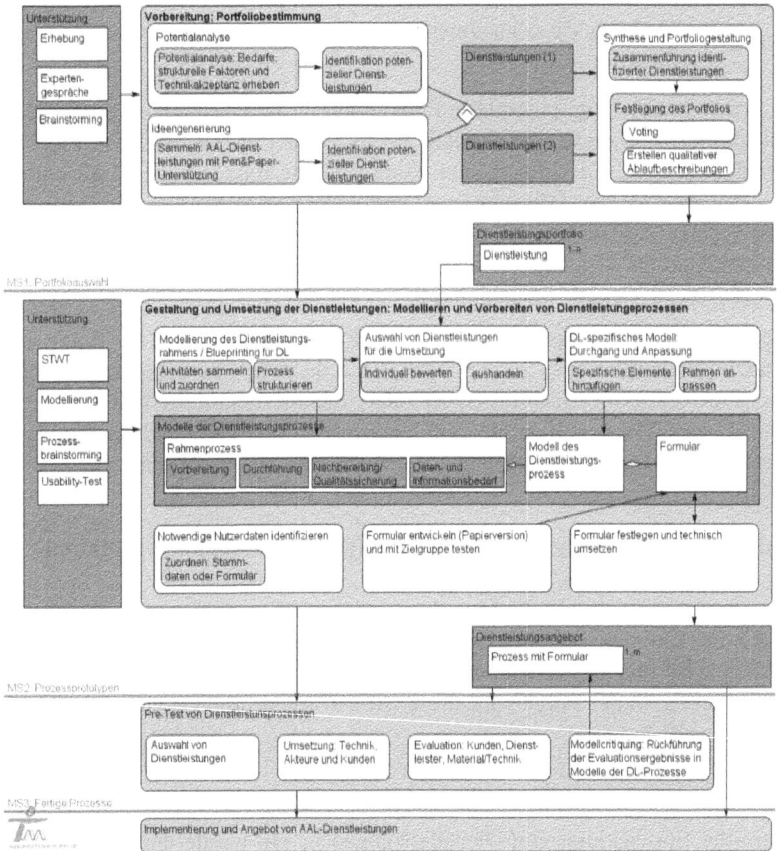

Abbildung 4   Vorgehensweise und Meilensteine der Gestaltung und Umsetzung von Dienstleistungen in service4home.

Im Folgenden werden der Entwicklungsprozess, seine Meilensteine und einzelne Schritte anhand der Dienstleistung „Begleitetes Einkaufen" beschrieben, um Probleme und Vorteile dieser Vorgehensweise illustrieren zu können (vgl. Abschnitt 2.3). Diese Dienstleistung umfasst die Begleitung eines oder mehrerer

Senioren durch einen ehrenamtlichen Helfer, einen Fahrdienst zu den Einkaufs-
gelegenheiten hin und zurück, Hilfe beim Tragen der Einkäufe, sowie verschiedene Möglichkeiten der Individualisierung wie bspw. verschiedene Einkaufs-
ziele.

4.2 Analyse von Bedarfen und Identifikation von Möglichkeiten (Meilenstein 1: Dienstleistungsportfolio)

Eine Herausforderung der Gestaltung von Dienstleistungen und ihrer Unterstützung durch AAL-Technologie besteht darin, zunächst ein Portfolio neuer oder
durch Technik veränderter Dienstleistungen zu ermitteln, welches für die jeweilige Zielgruppe einen Mehrwert darstellt. Wie in Abschnitt 3 beschrieben, ist es
notwendig, Informationen über die Bedarfe der Zielgruppe zu erheben, die
überdies auch für die spätere Gestaltung von Dienstleistungsprozessen verwendet werden können. Dies ist jedoch nicht hinreichend, da potentielle Nutzer
nicht alle Möglichkeiten der Unterstützung kennen und so vornehmlich ihnen
bekannte Dienstleistungen nennen.

4.2.1 Vorgehensweise: Kombination von Bedarfen und Ideen im Dienstleistungsportfolio

Um eine gute Ausgangsbasis für die Auswahl potentiell umzusetzender Dienstleistungen als Inhalte eines Portfolios der Dienstleistungsagentur zu erhalten,
wurden in s4h eine Potenzialanalyse im Bochumer Stadtteil Grumme mit insgesamt 120 Interviews (10% der Zielgruppe) und zusätzlich zur herkömmlichen
Vorgehensweisen parallel dazu eine Sammlung von Ideen für neue oder durch
Technik zu verbessernde Dienstleistungen mit Experten durchgeführt (vgl. Abbildung 4).

Die Ergebnisse der Nutzerbefragung, in der neben Unterstützungsbedarfen auch
Aspekte der Technikakzeptanz und Zahlungsbereitschaft abgedeckt wurden,
gaben gewichtete Hinweise auf Dienstleistungskategorien (weitere Details zur
Erhebung sind bei Schneiders et al. 2011 nachzulesen). So wurde bspw. deutlich, dass entgegen erster Annahmen Essenslieferdienste von der überwiegenden
Anzahl von Befragten nicht nachgefragt wurden und dass sie eine Begleitung
zum Einkauf im Supermarkt der telefonischen Bestellung und Lieferung vorzie-
hen würden. Zudem konnte für Einkaufsdienstleistungen eine deutliche Tendenz
zur Aufsuchung lokaler Anbieter festgestellt werden.

Parallel zur Potenzialanalyse wurde gemeinsam mit den bereits genannten Ex-
perten an neuen oder durch technische Unterstützung verbesserten Ideen für
Dienstleistungen gearbeitet. Hierzu wurden Kreativworkshops (vgl. Carell/
Herrmann 2010) durchgeführt, in denen die Beteiligten möglichst unbeeinflusst

Ideen zu potenziellen Dienstleistungen nennen und miteinander diskutieren sollten. So sollten, wie in Abschnitt 3.3 beschrieben, möglichst viele innovative oder alternative Möglichkeiten für die Umsetzung einer Dienstleistung identifiziert werden, um das Portfolio nicht unnötig auf altbekannte und bereits vorhandene Dienstleistungen einzugrenzen. Im Ergebnis wurden ca. 100 Ideen zu verschiedenen Dienstleistungen genannt und hinsichtlich verschiedener Kriterien zu ihren Erfolgsaussichten von den Teilnehmern bewertet. Tabelle 1 zeigt einen Auszug aus dieser Liste mit Ideen, die sich auf Einkaufsdienste beziehen.

Tabelle 1   Auszug aus der Liste von Ideen zu neuen oder veränderten Dienstleistungen in service4home.

Dienstleistung	Stiftnutzung (regelmäßig)	Koordinierbar durch Agentur	Leuchtturm, originell	Angebot bereits vorhanden
Lieferservice für Genuss- und Lebensmittel	++	+	o	o
Gemeinsames Kochen und Essen	o	++	++	+
Essen auf Rädern	--	o	-	--

Um aus den aus Bedarfen der Zielgruppe ermittelten Dienstleistungen und den Ideen für neue bzw. angepasste Dienstleistungen ein Portfolio zu entwickeln, wurden die Ergebnisse in einem anschließenden Workshop zusammengeführt und vor dem Hintergrund des Nutzerbedarfs, ihrer Originalität, ihrer Wirkung auf potentielle Kunden und ihrer technischen Rahmenbedingungen hinsichtlich ihrer Machbarkeit analysiert, diskutiert, bewertet und sortiert. Zudem wurden die anwesenden Experten gebeten, ihrer Ansicht nach sinnvolle und attraktive Dienstleistungskategorien nebst Beispielen zu nennen. Das Ergebnis des Workshops waren 6 Dienstleistungskategorien mit ca. 60 Einzelleistungen. Tabelle 2 zeigt einen Auszug dieses Ergebnisses für Einkaufsdienste.

Für jede ausgewählte Kategorie wurden Einzelleistungen in der Folge mittels einer schriftlichen Abstimmung ausgewählt und das Ergebnis als Dienstleistungsportfolio aus insgesamt fünf Dienstleistungskategorien und über 20 Einzelleistungen festgelegt. Unter diesen befanden sich Einkaufsdienste mit Lieferservice oder Begleitung, Reparaturdienste durch Nachbarschaftshilfe oder Fachbetriebe, Begleitdienste für Arztbesuche oder Freizeitaktivitäten, haushaltsnahe und saisonale Dienstleistungen wie Wäschedienste oder Balkonbepflanzung, sowie eine Möglichkeit zur nachbarschaftlichen Unterstützung in Form einer Suche/Biete-Plattform.

Tabelle 2   Auszug aus identifizierten Dienstleistungskategorien und -beispielen für Einkaufsdienste

	Experte 1	Experte 2	Experte 3
Einkaufs-service	Lieferservice für Genuss- und Lebensmittel	Einkaufs- und Lieferdienste, evtl. mit Anbieter Zeiten absprechen	Lieferservice durch Lebensmittelgeschäft
		Begleitung	Einkaufen durch Dienstleister mit gemeinsamer Erstellung des Einkaufszettels und Lieferung nach Hause (kostenpflichtige Dienstleistung)
			alternativ Begleitung zum Einkaufen (kostenpflichtige Dienstleistung)

4.2.2   Reflexion der Vorgehensweise

Vor dem Hintergrund seines Ergebnisses kann das Vorgehen zur Zusammenstellung eines Portfolios der Dienstleistungsagentur in s4h positiv bewertet werden. Über den gesamten weiteren Projektverlauf blieben die oben genannten Kategorien stabil und insbesondere die komplexeren Dienstleistungen, wie der in diesem Beitrag fokussierte „Begleitete Einkauf", wurden positiv aufgenommen. Dies zeigt, dass die umfassende Erhebung der Bedarfe potentieller Kunden dazu beigetragen hat, Unterstützungspotenziale zu identifizieren und diese in passende Dienstleistungen zu überführen.

Ebenso positiv können die Ergebnisse des kreativen Anteils der Identifikation von Dienstleistungen bewertet werden. In einem einzigen Workshop konnten über 100 Ideen gesammelt werden, von denen sich viele mit den Bedarfen von Nutzern verbinden ließen und zudem – wie das Beispiel „Gemeinsames Kochen und Essen" in Tabelle 1 zeigt – viele Ideen auf neue Dienstleistungen hinweisen. Durch die Zusammenführung dieser Ideen mit den Ergebnissen der Potenzialanalyse konnten in einem Workshop, sowie einer anschließenden Priorisierung die oben beschriebenen Dienstleistungen ausgewählt werden.

Gleichwohl lassen sich für die Phase der Portfolioauswahl noch Verbesserungspotentiale identifizieren. So ist vor dem Hintergrund des gewählten Beteiligungsmodells festzuhalten, dass an dem durchgeführten Kreativworkshop keine Vertreter der Zielgruppe beteiligt waren. Die direkte Beteiligung von Senioren ist, wie bereits in Abschnitt 3.1 beschrieben, methodisch und inhaltlich problematisch. Dennoch ist zu fragen, ob ein geeignetes methodisches Vorgehen gefunden werden kann, mit dem die Ideensammlung auch von Beiträgen aus der Zielgruppe profitieren kann. Über die Beteiligungsfrage hinaus ist zudem festzustellen, dass bei der Auswahl des Portfolios das Gewicht auf bereits vorhandenen, bzw. bekannten und lediglich anzupassenden Dienstleistungen lag – es wurden nur wenige Ideen aus der Sammlung berücksichtigt. Ob dies vor- oder nachteilig war, kann nicht abschließend geklärt werden, es wurden von den Teilnehmern an der Synthese jedoch häufig Ideen verworfen, wenn keine direkt dazu passenden Bedarfe gefunden werden konnten. So können Innovationspotentiale ungenutzt bleiben und es ist daher festzuhalten, dass bei der Zusammenführung herkömmlich ermittelter Bedarfe und neuer Ideen die Umsetzung innovativer Aspekte methodisch stärker gefördert werden sollte.

4.3 Gestaltung prototypischer Prozesse mit dem STWT (Meilenstein 2: Prozessprototypen)

Den zweiten Meilenstein stellt die Ausgestaltung prototypischer Prozesse dar, die in der Durchführung des Pre-Tests für den oben beschriebenen „Begleiteten Einkauf" mündete. Zur Erreichung dieses Meilensteins wurden für diese und andere Dienstleistungen aus dem Portfolio allgemeine Teile des Prozesses zur Erbringung identifiziert und in einem Prozessmodell festgehalten. Dabei handelt es sich z.B. um die Koordination von Anfragen oder die Rückmeldung zur Erbringung.

4.3.1   Vorgehensweise: Iterative Modellierung von Dienstleistungs-
             prozessen mit verschiedenen Beteiligungsmodellen und
             Unterstützung durch Brainstorming und Usability-Testing

Für die Ausgestaltung der Prozessprototypen wurden verschiedene Beteiligungsmodelle und Methoden verwendet. Die Prozessmodellierung wurde unter direkter Beteiligung ausgewählter Experten durchgeführt, um möglichst reibungslose Prozesse, zu entwerfen. Potentielle Nutzer wurden an der Gestaltung indirekt beteiligt, indem sie Formulare, mit denen die in den Prozessmodellen festgelegten Dienstleistungen bestellt und abgewickelt werden sollten, testeten und so Rückmeldung zum Ablauf der Dienstleistung geben konnten. Diese Aktivitätsstränge wurden parallelisiert, so dass Ergebnisse aus dem Nutzertest auch in Modellierungsworkshops berücksichtigt werden konnten (vgl. MS2 in Abbildung 4).

Abbildung 5   Inhaltliches und ablaufbezogenes Clustering von Brainstorming-Elementen als initialer Prozessentwurf

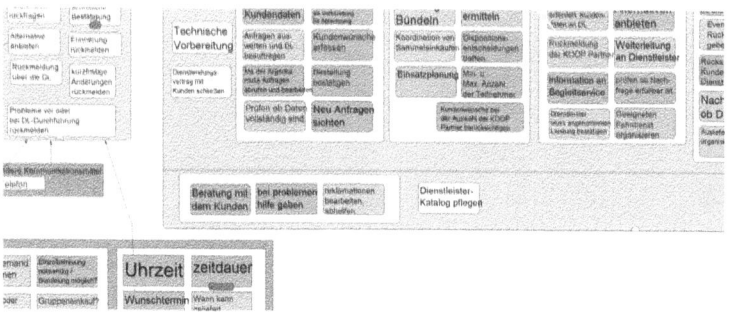

Abbildung 6   Ergebnis eines Prozessbrainstormings in SeeMe-Notation

Der Dienstleistungsprozess „Begleitetes Einkaufen" entstand in insgesamt drei aufeinander aufbauenden Workshops. Im ersten Workshop wurde zunächst ein Grobmodell entwickelt, auf dessen Basis weitere Dienstleistungen modelliert werden sollten. Da jedoch keine ausreichenden Informationen vorhanden waren (vgl. Abschnitte 3.2 und 3.3), wurden die Teilnehmer aufgefordert, Schritte verschiedener Prozessbestandteile – wie Vorbereitung oder Koordination der Dienstleistung, sowie notwendige Daten – in nacheinander durchgeführte Brainstormings beizutragen. Dabei wurden nur Bereiche des Prozesses betrachtet, die auch für andere Dienstleistungen verwendet werden sollten, Bestandteile spezifischer Dienstleistungen wurden auf spätere Workshops verschoben. Die resultierenden Inhalte des Modells wurden anschließend grob in inhaltlichen Clustern verbunden (siehe Abbildung 5). In Abbildung 6 wird das Ergebnis

eines ersten Clusterings dargestellt, in dem die in Abbildung 5 dargestellten
Aktivitäten zusammengefasst und in eine grobe Reihenfolge gebracht wurden.

In einem zweiten Workshop wurden die in Abbildung 6 dargestellten Ergebnisse
systematisch betrachtet, ihr Clustering weitergeführt und um weitere Elemente,
die für den Prozessablauf als notwendig identifiziert wurden, ergänzt. Außerdem wurden die einzelnen Schritte um Verantwortlichkeiten (Rollen, im Modell
dargestellt als Ellipsen) erweitert. Bei dem entstandenen Modell (siehe Abbildung 7) handelt es sich weiterhin um ein allgemeines Modell, das durch die
zeitliche Sortierung und Ergänzung von Aktivitäten und die Zuordnung ausfüh-
render Rollen jedoch weit konkreter ist, als das Ergebnis des ersten Workshops.

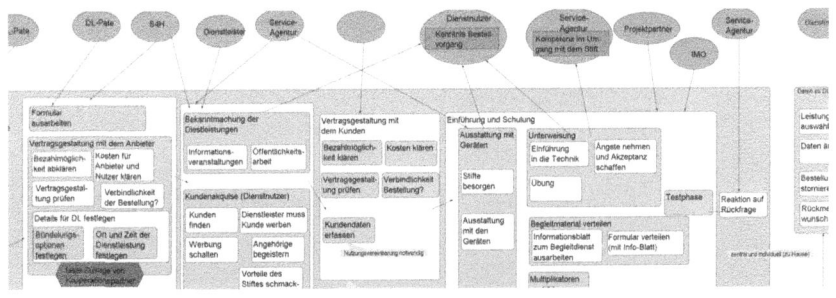

Abbildung 7   Prozessmodell der Dienstleistungsprozesses in service4home mit zugeordneten
               Verantwortlichkeiten (Rollen, dargestellt als Ellipsen)

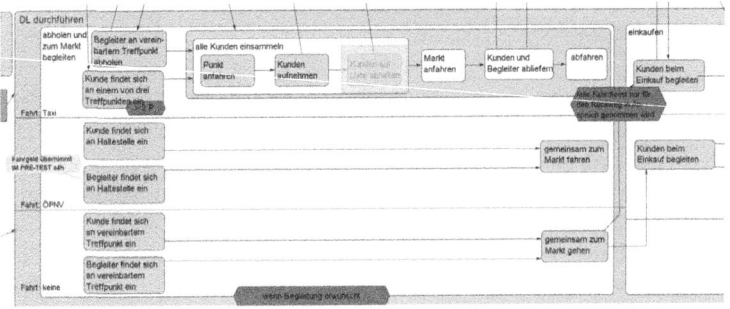

Abbildung 8   Optisch aufbereitetes Prozessmodell mit spezifischem Abteil für die Dienstleistung
               "Begleitetes Einkaufen" (Ergebnis der Workshopserie und Grundlage für den Pre-
               Test der Dienstleistung)

Auf Basis des in Abbildung 7 dargestellten Modells wurden in einem dritten Workshop Aktivitäten und weitere Elemente für den Prozess „Begleitetes Einkaufen" identifiziert und ausspezifiziert. Abbildung 8 zeigt hierzu einen Ausschnitt aus der Aktivität „Dienstleistung erbringen", in dem die Ausdifferenzierung durch die Modellierung unterschiedlicher Optionen für die Erbringung eines Fahrdienstes deutlich wird.

Das resultierende Modell diente verschiedenen Zwecken. Zum einen wurde es als Grundlage für einen Pre-Test der Dienstleistung „Begleitetes Einkaufen" verwendet, um bspw. notwendige Dienstleister zu akquirieren oder Personal zu schulen. Zum anderen fand es Verwendung als Schablone für die Entwicklung weiterer spezifischer Dienstleistungen, die auf Basis der allgemeinen Prozessbestandteile und der spezifisch zu ergänzenden Bereiche parallel entwickelt werden konnten.

Basierend auf dem vorgestellten Dienstleistungsprozess wurden parallel zu den Workshops Formularprototypen entwickelt und mit Nutzern in Usability-Tests getestet (vgl. Turnwald et al. 2011). Diese Vorgehensweise ermöglichte es Rückmeldung zu den entworfenen Prozessen zu bekommen, ohne diese mit Nutzern durchgehen zu müssen. So konnten bspw. Rückmeldungen aus der ersten Testreihe in die Entwicklung des in Abbildung 8 dargestellten spezifischen Modells integriert werden. Darüber hinaus wurden die Tests genutzt, um parallel zur Prozessentwicklung die technische Unterstützung durch Pen&Paper-Technologie vorzubereiten.

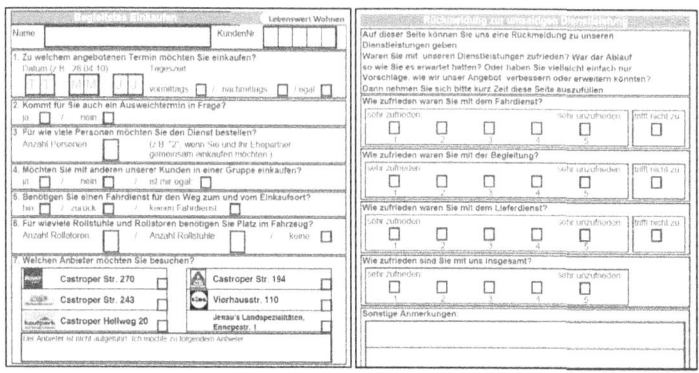

Abbildung 9   Pen&Paper-Formular zur Bestellung der Dienstleistung "Begleiteter Einkauf" (Vorderseite zur Bestellung links und Rückseite zur Rückmeldung nach Erbringung rechts)

Das in Abbildung 9 dargestellte Formular für die Dienstleistung „Begleitetes Einkaufen" wurde in einem Usability-Test in zwei Durchläufen von jeweils drei Testpersonen im Alter von 72 bis 89 Jahren getestet. Dabei wurde das Formular unter Anwendung von zwei Szenarien ausgefüllt. Es stellte sich heraus, dass sich die Testpersonen durch den Aufbau des Formulars ein gutes Bild vom Ablauf der Dienstleistung machen konnten.

4.3.2   Reflexion der Vorgehensweise

Die oben für die Gestaltung der Dienstleistung „Begleitetes Einkaufen" dargestellte Vorgehensweise kann als erfolgreich bezeichnet werden, da es innerhalb von drei Workshops gelang, einen Prozessrahmen, sowie den spezifischen Prozess der Erbringung eines begleiteten Einkaufs auszugestalten. Vor dem Hintergrund, dass dieser Prozess mit Eigen- und Fremdanteilen, wie der Begleitung durch ehrenamtliche Kräfte und einem Fahrdiensts durch ein Taxiunternehmen, sowie mit vielen Konfigurationsmöglichkeiten – wie der Angabe gewünschter Begleitpersonen oder der Mitnahme von Gehhilfen – eine hohe Komplexität aufweist, ist dies ein geringer Zeitaufwand. Hinzu kommt, dass der Prozess durch die Beteiligung der wesentlichen Parteien auch bei den lokalen Akteuren im Testquartier von Beginn an akzeptiert war.

Besonders wertvoll war die durch die Durchführung eines STWT erreichte kognitive und prozessuale Erfassung der Dienstleistung, durch die bereits früh deutlich wurde, wie die Einkaufsunterstützung in s4h ablaufen sollte. So waren beim Prozessbrainstorming auch Aktivitäten zur Bestellung und Lieferung einzelner Waren bei einem Supermarkt genannt worden. Als hierzu jedoch der Ablauf und die notwendigen Daten modelliert werden sollten, wurde den Teilnehmern schnell klar, dass ein sehr langes und kompliziertes Bestellformular notwendig sein würde und dass es häufig zu Rückfragen kommen könnte, wenn etwa Waren nicht verfügbar sind. Daher wurde beschlossen, sich ausschließlich auf die Begleitung des Einkaufs in einem Supermarkt zu konzentrieren.

Vorteilhaft waren die Unterstützung zur Gestaltung des Prozesses durch Brainstorming und die indirekte Beteiligung potentieller Nutzer durch ihre Erprobung der Formulare und die darauf basierende Rückmeldung. Gleichwohl ist zu fragen, ob eine direktere Beteiligung von Nutzern oder eine größere Testgruppe diese Vorteile nicht noch erhöht hätten. So wurden in weiteren Phasen der Nutzung des Prozesses (vgl. Abschnitt 4.4) Probleme und Ergänzungsbedarfe festgestellt, die durch mehr Rückmeldung potentieller Nutzer ggf. auch bereits vorher hätten gelöst werden können. Ein Beispiel hierzu ist der häufig geäußerte Bedarf von Testkunden nach einer telefonischen Auftragsbestätigung. Ebenfalls positiv kann mit SeeMe-Modellen das gewählte Medium zur Darstellung und Gestaltung der Dienstleistungsprozesse bezeichnet werden. So konnten alle Teilnehmer, auch wenn sie nicht aus technischen Bereichen kamen und Modellierung nicht gewöhnt waren, bereits nach kurzer Zeit im ersten Workshop ihre Beiträge auf konkrete Elemente im Modell beziehen und in den folgenden Workshops auch (in Teilen) Modellkonstrukte nennen, in denen ihre Beiträge festgehalten werden sollten. Ebenso verhält es sich mit dem STWT als generelle Vorgehensweise. Zu Beginn waren einige Teilnehmer wegen der veranschlagten Zeit von drei halbtägigen Workshops skeptisch, äußerten sich jedoch ausnehmend positiv zur Effektivität dieser Workshops.

Nachteile oder Probleme des Vorgehens sind retrospektiv in der Auswahl der Beteiligten zu sehen. So hätten zusätzlich zu den Teilnehmern der Workshops, deren Partizipation sinnvoll und erfolgreich war, weitere Teilnehmer bspw. aus anderen Dienstleistungsagenturen oder Partnerprojekten von s4h den Prozess (noch) schneller und effizienter gestalten können, wenn sie ihr Wissen über entsprechende Prozesse beigetragen hätten.

4.4 Erprobung, Critiquing und Optimierung von Dienstleistungsprozessen (Meilenstein 3: Fertige Prozesse)

Nach erfolgter Gestaltung eines prototypischen Prozesses wurde die Dienstleistung „Begleiteter Einkauf" im Rahmen eines Pre-Tests für Testkunden angeboten und evaluiert. Hierzu wurden 4 Testkunden akquiriert, die in einem Zeitraum von 3 Monaten regelmäßig (insgesamt 32-mal) die Dienstleistung bestellten und zu einem Supermarkt ihrer Wahl und wieder nach Hause begleitet wurden. Ziel dieses Pre-Tests war es Abläufe, Informationsflüsse und Koordinationsaspekte in der realen Anwendung der Dienstleistung zu testen, aus etwaigen Problemen zu lernen und einen stabilen Prozess für die Umsetzung einer Agentur zu erhalten. Um möglichst schnell in diesen Pre-Test starten zu können, wurde auf die Entwicklung einer Infrastruktur für die Übertragung von Daten aus den Formularen mit Pen&Paper-Technologie zunächst verzichtet. Nutzer erhielten Dummy-Formulare und -stifte. Die ausgefüllten Formulare wurden bei diesen abgeholt. In der anschließenden Pilotphase seit September 2010 wurde die Technologie inklusive digitaler Übertragung eingesetzt und getestet.

4.4.1 Vorgehensweise: Dokumentation der praktischen Erprobung und Prozesscritiquing

Der beschriebene Test wurde intensiv dokumentiert, um die Analyse des Prozesses detailliert und aus verschiedenen Perspektiven zu ermöglichen. So dokumentierten neben den Einkaufsbegleitern auch Agenturmitarbeiter und weitere Dienstleister jede durchgeführte Leistung. Außerdem wurden Kunden gebeten, nach jeder durchgeführten Dienstleistung den Feedbackbogen auf der Rückseite des Bestellformulars auszufüllen (vgl. die Darstellung des Formulars in Abbildung 9).

Die Evaluation des Prozesses erfolgte analog durch die Auswertung der ange-
fertigten Dokumentationen und Feedbackbogen. Hierzu wurden Probleme und
Verbesserungsbedarfe identifiziert und – wenn möglich – aus den verschiedenen
Perspektiven der Akteure analysiert. So konnte bspw. festgestellt werden, dass
Probleme der Koordination des Fahrdienstes nicht, wie von einer Begleiterin
gemeldet, an mangelnder Termintreue des ausführenden Unternehmens, sondern
auf Unklarheit bei der Bestellung des Fahrdienstes beruhten. Über diese Analyse hinaus wurden Ungereimtheiten und Probleme in solchen Fällen, in denen sie
nicht bereits aus der Dokumentationslage erkannt und beseitigt werden konnten,
mit den beteiligten Akteuren aufgearbeitet.

Die Rückführung der identifizierten Verbesserungspotentiale und Probleme in
den Dienstleistungsprozess erfolgte im Rahmen eines *Prozesscritiquings*. Hierzu wurde ein Workshop durchgeführt, an dem abermals die Teilnehmer der
Gestaltungsphase teilnahmen. Im Workshop wurde der Prozess schrittweise
hinsichtlich der gewonnenen Erkenntnisse und anhand leitender Fragen erörtert
und mit allen Teilnehmern Lösungen für Probleme oder Anpassungsoptionen
gesucht. Für den Workshop wurden folgende Fragen verwendet:

1. Was würde man heute anders machen?
2. Was fehlt im Prozess (Schritte, Dokumente, …)? Was ist überplant?
3. Was ist für die Kombination von Formular, Stift und Dienstleistung besonders erfolgsentscheidend?

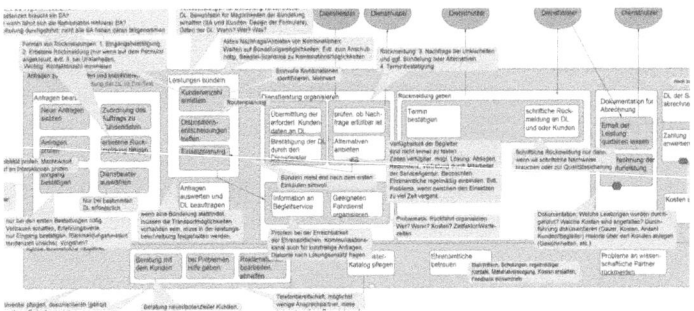

Abbildung 10   Kommentiertes Prozessmodell der Dienstleistung "Begleitetes Einkaufen" nach der
                Phase des *Prozesscritiquings* (Kommentare werden in SeeMe als Sprechblasen
                dargestellt)

Die resultierenden Anmerkungen wurden mittels Kommentaren (in SeeMe als
Sprechblasen dargestellt) im Modell direkt Teilen des Prozess zugeordnet, an
denen sie Probleme oder Verbesserungsmöglichkeiten darstellten (vgl. Abbil-

dung 10). Im beschriebenen Workshop wurden 76 Kommentare gesammelt, die zu ca. 20 Verbesserungen im Prozess führten.

Anhand der eingefügten Kommentare wurde ein verbesserter Prozess entwickelt, der in der darauffolgenden Pilotphase in die Praxis umgesetzt wurde. Hierbei wurde das erzeugte Prozessmodell auch als Basis genutzt, um gemeinsam mit Technikern eine Infrastruktur zu implementieren, mit der die Übertragung von Formularen aus den Wohnungen von Kunden zur Dienstleistungsagentur ermöglicht wurde.

4.4.2 Reflexion der Vorgehensweise

Die Durchführung eines *Prozesscritiquings* auf Basis einer umfassenden Dokumentation kann als ein erfolgsentscheidendes Element im Gesamtprozess der Erzeugung von Dienstleistungen in s4h bezeichnet werden. Durch den direkten Bezug von Erkenntnissen aus der Analyse des Tests konnten zielgenau und kontextualisiert viele Verbesserungen identifiziert und umgesetzt werden. Neben prozessualen Verbesserungen betraf dies auch Aspekte des Geschäftsmodells der Agentur. So konnte festgestellt werden, dass die gestaffelte Preisgestaltung, in der Fahr- und Begleitdienste getrennt aufgeführt waren, den Testkunden zu intransparent war. Auf dieser und anderen Erkenntnissen aufbauend, konnte ein neues Geschäftsmodell entwickelt werden, das von Nutzern in der Folge deutlich positiver aufgenommen wurde.

Zur Qualität der erreichten Lösung kann festgehalten werden, dass die allgemeinen Prozessbestandteile im gesamten Projekt nach ihrer Überarbeitung kaum Probleme aufwarfen. Es ist daher davon auszugehen, dass mit dem *Critiquing* ein entscheidender Schritt hin zu marktfähigen Prozessen gemacht wurde.

Hilfreich war die Vorgehensweise auch beim *Streamlining* der Prozesse. So konnte festgestellt werden, dass einige Varianten im Dienstleistungsprozess von Kunden nicht oder nur wenig genutzt wurden. So wurden im Pre-Test bspw. verschiedene Beförderungsmöglichkeiten wie Bus und Bahn als Alternative zum Fahrdienst angeboten, die jedoch nicht genutzt wurden. Als Ergebnis dieser und anderer Erkenntnisse konnte der Prozess erheblich schlanker gestaltet werden.

Problematisch in der beschriebenen Vorgehensweise ist ihr korrektiver bzw. reaktiver Ansatz. So wurden hauptsächlich solche Verbesserungsbedarfe genannt und in Lösungen umgesetzt, die aus Problemerfahrungen stammten und daher Veränderungen als Reaktion auf diese Probleme hervorriefen. Proaktive Wünsche nach Verbesserungen wurden kaum eingebracht. Dies kann darin begründet sein, dass die beschriebene Phase einen zu starken evaluativen Charakter hatte und dass ein vermehrt proaktives Verhalten stärker provoziert oder gefördert werden muss. Aus Sicht des verwendeten Beteiligungsmodells kann es zudem sinnvoll sein, ein solches *Critiquing* mit externen Dienstleistern und Anbietern wie Taxiunternehmen oder Supermärkten durchzuführen, um die Perspektive dieser Akteure und ihre Ideen in die Gestaltung des Prozesses einzubinden. Ebenso kann es hilfreich sein, auch mit Testkunden ein systematisches *Critiquing* durchzuführen, das nicht Prozessdetails, sondern den Ablauf und Mehrwert der Dienstleistung in den Vordergrund stellt.

Retrospektiv betrachtet stellt zudem die Wahl des Ortes für den Pre-Test ein entscheidendes Kriterium dar. So wurde in s4h sowohl der Pre-Test, als auch das spätere Angebot aller Dienstleistungen im gleichen Testquartier implementiert. Dies sollte eine schrittweise Bekanntmachung des neuen Dienstleistungsangebots und die Ausbildung von Promotoren in Person der Testkunden mit sich bringen. Obwohl beide Ziele erreicht werden konnten – Testkunden blieben Kunden der Dienstleistungsagentur und gaben ihre positiven Erfahrungen an Interessenten weiter – kann diese Konstellation im Nachhinein als nachteilig gesehen werden. So blieben auch negative Eindrücke, wie Probleme bei der Erbringung in den ersten Wochen des Tests bei potentiellen Kunden in Erinnerung (Testkunden hatten diese schnell überwunden). Der daraus resultierende negative Eindruck gegenüber dem späteren Angebot der Dienstleistungsagentur konnte im Testquartier nur durch erheblichen Mehraufwand korrigiert werden. Es scheint daher angeraten, den Pre-Test entweder stärker zu isolieren oder in einem anderen, jedoch strukturell vergleichbaren Testquartiert durchzuführen.

5 Diskussion und Ausblick

Zusammenfassend kann die Anwendung der hier vorgestellten Vorgehensweise positiv beurteilt werden. Sie führte schnell zu akzeptierten und umsetzbaren Prozessen, konnte Probleme in verschiedenen Phasen vorwegnehmen und erzeugte zuverlässige und stabile Dienstleistungsprozesse. Ebenso diente sie als Grundlage der wechselseitigen Anpassung von Dienstleistungen und eingesetzter Technik, die häufig in ähnlichen Projekten ein kritisches Moment darstellt. Daher kann festgehalten werden, dass sich die Vorteile, die partizipative Vorgehensweisen und der STWT als spezifisches Vorgehensmodell im Zusammenhang mit der Gestaltung von Dienstleistungen im Allgemeinen nachweisbar erzeugen können, auch bei der Gestaltung von Dienstleistungen im Bereich AAL umsetzen lassen und dass die Nutzung von Prozessmodellen in SeeMe-Notation für die Beteiligten im Umfeld von AAL-Projekten möglich ist.

Ebenso positiv können die spezifischen Anpassungen und neuen Elemente der Vorgehensweise beurteilt werden. So gingen aus den Kreativitätsphasen bei der Erzeugung sowohl des Portfolios, als auch des initialen Prozessrahmens neue und wertvolle Inhalte für das Projekt hervor. Ebenso hilfreich war die Anwendung unterschiedlicher Partizipationsmodelle, da so alle Nutzer entlang ihrer Bedarfe und Perspektiven in den Entwicklungsprozess involviert werden konnten. Gleichwohl ist hinsichtlich der Wahl geeigneter Partizipationsmodelle noch Optimierungsbedarf der Vorgehensweise. Die Phase des *Critiquings* erbrachte zudem wichtige Erkenntnisse für das *Rollout* des Prozesses und seiner Derivate, die für den Erfolg der gegründeten Dienstleistungsagentur entscheidend waren.

Ein neuralgischer Punkt, der auch bei anderen partizipativen Ansätzen vorhanden ist, ist die Balance zwischen dem Aufwand, der durch Workshops und die situative Auswahl sinnvoller Beteiligungsmodelle entsteht und den Potentialen, die durch Intensivierung solcher Vorgehensweise abgeschöpft werden können. So konnte in allen dargestellten Phasen festgestellt werden, dass andere Beteiligungsmodelle – bspw. direkterer Einfluss von Endnutzern bei der Ideengenerierung, oder die Integration externer Dienstleister in das *Critiquing* oder von Mitarbeitern bereits vorhandener Dienstleistungsagenturen an anderen Standorten bei der Entwicklung des Portfolios und seiner Prozesse vorteilhaft gewesen wären. Gleichwohl erzeugen entsprechende Anpassungen einen erhöhten Aufwand bei der Koordination von Workshops und der Diskussion in Workshops.

Weitere Bereiche der Verbesserung finden sich in der Integration neuer Aspekte und Ideen in das Portfolio einer AAL-Dienstleistungsagentur, sowie in der proaktiven Ergänzung von Dienstleistungsprozessen im Rahmen ihrer Gestaltung in einer Workshopserie. Bezüglich der Integration neuer Ideen konnte in der hier beschriebenen Studie festgestellt werden, dass die Auswahl von Dienstleistungen vergleichsweise konservativ von Statten ging und so kaum neue Ideen in das Portfolio gelangten. Um Potentiale, die so verloren gehen zu sichern, sollte eine verbesserte Vorgehensweise die Adoption neuer Ideen stärker gefördert werden, in dem bspw. mindestens eine innovative Dienstleistung in das Portfolio aufgenommen wird. Hinsichtlich der Förderung proaktiver Ergänzungen sollte eine iterative Vorgehensweise der partizipativen Gestaltung immer auch Fragen danach stellen, welche neuen Aspekte in einen Prozess integriert werden sollten oder vorhandene Aspekte ablösen können.

Die Autoren dieses Beitrags planen, die hier vorgestellte Vorgehensweise im Kontext von AAL-Dienstleistungen weiter zu optimieren und Erkenntnisse über die optimale Partizipation verschiedener Beteiligter an entsprechenden Vorhaben zu sammeln. Zusätzlich ist geplant, einen verstärkten Austausch mit anderen Initiativen und Projekten zu initiieren, um Erfahrungen mit partizipativen Vorgehensweisen auszutauschen und zu systematisieren.

6 Literaturverzeichnis

Beyer, H. / Holtzblatt, K. 1998: Contextual design: defining customer-centered systems. Morgan Kaufmann.

Bullinger, H.-J. / Scheer, A.-W. 2003: Service Engineering. Entwicklung und Gestaltung innovativer Dienstleistungen. Springer.

Carell, A. / Herrmann, T. 2010: Interaction and Collaboration Modes for the Integration of Inspiring Information into Technology-Enhanced Creativity Workshops. In Proceedings of the 43rd Hawaii International Conference on System Science (HICCS 43).

Compagna, D. et al. 2010: Anwenderorientierte Technikentwicklung im Pflege-Bereich: Instrumente für den Wissenstransfer zur partizipativen Gestaltung von Mikrosystemtechnik. User-centered technical development in the care sector.

Friesdorf, W. / Heine, A. / Mayer, D. 2007: Sentha - seniorengerechte Technik im häuslichen Alltag: Ein Forschungsbericht mit integriertem Roman. Springer.

Herrmann, T. 2009: Systems Design with the Socio-Technical Walkthrough. In Handbook of Research on Socio-Technical Design and Social Networking Systems, Hrsg. B. Whitworth und A. de Moor. Information Science Reference.

Herrmann, T. 2012: Kreatives Prozessdesign. Springer

Herrmann, T. / Hoffmann, M. 2004: A modelling method for the development of groupware applications as socio-technical systems. Behaviour & Information Technology 23(2): 119-135.

Herrmann, T. / Kunau, G. 2004: Sociotechnical Walkthrough: Designing Technology along Work Processes. In Artful Integration: Interweaving Media, Materials and Practices. Proceedings of the eighth Participatory Design Conference 2004, Hrsg. A. Clement, 132-141. Toronto, Ontario, Canada: ACM Press.

Herrmann, T. / Nolte, A. / Prilla, M. 2011: The Integration of Awareness, Creativity Support and Collaborative Process Modeling in Colocated Meetings. International Journal on Computer-Supported Cooperative Work (IJCSCW). Special Issue on Awareness. Springer (forthcoming).

Kensing, F. / Simonsen, J. / Bodker, K. 1998: MUST: A Method for Participatory Design. Human-Computer Interaction, 13(2): 167–198.

Loser, K.-U. / Herrmann, T. 2002: Enabling factors for participatory design of socio-technical systems with diagrams. In: Binder, T. / Gregory, J. / Wagner, I.

(Hg.): PDC 02 - Proceedings of the Participatory Design Conference, Malmö, Sweden, 114-143.

Menschner, P. et al. 2011: Reaching into patients' homes - participatory designed AAL services. Electronic Markets 21(1): 63-76.

Prilla, M. / Frerichs, A. 2011: Technik, Dienstleistungen und Senioren: (K)Ein Akzeptanzproblem? In: Proceedings Mensch und Computer 2011. Oldenbourg.

Prilla, M. / Jahnke, I. 2011: The Socio-Technical Walkthrough for participatory process design. In: Böhmann, T. / Burr, W. / Thomas, H. / Krcmar, H. (Hg.): Implementing International Services. A tailorable method for market assessment, modularization and process transfer. Gabler.

Prilla, M. / Rascher, I. / Skrotzki, R. 2011: Digitale Stift-Technologie zur Vermittlung von Dienstleistungen: Auswahl und Anpassung geeigneter Dienstleistungsprozesse. In Proceedings AAL-Kongress 2011.

Prilla, M. / Schermann, M. / Herrmann, T. / Krcmar, H. 2011: Process modeling with SeeMe: a modeling method for service processes. In: Böhmann, T. / Burr, W. / Thomas, H. / Krcmar, H. (Hg.): Implementing International Services. A tailorable method for market assessment, modularization and process transfer. Gabler.

Prilla, M. / Skrotzki, R. / Herrmann, T. 2010: Von Wicked Problems zu semi-strukturierten Prozessen: Modellgestützte Planung internationaler Dienst-leistungsprozesse. In: Krcmar, H. / Böhmann, T. / Sarkar, R. (Hg.): Export und Internationalisierung wissensintensiver Dienstleistungen. Lohmar: Eul Verlag, 203-232.

Prilla, M. / Nolte, A. 2010: Fostering self-direction in participatory process design. In Proceedings of the Participatory Design Conference 2010 (PDC 2010).

Prilla, M. / Reuter, U. / Schermann, M. 2009: Model-based conflict resolution in service internationalization: A participatory approach. In: Conference International Management. Jahrestagung der Wissenschaftlichen Kommission Internationales Management im Verband der Hochschullehrer für Betriebs-wirtschaft.

Rittel, H. W. / Webber, M. M. 1973: Dilemmas in a general theory of planning. Policy Sciences 4(2): 155–169.

Rosson, M. B. / Caroll, J. M. 2002: Scenario-Based Design. In: Jacko, J. / Sears, A. (Hg.): The Human-Computer Interaction Handbook: Fundamentals, Evolving Technologies and Emerging Applications. Lawrence Erlbaum Associates, 1032-1050.

Schneiders, K. / Ley, C. / Prilla, M. 2011: Die Verbindung von Technik-akzeptanz, Dienstleistungsbedarf und strukturellen Voraussetzungen als Erfolgs-faktor einer durch Mikrosystemtechnik gestützten Dienstleistungsagentur. In: Bieber, D. / Schwarz, K. (Hg.): Mit AAL-Dienstleistungen altern. Nutzerbe-darfsanalysen im Kontext des Ambient Assisted Living. Saarbrücken: iso-institut.

Turnwald, M. / Frerichs, A. / Prilla, M. 2011: Usability Testing für und mit Senioren. In: Proceedings of Usability Professionals 2011.

Yourdon, E. 1989: Structured walkthroughs. Upper Saddle River, NJ, USA: Yourdon Press.

Mobiles Monitoring —Quo vadis?
Körperkerntemperatur und Pulsoximetrie werden kontinuierliche mobile Vitalparameter

Johannes P. Buschmann / Jin Huang[1]

1 Einleitung

Das Monitoring physiologischer oder biochemischer Parameter war lange Zeit eine Domäne der Intensivmedizin. Heute gibt es einen erheblich erweiterten Bedarf an Monitoring, insbesondere an kontinuierlichem, mobilem Monitoring (*continuous mobile monitoring* = CoMoMo). Dieses besondere Monitoring hat im Vergleich zu stationären Single-Shot-Anwendungen einen stark erweiterten Einsatzbereich und damit einen hohen Mehrwert. Im Rahmen der hier vorgestellten Forschungsaktivitäten konnten folgende Parameter einem kontinuierlichen, mobilen Monitoring zugänglich gemacht werden:

- kontinuierliche, mobile Pulsoximetrie: Messung der Herzfrequenz, der arteriellen Sauerstoffsättigung und der Atemfrequenz
- kontinuierliche, mobile Messung der Körperkerntemperatur
- kontinuierlich bestimmte, mechanische Parameter (z.B. Messung der Bewegung, Beschleunigung, Lage im Raum, Position)

Alle Sensoren benutzen als Messort den äußeren Gehörgang und sind weich gegen die Wand des Gehörgangs abgefedert, wodurch sie angenehm zu tragen sind. Bereits wenige Sekunden nach der Applikation werden sie nicht mehr wahrgenommen.

Die mobile kontinuierliche Bestimmung der Körperkerntemperatur erfolgt mittels eines Berührungssensors, der mit einer definierten Andruckkraft einen guten thermischen Kontakt mit der gut durchbluteten Wand des Gehörgangs aufnimmt. Der Widerstand des winzigen Sensors mit einer Masse von ca. 0,015 g wird mit Strom von unter 100 μA ausgelesen, was einer elektrischen Leistung von nur 10 μW entspricht. Diese kleine Leistung verteilt sich aufgrund der guten thermischen Anbindung des Messwiderstands auf den Gesamtorganismus; der Messfehler der Selbstüberhitzung liegt weit unter der größten Fehlerquelle, der thermischen Beeinflussung des Gehörgangs durch die Ohrmuschel als große thermische Austauschfläche. Insgesamt ergab sich für dieses Monitoring-Verfahren der Körperkerntemperatur eine Auflösung von unter 1/100 °C und

---

[1] Die Autoren sind Mitarbeiter im BMBF-geförderten Forschungsprojekt CrossGeneration (Förderkennzeichen: 01FC08069).

eine Genauigkeit von ± 1/10 °C (± 1/5 °C) innerhalb einer Umgebungstemperatur von ± 10 °C (± 20 °C) relativ zur Körpertemperatur.

Die mobile kontinuierliche Pulsoximetrie erfolgt mittels völlig neuer Lichtwege, die die Gewebstransmission der Gehörgangswand im Sinn einer Transmissions-Pulsoximetrie möglich machen: Die Lichtemitter (LEDs 730nm / 880nm) werden mit einer definierten Kraft gegen die Gehörgangswand gedrückt, wodurch das Licht in das Gewebe eintritt. In einer gegenüberliegenden Position wird das Licht nach einer Gewebstransmission von nahezu einem Halbkreis aus dem Gehörgang von einem Fotosensor (Fotodiode) aufgenommen und das *plethysmografische* Signal verstärkt, aufbereitet und digitalisiert. Eine spezielle zu Forschungszwecken entwickelte Pulsoximetrie-Software, die eine Vielzahl der von den *plethysmografischen* Signalen abgeleiteten Größen berechnet und zum großen Teil grafisch anzeigt, erlaubt es, die Qualität des Sensors und der von diesem Sensor erhaltenen Signale detailliert zu analysieren.

Mit diesen Vertretern der CoMoMo ergibt sich eine Reihe von Anwendungen, die bisher nicht oder nur experimentell zugänglich waren:

• In der Klinik erlaubt die kontinuierliche mobile Pulsoximetrie den durch die Abteilungen und Stationen bewegten (Notfall-) Patienten (z.B. zentral) zu überwachen und auf diese Weise Überwachungslücken zu schließen.

• In der ambulanten Medizin können ebenfalls Überwachungslücken geschlossen werden, die dadurch zustande kommen, dass der Patient zuhause nicht in gleicher Weise überwacht ist wie in einer Klinik.

• In der Arbeitsmedizin hilft die kontinuierliche mobile Pulsoximetrie oder die kontinuierliche mobile Messung der Körperkerntemperatur Risiken besonderer Berufe zu entschärfen und mit einem Monitoring abzuklären, z.B. Feuerwehrpersonal, Hochofenarbeiter, Silo- oder Chemiearbeiter, Piloten oder Taucher u.a.

• In der Verkehrsmedizin kann das kontinuierliche mobile Monitoring zur Klärung wichtiger Fragen beitragen, z.B. welche Medikamente und Erkrankungen mit sicherem Fahren kompatibel sind.

• In Sport, Training und Rehabilitation kann das kontinuierliche mobile Monitoring klären, wo die Grenze zwischen Unter- und Überforderung liegt, welche Bewegungstypen zur Gesundheit beitragen, welche ineffektiv sind, welche destruktiv. Welchen Beitrag kann Bewegung leisten z.B. bei Diabetes mellitus, bei Herzinsuffizienz, zur Therapie des essentiellen Hochdrucks.

• Weitere Dienstleistungen und Anwendungsgebiete sind unter den einzelnen Monitoringverfahren erwähnt.

Der Übergang eines stationären Monitorings in ein mobiles, und erst recht in ein kontinuierliches mobiles Monitoring-Verfahren, hat häufig zwei wichtige Konsequenzen: Er bewirkt erstens ein tieferes Verständnis für einen bestimmten Parameter, der jetzt nicht mehr unter artifiziellen Bedingungen (im Liegen oder am Ergometer) bestimmt werden muss, sondern unter den typischen, zum Leben und zum Alltag des Probanden / Patienten gehörenden Bedingungen. Zweitens zeigt sich der Mehrwert, der durch die Weiterentwicklung eines stationären Parameters in ein kontinuierliches, mobiles Monitoringverfahren entsteht: eine Reihe neuer Dienstleistungen und eine verbesserte Versorgung von Menschen mit ganz unterschiedlichen Problemen, Erkrankungen bzw. Gefährdungen und nicht zuletzt entsteht wissenschaftlicher Fortschritt und Erkenntnisse.

2 Monitoring zwischen Intensivmedizin und kontinuierlichem, mobilem Monitoring CoMoMo

Sensorik am Menschen, Humanmonitoring, war lange Zeit eine Domäne der Intensivmedizin. Gerade hier gilt es, physiologische und biochemische Parameter kontinuierlich und hoch genau abzugreifen und darzustellen. Viele Parameter, z.B. zentral-venöser Druck (ZVD), Herzauswurfleistung, Herzminutenvolumen und *Pulmonaldrucke* werden nur im OP bzw. in der Intensivmedizin verwendet. Die Tatsache, dass man heutzutage vergleichsweise große chirurgische Eingriffe insbesondere auch bei älteren Menschen sicher durchführen kann, ist in nicht geringem Maß dem *perioperativen* Humanmonitoring zuzuschreiben. Generell wird in der Intensivmedizin und im anästhesiologisch-operativen Bereich heute ein Aufwand an Monitoring durchgeführt, der vor 30 Jahren noch undenkbar war – ein erheblicher Sicherheitsgewinn für einen vergleichsweise geringen Preis an Zeit und Aufwand.

Manche Monitoring-Methoden und Parameter, z.B. die Körpertemperatur, der arterielle Blutdruck oder das EKG, werden schon seit längerem auch außerhalb der Klinik verwendet. Die meisten sind nur stationär, d.h. nicht mobil, verwendbar. Nur einige wenige Verfahren oder Parameter lassen sich am mobilen Menschen anwenden, entweder, weil die Sensoren für mobile Anwendungen ungeeignet sind (z.B. Rektal-Sensor oder Ösophagus-Sonde zur Bestimmung der Körpertemperatur) oder weil die Bewegung das Signal-zu-Rausch-Verhältnis so ungünstig beeinflusst, dass der Parameter unter mobilen Bedingungen nicht mehr sinnvoll bestimmt werden kann (z.B. EKG bei intensiven Bewegungen des Thorax, Bolz et al. 2005).

Die nachfolgende Tabelle stellt einige etablierte und wichtige klinische Monitoringverfahren und die diesen Verfahren zu Grunde liegenden Parameter zusammen, sowie deren derzeitiges Potential als kontinuierliches, mobiles Monitoring (*continuous mobile monitoring* = CoMoMo). Es zeigt sich, dass viele Parameter, die unter Ruhebedingungen als klinisches Monitoring zur Verfügung stehen, unter mobilen Bedingungen nicht verfügbar sind. Die Ursache, warum nur wenig Monitoring-Verfahren als CoMoMo nutzbar sind, liegt an der

Tabelle 1 CoMoMo Sensorik

Klinisches Monitoring	Parameter	CoMoMo-Verfahren verfügbar?
EKG	Herzfrequenz und Rhythmus	+ (In Ruhe und mäßiger Bewegung des Oberkörpers) - (Bei starker Bewegung des Oberkörpers)
	Lagetyp	Nur mit mehreren Ableitungen und unter sehr guten Bedingungen möglich
	Koronare Ischämie-Zeichen	
	Sonstige Informationen	
Blutdruck	arterielle Druckamplitude	- (Unabhängig von der Messtechnik nur in Ruhe bzw. im bewegungsfreien Intervall möglich)
Puls-oximetrie	Arterielle Sauerstoffsättigung	- (Nicht mit Finger- oder Ohrläppchensensoren) + (Möglich mit neuem BLM-Ohr-Sensor bei Bewegung des Rumpfes und der Extremitäten)
	Herzfrequenz und Rhythmus	- (Nicht mit Finger- oder Ohrläppchensensoren) + (Möglich mit neuem BLM-Ohr-Sensor bei Bewegung des Rumpfes und der Extremitäten; Störungen nur beim Kauen oder Sprechen)
	Atemfrequenz	Nur bei sehr guten Signalen möglich
Körperkern-temperatur	Körperkerntemperatur	+ (Möglich mit neuem BLM-Ohr-Sensor, auch bei Bewegung)
Lungenfunk-tionstests	Atemvolumina und -Drucke	- (Unter körperlicher Belastung bzw. bei Bewegung kaum durchführbare Messtechnik; in Ruhe ok, z.B. Piloten-Simulatoren)
Bio-chemisches Monitoring	Sensitive und ausreichend Selektive (immun-) chemische Analytik aus Körper-flüssigkeiten (Blut, Schweiß, Urin u.a.)	+ (Gewinnung der Körperflüssigkeiten während der Bewegung prinzipiell möglich – meist wenig praktikabel)
Mechani-sche-Sensorik	Messung aktiver oder passiver mechanischer Parameter (z.B. Bewegung, Position,	+ (Bewegung wird analysiert durch verschiedene Sensoren an Rumpf oder Kopf, zusam-

	Beschleunigung)	men mit BLM-Ohr-Sensor)
Zentraler Venendruck (ZVD)	Beurteilung des Flüssigkeits-haushalts	- (Invasive und risikobehaftete Messtechnik – schwierige Interpretation während Bewe-gung)
Endtidal pCO$_2$ (Atemluft)	Kohlendioxid Partialdruck in der Ausatemluft (am Ende der Ausatmung)	- (Nur mit Mundstück möglich – bei Bewe-gung unpraktikabel)

Bewegung und den Störungen, die Bewegungen am Sensor oder im Körper selbst erzeugen.

So ist die „mobile Sensorik" bzw. das „mobile Monitoring" eigentlich noch eine junge Disziplin und viele Parameter stehen beim bewegten Menschen einfach nicht bzw. noch nicht zur Verfügung. Viele Parameter wären aber gerade am bewegten Menschen interessant, weil die körperliche Belastung diese Parameter beeinflusst und das Maß der Beeinflussung die eigentlich interessante Größe darstellt. Für diese Szenarien steht die „Belastung am Ort", die „stationäre Be-wegung" zur Verfügung, z.B. die Messung am Ergometer oder am Laufband. Natürlich sind solche Bewegungen artifiziell und können in sehr unterschiedli-chem Maß typisch oder atypisch für die real auftretende Belastung sein.

Das Optimum ist die wirklich mobile, kontinuierliche Sensorik, die ein tatsäch-lich kontinuierliches, mobiles Monitoring erlaubt, unter genau den lebensnahen bzw. belastungstypischen Situationen des Berufs oder des Alltags, einer Reha-Maßnahme, einer Medikation, beim Sport und in der Freizeit. Die mittels CoMoMo gewonnenen Werte geben die Wirklichkeit bezogen auf den bestimm-ten Parameter sehr viel genauer wider als Stellvertreter-Situationen und erst recht als punktuelle Werte.

3 Kontinuierliches, mobiles Monitoring

Die medizinische Versorgung in den Industriestaaten befindet sich in einem tiefgreifenden Wandel, der sowohl durch ökonomische Randbedingungen als auch durch den Fortschritt auf den verschiedensten Gebieten, insbesondere der Medizintechnik bedingt ist.

Dieser Wandel, der unter vielen Aspekten positiv zu bewerten ist, bewirkt aber auch, dass Überwachungslücken entstanden sind, beispielsweise Perioden, in denen der Patient noch rekonvaleszent ist oder auf eine Medikation eingestellt werden soll, auf einen Eingriff wartet oder sich einer ambulanten Reha-Maßnahme unterzieht (Beispiel: Lungenembolie-Risiko nach chirurgischen Eingriffen). Im Gegensatz zu Zuhause ist der Patient in der Klinik prinzipiell überwacht und interventionsnah (Marey et al. 2005). Ein modernes Monitoring sollte diese Überwachungslücken durch die Bestimmung relevanter physiologischer, biochemischer oder biomechanischer Parameter schließen. Diese Parameter sollten aber möglichst nicht punktuell erhoben werden, sondern kontinuierlich, nicht wie einzelne Untersuchungen (beispielsweise beim niedergelassenen Arzt), sondern lebensbegleitend bzw. krankheitsbegleitend, also über einen Zeitraum, in dem die Erhebung der Parameter einen objektivierbaren Gewinn für den Patienten ergibt. Der Nutzen kann vielfältiger Natur sein: die Verbesserung bzw. die Präzisierung einer Medikation, das Vermeiden oder die Reduzierung eines Risikos, die Umsetzung einer Diagnostik in therapeutisches Handeln. Der Gewinn des Monitorings kann sich auch auf das Verhalten bzw. die Psyche des Patienten beziehen: es kann einerseits die Compliance verbessern und andererseits auch Mut machen, im Sinne eines Biofeedback, d.h. das Monitoring vermittelt die Erreichbarkeit eines Erfolgs auf der Basis sinnvoller Maßnahmen.

Bewegung ist ein wesentliches Element des Alltags, des Berufs und der Freizeit. Sogar in der Klinik sind viele Patienten mobil, und gerade der mobile Patient ist oft schlecht überwacht. Es wird häufig nicht genau unterschieden zwischen einer passiven Bewegung (z.B. Reise im Zug), als Lokomotion bezeichnet, und der aktiven Bewegung, also der Bewegung, die man selbst auf der Basis muskulärer Aktivität ausführt. Gerade die körperliche Anstrengung ist ein wichtiges Element lebensbegleitenden Monitorings – ebenso wichtig wie die Kontinuität.

Unter einem lebensbegleitenden bzw. krankheitsbegleitenden Monitoring soll also ein kontinuierliches, mobiles Monitoring verstanden werden, das ein mobiles und uneingeschränktes Leben erlaubt. Werden die Informationen des Monitorings mit einer medizinischen Expertise verbunden, beispielsweise durch die Übertragung der Daten an einen Arzt, eine Klinik oder ein Expertensystem, so entsteht eine diagnostische Wertschöpfung, für die der Begriff Telediagnostik adäquat erscheint.

4   Von m-health zur kontinuierlichen, mobilen Medizin

M-health (engl.: „*mobile health*") wird oft auf die Verwendung „administrativer Informationen", z.B. Datensätze wie eine elektronische Patientenakte oder Laborbefunde eingeschränkt, also auf zeitlich diskrete Informationen, die mehr oder weniger Zusammenhang untereinander aufweisen. „*Continuous mobile medical care*" CMMC ist dagegen das Konzept, moderne Telekommunikations-Technologien einzusetzen, um dem Patienten folgende Komponenten zur Verfügung zu stellen: ein kontinuierliches, mobiles Telemonitoring - auf der Basis moderner Telekommunikations-Technologien, ärztliche Expertise und zeitnahe diagnostische und therapeutische Konsequenzen aus dem Fluss aktueller Monitoring-Informationen.

An ein kontinuierliches, mobiles Monitoring sind erhebliche Anforderungen zu stellen:

1. „Kontinuierlich" bedeutet, dass der Zeitraum des Monitorings wenigstens so lange sein soll, dass ein Wechsel oder Laden der Energiezellen nicht störend ist, bzw. so lange, dass eine Monitoring-Dauer überstrichen werden kann, die aus physiologischer Sicht bzw. aus Sicht der zu überwachenden Störung, eine Einheit bildet. Bei einer Schlafapnoe-Untersuchung beispielsweise sollte das Monitoring eine ganze Nacht durchhalten. Beim Monitoring eines schwer herzinsuffizienten Patienten, der einen Ausflug mit Sauerstoff-Zufuhr unternehmen will, ist die Dauer des gesamten Ausflugs das relevante Zeitfenster für die Anforderung „kontinuierlich".

2. Die Anforderung „mobil" an ein Monitoring ist in mehrfacher Hinsicht zu betrachten:

   a. „Mobil" in dem Sinn, dass „man sich mit dem Monitoring zeigen kann", dass man „unter Leute gehen kann". Der Sensor oder andere Komponenten des Monitorings sollen keine kosmetische Beeinträchtigung darstellen. Wichtig ist, dass die Sensoren an zumutbaren Mess-Orten positioniert sind und möglichst unproblematisch und unauffällig die Informationen vom Körper übernehmen. Damit das Monitoring aber „kosmetisch unproblematisch" ist, muss es ist entweder unauffällig zu tragen sein oder es imitiert ein akzeptiertes Accessoire, z.B. eine Brille oder einen In-Ear-Kopfhörer (die hier beschriebenen CoMoMo-Verfahren für die mobile kontinuierliche Pulsoximetrie und die mobile kontinuierliche Körperkerntemperatur-Messung sind „Ohrsensoren" , bzw. genauer, Sensoren für die Applikation im äußeren Gehörgang.)

   b. „Mobil" in dem Sinn, dass das Monitoring es erlaubt, sich aktiv zu bewegen (in Sport, Arbeit oder Freizeit), ohne dass Bewegungsartefakte die Messung stark beeinträchtigen oder ganz unmöglich machen. Diese Form der Mobilität bezieht sich auf die Unempfindlichkeit des verwendeten Messeffekts bzw. des funktionellen Sensordesigns gegenüber Bewegungsartefakten.

   c. „Mobil" in dem Sinn, dass der Träger des Monitorings sich bei durchgängiger Funktionalität von Ort zu Ort bewegen, z.B. reisen kann. Hier ist die Mobilität im Sinn der Lokomotion, der passiven Bewegung durch den Raum gemeint. Die Mobilität darf also das Monitoring nicht beeinträchtigen, insbesondere darf der Datenstrom (z.B. Telemetrie mittels Mobilfunktechnik) nicht abreißen. Noch anspruchsvoller wird diese Definition, wenn die Forderung, dass die Information in beiden Richtungen durch die Mobilität nicht beeinträchtigt werden soll, dass also auch diagnostische Interpretationen bzw. therapeutische Konsequenzen zurück an den Träger des Monitorings gelangen sollen.

d. „Mobil"– d.h. man kann die Hände bewegen. Die Mobilität der Hände ist
   für sehr viele Bereiche des Lebens extrem wichtig – von Sensoren blo-
   ckierte Hände werden als besonders störend empfunden. Damit werden
   Sensoren, die an Fingern oder Händen appliziert werden, so wie das bisher für eine hochwertige Pulsoximetrie üblich ist, zum Hindernis für das
   CoMoMo.

Wie die Tabelle 1 aufzeigt, gibt es derzeit erstaunlich wenige Parameter, für die
ein kontinuierliches mobiles Monitoring in diesem anspruchsvollen Sinne existiert.

5 Neuentwicklung von CoMoMo-Verfahren mittels Sensoren im äußeren Gehörgang

Im Rahmen des Projektes CrossGeneration wurden CoMoMo-Verfahren für die
folgenden physiologischen bzw. mechanischen Parameter entwickelt: Bestimmung der Körperkerntemperatur, der Herzfrequenz, der Sauerstoffsättigung
sowie der Atemfrequenz. Zusätzlich wurden mechanische Parameter betrachtet
wie Aktivität, Vigilanz und Bewegung, wobei die Vigilanz besonders anspruchs-
voll ist (siehe 7.4). Diese Parameter sind vergleichsweise „harte Parameter",
also Parameter, denen eine interpretierbare Bedeutung zukommt.

Allen Parametern liegt als Messort der äußere Gehörgang zugrunde. Damit ist
eine Reihe von Besonderheiten verbunden, die bei andern Messorten nicht oder
nicht in dem beobachteten Umfang gegeben sind.

a. Geringe Beeinträchtigung durch Bewegung: Der Kopf ist im Vergleich
   zu Extremitäten wenig bewegt. Das bedeutet wenig bewegungsbedingte
   Störungen und damit einen erheblichen Vorteil.

b. Hohe arterielle Perfusion: Im Gehörgang ließ sich eine gute Durchblutung nachweisen. In der Terminologie der Pulsoximetrie wird von der
   Modulationstiefe gesprochen (englisch häufig mit dem Begriff „Ratio"
   beschrieben). Das ist bezogen auf die Transmission von Gewebe mit
   Licht das Verhältnis des aus dem Gewebe austretenden modulierten
   Lichts (durch den arteriellen Ein- und Ausstrom von Blut), relativ zum
   austretenden Gesamtlicht (moduliert und nicht-moduliert). Die Modulationstiefe dieser sog. optischen Plethysmografie ist ein Maß für die arterielle Perfusion am Messort. Sie liegt bei den Fingersensoren bei ca. 1 –
   5%, was im oberen Bereich bisher bekannter Messorte (Ohrläppchen,
   Finger, Zehen, Fuß, Hand, Haut allgemein) liegt. Die Modulationstiefe
   des Ohrsensors liegt mit 0.5 – 3% in einem guten Bereich.

c. Geringe Änderung der Perfusion: Die Durchblutung eines Gewebes
   hängt von vielen Faktoren ab. Für die Zwecke der Pulsoximetrie sind die

Temperatur des Gewebes und die sog. Zentralisation besonders wichtig. Bei Kälte wird die Perfusion erheblich reduziert. Schnell ist sie unter einem Niveau, das Pulsoximetrie erlaubt. Die Zentralisation tritt immer dann auf, wenn sich die Kreislaufsituation so verschlechtert, dass nur noch zentrale Organe mit Blut versorgt werden können: Gehirn, Herz oder Leber (Nieren). Der Kopf muss angeschlossen bleiben und damit auch der Gehörgang. Er unterliegt damit nicht der Zentralisation. Eine kältebedingte Minderperfusion kann zwar prinzipiell auftreten, dieser Messort weist aber offensichtlich vergleichsweise geringe Durchblutungseinschränkungen auf, da er zu zentral liegt, um starken thermischen Instabilitäten unterworfen zu sein. Dazu kommt, dass der Kopf wegen der empfindlichen Ohrmuscheln meist gut vor Kälte geschützt wird.

d. Kosmetische Akzeptanz: Wegen der optischen Ähnlichkeit mit In-Ear-Kopfhörern treffen die neu entwickelten Sensoren auf eine gute kosmetische Akzeptanz. Sind die Sensoren mittels eines dünnen Kabels mit der auswertenden Elektronik verbunden, gibt es keinerlei Probleme.

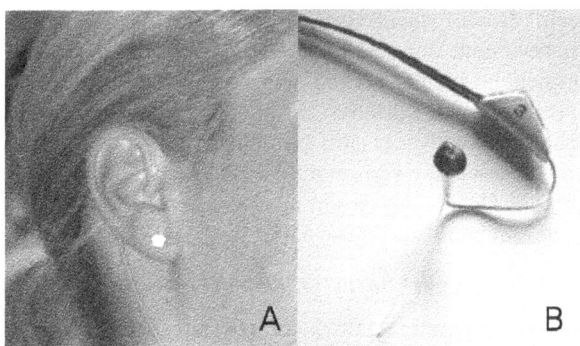

Abbildung 1: Kosmetischer Sensor

Die kosmetische Akzeptabilität eines Sensors bzw. Sensor-Messorts ist dann wichtig, wenn er unter Alltagsbedingungen getragen werden soll. Was im OP oder auf einer Intensivstation unwichtig ist, hat eine große Bedeutung beispielsweise während einer Rehabilitationsmaßnahme, beim Sport, im Beruf oder im Alltag allgemein.

Unter diesen Aspekten fiel die Entscheidung auf den Gehörgang als Messort für das Monitoring der mobilen kontinuierlichen Messung der Körperkerntemperatur sowie für die mobile, kontinuierliche Pulsoximetrie.

6 Mobile, kontinuierliche Messung der Körperkerntemperatur

6.1 Kurze Historie der Körperkerntemperatur

Obwohl die Geschichte des Thermometers bis in das 17. Jahrhundert zurückreicht, wurde die Körpertemperatur erst gegen Ende des 19. Jahrhunderts gemessen. Sowohl Cornelius Drebbel (1561 – 1634) als auch Robert Fludd (1574 – 1637) wurden als Erfinder des Thermometers angesehen, wahrscheinlich wird aber der italienische Arzt Santorio Santorio (1561 – 1636) der Erfinder gewesen sein, der 1612 sein "Thermoskop" beschrieb. Erst zweieinhalb Jahrhunderte nach seiner Erfindung wurde das Thermometer am Menschen angewandt. Die Messung der Körpertemperatur wurde eine grundlegende Messgröße in der Medizin und sie gilt als Paradebeispiel für die Medizintechnik, weil hier erstmals eine physikalische Messgröße zu dem diagnostischen Parameter "Körpertemperatur" wird.

6.2 Die Bedeutung der Körperkerntemperatur

Die Messung der Körpertemperatur ist ein bekannter und weit verbreiteter Parameter: das „Fiebermessen". Beim Fiebermessen wird die Maximaltemperatur über einen Messzeitraum bestimmt, der so gewählt wird, dass die vermutete bzw. berechnete Messabweichung kleiner als die angestrebte Messgenauigkeit ist. Der genauere, aber messtechnisch schwerer zugängliche Parameter ist die Körperkerntemperatur. Sie wird entweder im zentralen Blut (Swan-Ganz-Katheter) oder in Organen gemessen, die von zentralem Blut perfundiert werden (Ösophagus). Auch der äußere Gehörgang ist ein ausgezeichneter Messort für die Bestimmung der Körperkerntemperatur (siehe 6.4).

6.3 Technik des mobilen Monitorings der Körperkerntemperatur

Im Rahmen des Projekts Cross Generation galt es auf der Basis eines innovativen Sensorkonzepts eine Technologie zur Messung der Körperkerntemperatur weiter zu entwickeln, die robust gegen Bewegungsartefakte ist, und unter mobilen[4] Bedingungen verwendet werden kann. Dieses elektronische Thermometer hat prinzipiell dieselben Anwendungsgebiete wie die klassischen Thermometer, allerdings ist darauf zu achten, dass Fieberthermometer Maximum-Thermometer mit engem Zeitfenster sind. Das „mobile Thermometer" dagegen misst kontinuierlich die aktuelle Körperkerntemperatur.

Viele wichtige Körperfunktionen beeinflussen die Körpertemperatur, sie wird in sehr engen Grenzen geregelt. Im Umkehrschluss bedeutet dies, dass die Messung der Körperkerntemperatur Auskunft über wichtige Phänomene und viele Mechanismen des Körpers gibt.

6.4 Der äußere Gehörgang als Messort für die Körperkerntemperatur

Für die Messung der Körpertemperatur sind viele Messorte vorgeschlagen worden: die Haut, die Stirn, die Achselhöhle (Axilla), verschiedene Körperöffnungen, insbesondere Mund, Vagina, Rektum, Speiseröhre (Ösophagus), Gehörgang (bis zum Trommelfell), Trommelfell

Zur Betrachtung der Messorte lassen sich einige Regeln aufstellen:

a) Je weiter innen die Messorte liegen, desto valider ist der Messwert.
   Beispiel: Hautsensoren liegen, bezogen auf den thermischen Gradienten zwischen „innen" und „außen", sehr weit außen und sind daher hochgradig ungeeignet. Die hochvariable Durchblutung der Haut ist ebenfalls ungünstig für die Präzision und die Richtigkeit der „Hauttemperatur".

b) Je stärker durchblutet das Gewebe im Bereich des Messortes ist, desto valider der Messwert – Cave: Zentralisation (Verkleinerung des Kreislaufs, Beschränkung auf lebenswichtige Organe).
   Beispiel: Der Gehörgang ist gut durchblutet und daher als Messort gut geeignet. Da der Gehörgang durch Arterien versorgt wird, die nicht der Zentralisation unterliegen, ermöglicht der Messort auch bei eingeschränkter Kreislauf-Dynamik verlässliche Messungen der Körperkerntemperatur.

c) Möglichst keine optischen (für Strahlungssensoren) oder thermisch isolierenden (für Berührungssensoren) Trennschichten zwischen Sensor und Messort.
   Beispiel: Cerumen (Ohrenschmalz) blockiert Ohr-Sensoren

d) Keine Störung des Messorts durch "thermische Artefakte", zum Beispiel durch Flüssigkeiten auf anderem thermischen Niveau oder durch starken Wind.
   Beispiel 1: Eindringen von Wasser in den Gehörgang beim Schwimmen
   Beispiel 2: Beim Schluckakt passiert vergleichsweise kalter Speichel Ösophagus-Sensoren
   Beispiel 3: thermische Kontamination oraler Messtechnik durch die Atemluft (auch bei Nasenatmung).

Diese Regeln stellen die Grundlagen hinsichtlich Messort und Messgenauigkeit dar. Die Betrachtung dieser Regeln macht klar, dass der äußere Gehörgang aus Sicht der Messgenauigkeit ein günstiger Ort für die Messung der Körperkerntemperatur ist. Es gibt weitere wichtige Aspekte:

Der äußere Gehörgang hat sich als ein ausgezeichneter Messort für die Bestimmung der Körperkerntemperatur erwiesen, da er in thermischer Nähe zum Gehirn und damit zu großen, zentralen Gefäßen liegt. Immerhin erhält das Gehirn 20% des Herzzeitvolumens, obwohl es nur 5% der Körpermasse repräsentiert.

Dazu kommt, dass das Gehirn keiner Zentralisation unterworfen ist, was bedeutet, dass sogar beim Kreislaufschock die Wand des Gehörgangs zuverlässig durchblutet ist (Kreuzer/Buschmann 2007).

Der äußere Gehörgang ist auch aus der Sicht der Hygiene günstig und hat gerade in einer Zeit mit einer hohen Verbreitung sogenannter In-Ear-Kopfhörer eine hohe Akzeptanz.

Der Messort äußerer Gehörgang hat, wie oben schon erwähnt, eine hohe Validität hinsichtlich der Körperkerntemperatur. Mit Validität ist gemeint, dass die Messgröße Körpertemperatur nicht von außen gestört wird, also hoch mit dem korreliert, was als Körperkerntemperatur bezeichnet wird.

Der im Rahmen des Projekts entwickelte Temperatursensor ist durch die Positionierung im äußeren Gehörgang unauffällig und angenehm zu tragen: schon kurze Zeit nach der Applikation wird er nicht mehr wahrgenommen. Das Hören wird vom Sensor nicht beeinflusst, da der Sensor transparent für Schall ist.

6.5 Genauigkeit, Bewegungs-Artefakte, Betrachtung der Geschwindigkeit

Die Genauigkeit ist dank des geringen Stroms zum Auslesen des Messwiderstands und eines 24-Bits-Analog-Digital-Wandlers sehr hoch. So kann man auf eine „Fenstertechnik" (hohe Auflösung in kleinem Messbereich, den man u.U. verschieben muss) verzichten und hat doch eine Auflösung von 1/100°C, über einen Bereich von -5 bis 80 °C, der auch Kalibrationen problemlos ermöglicht. Der Sensor berührt die Innenwand des äußeren Gehörgangs mit einer vorgegebenen Andruckkraft. Dies bewirkt, dass die Position des Sensors stabil ist, der Kontakt zur Wand des Gehörgangs gut und Bewegungs-Artefakte gering sind (Kreuzer 2009).

6.6 Grenzen der Methode „kontinuierlichemobile Messung der Körperkerntemperatur"

Die Grenzen der Methode „Messung der Körperkerntemperatur mittels Berührungssensorik im äußeren Gehörgang" lassen sich durch die unter Kapitel 6.3 beschriebenen Regeln gut verstehen.

Der Messort als solcher ist ausgezeichnet. Es ergeben sich jedoch Einschränkungen durch das System Gehörgang-Ohrmuschel, bei dem ein thermischer Gradient auftreten kann, der zwangsläufig desto größer ist, je größer der Temperaturunterschied zwischen Körperkerntemperatur und Außentemperatur ist. Dieser thermische Gradient tritt zwischen der Ohrmuschel, die stark von der Außentemperatur beeinflusst wird, und den innersten, Trommelfell-nahen Bereichen des Gehörgangs auf, die zentralem Blut nahe sind, das die Körperkerntemperatur repräsentiert. Der im Rahmen des Projekts CrossGeneration verwendete Sensor sitzt etwa am distalen Teil des mittleren Drittels des Gehörgangs. Der Messort befindet sich also mitten im Gradienten zwischen innen und außen.

Gemäß diesen Überlegungen weist die an diesem Messort ermittelte Temperatur bezogen auf die Körperkerntemperatur immer dann eine hohe Richtigkeit auf, wenn keine besonderen Störungen vorliegen (wie z.b. Wasser im Gehörgang, starker Wind, Cerumen) und sogar eine hohe Präzision, wenn die Außentemperatur nahe der Körperkerntemperatur liegt.

Zur Bestimmung der Richtigkeit und der Präzision der im äußeren Gehörgang gemessenen Temperaturen wurde ein spezieller Ohrsensor aufgebaut, der durch drei separate Berührungstemperatur-Sensoren den Gradienten innerhalb des Gehörganges vermisst. Dabei zeigte sich, dass die an typischer Stelle gemessene Körpertemperatur immer dann auf $\pm$ 1/10 °C (bzw. $\pm$ 1/5 °C) genau bleibt, wenn die Außentemperatur um nicht mehr als $\pm$ 10 °C (bzw. $\pm$ 20 °C) von der Körperkerntemperatur abweicht. Dies ist ein recht gutes Ergebnis, das den Sensor als hervorragend geeignet für alle Anwendungen bei „milden Umgebungstemperaturen" ausweist. Als Referenz bietet sich die Ösophagus-Temperatur-Messsonde an.

Um den Sensor auch für Messungen unter extremeren Umgebungstemperaturen einsetzen zu können, bieten sich prinzipiell zwei Wege an:

a) Man stabilisiert die Temperatur der Ohrmuschel durch Kühlung oder Erwärmung (je nach Umgebungstemperatur) der Art, dass der Gradient zwischen Körperkerntemperatur und der thermisch stabilisierten Ohrmuschel unter 20 °C bleibt. Diese Methode ist prinzipiell fehlerfrei, bedarf aber eines erheblichen Energieeinsatzes.

b) Man platziert mehrere Temperatursensoren entlang des äußeren Gehörgangs und bestimmt auf diese Weise den Gradienten der Temperatur. Man kann dann versuchen, gestützt auf experimentelle Datensätze, die Temperatur des innersten Sensors auf der Basis der beiden anderen Sensoren in Richtung der „wahren" Körperkerntemperatur zu extrapolieren.

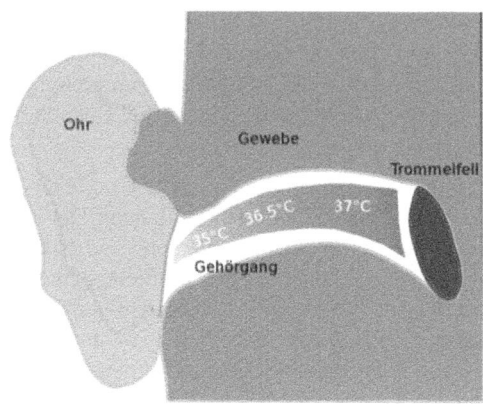

Abbildung 2:   Temperatur-Gradient im Gehörgang

6.7 Anwendungsszenarien zum kontinuierlichen mobilen Monitoring der Körperkerntemperatur

Ernährung: Die Ernährung liefert die gesamte Energie für den Körper, auch für die Körperwärme. Vor allem Kohlehydrate stehen für eine wärmegetönte chemische „Verbrennung". Ein Kohlenhydratmangel führt zu Frieren, da die Körperkerntemperatur im unteren Regelbereich liegt.

Schlaf / Biorhythmen: Unser Körper enthält eigene Uhren, die durch Außenreize getriggert und synchronisiert werden. Auch der Schlaf und seine Phasen sind davon betroffen. Generell durchläuft der Körper thermisch unterschiedliche Schlafphasen: Phasen mit Temperaturregelung (REM-Schlaf) und ohne (Tiefschlaf). Ein angenehmes Monitoring ermöglicht auf diesem für die Leistungsfähigkeit während des Tages wichtigen Gebiet einen breiteren Zugang. Vielleicht hält ein Schlaf- bzw. Biorhythmus-Monitoring in der Zukunft ebenso Einzug wie das Herzfrequenz –Monitoring in Sport und Training.

Erhöhung der Körperkerntemperatur durch körperliche Leistung bzw. Training: Es wurde beobachtet, dass trainierte Personen über bessere Temperaturanpassungsmechanismen verfügen als weniger gut trainierte bzw. bereits erschöpfte Menschen. Man könnte die Körperkerntemperatur also heranziehen, um zwischen noch leistungsfähigen und erschöpften Sportlern zu unterscheiden, also im Sinne der individuellen momentanen Konstitution (Spieler auswechseln), aber auch um generell die körperliche Leistungsfähigkeit eines Individuums zu beurteilen bzw. den Trainingserfolg bei Sportlern oder bei Patienten, die an einer REHA-Sportgruppe teilnehmen (z. B. bei Zustand nach Herzinfarkt).

Temperaturregulation und ihre Störungen (z.B. im Alter): Bei älteren Menschen fällt häufig ein stark verändertes Wärmebedürfnis auf (überheizte Zimmer, stark wärmekonservierende Kleidung). Dem kann eine echte Verschiebung der Temperaturregelung zugrunde liegen (veränderte Körperkerntemperatur, veränderte Solltemperatur) oder ein subjektiv geändertes Temperaturempfinden bei korrekter Körperkerntemperatur oder ein reduzierter Grundumsatz (Schilddrüse, Ernährung, Bewegungsmangel u.a.). Die kontinuierliche Messung der Körperkerntemperatur kann helfen, diese Phänomene zu klären und vor allem zwischen subjektiven und objektiven Problemen zu unterscheiden (Leiner 2009).

Infektionen und Infektionskrankheiten: Bei sog. fieberhaften Infekten werden von Bakterien oder Viren Pyrogene gebildet, Proteine, die in die Blutbahn gelangen können und Fieber erzeugen, indem sie den Sollwert nach oben verstellen. Obwohl Fieber subjektiv unterschiedlich stark wahrgenommen wird, fühlt man sich nicht leistungsfähig. Meist wird dann eine einzelne Fiebermessung (Maximaltemperatur) vorgenommen, der aber als *Single-Shot* aus einem komplexen Verlauf heraus wenig Bedeutung zukommt. Betrachtet man zusätzlich noch die Unschärfe der Temperatur bei einem ungünstigen Messort, ist der diagnostische Wert nur noch gering. Aus formallogischen aber auch aus signaltechnischen Überlegungen muss eine kontinuierliche Messung einen höheren Informationsgehalt aufweisen und damit höherwertiger sein als eine Single-Spot Messung. Eine kontinuierliche Messung der Körperkerntemperatur bringt also einen Zusatz an diagnostischer Information - der gute Tragekomfort und der geringe Aufwand sind weitere gute Argumente für die kontinuierliche, mobile Messtechnik.

Körperkerntemperatur-Monitoring zur Diagnostik des Eisprungs (Kontrazeption / Kinderwunsch): Frauen mit natürlichem hormonellem Zyklus haben etwa in der Zyklusmitte einen Eisprung, der mit einem erhöhten Progesteronspiegel sowie einem Anstieg der Körperkerntemperatur um ca. 0,5 °C einhergeht und bis zur Menstruation persistiert. Diese 2. Zyklushälfte ist zuverlässig unfruchtbar. Problematisch ist allerdings, den kleinen Temperaturanstieg gegenüber dem mindestens ebenso großen Grundrauschen zuverlässig zu erkennen - subklinische Erkrankungen mit subfebriler Körpertemperatur erschweren die Erkennung der zweiten Zyklushälfte. Eine kontinuierliche kabellose Messung der Körperkerntemperatur über die gesamte Schlafperiode einer Nacht hinweg, sollte eine genauere Identifizierung der zweiten Zyklushälfte vor dem Hintergrund anderer Ursachen für so einen kleinen Temperaturanstieg erlauben als die Messung der Basaltemperatur (eine Single-Spot-Messung pro Nacht).

Äußere Temperatureinflüsse: Saunen, Sonnenbad, Schwimmen im kalten Wasser usw. sind von außen dem Körper aufgezwungene Temperaturänderungen, die der Organismus auszuregeln versucht. Bleibt der äußere Einfluss bestehen, kann der Regelmechanismus überfordert sein, was zu Kreislaufproblemen und zum

Kreislaufstillstand führen kann. Gefährdet sind beispielsweise unvorsichtige Badegäste, Feuerwehrleute, Kühllageristen, Soldaten, Bergsteiger. Extrem-Bergsteiger schätzen das Risiko einer Entgleisung der Körperkerntemperatur mit tödlichem Ausgang auf zwischen 10 und 40% je nach Erfahrung, persönlicher Physiologie, Wetterverhältnissen und anderen Faktoren. Zur Bestimmung des Einflusses der Außentemperatur wurde im Rahmen einer Diplomarbeit (Kossentini 2010) ein spezieller Sensor mit drei Temperatursensoren aufgebaut: der erste Sensor ist an typischer Stelle im Gehörgang positioniert, der zweite Sensor befindet sich etwas weiter außen, aber immer noch im Gehörgang. Der dritte Sensor befindet sich an einer nicht-Wärme-getönten Stelle auf der Platine, die im oberen Bereich zwischen Ohrmuschel und Kopf getragen wird. Die Untersuchungen im Kühllager eines Großmarkts haben gezeigt, dass die innerste Gehörgangstemperatur der Außentemperatur nur in sehr geringem Ausmaß folgt, wobei nicht sicher entschieden werden konnte, ob der geringwertige Abfall überhaupt ein Artefakt darstellt.

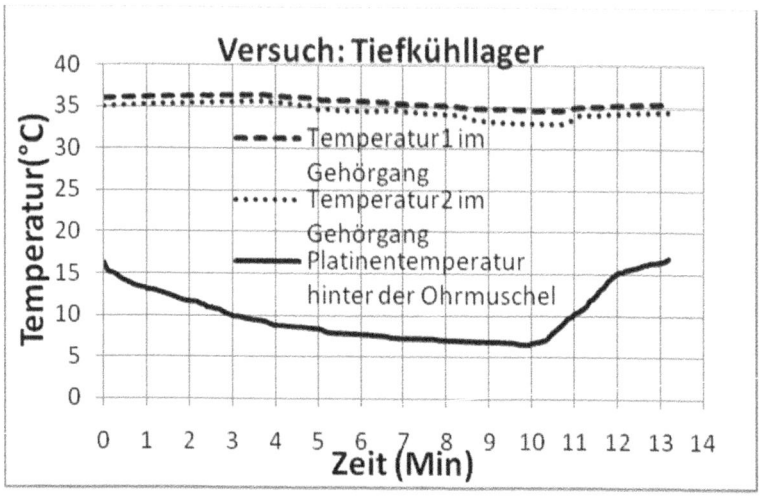

Abbildung 3:   Drei-Fach-Messung zur Bestimmung der Körperkerntemperatur bei Umgebungsbe-
               dingungen mit einer Differenz zwischen Körperkerntemperatur und Umgebung >
               20°C - Tiefkühllager.

Insgesamt zeigt sich, dass der Parameter Körperkerntemperatur sowie die Parameter der Pulsoximetrie noch an Bedeutung gewinnen, wenn es gelingt, sie einem im strengen Sinne „mobilen Monitoring" zugänglich zu machen, vor allem lassen sich eine Reihe wichtiger Anwendungen erschließen, die zum Teil heute noch nicht einmal vollständig abschätzbar sind.

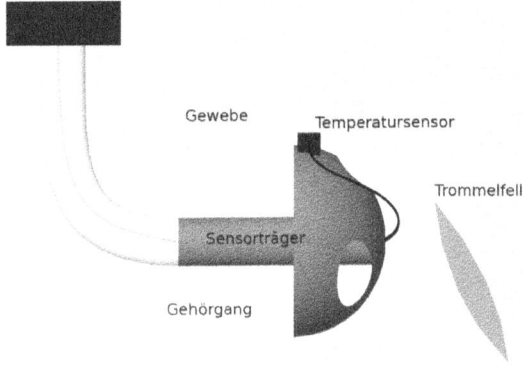

Abbildung 4:   Körperkerntemperatur-Messung.

7   Die kontinuierliche mobile Pulsoximetrie mittels In-Ear-Sensor

7.1 Die Bedeutung der kontinuierlichen mobilen Pulsoximetrie

Im Rahmen des Projekts Cross Generation wurde ein mobiles Pulsoximeter entwickelt, das sich als robust gegen Bewegungsartefakte erwies und welches unter außergewöhnlichen Bedingungen verwendet werden kann.

Dieses mobile Pulsoximeter hat prinzipiell dieselben Anwendungsgebiete wie klassische Pulsoximeter, kann aber zusätzlich immer dann eingesetzt werden, wenn mobile Bedingungen vorliegen. „Mobil" ist auch hier in vierfacher Hinsicht zu verstehen.

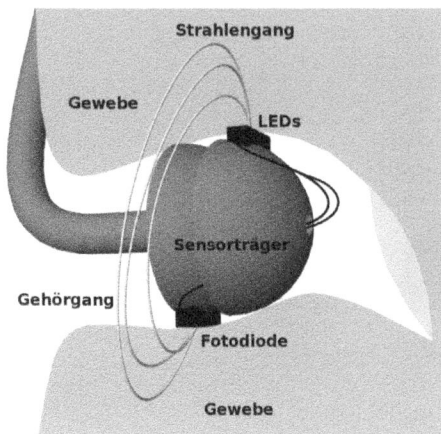

Abbildung 5:   Sensorposition und Strahlengang des mobilen Sensors im äußeren Gehörgang für die nichtinvasive, kontinuierliche Pulsoximetrie. Die beiden optischen Komponenten sind einander gegenüber, aber in Längsachse geringgradig gegeneinander versetzt positioniert.

7.2 Die innovativen Elemente der kontinuierlichen mobilen Pulsoximetrie

Die vier wichtigsten innovativen Elemente sollen hier erläutert werden, weil sie den Ergebnissen zugrunde liegen.

1. Neuer Lichtweg: Der Pulsoximetrie-Sensor im äußeren Gehörgang basiert auf einem zentrifugalen Strahlengang, die LEDs strahlen radial in die Wand des Gehörgangs. Die Fotodiode erhält ihr Licht aus der Wand des Gehörgangs. Der Gehörgang-Sensor verwendet also invertierte Strahlengänge. Dazu kommt eine sorgfältige Unterdrückung von Shuntlicht. Zusammen mit einem definierten Andruck der optischen Komponenten gegen die Wand des Gehörgangs ergeben sich recht stabile Signalverhältnisse (Buschmann 2009).

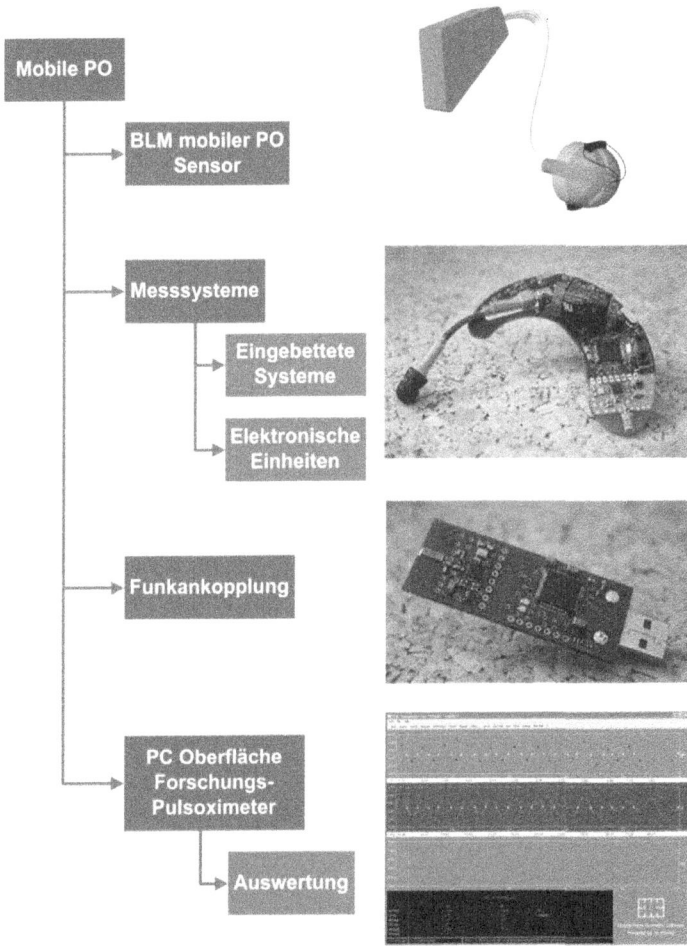

Abbildung 6: Mobiles Pulsoximetrie-System.

2. Mobile, kleine, analog- und digitale-Hybrid-Elektronik: Im Rahmen des Projekts galt es, eine möglichst kleine und doch hochgenaue Elektronik zu entwerfen. Das Monitoringverfahren basiert auf hochgenauen (18 bzw. 24 Bit) äquidistanten Samples der optischen Plethysmogramme. Um die Präzision auch auf der Seite der Lichtemission zu gewährleisten, werden die LEDs mit einer Präzisions-Stromquelle betrieben, die von einem Mikroprozessor sowohl hinsichtlich der Zeit (Pulsform) als auch hinsichtlich der In-

tensität angesteuert wird. Zusätzlich gilt es den Energieverbrauch zu minimieren (Huang 2008).

3. Der äußere Gehörgang als Messort: Der äußere Gehörgang ist erstaunlich wenig anfällig gegenüber Bewegungsartefakten. Um den Gehörgang als Messort für die Pulsoximetrie nutzen zu können, wurden besondere Strahlengänge notwendig (siehe Abbildung 6).

4. Softwaretools zur Beseitigung von Reststörungen: Der Gehörgang weist eine hohe Robustheit gegen Bewegung des Rumpfes auf, es bleiben aber Reste von Störungen, die letztlich nur beim Sprechen oder Kauen auftreten können. Diese Störungen werden mittels Softwaretools beseitigt (Rieger 2009; Wieser 2010).

7.3 Genauigkeit und Grenzen der kontinuierlichen mobilen Pulsoximetrie

Die mobile Pulsoximetrie hat eine hohe Leistungsfähigkeit: dies gilt vor allem für die Signalqualität bei nahezu allen Arten von Bewegungen, insbesondere Bewegungen des Rumpfes und der Extremitäten. Dazu muss allerdings die Platzierung des Sensors im äußeren Gehörgang sorgfältig vorgenommen werden. Die Modulationstiefe (Verhältnis von moduliertem Licht zu konstantem Licht) ist nicht so groß wie bei Fingersensoren, was den Schaltungsaufwand erhöht. Dieser Nachteil wird jedoch durch die Robustheit gegenüber Bewegungsartefakten mehr als ausgeglichen, insbesondere wenn der Hauptfokus ein mobiles Monitoring ist (Buschmann, Huang 2009; 2010).

7.4 Anwendungsszenarien der kontinuierlichen mobilen Pulsoximetrie

Ambulante bzw. rekonvaleszente Patienten: Immer kürzere Hospitalisierungszeiten und ambulante Medizin bewirken, dass viele Patienten zuhause sind und dort überwacht sein wollen / sollten. Dabei können sie sich ganz normal verhalten und bewegen.

Sportler: Sportler können z.B. durch Training, durch extreme Bedingungen (große Höhen mit geringen Sauerstoffpartialdrucken – Pilot, Bergsteiger) durch Krankheiten oder durch Auspowern an ihre Grenzen gelangen, die sie ja durch Training gerade verschieben wollen. Pulsoximetrie beim Sport ist jetzt möglich.

Geriatrie: Alte Menschen sind oft limitiert, sie leiden z.B. an Herzinsuffizienz. Lungenemphysemen, COPD oder schwerem Asthma. Manche von ihnen brauchen zusätzlichen Sauerstoff. Dennoch wollen sie so normal wie möglich leben und dabei mobil bleiben. Auch mit einer solchen Krankheit und sogar mit zusätzlichem Sauerstoffbedarf kann man mobil sein. Durch die mobile Pulsoximetrie bleibt dem Patienten ein Teil seiner Mobilität erhalten bzw. kann diese wiederhergestellt werden.

Klinik: Auch in Kliniken sind Patienten mobil, sogar bewusstlose Notfallpatienten werden durch die Klinik gefahren, z.B. vom Röntgen zum OP oder von der Notfallambulanz zum NMR. Andere Patienten werden einfach von einer Station zur anderen verlegt. Auf all diesen Wegen sind sie oft nicht lückenlos überwacht. Diese Überwachungslücke lässt sich mit der mobilen Pulsoximetrie schließen. Der Patient erhält ein mobiles Pulsoximeter, welches immer seine Werte misst, egal, wer bei ihm ist oder wo er sich befindet. Diese Werte könnten an einer zentralen Stelle auflaufen und sowohl automatisch als auch individuell und manuell kontrolliert werden. So kann ein erheblicher Gewinn an Sicherheit in der Klinik erreicht werden.

Therapiemonitoring: Viele Therapien haben Einfluss auf die Herzfrequenz, die Atemfrequenz oder die Sauerstoffsättigung. So kann eine Therapie mit Opiaten die Atmung reduzieren, die Therapie des Asthmatikers sollte die Sauerstoffsättigung verbessern. Wie eine therapeutische Maßnahme also im Sinne der Pulsoximetrie-Parameter wirkt, kann problemlos festgestellt werden. Mit Hilfe der mobilen Pulsoximetrie lässt sich zeigen, ob die ärztlichen Maßnahmen ausreichen, ob der Patient die Verordnungen in hinreichendem Umfang umsetzt und mitträgt und ob die ärztlichen Maßnahmen auch unter Belastung ausreichen – z.B. mobile oder stationäre Sauerstoffgabe, Inhalationsmedikation, Herzmittel usw.

Diagnostik der Schlafapnoe: Die Schlafapnoe ist eine häufig nicht bzw. nicht rechtzeitig diagnostizierte Erkrankung mit Einbußen der Lebensqualität: Der Patient fühlt sich auch am Tag müde und Schlaf bringt keine Erholung. Ursache sind Atemstillstände während des Schlafes. Die Diagnose wird heute im Schlaflabor gestellt, was drei Tage in Anspruch nimmt. Die mobile Pulsoximetrie könnte die Diagnose zuhause ermöglichen bzw. solide Verdachtsmomente zu Tage fördern.

Bestimmung von Herzfrequenz, Rhythmus und Variabilität der Herzfrequenz: Die Bestimmung der Herzfrequenz ist ein Element der Pulsoximetrie und erfolgt gewebsoptisch, d.h. aus der Analyse der optisch *plethysmografischen* Signale. Die Bestimmung der Herzfrequenz ist als Information der Zeit prinzipiell einfacher als die Bestimmung der Sauerstoffsättigung als Information der Amplitude, da die beiden optisch *plethysmografischen* Signale erstens im Sinne der Herzfrequenz redundant, also vergleichsweise robust sind, und zweitens, da die Genauigkeitsanforderungen an die Amplituden-Auflösung der optisch *plethysmografischen* Signale zur Extraktion der Sauerstoffsättigung deutlich höher sind.

Der Parameter Herzfrequenz enthält messtechnisch auch sämtliche Derivate der Herzfrequenz wie den Rhythmus, Arrhythmien und natürlich auch die Variabilität der Herzfrequenz.

Bestimmung der Atemfrequenz: Die Atemfrequenz ist ein Derivat der Pulsoximetrie und beruht damit auf der Auswertung der *plethysmografische* Signale.

Die Atemfrequenz kann prinzipiell aufgrund der intrathorakalen Druckschwankungen, die sich in den *plethysmografischen* Signalen erkennen lassen, detektiert werden, allerdings setzt dies sehr gute Signale voraus, bzw. sehr gut rekonstruierte Signale. Insbesondere unter mobilen Bedingungen ist dieses Ziel ausgesprochen schwer zu erreichen. Wichtig ist, wenn man die Atemfrequenz aus den *plethysmografischen* Signalen extrahieren möchte, durch ein besonders sorgfältiges Sensordesign dafür zu sorgen, dass bereits die initialen, direkt am Sensor entstehenden Signale möglichst ungestört sind.

Mechanische Parameter Aktivität, Bewegung und Vigilanz: Diese Sensorik besteht prinzipiell aus mechanischen Parametern wie Lage, Bewegung, Beschleunigung, Position (GPS, Galileo) und davon abgeleiteten Größen. Nicht einfach ist die Trennung aus passiver und aktiver Bewegung. Je genauer das Bild sein soll, das die mechanische Sensorik zu leisten hat, desto mehr Sensoren müssen eingesetzt werden. Dann erlaubt die Analyse der Signale vieler Sensoren ein doch recht genaues Bild, zumindest hinsichtlich Aktivität und Bewegung. Die Vigilanz ist unzweifelhaft der anspruchsvollste Parameter, da sich nur eine Untermenge der Vigilanz in Bewegung äußert. Ein bewegter Mensch hat eine hohe Vigilanz, je komplexer die Bewegung, desto höher die Vigilanz. Oft ist dies bereits eine wichtige Aussage, für die sich die Sensorik bzw. das Monitoring lohnt. Aber der Umkehrschluss ist unzulässig: aus fehlender Bewegung kann nicht auf eine geringe Vigilanz zurückgeschlossen werden.

8   Die CoMoMo-Parameter und wichtige Anwendungsgebiete

8.1 Schließen der „ambulanten Überwachungslücke"

Kürzere Hospitalisierungszeiten, mehr ambulante Medizin und auch minimalinvasive Eingriffe tragen dazu bei, dass viele Patienten zuhause sind und keiner klinischen Überwachung unterliegen. Diese ambulante Überwachungslücke enthält Risiken, die dem neuen kontinuierlichen, mobilen Monitoring zugänglich sind. Mit der Etablierung des CoMoMo lässt sich die ärztliche Überwachung auch auf Lebensräume außerhalb der Klinik erweitern (Stewart 1970). So ergeben sich durch die Kombination aus dem CoMoMo mit ärztlicher Expertise sinnvolle und wichtige Dienstleistungsbereiche, die besetzt werden können, sobald die Monitoring-Verfahren einen ausreichenden technischen Stand erreicht haben und kommerziell verfügbar sind.

Beispiel: Das Risiko einer Lungenembolie, das selbst nach Bagatelleingriffen vorhanden ist, erreicht sein Maximum am 15. postoperativen Tag. Die meisten Patienten sind dann längst zu Hause. Wie aber kann eine Lungenembolie zuhause erkannt werden? Ein kontinuierliches, mobiles Sauerstoffmonitoring kann immerhin die ausgedehnteren Embolien erkennen, die zu Einbrüchen in der Sauerstoffsättigung führen und sofort die Rettungskette auslösen.

8.2 Ageing Society

Eine steigende Zahl älterer Menschen kann vom Zugang zu kontinuierlichem, mobilem Monitoring profitieren, insbesondere Multimorbide. Diesen Menschen gilt es, eine möglichst hohe Lebensqualität zu erhalten bzw. zurückzugeben. Auch hier ergeben sich neue Dienstleistungsbereiche sowohl im Bereich der Ausstattung der Patienten mit den apparativen Voraussetzungen bis in den Bereich der Wohnungswirtschaft hinein als auch hinsichtlich der neuen Wertschöpfungskette.

Beispiel: Viele ältere Menschen sind kardial oder pulmonal eingeschränkt, teilweise bis zu einem Umfang, ab dem die Sauerstoffversorgung nicht mehr ausreicht, zumindest nicht unter Belastung. Hier gilt es zu klären, welche Belastung zumutbar oder im Sinne einer Rehabilitation sogar erwünscht ist und welche Belastung als unnötige Gefährdung angesehen werden muss. Diese Diagnostik sollte unter Belastung erbracht werden und ist damit genau das Kerngebiet einer mobilen Pulsoximetrie.

Beispiel: Viele ältere Menschen mit erheblicher Herzinsuffizienz wagen es nicht mehr, ihre Wohnung zu verlassen. Wenn sich ein Patient auf Basis einer kontinuierlichen, mobilen Pulsoximetrie und ärztlicher Beratung wieder zutrauen kann, beispielsweise mit seiner Familie in ein Restaurant zu gehen, weil das mobile Pulsoximeter nachweist, dass diese Aktivität keinen unzumutbaren Einbruch der Sauerstoffsättigung bedeutet, so ist ein Stück Lebensqualität (zurück) gewonnen.

8.3 Gesundheitsbewusstes Leben und prophylaktisches Verhalten

Der Wunsch, die Gesundheit zu erhalten, ist bei vielen Menschen tief verankert. Epidemiologische Untersuchungen von Krankenkassen und staatlichen Behörden haben hierzu wichtige Erkenntnisse geliefert. Ein praktikables, vor allen ein kontinuierliches, mobiles Telemonitoring kann die Anstrengungen auf diesem wichtigen Sektor erheblich verbessern.

Beispiel: Hochalpine Bergsteiger begeben sich in „dünnere Luft", ohne zu wissen, ob sie dies vertragen, d.h. ob sie ein Lungenödem entwickeln werden oder nicht. Eine kontinuierliche, mobile Pulsoximetrie erlaubt diese Diagnostik auch unter mobilen Bedingungen und unter Belastung und hilft damit, eine lebensbedrohliche Gefährdung für den Sportler zu identifizieren. Ähnliches gilt für Taucher, Piloten und viele andere Sportler.

8.4 Arbeitsmedizin: Beruflicher Schutz vor Gesundheitsschädigung

Nicht wenige Berufe sind mit Gesundheitsrisiken verbunden, die zwar von den Berufsgenossenschaften erkannt und bewertet, aber nicht vollständig abgeschafft werden können. Es bleibt ein Risiko, das zumindest teilweise durch die Telemedizin reduziert werden kann.

Beispiel: Einige Berufe bringen eine Exposition gegenüber extremen Temperaturen mit sich, z.b. Feuerwehr, Metallverarbeitung (Hochofen), Glasverarbeitende Industrie. Eine klassische Maßnahme sind Schutzanzüge, die die Arbeiter aber stark behindern (Gewicht, Maske). Ein mobiles Telemonitoring der Körperkerntemperatur kann eine Überhitzung des Körpers detektieren, entsprechende Maßnahmen zum Schutz des Arbeiters können dann ergriffen werden. Gleichermaßen wichtig sind Szenarien mit einer Bedrohung durch eine Senkung der Körpertemperatur: Kühllager-Arbeiter, Seenot-Rettung aus kalten Gewässern (Marine), Rettung Lawinenverunglückter.

8.5 Forschung

Mobiles Monitoring eröffnet häufig neue, wichtige Forschungsbereiche und triggert damit zwangsläufig auch neue Ergebnisse, meist sogar Ergebnisse, die vorher nicht durch Extrapolation zu erwarten gewesen wären.

Beispiel: Für Training, Sport und Rehabilitation gilt derzeit die Herzfrequenz als Leitkriterium, um zwischen physiologischem Bereich und Überlastung zu differenzieren. Es ist vorstellbar, dass der Parameter Herzfrequenz von dem schwieriger zu messenden, aber evtl. aussagefähigeren Parameter Körperkerntemperatur abgelöst werden sollte, denn die Herzfrequenz reflektiert lediglich die beiden Einflussfaktoren *Parasympathikus* (verlangsamend) und *Sympathikus* (beschleunigend = adrenerge Hormone). Die Körpertemperatur andererseits ist wesentlich komplexer: Sie erlaubt eine Aussage über die beiden physiologisch komplexen Mechanismen aus „muskulärer Ökonomie" einerseits und den vom Körper ergriffenen „Maßnahmen der Kühlung" andererseits. Beide Faktoren sind daher vermutlich besser zur Beurteilung der Frage geeignet, ob eine körperliche Aktivität als physiologisch oder unphysiologisch einzustufen ist.

9 Projektrückblick und Ausblick

Das Projekt CrossGeneration ermöglichte in bedeutendem Umfang die Verbesserung bislang stationärer Monitoring-Verfahren: Die nichtinvasiven Parameter „Körperkerntemperatur", „arterielle Sauerstoffsättigung" (optisch) und „Herzfrequenz" (optisch) wurden durch die Verkettung mehrerer innovativer Elemente und durch eng verzahntes multidisziplinäres Arbeiten in mobile und kontinuierliche Monitoring-Verfahren überführt. In der Laufzeit des Projekts ließen sich auch die Machbarkeit dieser Verfahren nachweisen und Anwendungsgebiete erarbeiten.

Weiterer Entwicklungsbedarf besteht an folgenden Punkten:

• Verbesserungen von Sensoren und Elektronik in Richtung Miniaturisierung und Robustheit im Alltagsgebrauch.

• Ausschöpfung aller Energieeinsparmöglichkeiten durch ein professionelles Design aller Komponenten und intelligentes Sampling der *Plethysmogramme*.

• Kalibration des mobilen Pulsoximeters.

• Klinische Prüfungen.

10 Literaturverzeichnis

Bolz, A. / Braecklein, M. / Moor, C. 2005: Technische Möglichkeiten des Tele-monitorings physiologischer Parameter. Herzschrittmachertherapie & Elektrophysiologie 16(477): 1-9.

Buschmann, J. 2009: Methods and devices for continuous and mobile measurement of various bio-parameters in the external auditory canal. U.S. Patent 20090088611. April 2002.

Buschmann, J. P. / Huang, J. 2010:. New Ear Sensor for Mobile, Continuous and Long Term Pulse Oximetry. Proc. 32th Annual International Conf. of the IEEE Engineering in Medicine and Biology Society.

Buschmann, J. P. / Huang, J. 2011: Pulse Oximetry in the External Auditory Canal – A New Method of Mobile Vital Monitoring. Sensors Journal, IEEE.

Huang, J. 2008: Design of a measurement system for pulse oximetry under mobile condition. Masterarbeit. Dept. Electron. Eng. TU München.

Kossentini, M. 2010: Weiterentwicklung eines neuartigen Körperkerntem-peratursensors unter kontinuierlichen und mobilen Bedingungen. Diplomarbeit. TU München.

Kreuzer, J. / Buschmann, J. 2007: Mobile, kontinuierliche Erfassung der Kör-perkerntemperatur. BMT.

Kreuzer, J. 2009: Alltagstaugliche Sensorik, Kontinuierliches Monitoring von Körperkerntemperatur und Sauerstoffsättigung. Dissertation. TU München.

Leiner, A. 2008: Mobile kontinuierliche Messung der Körperkerntemperatur des Menschen. Dissertation.

Marey, A. / M. Buchner / S. Noehte 2001: Mobiles Monitoring - Eine neue Chance für die

Diagnostik? Mobiles Computing in der Medizin, 158-165.

Rieger, A. 2009: Entwicklung und Konzeption eines Gehörgangsensors für die mobile Pulsoximetrie" Dissertation, TU München.

Stewart, J. S. S. 1970: The aim and philosophy of patient monitoring", Post-gradMed J. 46(536): 339-343.

Wieser, S. 2010: Entwicklung eines Ohrpulsoximetriesensors. Dissertation. TU München.

Teil IV: Vernetzte Dienstleistungen im Gesundheitswesen

„Bring Dich ein!" – Generationsübergreifende Vermittlung von Dienstleistungen auf einem virtuellen sozialen Marktplatz

Felix Köbler, Philip Koene, Agnieszka Horsonek, Sebastian Esch, Jan Marco Leimeister, Helmut Krcmar[1]

1 Einleitung

Als Folge des demographischen Wandels wird im Jahr 2050 die Bevölkerungs-zahl in Deutschland von heute 82 Millionen auf knapp 69 Millionen schwinden. Dabei wird sich die Relation zwischen Jung und Alt stark verändern und eine Veränderung der Haushaltstrukturen (Eisenmenger et al. 2006) bewirken. So sind vor allem Menschen, die älter als 50 Jahre sind von Änderungen in familiä-ren Strukturen betroffen, die zu meist auf den Wegzug oder Tod von Familie, Freunden oder Verwandten, sinkende Geburten, sowie steigende Scheidungsra-ten zurückzuführen sind. Um jedoch die Gesellschaft angesichts des demogra-phischen Wandels zukunftsfähig zu gestalten, müssen die Bindungen zwischen den Generationen erhalten und gestärkt werden. Dafür müssen neue Formen des Zusammenlebens zwischen Alten und Jungen, sowie unterschiedlichen sozialen und ethnischen Gruppen erprobt werden.

Diese Veränderungen stellen vor allem regionale Dienstleister vor große Heraus-forderungen, die sich besonders in den frühen Phasen der Wertschöpfungskette wie Entwicklung, Vermarktung und Anbahnung, sowie in der Unterstützung der Erbringung von Dienstleistungen für eine alternde Gesellschaft auswirken. Lo-kal und regional verfügbare Dienstleistungsangebote, welche von Unternehmen, karitativen Organisation oder Freiwilligennetzwerken wie bspw. Nachbar-schaftshilfen angeboten werden, sind den Kunden häufig zu wenig bekannt. Die organisatorischen Kompetenzen zum professionellen Umgang mit diesen Her-ausforderungen liegen aufgrund des sozialen und karitativen Hintergrunds der Dienstleistungsanbieter – im Gegensatz zu anderen Industrien – selten vor. Der Einsatz von technischen (IT-)Lösungen, die bei den organisatorischen Heraus-forderungen helfen würden, scheitert dabei sowohl an Ängsten, Fähigkeiten und emotionalen Barrieren beim Kunden, sowie bei der Einbindung in die Prozesse und Strukturen der Dienstleistungsanbieter (Bonfadelli 2007). Frühere For-schungsergebnisse zeigen jedoch, dass eine koordinierende zentrale Instanz in Form einer Internetplattform die Zusammenführung von Angebot und Nachfra-

---

[1] Die Autoren sind Mitarbeiter im BMBF-geförderten Forschungsprojekt Mobil 50+ (Förderkenn-zeichen: 01FC08046-8).

ge, speziell in den frühen Phasen der Dienstleistungsanbahnung, erheblich verbessern kann (Sassen et al. 2010).

Zu diesem Zweck wurde der IT-gestützte lokale soziale Marktplatz „Bring Dich ein!" als Internetplattform entwickelt, der im Bezug auf die angebotene Funktionsfülle und Benutzerfreundlichkeit speziell auf eine ältere Zielgruppe zugeschnitten ist. „Bring Dich ein!" bietet als soziales Onlinenetzwerk älteren Menschen die Möglichkeit soziale Kontakte zu ihrer Nachbarschaft über die Plattform zu pflegen und zu erweitern und baut somit Ängste und emotionale Barrieren gegenüber einem IT-Einsatz zur Dienstleistungsvermittlung ab. Zugleich ermöglicht die Plattform eine zentrale Verwaltung von Anbahnung, Vermittlung und Abrechnung von nicht-kommerziellen und kommerziellen Dienstleistungen.

Dieses Kapitel beschreibt die Entwicklung und Evaluierung des IT-gestützten lokalen sozialen Markplatzes „Bring Dich ein!". Der Beitrag gliedert sich wie folgt: zunächst wird die, für die Entwicklung und Evaluierung von „Bring Dich ein!" verwendete, gestaltungsorientierte Forschungsmethode vorgestellt, sowie bestehende Forschungsarbeiten in den themenverwandten Gebieten der sozialen Netzgemeinschaften, des *Social Commerce* (Empfehlungshandels) und der Tauschzirkel zusammengefasst. Anschließend wird der soziale Marktplatz „Bring Dich ein!" im Sinne einer gestaltungsorientierten Forschung als IT-Artefakt vorgestellt, mit einer Problemdefinition, dem Plattformdesign, den Anforderungen, der technischen Entwicklung sowie einer Beschreibung der abgebildeten Dienstleistungsvermittlung. Das Kapitel beschreibt zusätzlich die Reaktionen potentieller Nutzer gegenüber „Bring Dich ein!", die in Feldtests und einem Experiment aufgenommen wurden, und schließt mit einer Diskussion über die Implikationen und Limitationen der Ergebnisse sowie einem Ausblick auf zukünftige Forschung.

2 Forschungsdesign und verwandte Arbeiten

2.1 Forschungsmethode Design Science

Das vorgestellte Vorhaben verfolgte einen gestaltungs-orientierten Forschungsansatz (Design Science) (March/Smith 1995). *Design Science* ist als technologieorientierter Forschungszweig definiert, der versucht, (IT-)Lösungen (sog. Artefakte, bspw. Prototypen) zu erschaffen und zu gestalten, die der Erreichung von menschlichen Zielen dienen und diese anhand von Kriterien wie Wert und Nutzen zu evaluieren. Hevner (2004) bietet eine ausführliche Zusammenfassung und Beschreibung zu Design Science.

Es gibt zwei grundlegende Aktivitäten, die jede *Design Science* Forschungsarbeit einschließt – die Erstellung und die Evaluierung eines (IT-)Artefakts. Hevner (2007) lässt diese beiden Aktivitäten in einen iterativen „*design cycle*" einfließen (siehe Abbildung 1), der die Erzeugung und Evaluierung von Alternativen erlaubt, bis ein zufriedenstellendes Artefakt erreicht worden ist. In der Regel wird ein Artefakt in Bezug auf Funktionalität, Vollständigkeit, Konsistenz, Fehlerfreiheit, Leistung, Ausfallsicherheit und Bedienbarkeit evaluiert (Peffers et al. 2006).

Die Anforderungen für ein Artefakt werden innerhalb des Anwendungsumfeldes identifiziert, um die Grundlage für die Erstellung und Evaluierung des Artefaktes bereitzustellen. Somit ist es für die Relevanz des Artefakts („*relevance cycle*" (Hevner 2007), siehe Abbildung 1) notwendig ein ausreichendes Verständnis der sozio-technologischen und organisatorischen Umweltfaktoren zu entwickeln.

Zusätzlich wird im Kontext der gestaltungsorientierten Forschung gefordert, die gestalteten Artefakte durch geeignete Methoden (bspw. Fokusgruppen und Feldtests) zu evaluieren („*rigor cycle*" (Hevner 2007), siehe Abbildung 1) und diese Ergebnisse zu dokumentieren.

Die Entwicklung und Evaluierung von „Bring Dich ein!" folgte diesem dreistufigen Prozess: In einem ersten Schritt wurde die Relevanz und das Verständnis für die Problemstellung geschaffen; danach folgte die Erstellung und die Gestaltung des Artefakts und schließlich die Evaluierung des Artefakts mit Hilfe von wissenschaftlichen Methoden. Den methodischen Evaluierungsrahmen bilden in diesem Fall qualitative Methoden (Interviews und Fokusgruppen) und eine quantitative Evaluierung basierend auf einem Experiment und Feldtest nach der *Expectation Confirmation Theorie* (ECT) (Erwartungs- und Bestätigungstheorie) (Oliver 1980).

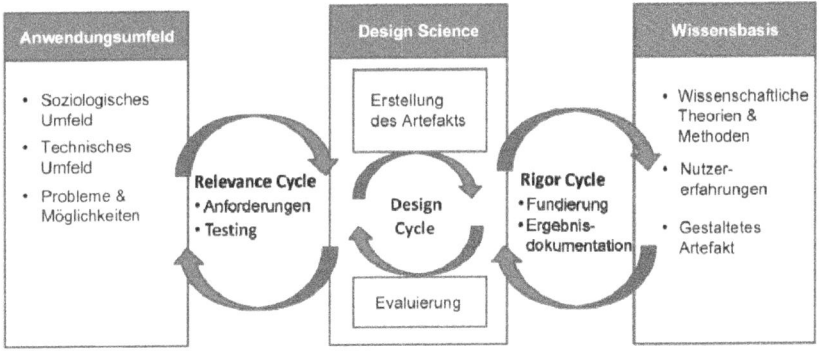

Abbildung 1   Gestaltungsorientierte Forschung nach dem Design Science Ansatz nach Hevner (Quelle: Eigene Darstellung in Anlehnung an (Hevner 2007))

2.2 Soziale Netzgemeinschaften, Social Commerce und Tauschzirkel

"Bring Dich ein!" als Konzept ist die Kombination mehrerer technologischer Trends, bekannt aus dem Web 2.0, in einer Internetplattform mit starker lokaler Ausrichtung.

Zum einen ist „Bring Dich ein!" eine *soziale Netzgemeinschaft* (Köbler et al. 2010), also die virtuelle Abbildung einer Gemeinschaft von Nutzern, in diesem Falle eine lokal begrenzte Nachbarschaft. Während sich in einer virtuellen Community zumeist eine Gemeinschaft von Nutzern um ein Themenfeld (bspw. Krebspatienten) bildet (Leimeister et al. 2005; Leimeister/Krcmar 2006), sind soziale Netzgemeinschaften (bspw. Facebook und Google+) egozentrisch ausgerichtet und ermöglichen dem Nutzer den Aufbau eines individuellen, virtuellen sozialen Netzwerks an Beziehungen. Nutzer stehen somit im Zentrum der individuellen, virtuellen Gemeinschaft, die meist zum gegenseitigen Austausch von Meinungen, Eindrücken und Erfahrungen genutzt wird (Boyd/Ellison 2010). Die meist kostenlosen Plattformen auf denen soziale Netzgemeinschaften basieren, ermöglichen in der Regel das Erstellen und Verwalten von Profilen (Röll 2010). Diese Plattformen unterstützen die Kontaktpflege mit anderen Nutzern, das Auffinden neuer Kontakte, sowie das Teilen medialer Inhalte und Kommentare (Lenhart/Madden 2007; Maurer et al. 2008; Röll 2010). Virtuelle Communities (Leimeister et al. 2006) und soziale Netzgemeinschaften können somit herangezogen werden, um soziale Interaktion zu fördern (Köbler et al. 2010), und somit das Risiko sozialer Isolation zu verringern. Die Anzahl angemeldeter Nutzer hat sich in Deutschland in den letzten Jahren stark erhöht. 40 Millionen Deutsche sind Mitglied in mindestens einer sozialen Netzgemeinschaft (Berg 2011). Die Steigerung an aktiven und angemeldeten Mitgliedern betrifft alle Altersgruppen, jedoch verzeichnet das Segment der über 50 Jährigen ein besonders starkes relatives Wachstum.

Da „Bring Dich ein!" neben der Unterstützung einer sozialen Netzgemeinschaft auch die Vermittlung von Dienstleistungen ermöglicht, können sich die Nutzer dort über ihre Erfahrungen mit den erbrachten Dienstleistungen austauschen. Dieses Konzept ist ein zentraler Bestandteil sogenannter *Social Commerce* Plattformen (Stephen/Toubia 2010). *Social Commerce Plattformen* sind Internetplattformen, auf denen Individuen zunehmend als Händler (im Sinne von virtuellen Geschäftsinhabern) auftreten, um Dienstleistungen (oder Produkte) gegenseitig zu tauschen, zu handeln oder gemeinschaftlich zu nutzen, unterstützt von zwischenmenschlicher Interaktion (Stephen/Toubia 2010). Im Allgemeinen umschreibt der Begriff *Social Commerce* die Annährung von elektronischem Handeln, sozialen Netzgemeinschaften und virtuellen Interessensgemeinschaften (2007). Richter et al. (2007) sehen den Begriff und das Konzept im weiteren Sinne als eine Unterstützung von persönlichen Beziehungen und Interaktionen (bspw. der Austausch von Produktbewertungen und -rezensionen), die nach einem Kauf oder Verkauf eines Produktes erstellt und geteilt werden. Dieser Austausch von Erfahrungen und Bewertungen ermöglicht den Aufbau von Vertrauen zu den gehandelten Dienstleistungen und ist ein zentraler Bestandteil von „Bring Dich ein!".

„Bring Dich ein!" als Plattform zur Vermittlung nicht-kommerzieller und kommerzieller Dienstleistungen kann als *Tauschzirkel*, oder *Local Exchange Trading System* (LETS) (Chiariglione et al. 2009) betrachtet werden. *Local Exchange Trading System* (LETS) sind eine Übereinkunft einer Personengruppe, Güter und Dienstleistungen in einem System von Gut- und Lastschriften zu tauschen (Chiariglione et al. 2009). Tauschzirkel funktionieren zumeist nach einem Guthaben- und Lastenprinzip, welches in Form eines einfachen Punktesystems, aber auch als komplexes Währungssystem realisiert werden kann. Die in einem Tauschzirkel bereitgestellten Produkte und Angebote, sowie Dienstleistungen, werden in der geltenden Währung des Tauchzirkels verrechnet und dokumentiert, und dienen dazu, Produkte oder Dienstleistungen von anderen Mitgliedern zu erwerben. Laut Seyfang (2001) beziehen sich die Mehrheit der nachgefragten und vermittelten Dienstleistungen auf den häuslichen Bereich, bspw. Gartenarbeit, Babysitting, Hauswartung, einfache Gesundheitsdienste und Nachhilfe für Schüler. Diese Dienstleistungskategorien werden zentral von „Bring Dich ein!" unterstützt.

3 „Bring Dich ein!" Prototyp

Das Konzept von „Bring Dich ein!" basiert unter Anderem auf den bereits genannten sozio-technologischen Trends, die in unterschiedlicher Ausprägung im Gesamtkonzept umgesetzt und verwirklicht wurden. „Bring Dich ein!" ist eine benutzerfreundliche, kostenlose und regionale Internetplattform. „Bring Dich ein!" wurde als soziale Netzgemeinschaft und Dienstleistungsmarktplatz entlang bestehender sozialer Strukturen (regionale Ausrichtung) realisiert.

3.1 Problemdefinition

In den letzten Jahren wurden Anstrengungen unternommen das Phänomen der sozialen Netzgemeinschaften, im Speziellen die Motivation der Nutzer zum Beitritt und zur aktiven Teilnahme (Acquisti/Gross. 2006; Lampe et al. 2006; Ellison et al. 2007), zu verstehen. Die meisten Forschungsprojekte beziehen sich jedoch auf eine junge Zielgruppe. Mit Ausnahme weniger Studien (Dixon 1997; Wright 2000; Kanayama 2003) gibt es kaum Forschungsergebnisse, die die Nutzung von sozialen Netzgemeinschaften in der älteren Bevölkerung, sowie deren Motivation zur Teilnahme und eventuelle Einflussfaktoren der Nutzung beleuchten.

Forschungsergebnisse zeigen jedoch, dass zum einen soziale Netzgemeinschaften herangezogen werden können, um soziale Interaktion zu fördern (Köbler et al. 2010) und somit das Risiko sozialer Isolation zu verringern, und zum anderen eine koordinierende zentrale Instanz in Form einer Internetplattform die frühen Phasen der Dienstleistungsvermittlung erheblich verbessern kann (Sassen et al. 2010).

Aktuelle soziale Netzwerkplattformen und *Social Commerce Plattformen* sind spezifisch auf eine junge Zielgruppe ausgerichtet und auf die Bedürfnisse dieser Zielgruppe zugeschnitten. Deshalb dürften sie nicht notwendigerweise geeignet sein, den geringeren Fähigkeiten und Erfahrungen einer älteren Bevölkerungsschicht im Umgang mit dem Internet gerecht zu werden (Saunders 2004), um von ihnen zur Dienstleistungsvermittlung und Kontaktpflege eingesetzt zu werden. Da die Akzeptanz von Netzgemeinschaften in dem anvisierten Nutzersegment noch nicht ausreichend erforscht ist, ist es umso wichtiger die technischen Funktionalitäten an die Nutzer anzupassen, um so auch die Anbahnung, Vermittlung und Erbringung von Dienstleistungen über soziale Netzgemeinschaften zu ermöglichen.

Das Ziel der gestaltungsorientierten Forschung mit der Plattform „Bring Dich ein!" ist demnach die Evaluierung der Akzeptanz eines IT-gestützten lokalen sozialen Marktplatzes in Form einer sozialen Netzgemeinschaft zur Anbahnung, Vermittlung und Erbringung von bedarfsgerechten Dienstleistungen für die Generation 50+.

3.2 Plattformkonzept

„Bring Dich ein!" dient dem ehrenamtlichen (und kommerziellen) Austausch von Dienstleistungen (siehe Abbildung 2, Alternative 1 und 2). Dabei sind zunächst Dienstleistungskategorien im häuslichen Umfeld, z.B. Besuchs- und Begleitdienste sowie die Unterstützung bei häuslichen Tätigkeiten wie Einkaufen, Reparaturen oder Haushaltsführung realisiert worden (siehe Abbildung 2). Komplementärangebote von professionellen und karitativen Anbietern erweitern das Angebot.

Neben der Vermittlung und Erbringung von Dienstleistungen von Teilnehmern aus der sozialen Netzgemeinschaft (bspw. Nachbarn) gibt es somit die Möglichkeit Hilfe von professionellen und kommerziellen Dienstleistern (bspw. karitative, gemeinnützige und ehrenamtliche Anbieter oder professionelle Dienstleistungsunternehmen) zu beauftragen und in Anspruch zu nehmen, um bspw. Wartezeiten auszuschließen.

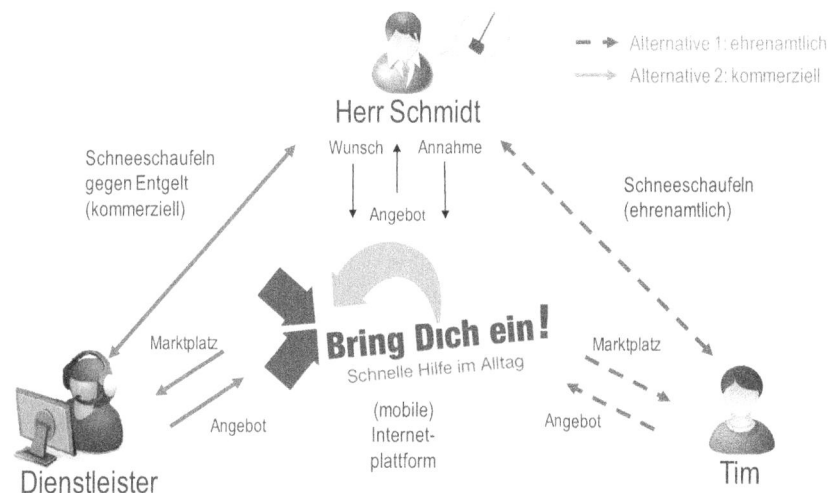

Herr Schmidt

Alternative 1: ehrenamtlich
Alternative 2: kommerziell

Schneeschaufeln
gegen Entgelt
(kommerziell)

Wunsch ⤴ Annahme

Angebot

Schneeschaufeln
(ehrenamtlich)

Bring Dich ein!
Schnelle Hilfe im Alltag

Marktplatz   Marktplatz

Angebot   (mobile)   Angebot
                Internet-
                plattform

Dienstleister   Tim

Abbildung 2   Anwendungsfall: Hausmeisterdienst (Eigene Darstellung)

Im Gegensatz zu etablierten sozialen Netzgemeinschaften (bspw. Facebook und Google+) ist „Bring Dich ein!" für ein regional begrenztes Umfeld vorgesehen, um das Vertrauen der Nutzer in die Plattform und das Netzwerk zu fördern. „Bring Dich ein!" bildet idealerweise eine Nachbarschaft als soziale Netzgemeinschaft virtuell ab.

Der Nutzer kann ein individuelles Profil auf „Bring Dich ein!" anlegen und dieses verwalten. Im Gegensatz zu etablierten sozialen Netzgemeinschaften sind die Grundeinstellung zur Privatsphäre bei „Bring Dich ein!" jedoch initial restriktiv eingestellt, d.h. der Nutzer hat die Kontrolle darüber sich bewusst der Netzgemeinschaft zu öffnen und muss nicht aktiv für die Netzgemeinschaft gewisse Informationen sperren. Dies ist einem in der Zielgruppe stark ausgeprägten Wunsch nach Datensicherheit geschuldet, der in unserer Anforderungserhebung zu Tage getreten ist. Ein Benachrichtigungssystem (bspw. Email) informiert Nutzer über neue Ereignisse, wie bspw. ein neues eingestelltes Angebot zu einem geäußerten Wunsch (siehe Abbildung 2) auch ohne aktiv an der „Bring Dich ein!" Plattform angemeldet zu sein.

Über „Bring Dich ein!" kann sich eine (vordefinierte) lokale Nachbarschaft schnell und unkompliziert gegenseitig helfen. Das Konzept des IKT-gestützten lokalen sozialen Marktplatzes „Bring Dich ein!" übernimmt die geografische Beschränkung, sowie den ortsgebundenen Charakter von Tauschzirkeln. Diese geografische Beschränkung ist eine Notwendigkeit für die Bereitstellung und Erbringung von (personenbezogenen) Dienstleistungen, die über die „Bring

Dich ein!" Plattform vermittelt werden und kann sich zudem positive auf mögliche Bedenken bzgl. der Privatsphäre und mögliches Misstrauen gegenüber anderer Teilnehmer auswirken (Andrews 2002).

3.3 Anforderungen

In sieben Fokusgruppen mit Personen aus dem Nutzergruppensegment 50+ wurden vor der Pilotierungsphase von „Bring Dich ein!" Anforderungen an die Plattform erhoben. Dabei wurden zum Teil *Mock-ups* (Designskizzen) von „Bring Dich ein!" eingesetzt und evaluiert. Eine Fokusgruppe ist ein Verfahren der qualitativen Sozialforschung, welches zunehmend auch in anderen Bereichen (bspw. Marketing, Produktentwicklung und angewandter Informatik) angewandt wird. Fokusgruppen wurden bereits explorativ (bspw. zur Erhebung von Anwendungsfällen) und theorieüberprüfend (bspw. zur Evaluierung von Benutzerschnittstellen) im Forschungsvorhaben eingesetzt. Diese wurden meist als moderierte Gruppendiskussion mit 8 bis 12 Teilnehmern gestaltet und, bei der Erhebung von Anwendungsfällen, auch IT-gestützt durchgeführt (Morgan 1998).

In den geführten Diskussionen wurden zum einen Anwendungsfälle und generelle Anforderungen an einen sozialen Marktplatz aufgenommen, wie bspw. die Wichtigkeit von Datensicherheit und einem starken regionalen Bezugs als vertrauensbildende Maßnahme, zum anderen Anforderungen bezüglich des Prozesses der Dienstleistungsvermittlung ermittelt und letztendlich Ansprüche an die Gestaltung der Benutzeroberfläche von „Bring Dich ein!" identifiziert.

Um Anbahnung, Erbringung und Abrechnung von kommerziellen Dienstleistungen über die Internetplattform „Bring Dich ein!" zu verstehen und für Anbieter zu optimieren, wurden parallel zu den Fokusgruppen zudem zwei Befragungen (N=26 und N=60) durchgeführt, die den Informationsbedarf bzw. das Suchverhalten der Zielgruppe bzgl. Dienstleistungsangeboten, untersuchten (Qiao/Allerbeck 2011). Die Befragung konnte zeigen, dass 57% (N= 60) der Teilnehmer über einen Internetanschluss verfügen, wohingegen nur 10% der Teilnehmer das Medium Internet momentan als Informationsquelle und Rechercheinstrument zu Dienstleistungen in Anspruch nehmen. Jedoch zeigten sich 90% der Teilnehmer (N=60) gegenüber der Möglichkeit aufgeschlossen, das Internet in Zukunft als Informations- und Rechercheinstrumente für Dienstleistungen zu verwenden, unter der Voraussetzung, dass die Informationen übersichtlich aufbereitet und schnell zur Verfügungen stehen. Es zeigte sich, dass 32,2% (N=26) der Teilnehmer Dienstleistungen nachfragen würden, die sich auf den häuslichen Bereich (bspw. Haushaltsdienste) beziehen. 31,4% (N=26) der Teilnehmer können sich vorstellen Dienstleistungen aus der Kategorie „Pflege- und Körperpflegedienst" in Anspruch zu nehmen. 17,9% bzw. 16,4% der Teilnehmer würden sich Hausmeister- bzw. Mobilitätsdienste über eine Internetplattform vermitteln lassen. Die Teilnehmer (N=26) würden im Durchschnitt 126,67 Euro monatlich für diese Dienstleistungen ausgeben.

Abbildung 3   „Bring Dich ein!" Screenshot

3.4 Ansprüche an die Benutzeroberfläche

Die Ansprüche an die Benutzeroberfläche von „Bring Dich ein!" wurden in vier Bereiche aufgeteilt, die sich aus Erkenntnissen der Veränderungen im Alter ableiten. Hierbei wurde speziell zwischen Anforderungen bezüglich (1) der Formatierung der Texte, (2) dem Layout, sowie der (3) Farbgebung und der (4) Navigation, unterschieden (siehe Abbildung 3):

1. Laut den Richtlinien des *National Institute on Aging* (NIA) (NIA 2002) sollte die Schriftgröße von Texten und Bedienelementen mindestens zwischen 12 Punkt und 14 Punkt liegen, da dies für die nachlassende Sehstärke im Alter einfacher zu lesen ist und Texte somit klarer zu erkennen sind. Des Weiteren sollten Textabschnitte möglichst nicht breiter sein als 50 Zeichen, da dies beim Lesen angenehmer auf den älteren Anwender wirkt. Bei zu langen Texten sollte darauf geachtet werden, dass keine zu große Navigationselemente (bspw. Scrollbalken) entstehen (Becker 2004; Dickinson et al. 2007). Diese Richtlinien wurden bei „Bring Dich ein!" konsequent umgesetzt. Die Schriftgröße lässt sich in drei Stufen an die Bedürfnisse des Nutzers anpassen. Diese Anpassung geschieht bereits bei der Registrierung des Nutzers und wird in den Profildaten gespeichert. Der Nutzer erhält also Terminal- und Browserunabhängig immer die gleiche Darstellung von „Bring Dich ein!".

2. Bei der Erstellung eines altersgerechten Layouts sollte darauf geachtet werden, dass die einzelnen Bereiche klar zu unterscheiden sind. Bei „Bring Dich ein!" wurde dies über klare farbliche Abgrenzungen einzelner Bereiche erreicht. Wie bereits allgemein für den Text beschrieben, gilt auch für das Layout, dass die über Navigationselemente (bspw. Scrollbalken) zu bedienende Oberfläche möglichst eine Länge von der dreifachen Seitenhöhe nicht überschreitet (Becker 2004; Dickinson et al. 2007).

3. Eine zielgruppengerechte Internetseite und -plattform sollte klare farbliche Trennungen der einzelnen Bereiche vorweisen. Zudem wird empfohlen, warme Farbtöne zu benutzen und Komplementärfarben, in Kombination für Hintergrund und Schrift, zu vermeiden. Bei der Gestaltung von „Bring Dich ein!" wurde eine einfache und limitierte Farbpalette mit kontrastreichen Farben und Schriften gewählt, da diese für ältere Nutzer besser wahrzunehmen sind (Becker 2004; Hart/ Chaparro 2004).

4. Im Bereich Navigation sollte auf Konsistenz der verwendeten Symbole und der mit ihnen verbundenen Funktionen geachtet werden. Ebenso ist auf eine simple und leicht verständliche Navigation zu achten (Becker 2004; Hart/Chaparro 2004). Dies wurde bei „Bring Dich ein!" durch

eine flache Navigation mit zwei hierarchischen Ebenen, sowie durch Schnelltasten für die wichtigsten Funktionen erreicht.

3.5 Entwicklung des Prototyps

Die Entwicklung von „Bring Dich ein!" teilte sich in drei iterative Schritte und verfolgte einen partizipativen Systementwicklungsansatz (George et al. 1997): (1) Erhebung von Kommunikations- und Dienstleistungsprozessen, sowie Anwendungsfällen durch Fokusgruppen (*Participatory Requirements Analysis*) (Koene et al. 2010) und Übersetzung dieser in konkrete, technische Anforderungen für Informations- und Kommunikationsdienste des sozialen Marktplatzes; (2) Erstellung, Visualisierung und Evaluierung der Benutzeroberfläche. Dabei wurde durch *Mock-ups* visualisiert und anschließend in mehreren Fokusgruppen durch potentielle Nutzer evaluiert und getestet; (3) Konzeptionierung und Entwicklung eines funktionsfähigen Prototyps. Die Entwicklung schloss dabei die client- und server-seitigen Komponenten, sowie eine (REST API) Schnittstelle (*Representational State Transfer Application Programming Interface*) zur Anbindung externer Komponenten (z.B. mobile, ubiquitäre IKT-Anwendung) ein.

Parallel zu diesen Schritten wurde die Perspektive der kommerziellen Dienstleistungsanbieter und deren möglichen Interaktionen mit „Bring Dich ein!" während des Vermittlungsprozess von Dienstleistungen berücksichtigt.

3.6 Vermittlungsprozess von Dienstleistungen auf „Bring Dich ein!"

Der Vermittlungsprozess von Dienstleistungen auf „Bring Dich ein!" ist anhand der Anforderungen aus den Fokusgruppen entstanden und gestaltet sich wie folgt:

- Angemeldete Nutzer auf „Bring Dich ein!" können einen Wunsch verfassen (*post request*, siehe Abbildung 4), der eine konkrete Anfrage beschreibt (siehe Abbildung 2). Der Vermittlungsprozess von Dienstleistungen wird immer durch einen Wunsch eingeleitet, welcher in Form einer Statusmeldung (vgl. Facebook Statusnachrichten) mit allen anderen Nutzern der Plattform geteilt wird. Ein veröffentlichter Wunsch besteht aus einer detaillierten Beschreibung und zusätzlichen Informationen zu Uhrzeit, Datum, Ort, und Konditionen zu welchen der Wunsch erfüllt werden soll. Durch eine Marktplatzansicht, verschieden Filterfunktionen und eine Auflistung der letzten persönlichen Aktivitäten, erhalten die Mitglieder einen Überblick über alle Aktivtäten auf der Plattform.

- Die Mitglieder, also Nachbarn oder Bekannte, aber auch kommerzielle Dienstleister, können auf einen Wunsch mit einem Angebot reagieren (*post bid*, siehe Abbildung 4). Angebote wiederum enthalten Informationen über die zeitliche Gültigkeit des Angebots, die voraussichtliche

Dauer, um den Wunsch zu erfüllen und, im Falle einer kommerziellen Erbringung, den erwarteten Preis der Dienstleistung. Zusätzlich zu Angeboten können die Nutzer mit Fragen und Kommentaren auf eingestellte Wünsche reagieren um etwa zusätzliche Informationen zu erhalten. Der Verfasser des eingestellten Wunsches, wie auch die anderen Teilnehmer, die durch ein eingestelltes Angebot, Kommentar oder Frage reagiert haben, werden bei Aktivitäten rund um den eingestellten Wunsch benachrichtigt (bspw. durch Email oder SMS).

- Nur der Verfasser des eingestellten Wunsches ist in der Lage ein Angebot zu akzeptieren (*accept bid*, siehe Abbildung 4). Der Verfasser des ausgewählten Angebotes wird darüber in Kenntnis gesetzt und bekommt weitere Information (bspw. vollständigen Kontaktdaten), die zur Erbringung notwendig sind. Der Wunsch wird dann aus dem sozialen Marktplatz herausgenommen und in der Plattform nicht mehr als offener Wunsch gelistet. Alle anderen Teilnehmer, die mit einem Angebot auf den Wunsch reagiert haben, werden durch die Plattform informiert, dass der Verfasser des Wunsches ein Angebot angenommen hat und damit ihr jeweiliges Angebot abgelehnt wurde.

- Im Weiteren sind zwei Zustände möglich: (1) sollte die Dienstleistungserbringung zur Zufriedenheit des Wunschverfassers ausfallen, kann er den Wunsch als erledigt (*close request*, siehe Abbildung 4) einstufen; (2) sollte der Verfasser des Wunsches mit Details des angenommenen Angebotes nicht zufrieden sein, kann er den Wunsch erneut in der Plattform listen lassen (*open request*, siehe Abbildung 4). Falls ein Angebotsteller ein platziertes Angebot auf einen gelisteten Wunsch zurückziehen sollte (*withdraw bid*, siehe Abbildung 4), wird der Ersteller des Wunsches benachrichtigt und kann ein anderes Angebot annehmen.

- Falls innerhalb des Gültigkeitszeitraums keine Angebote auf einen Wunsch abgegeben werden sollten, wird der Wunsch automatisch aus dem sozialen Marktplatz gelöscht (*delete request*, siehe Abbildung 4).

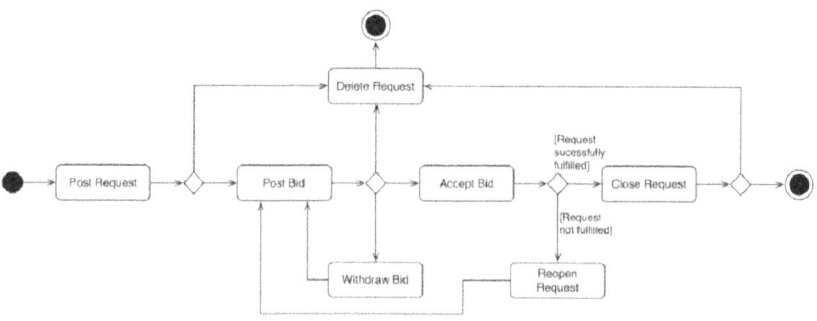

Abbildung 4   Dienstleistungsprozess im sozialen Marktplatz „Bring Dich Ein!" (Eigene Darstellung)

4   Evaluierung

Die Evaluierung von „Bring Dich ein!" wurde durch qualitative und quantitative Methoden begleitet.

Bei der qualitativen Evaluierung wurden hauptsächlich Interviews und Fokusgruppen bereits parallel zur Entwicklung der prototypischen Anwendung eingesetzt. Die hier dargestellten Ergebnisse der qualitativen Evaluierung beziehen sich zum einen auf zehn Fokusgruppen, die während der Entwicklung, Schulung und Pilotierungsphase von „Bring Dich ein!" abgehalten wurden. Zum anderen wurde durch eine Befragung potentieller Nutzer der „Bring Dich ein!" Internetplattform anhand von semi-strukturierten Interviews, Erkenntnisse über den Informationsbedarf bzw. das Suchverhalten der Zielgruppe bzgl. Dienstleistungsangeboten speziell durch Internetangebote, gewonnen.

Die quantitative Evaluierung besteht aus einem Experiment zur Evaluierung der generellen Nutzerakzeptanz von „Bring Dich ein!", sowie der über die Plattform bereitgestellten Funktionalitäten zur Kommunikation und zur Unterstützung der Dienstleistungsvermittlung.

Zusammenfassend wurden im Verlauf des Forschungsprojektes 10 Fokusgruppen, 12 Schulungssitzungen und zahlreiche Interviews mit Verbänden, Organisationen, politischen Verantwortlichen und potentiellen Nutzern aus der Generation 50+ geführt.

4.1 Qualitative Evaluierung

4.1.1   Fokusgruppen und Pilotierungsphase

Die in diesem Beitrag durchgeführte qualitative Evaluierung von „Bring Dich ein!" basiert auf drei Fokusgruppen, die vor der Pilotierungsphase von „Bring Dich ein!" zur Anforderungserhebung eingesetzt wurden, fünf Fokusgruppen, die im Anschluss an Schulungen zur Nutzung der Plattform durchgeführt wurden, um „Bring Dich ein!" zu evaluieren, sowie zwei Fokusgruppen, die während der Pilotierungsphase der Plattform in den Gemeinden Bad Tölz (mehr als 4 Monate Laufzeit der Pilotierungsphase), Geretsried und Wolfratshausen (mehr als 3 Monate Laufzeit der Pilotierungsphase) durchgeführt wurden. Die Dauer und Teilnehmerzahl jeder einzelnen Fokusgruppe, die zur qualitativen Evaluierung eingesetzt wurde, war auf ca. zwei Stunden und 8-10 Teilnehmer limitiert. Alle Fokusgruppen wurden durch einen Moderator geleitet. Eine Fokusgruppe zur Anwendungsfallerhebung wurde IT-unterstützt durchgeführt.

Alle Teilnehmer der Pilotierungsphase (N=52) waren bei „Bring Dich ein!" angemeldet, wurden dort durch ein aktives Nutzerprofil repräsentiert und absolvierten eine von insgesamt 12 Schulungssitzungen zur Nutzung der Plattform, die vor der Pilotierungsphase den Nutzern angeboten wurden. Im Durchschnitt lag das Alter der Probanden bei 64 Jahren. Was den Bildungsgrad betrifft, gehörten 52% der höheren Bildungsschicht an (bspw. Universitäts-, Fachhochschulabschluss und Abitur), 30% zu einer mittleren Bildungsschicht (bspw. Realschullabschluss) und 15% waren der niedrigeren Bildungsschicht zuzuordnen.

4.1.2   Ergebnisse und Diskussion

Die Ergebnisse der acht Fokusgruppen, die vor der Pilotierungsphase von „Bring Dich ein!" durchgeführt wurden, sind in die Konzeptionierung, Gestaltung und Entwicklung der Plattform eingeflossen und wurden in den vorangegangenen Textteilen beschrieben.

In den zwei Fokusgruppen, die während der Pilotierungsphase durchgeführt wurden, zeigte sich im Allgemeinen, dass die Teilnehmer das Konzept der „Bring Dich ein!" Plattform verstanden und die Idee der Vermittlung, Erbringung und Abrechnung von kommerziellen, wie nicht-kommerzielle Dienstleistungen über einen IT-gestützten lokalen sozialen Marktplatz befürworteten. Die Mehrheit hatte gute Kenntnis im Umgang mit dem Computer im Allgemeinen und mit dem Internet im Speziellen, jedoch war kein Teilnehmer aktives und angemeldetes Mitglied einer etablierten sozialen Netzgemeinschaft. Der Umgang mit dieser Art von Anwendung stellte folglich eine neue Erfahrung dar. Die Wichtigkeit von realweltlichen sozialen Netzwerken im Alter wurde von den Probanden belegt. Insbesondere in ländlichen Strukturen verstärkt sich die Bedeutung individueller sozialer Netzwerke in der alltäglichen Unterstützung älterer Personen, da bspw. weite Anfahrtswege zu Kranken- oder Pflegeeinrichtungen und Einkaufsmöglichkeiten bestehen. Die Fokusgruppe konnte eine Veränderung der sozialen und familiären Netzwerke durch den einleitenden beschriebenen demographischen Wandel bestätigen. Die Mehrheit der Teilnehmer begrüßte das Konzept der virtuellen Unterstützung bestehender realweltlicher sozialer Netzwerke durch eine virtuelle Abbildung einer geschlossenen, lokalen Nachbarschaft, da sie die einerseits der Vereinsamung und Isolation vorbeugen und anderseits ein mobiles und selbstbestimmtes Leben zuhause ermöglichen.

Im Folgenden sollen die zwei wichtigsten Aspekte der Evaluierung durch die Fokusgruppen, (1) *Sicherheit* und (2) *Community* dargestellt werden:

Leichte Vorbehalte herrschten gegenüber dem nötigen *Schutz der Privatsphäre* und *Datenschutzrichtlinien* zu Profilinformationen, die in den etablierten sozialen Netzgemeinschaften wie Facebook und Google+ zumeist von der Nutzergruppe nicht verstanden werden. Erfahrungen und Ursache dieser Bedenken sind hauptsächlich negativ belastete Berichte gegenüber sozialen Netzgemeinschaften in der Presse oder durch den Bekannten- und Verwandtenkreis (bspw. Kinder oder Enkelkinder). Die Teilnehmer der Pilotierungsphase verstanden und befürworteten die initial restriktiven Privatsphäre-Einstellungen auf „Bring Dich ein!". Die Mehrheit der Nutzer bemängelte jedoch auf der anderen Seite, dass andere Nutzer ihre Profilinformationen der sozialen Netzgemeinschaft nicht freischalten. Es konnte bestätigt werden, dass dieses Nutzerverhalten den Vermittlungsprozess von nicht-kommerziellen wie kommerziellen Dienstleistungen erheblich erschwerte. So konnte eine Dienstleistungsvermittlung in manchen Fällen nicht komplett über die Internetplattform „Bring Dich ein!" abgewickelt werden. Um eine von den Fokusgruppenteilnehmern festgestellte Kriminalitätsfurcht zu minimieren, müssten vertrauensbildende Maßnahmen unter Anwendung neuartiger Technologien (bspw. neuer Personalausweis) eingeführt und erprobt werden. Somit könnte bspw. die Identifikation von Nutzern und Dienstleistern, bzw. die Verifikation der Echtheit von Profilinformationen gewährleistet werden. Die Mehrzahl der Fokusgruppenteilnehmer befürchteten, Opfer einer kriminellen Tat werden zu können, die auf die aktive Nutzung der Internetplattform „Bring Dich ein!" zurückzuführen ist, obwohl eine Anmeldung zur Pilotierungsphase nur nach Überprüfung des Personalausweis möglich war. Starke, vertrauensbildende Maßnahmen in Internetplattformen oder sozialen Netzgemeinschaften, speziell zur Vermittlung von (personenbezogenen) Dienstleistungen, sind laut den Teilnehmern eine notwendige Voraussetzung für die Akzeptanz dieser neuartigen Dienstleistungsvermittlung.

Die qualitative Evaluierung der *Community* Aspekte wurde anhand eines Lebenszyklusmodells (Iriberri/Leroy 2009) durchgeführt. Die folgenden Ergebnisse aus den Fokusgruppen beziehen sich dabei auf die Phasen *Wachstum* und

Reife, die auch in der Pilotierungsphase durchschritten wurden. Die Fokusgruppen konnten zeigen, dass ein detailliertes Rollenkonzept notwendig ist, um die Anbahnung, Vermittlung und Erbringung von (personenbezogenen) Dienstleistungen über eine Plattform wie „Bring Dich ein!" effektiv und effizient zu unterstützen. Das Rollenkonzept von „Bring Dich ein!" beschreibt vier unterschiedliche, disjunkte Rollen (bspw. Hilfesuchender und -bietender), die ein Teilnehmer während der Anmeldung bestimmen kann. Dies hatte auch konkrete Auswirkungen auf die Anzahl, Aktivitäten und Art der nachgefragten und angebotenen Dienstleistungen auf der Plattform. Die Teilnehmer forderten eine Erweiterung und Überarbeitung des Rollenkonzeptes, um sich bspw. mit verschiedenen Rollen und somit Tätigkeiten in der Netzgemeinschaft einbringen zu können. Die Teilnehmer wurden durch die Schulungen an die Regeln der Nutzung herangeführt, jedoch zeigte sich in den Fokusgruppen, dass einige Teilnehmer nicht zufrieden waren, wie andere Mitglieder die Netzgemeinschaft nutzten (vgl. Profileinstellungen). In der Wachstumsphase, in der sich eine virtuelle Netzgemeinschaft etabliert, ist es wichtig, dass die Gemeinschaft eine Identität etabliert. Im Falle „Bring Dich ein!" wird diese dadurch erzielt, dass der Zugang zur Plattform stark reglementiert und auf einen lokalen Bereich beschränkt wird, sowie einer Identitätsprüfung unterliegt. Dies würde sich laut der Teilnehmer positiv auf das Vertrauen in die Internetplattform auswirken und somit die Akzeptanz von Dienstleistungen, die über „Bring Dich ein!" vermittelt und erbracht werden, steigern. Jedoch wirken diese Restriktionen negativ auf potentielle Nutzerzahlen, was ein Erreichen einer gewissen Mindestgröße an aktiven Nutzern erschwert und somit einen negativen Effekt auf die Aktivität innerhalb der Plattform hat. Ein hohes Aktivitätsniveau der Teilnehmer ist somit die wichtigste Voraussetzung, damit (personenbezogene) Dienstleistungen durch die Plattform angefragt und vermittelt werden.

4.2 Quantitative Evaluierung

Die in der Pilotierungsphase eingesetzte Internetplattform „Bring Dich ein!" wurde zusätzlich durch ein Experiment evaluiert. Diese quantitative Evaluierung fokussierte sich auf die Nutzungsakzeptanz und mögliche Effekte unterschiedlicher Funktionsumfänge von „Bring Dich ein!". Die 12 durchgeführten Schulungssitzungen wurden dabei als Experiment gestaltet, in dem die potentiellen Teilnehmer der Pilotierungsphase vier spezifische Aufgaben (bspw. Erstellung von Nachfragen nach (personenbezogenen) Dienstleistungen) und Anwendungsfälle mit den ihnen zur Verfügung gestellten Funktionen und für das Experiment speziell konfigurierten „Bring Dich ein!" Versionen ausführen mussten.

4.2.1   Expectation Confirmation Theorie (ECT)

Die Auswahl von geeigneten Theorien und Methoden zur Evaluierung der entworfenen Artefakte ist ein wesentlicher Bestandteil des *Design Science* Forschungsansatzes (Hevner 2007). Die Erreichung der Nutzerzufriedenheit und Erfüllung der Erwartungen an eine Anwendung (Vasalou et al. 2010) dienen als Evaluierung der Gestaltung der prototypischen Umsetzung (Wixom und Todd 2005). Zur Evaluierung von „Bring Dich ein!" haben wir uns für die *Expectation Confirmation Theorie* (ECT) (1993) entschieden, die neben etablierten Theorien, wie bspw. das *Technology Acceptance Model* (TAM) (Davis et al. 1989; Venkatesh und Davis 2000; Venkatesh et al. 2003) und in verschiedenen Varianten (1993; 1999; 2002; 2010; 2011), zur Evaluierung von IKT-Anwendungen, eingesetzt werden kann. Die ECT wurde in der Konsum- und Marketingforschung entwickelt, um Verbraucherzufriedenheit und Kaufentscheidungen vorauszusagen. Diese basiert auf der Differenz zwischen den vorherigen Erwartungen der Benutzer an ein jeweiliges Produkt oder Dienstleistung und dessen Bestätigung beziehungsweise Ablehnung (Oliver 1980; Swan/Trawick 1981; Tse/Wilton 1988; Anderson/Sullivan 1993; Pizam/Milman 1993; Spreng et al. 1996; Patterson et al. 1997; Dabholkar et al. 2000). (Oliver 1980) liefert eine ausführliche theoretische Abhandlung, Beschreibung und Diskussion zu Vor- und Nachteilen der ECT.

4.2.2   Experimentdesign

Das Experiment zur Evaluierung der prototypischen Anwendung ist so gestaltet, dass die Akzeptanz das Nutzungsverhalten der Internetplattform „Bring Dich ein!" untersucht werden kann. Daher ist „Bring Dich ein!" so gestaltet, dass sich die bereitgestellten Funktionalitäten zur Kommunikation und Interaktion zwischen Teilnehmer hinzu- bzw. wegschalten lassen. Die Teilnehmer wurden in drei verschiedene Gruppen unterteilt, die jeweils eine unterschiedliche Konfiguration der Funktionen zufällig zugewiesen bekam. Während die Nutzer der Gruppe 2 (N=19) zur Kontrollgruppe gehörten und auf den vollen Funktionsumfang zugreifen konnten, verwendeten die Gruppe 1 (N=17) und die Gruppe 3 (N=15) ein eingeschränkte Konfiguration von „Bring Dich ein!". Gruppe 1 konnte weder Fragen, Antworten noch Kommentare auf Wünsche erstellen und somit nur über Angebote auf eingestellte Wünsche reagieren. Die Konfiguration der Gruppe 3 blendete alle Funktionen aus, die zur Interaktion und Kommunikation zwischen Mitglieder in sozialen Netzgemeinschaften etabliert sind. Dies betraf das Versenden privater, direkter Nachrichten und Funktionen zur Interaktion mit dem virtuellen sozialen Netzwerk (Profilfunktionen und Nachbarschaftsansichten). Der Plattform wurden in dieser Konfiguration alle Funktionen entzogen, die aus Konzepten zu etablierten virtuellen Gemeinschaften und sozialen Netzgemeinschaften übernommen wurden.

Das von uns als Forschungsmodell verwendete *Expectation Confirmation Model* (ECM) (Bhattacherjee 2001) (siehe Abbildung 5) misst die zuvor bestehende Akzeptanz in den Konstrukten Bestätigung (*Confirmation*) und Zufriedenheit (*Satisfaction*) und eine mögliche zukünftige Nutzungsintention (*Intention to*

Use) als die abhängige Variable im ECM. Anhand des ECM wurden fünf Hypothesen ausformuliert, die mögliche kausale Zusammenhänge zwischen den Konstrukten beschreiben. Exemplarisch lautete Hypothese 5 (H5): *„Die Zufriedenheit (Satisfaction) mit der Internetplattform „Bring Dich ein!" ist positiv mit der zukünftigen Nutzungsintention (Intention to Use) assoziiert"*.

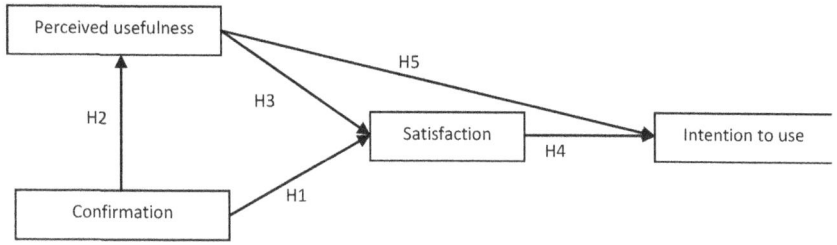

Abbildung 5   Forschungsmodell (in Anlehnung an (Bhattacherjee 2001))

Die Datenerhebung basierte auf zwei validierten ex-ante und ex-post Fragebögen, die durch die Teilnehmer des Experimentes ausgefüllt wurden. Zur Messung der kausalen Zusammenhänge wurden für jede Gruppe des Experimentes je drei lineare Regressionsmodelle aufgestellt.

4.2.3   Ergebnisse und Diskussion

Nach einem Vergleich der jeweiligen Regressionsmodelle auf der Basis von angenommenen und abgelehnten Hypothesen, konnte gezeigt werden, dass die Ergebnisse zu Gruppe 2 im Vergleich zu den Gruppen 1 und 3 besser ausfallen. In Gruppe 2 mussten die Hypothesen H1 und H5 auf einem Signifikanzniveau von a<0.05 abgelehnt werden. Im Vergleich mussten in Gruppe 3 alle Hypothesen, mit Ausnahme der Hypothese 3, auf dem Signifikanzniveau a<0.05 abgelehnt werden. In den Regressionsmodellen zu Gruppe 1 konnten die Hypothesen H2, H3 und H5 angenommen werden, jedoch mussten die Hypothesen H1 und H4 auf einem Signifikanzniveau a<0.05 abgelehnt werden.

Der Vergleich zwischen Gruppe 2 (Vergleichsgruppe) und der Gruppe ohne Funktionen aus sozialen Netzgemeinschaften (Gruppe 3) sowie der Gruppe ohne Funktionen zur direkten Interaktion während der Dienstleistungsvermittlung zeigt, dass gerade die Funktionen aus sozialen Netzgemeinschaften essentiell sind für eine hohe Nutzungsakzeptanz und Nutzungsintention. Dies legt nahe, dass die in sozialen Netzgemeinschaften etablierten Funktionen (also bspw. Profilseiten und direkte Nachrichten) für eine ältere Nutzergruppe eine essentielle Voraussetzung auch zur Vermittlung und Anbahnung von personenbezogenen Dienstleistungen auf Internetplattformen sind.

Ein Text besteht nicht immer nur aus Textabsätzen, in ihm können verschiedene Textelemente vorkommen, die im Folgenden beschrieben werden.

5 Limitierungen

Derzeit ist die Evaluierung von „Bring Dich ein!", sowohl im quantitativen als auch im qualitativen Bereich auf einen regionalen und nationalen kulturellen Hintergrund begrenzt, was die Erkenntnisse über die Plattform beeinflusst. Daher sind die Erkenntnisse aus der Evaluierung in Bezug auf ihre Generalisierbarkeit beschränkt.

Die quantitativ und qualitativ evaluierte Implementierung von „Bring Dich ein!" beschränkt sich derzeit auf eine Internetplattform. Der aktuelle technische Fortschritt in Informationstechnologie, mobilen Endgeräten und mobiler Internetinfrastruktur hat jedoch dazu geführt, dass eine Internetverbindung nahezu überall auf Mobiltelefonen zur Verfügung steht. Dementsprechend entwickeln sich mobile Endgeräte gerade zu einem beliebten Mittel um die Funktionen sozialer Netzgemeinschaften mobil und in Echtzeit aufzurufen (Humphreys 2007). Studien sagen voraus, dass im Jahr 2012 18% aller mobile Internetnutzer auch mobil auf soziale Netzwerkgemeinschaften zugreifen werden, was 950 Millionen Nutzern weltweit entspricht (Bramson-Boudreau und Arathoon 2008). Da dieser technologische Trend auch im Bezug auf den sozialen Marktplatz „Bring Dich ein!" neue Möglichkeiten eröffnet, gerade durch die Einbeziehung von Ortsinformationen (durch GPS Empfänger in mobilen Endgeräten (Global Positioning System)) und die Möglichkeit der Dienstleistungserbringung in Echtzeit, wurde eine mobile Version von „Bring Dich ein!" entwickelt. Eine quantitative Langzeitstudie über Nutzungsverhalten und Nutzungsakzeptanz dieser mobilen Version steht jedoch aus.

In der qualitativen Evaluierung von „Bring Dich ein!" wurde ein hohes Aktivitätsniveau der Teilnehmer als die wichtigste Voraussetzung für eine funktionierende Dienstleistungsvermittlung identifiziert. Hierbei könnten Motivationsfunktionen innerhalb der „Bring Dich ein!" Plattform (z.B. Empfehlungs- und Rating-Systeme), die mittlerweile in *Social Commerce Plattformen* etabliert sind, unterstützend wirken. Die Integration und Evaluierung einer Motivationskomponente in „Bring Dich ein!" wäre notwendig um zu testen, ob dies einen positiven Einfluss auf das Aktivitätsniveau der Teilnehmer in einem sozialen Marktplatz haben kann.

6   Zusammenfassung und Ausblick

Der Beitrag beschreibt die Entwicklung und das Konzept sowie die Evaluierung des IT-gestützten, lokalen, sozialen Marktplatzes „Bring Dich ein!". Er gibt dabei erste Einblicke in die Anreize, die notwendig sind um den Handel von sozialen Dienstleistungen auf einem Web-basierten Marktplatz zu motivieren. „Bring Dich ein!" bietet speziell älteren Menschen zum einen die Möglichkeit, soziale Kontakte in ihrer Nachbarschaft zu pflegen und zu erweitern und zum anderen einen einfacheren und schnelleren Zugriff auf kommerzielle und nicht-kommerzielle Dienstleistungen. Dieser Beitrag zeigt dabei, wie IT-Unterstützung für nicht-kommerzielle, soziale Dienstleistungen aussehen kann. Die in diesem Beitrag beschrieben Evaluierungsergebnisse von „Bring Dich ein!" basieren zum einen auf einer qualitativen Erhebung durch Fokusgruppen, die die Erfahrungen der Teilnehmer aus der Pilotphase der Plattform dokumentieren. Zum anderen fokussierte sich die quantitative Evaluierung auf die Nutzungsakzeptanz und die Einflüsse unterschiedlicher Konfigurationen des bereitgestellten Funktionsumfangs der Internetplattform „Bring Dich ein!". Die Teilnehmer begrüßten das Konzept der Unterstützung bestehender realweltlicher sozialer Netzwerke durch eine virtuelle Abbildung in einer geschlossenen, lokalen Nachbarschaft. Sie bestätigten, dass dies einerseits der Vereinsamung und Isolation vorbeugt und anderseits ein mobiles und selbstbestimmtes Leben durch die Inanspruchnahme von vermittelten Dienstleistungen zuhause ermöglicht. Die quantitative Evaluierung zeigt, dass gerade die Funktionalitäten zur Unterstützung sozialer Netzgemeinschaften essenziell sind für eine hohe Nutzungsakzeptanz von „Bring Dich ein!".

Kürzlich entstandene kommerzielle Anwendungen, die ähnliche Konzepte wie „Bring Dich ein!" umsetzen, wie bspw. Zaarly (Zaarly 2011) oder OhSoWe (OhSoWe 2011) zeigen das Potential der sozialen Marktplatzplattform.

7 Literaturverzeichnis

Acquisti, A. / Gross, R. 2006: Imagined Communities: Awareness, Information Sharing and Privacy on Facebook. 6th Workshop on Privacy Enhancing Technologies, Cambridge, UK.

Anderson, E. W. / Sullivan, M.W. 1993: The Antecedents and Consequences of Customer Satisfaction for Firms. Marketing Science 12(2): 125-143.

Andrews, D. C. 2002: Audience-specific online community design. Commun. ACM 45(4): 64-68.

Becker, S. 2004: A study of web usability for older adults seeking online health resources. ACM Transactions on Computer-Human Interaction 11: 387-406.

Berg, A. 2011: Statement zur Pressekonferenz "Soziale Netzwerke in Deutschland".   http://www.bitkom.org/files/documents/BITKOM_Statement _Berg_Soziale_Netzwerke_13_04_2011.pdf, letzter download am 09.05.2011.

Bhattacherjee, A. 2001: Understanding Information Systems Continuance: An Expectation-Confirmation Model. MIS Quarterly 25(3): 351-370.

Bonfadelli, H. 2007: Medien und Migration: Europa als multikultureller Raum? Wiesbaden: VS Verlag.

Boyd, D. M. / Ellison, N. B. 2010: Social network sites: definition, history, and scholarship. Engineering Management Review, IEEE 38(3): 16-31.

Bramson-Boudreau, E. / Arathoon, L. 2008: Analyst Insight: By the end of 2012, 950m user will be accessing social networking sites via mobile devices. http://www.pyramidresearch.com/documents/02.21.08_AI_Mobile%20SNS.pdf, letzter download am 02.09.2010.

Brown, S. A./ Venkatesh, V. / Goyal, S. 2011: Expectation Confirmation in Technology Use. Information Systems Research forthcoming.

Chiariglione, F. / Cosenza, G. / Matone, S. 2009: Managing Rights and Value of Digital Media. Availability, Reliability and Security, International Conference on, Los Alamitos, USA: IEEE Computer Society.

Dabholkar, P. A. / Shepherd, C. D. / Thorpe, D. I. 2000: A Comprehensive Framework for Service Quality: An Investigation of Critical Conceptual and Measurement Issues Through a Longitudinal Study. Journal of Retailing 76(2): 139-173.

Davis, F. D. / Bagozzi, R. P. / Warshaw, P. R. 1989: User acceptance of computer technology: a comparison of two theoretical models. Management Science 35(8): 982-1003.

Dickinson, A. / Smith, M. / Arnott, J. / Newell, A. / Hill, R. 2007: Approaches to web search and navigation for older computer novices. SIGCHI conference on Human factors in computing systems, San Jose, USA: ACM.

Dixon, J. M. 1997: Predicting Seniors' Use of Cyberspace. New York: Garland.

Eisenmenger, M. / Pötzsch, O. / Sommer, B. 2006: Bevölkerung Deutschlands bis 2050-11. koordinierte Bevölkerungsvorausberechnung. Wiesbaden: Statistisches Bundesamt.

Ellison, N. / Steinfield, C. / Lampe, C. 2007: The Benefits of Facebook Friends: Social Capital and College Students Use of Online Social Network Sites. Journal of Computer-Mediated Communication 12(4): 1143-1168.

George, C. Jr. / Rosson, M. B. / Carroll, J. M. 1997: Participatory analysis: shared development of requirements from scenarios. SIGCHI conference on Human factors in computing systems, Atlanta, USA: ACM.

Goyal, S. / Venkatesh, V. 2010: Expectation Disconfirmation and Technology Adoption: Polynomial Modeling and Response Surface Analysis. Management Information Systems Quarterly 34(2): 281-303.

Hart, T. / Chaparro, B. 2004: Evaluation of Websites for Older Adults: How "Senior Friendly" are they. Usability News 6(1).

Hevner, A. R. / March, S. T. / Park, J. / Ram, S. 2004: Design Science in Information Systems Research. MIS Quarterly 28(1): 75-105.

Hevner, A. 2007: A Three Cycle View of Design Science Research. Scandinavian Journal of Information Systems 19(2).

Humphreys, L. 2007: Mobile Social Networks and Social Practice: A Case Study of Dodgeball. Journal of Computer-Mediated Communication 13(1): 341-360.

Iriberri, A. / Leroy, G. 2009: A life-cycle perspective on online community success. ACM Computing Surveys 41(2): 1-29.

Kanayama, T. 2003: Ethnographic Research on the Experience of Japanese Elderly People Online. New Media & Society 5(2): 267-288.

Karahanna, E. / Straub, D. W. / Chervany, N. L. 1999: Information technology adoption across time: a cross-sectional comparison of pre-adoption and post-adoption beliefs. MIS Quarterly 23(2): 183-213.

Köbler, F. / Riedl, C. / Vetter, C. / Leimeister J. M. / Krcmar, H. 2010: Social Connectedness on Facebook – An explorative study on status message usage. 16th Americas Conference on Information Systems, Lima, Peru.

Koene, P. / Köbler, F. / Menschner, P. / Prinz, A. / Altmann, M. / Leimeister, J. M. / Krcmar, H. 2010: Participatory Requirement Analysis: Entwicklung innovativer NFC und IT-basierter Care-Dienstleistungen für 50+. 3. Deutscher AAL-Kongress 2010, Berlin, Germany.

Lampe, C. / Ellison, N. / Steinfield, C. 2006: A face(book) in the crowd: social Searching vs. social browsing. 20th anniversary conference on CSCW, Banff, Canada: ACM.

Leimeister, J. M. / Krcmar, H. 2006: Community-Engineering Systematischer Aufbau und Betrieb Virtueller Communitys im Gesundheitswesen. WIRT-SCHAFTSINFORMATIK 48(6): 418-429.

Leimeister, J. M. / Krcmar, H. / Horsch, A. / Kuhn, K. 2005: Mobile IT-Systeme im Gesundheitswesen, mobile Systeme für Patienten. HMD - Praxis der Wirtschaftsinformatik 42(244): 74-85.

Leimeister, J. M. / Sidiras, P. / Krcmar, H. 2006: Exploring Success Factors of Virtual Communities: The Perspectives of Members and Operators. Journal of Organizational Computing and Electronic Commerce 16(3): 279-279.

Lenhart, A. / Madden, M. 2007: Social Networking Websites and Teens: An Overview. http://www.pewinternet.org/PPF/r/198/report_display.asp, letzter download am 01.09.2011.

March, S. T. / Smith, G. F. 1995: Design and natural science research on information technology. Decision Support Systems 15: 251-266.

Maurer, T. / Alpar, P. / Noll, P. 2008: Nutzertypen junger Erwachsener in sozialen Online- Netzwerken in Deutschland. In: Alpar, P. / Blaschke, S. (Hg.): Web 2.0 - Eine empirische Bestandsaufnahme. Wiesbaden: Vieweg+Teubner, 207-232.

Morgan, D. L. 1998. The focus group guidebook. Thousand Oaks, USA: SAGE.

NIA 2002: Making Your Web Site Senior Friendly: A Checklist. http://www.nlm.nih.gov/pubs/checklist.pdf, letzter download am 01.09.2011.

OhSoWe 2011: OhSoWe brings neighbors together. http://www.ohsowe.com /home, letzter download am 31.08.2011.

Oliver, R. L. 1980: A Cognitive Model of the Antecedents and Consequences of Satisfaction Decisions. Journal of Marketing Research 17(4): 460-469.

Oliver, R. L. 1993: Cognitive, Affective, and Attribute Bases of the Satisfaction Response. Journal of Consumer Research: An Interdisciplinary Quarterly 20(3): 418-30.

Patterson, P. G. / Johnson, L. W. / Spreng, R. A. 1997: Modeling the Determinants of Customer Satisfaction for Business-to-Business Professional Services. Journal of the Academy of Marketing Science 25(1): 4-17.

Peffers, K. / Tuunanen, T. / Gengler, C. E. / Rossi, M. / Hui, W. / Virtanen, V. / Bragge, J. 2006: The design science research process: a model for producing and presenting information systems research. First International Conference on Design Science Research in Information Systems and Technology (DERIST), Claremont, USA.

Pizam, A. / Milman, A. 1993: Predicting satisfaction among first time visitors to a destination by using the expectancy disconfirmation theory. International Journal of Hospitality Management 12(2): 197-209.

Qiao, G. / Allerbeck, M. 2011: LenoCare - Multifunktionales Endgerät für Senioren: Videotelefonie und einfache, effiziente Suche nach alltagsunterstützenden Dienstleistungen. Ambient Assisted Living - AAL - 4. Deutscher Kongress, Berlin: VDE Verlag.

Richter, A. / Koch, M. / Krisch, J. 2007: Social Commerce Eine Analyse des Wandels im E-Commerce. München: Fakultät für Informatik, Universität der Bundeswehr.

Röll, F. J. 2010: Social Networking Sites. In: Hugger, K.-U. (Hg.) Digitale Jugendkulturen. Wiesbaden: VS Verlag für Sozialwissenschaften, 209-224.

Sassen, E. / Benz, A. / Österle, H. 2010: Plattformen zur Dienstvermittlung für Independent Living: eine Frage der Betriebswirtschaft, nicht der Technologie. Ambient Assisted Living - 3. Deutscher Kongress mit Ausstellung, Berlin.

Saunders, E. J. 2004: Maximizing computer use among the elderly in rural senior centers. Educational Gerontology 30(7): 573-585.

Seyfang, G. 2001: Working for the Fenland Dollar: An Evaluation of Local Exchange Trading Schemes as an Informal Employment Strategy to Tackle Social Exclusion. Work, Employment & Society 15(3): 581-593.

Spreng, R. A. / MacKenzie, S. B. / Olshavsky, R. W. 1996: A Reexamination of the Determinants of Consumer Satisfaction. The Journal of Marketing 60(3): 15-32.

Staples, D. S. / Wong, I. / Seddon, P. B. 2002: Having expectations of information systems benefits that match received benefits: does it really matter? Information and Management 40: 115-131.

Stephen, A. T. / Toubia, O. 2010: Deriving Value from Social Commerce Networks. Journal of Marketing Research 47(2): 215-228.

Swan, J. E. / Trawick, I. F. 1981: Disconfirmation of expectations and satis-faction with a retail service. Journal of Retailing 57(Fall): 49–67.

Tse, D. K. / Wilton, P. C. 1988: Models of Consumer Satisfaction Formation: An Extension. Journal of Marketing Research 25(2): 204-212.

Vasalou, A. / Joinson, A. N. / Courvoisier, D. 2010: Cultural differences, ex-perience with social networks and the nature of "true commitment" in Facebook. International Journal of Human-Computer Studies 68(10): 719-728.

Venkatesh, V. / Davis, F. D. 2000: A Theoretical Extension of the Technology Acceptance Model: Four Longitudinal Field Studies. Management Science 46(2): 186-204.

Venkatesh, V. / Morris, M. G. / Gordon B. D. / Davis, F. D. 2003: User Accep-tance of Information Technology: Toward a Unified View. MIS Quarterly 27(3): 425-478.

Wixom, B. H. / Todd, P. A. 2005: A Theoretical Integration of User Satisfaction and Technology Acceptance. Information Systems Research 16(1): 85-102.

Wright, K. 2000: Computer-mediated Social Support, Order Adults, and Coping. Journal of Communication 50(3): 100-18.

Zaarly 2011: Zaarly - What you want, when you want it. http://www.zaarly.com /global, letzter download am 31.08.2011.

Einbettung assistierender Technologien in Gesundheitsnetzwerke – von der Wohnung zum Arzt

Nils Hellrung, Wolfram Ludwig, Thomas Frenken, Myriam Lipprandt, Enno-Edzard Steen, Axel Helmer, Bastian Veltin, Tobias von Bargen, Mehmet Gövercin, Sandra Wegel, Melina Brell, Wilfried Thoben, Elisabeth Steinhagen-Thiessen, Reinhold Haux, Andreas Hein[1]

1 Einleitung

Die Bedeutung Informationstechnik(IT)-gestützter Dienstleistungen für die Sicherstellung bzw. Verbesserung von Qualität und Effizienz der Gesundheitsversorgung ist längst weltweit erkannt. In ihrer eHealth-Resolution mahnt die World Health Organization bereits 2005 ihre Mitgliedsstaaten, entsprechende Programme systematisch umzusetzen (WHO Executive Board 2005). In reicheren Ländern mit gut umfassender Versorgungsstruktur liegt das Potenzial in der Überwindung ökonomischer, wissenschaftlicher und, sozialer und operativer Barrieren. Im Fokus steht dabei die Unterstützung eines „*citizen-prevention-education-home based*" (Healy 2007) Versorgungsparadigmas.

In Deutschland lassen sich konkrete Ausprägungen dieses Ansatzes auf politischer, rechtlicher, ökonomischer und technischer Ebene beobachten. Im so genannten Versorgungsstrukturgesetz (GKV-VStG) wird explizit der „Ausbau der Telemedizin" als Instrument für die Sicherstellung der Versorgungsqualität benannt. Angesichts der demografischen Entwicklung kann in Deutschland ein wesentlicher Schwerpunkt in der Unterstützung älterer und alter Menschen gesehen werden. Werkzeuge, die Menschen mit gesundheitlichen Einschränkungen in die Lage versetzen, Aktivitäten (z.B. Körperpflege) oder Lebensbereiche (z.B. in gewohnter Umgebung wohnen bleiben) selbständig zu gestalten, sollen in diesem Beitrag als „Assistierende Gesundheitstechnologien" (AGT) bezeichnet werden (Koch et al. 2009). Das gewohnte häusliche Umfeld eines Menschen nimmt als Ort, an dem Gesundheitsdienstleistungen erbracht und konsumiert werden, zu. Die Wohnung wird daher neben der ambulanten und stationären Versorgung auch als „3. Gesundheitsstandort" (Fraunhofer-Institut für Software- und Systemtechnik 2011) bezeichnet. Eine notwendige Vorausset-

---

[1] Die Autoren sind Mitarbeiter im BMBF-geförderten Forschungsprojekt PAGE (Förderkennzeichen: 01FC08041).

zung ist dabei, die Ressourcen und Defizite der Bewohner zu bewerten, um zielgerichtete Angebote entwickeln zu können.

Im Rahmen des Projektes PAGE (Plattform zur Integration AGT-basierter Dienstleistungen in Gesundheitsnetzwerke) wurde daher ein Ansatz entwickelt, mit dem geriatrische Assessments möglichst unkompliziert in die gewohnte häusliche Umgebung integriert werden können. Dieser steht im Fokus des vorliegenden Beitrags.

2 Assessments als neue Dienstleistung im häuslichen Umfeld

Mit dem Ziel Menschen ein möglichst langes selbstbestimmtes Leben zu ermöglichen, ist der Erhalt der Selbstversorgungsfähigkeit oberstes Ziel einer jeden geriatrischen Behandlung und generell auch das wichtigste Bestreben vieler Menschen selbst. Die Geriatrie (Altersmedizin) ist die Lehre von den Krankheiten des alten und multimorbiden Menschen. Um Selbstversorgungsfähigkeit zu erhalten, müssen jedoch zunächst existierende Defizite schnell erkannt und beeinflussende (Umwelt-)Faktoren abgeklärt werden. Daraufhin können zielgerichtet Hilfsmittel und Kompensationsstrategien angewandt werden, um körperliche Defizite und behindernde Umweltfaktoren auszugleichen. Im Gegensatz zu anderen Bereichen der Medizin rückt in der Geriatrie eine exakte Diagnose in den Hintergrund und ist vielfach aufgrund der Multimorbidität der Patienten auch nicht mehr möglich.

In der Geriatrie findet die Erfassung von Defiziten, bzw. die Erfassung der verbleibenden Funktionsfähigkeit im Rahmen des geriatrischen Assessments statt. Das geriatrische Assessment ist ein multiprofessioneller Prozess zur Erfassung der verbleibenden Funktionsfähigkeit, des körperlichen und geistigen Gesundheitszustandes, sowie der sozio-kulturellen Situation älterer Menschen in verschiedenen Bereichen (Beer/Berkow 2006). Im Rahmen dieses Prozesses werden wiederum eine Reihe von standardisierten Werkzeugen, sogenannte Assessment Tests, zur Erfassung der verschiedenen Faktoren in unterschiedlichen Bereichen eingesetzt. Für die heute eingesetzten Verfahren existieren aus zahlreichen Studien klinisch validierte und altersspezifische Referenzwerte. Diese Referenzwerte erlauben es den Geriatern, aus Assessment-Ergebnissen direkt auf potentielle Defizite zu schließen und benötigte Interventionen abzuleiten. Verschiedene Assessment-Test konnten außerdem mit erhöhter Sturzgefahr oder aber anderen Akutereignisse assoziiert werden (Large et al. 2006). Im geriatrischen Bereich konnte gezeigt werden, dass durch den Einsatz von Assessment-Verfahren und die daraus resultierende medizinische Versorgung die Lebensqualität von Patienten zunimmt und die Mortalität sowie die Kostenbelastung für das Gesundheitssystem abnimmt (Stuck et al. 1993).

Eine Übertragung von Assessments in die häusliche Umgebung von potentiell gefährdeten Personen, insbesondere zur Früherkennung oder zur Verlaufskontrolle von Rehabilitationsvorgängen, erscheint daher aus Sicht von Mediziner wünschenswert. Aber auch Patienten könnten durch die verbesserte Versorgungsqualität, die eventuelle Vermeidung von Akutvorfällen durch frühzeitige Intervention und den Erhalt von Selbstständigkeit von häuslichen Assessment profitieren. Eine wiederholte Bewertung von verbleibender Leistungsfähigkeit würde zudem eine kurzfristige und individuelle Anpassung an sich verändernde Bedarfe erlauben. Bislang werden Assessment-Verfahren jedoch nahezu ausschließlich in professionellen Umgebungen, wie Kliniken oder Arztpraxen, und überwacht durch geschultes Personal durchgeführt. Das Potential zur Früherkennung, Überwachung von Rehabilitationsverläufen und allgemein zur Versorgung mit individuellen und bedarfsgerechten Unterstützungsleistungen direkt in der häuslichen Umgebung von Patienten wird aktuell nicht genutzt.

Eine Überführung von Assessments in die häusliche Umgebung kann wirtschaftlich tragbar nur mit Hilfe von Technologie erfolgen, da der personelle Aufwand für eine Ausführung bei jedem Patienten zuhause nicht tragbar wäre. Während durch den Einsatz von Technologie ein sehr viel häufigeres Assessment möglich wäre und damit viel kurzfristiger auf Veränderungen im Zustand eines Patienten reagiert werden könnte, stellen sich neben der Frage der technischen Umsetzung, eine Reihe von konzeptionellen Problemen: Im Gegensatz zu Kliniken oder Arztpraxen findet sich in der häuslichen Umgebung von Menschen keine standardisierte Umgebung. Hindernisse aller Art können die Assessment-Ergebnisse beeinflussen oder teilnehmende Personen gefährden. Da sich (nicht immer) eine überwachende Person im Raum befinden kann, kann zudem ein standardisierter Ablauf jedes Tests nicht immer garantiert werden. Die Ergebnisse von Assessments in klinischen Umgebungen und häuslichen Umgebungen sind daher nicht direkt vergleichbar.

Einen Lösungsansatz zur vorgenannten Problematik der Vergleichbarkeit klinischer und häuslicher Assessment-Ergebnisse bietet die International *Classification of Functioning, Disabilities and Health* (ICF) (Deutsches Institut für Medizinische Dokumentation und Information 2005). Die ICF ist eine von der WHO erstmals im Mai 2001 verabschiedete Klassifikation zur standardisierten Beschreibung von Gesundheits- und mit Gesundheit zusammenhängenden Zuständen. Im Rahmen dieser Beschreibung definieren die ICF u.a. auch die Begrifflichkeiten der Leistung und der Leistungsfähigkeit. Laut ICF beziffert die Leistung, was ein Mensch in der momentanen Situation unter Einbezug der Umwelt im Stande zu leisten ist. Die Leistungsfähigkeit beschreibt die maximale Kapazität eines Menschen, also das Höchstmaß an Leistung, das dieser Mensch unter optimalen Bedingungen erreichen kann. Die ICF betont weiterhin, dass nur durch den Vergleich von Leistung und Leistungsfähigkeit eine

Identifikation von limitierenden Umweltbedingungen möglich ist. Offen bleibt im Rahmen der ICF, wie die Messung von Leistung und Leistungsfähigkeit standardisiert erfolgen kann.

Assessment sind eine Möglichkeit, eine solche standardisierte Messung durchzuführen. Während die Durchführung von Assessments im klinischen Bereich zur Messung der Leistungsfähigkeit in einem bestimmten Bereich genutzt werden kann, kann eine häusliche Umsetzung eines Assessments die Leistung einer Person erfassen. Erst durch die erkannten Unterschiede kann effektiv auf eine selbstständige Lebensweise unter den gewohnten Bedingungen eines Patienten hingearbeitet werden. Assessments können daher die gefühlte Lebensqualität verbessern und eine sinnvolle Dienstleistung für viele ältere Menschen sein – indirekt durch eine zielgerichtetere und frühzeitigere medizinische Versorgung, direkt durch eine individuelle und bedarfsgerechte Versorgung mit benötigten Unterstützungsleistungen. Der verbesserte Erhalt von Selbstständigkeit und die Vermeidung von Akutereignissen können zeitgleich Kosten für das Gesundheitssystem einsparen.

3   Technische Umsetzung geriatrischer Mobilitäts-Assessments im häuslichen Umfeld

Assessments, insbesondere im Bereich der Mobilität, können eine sinnvolle Dienstleistung für viele, vor allem ältere Menschen sein. Während eine Übertragung von Assessments in das häusliche Umfeld wirtschaftlich tragbar nur durch Einsatz von Technologie erfolgen kann, muss weiterhin der Zusammenhang von Ergebnisse klinischer und häuslicher Assessments geklärt werden. Assessments im klinischen Umfeld können die Leistungsfähigkeit, im häuslichen Umfeld die Leistung einer Person nach ICF messen.

Im folgenden Abschnitt wird zunächst ein Modell zur Bewertung erfasster Daten klinischer und häuslicher Assessments vorgestellt. Anschließend wird die technische Umsetzung eines Assessments aus dem Bereich der Mobilität, des Assessments „Selbstgewählte Gehgeschwindigkeit", wie sie im Rahmen des Projektes PAGE durchgeführt wurde, beschrieben.

3.1 Das 3DLC-Modell

Die im häuslichen Umfeld gesammelten Daten unterscheiden sich inhärent von den in einer klinischen Umgebung gemessenen Daten. Selbst wenn die gleichen Messinstrumente zum Einsatz kommen, ist dennoch mit einem Qualitätsunterschied in der häuslichen Umgebung bei den Daten zu rechnen, alleine aufgrund der fehlenden Kontrolle durch einen Arzt oder Pfleger. Darüber hinaus ist bei der technischen Umsetzung klinischer Assessments im häuslichen der Einsatz von nicht medizinischer Sensorik (beispielsweise Türkontakte, Lichtschranken) vorgesehen. Dies birgt einen neu gearteten Umgang und eine andere Sicht auf medizinische Daten. Für die Klassifizierung von Daten, die im häuslichen Umfeld gesammelt wurden, ist eine neuartige Modellbetrachtung im Hinblick auf Datenaggregation, Kontextwissen und Datenstruktur von Nöten.

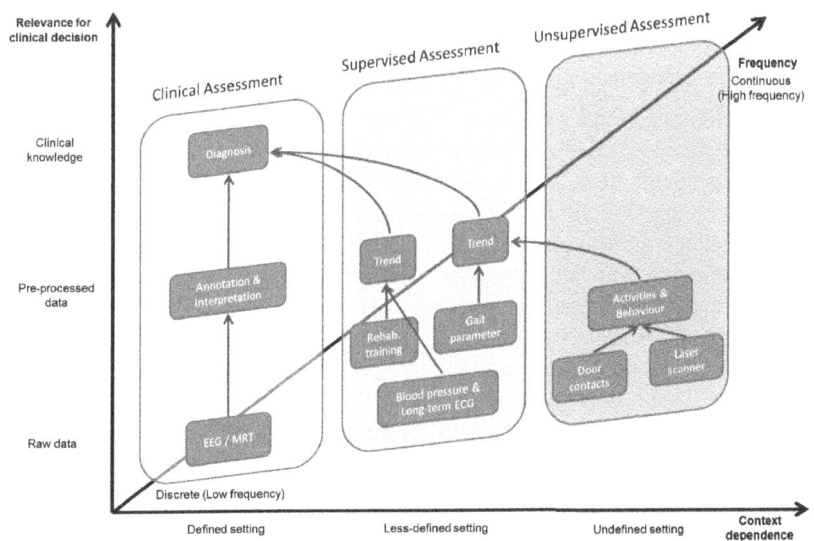

Abbildung 1   3DLC-Modell (Helmer et al. 2011)

Das in (Helmer et al. 2011) vorgestellte 3DLC-Modell (siehe Abbildung 1) kategorisiert medizinische Daten im Hinblick auf das Kontextwissen, die Häufigkeit der Aufnahme (Abtastfrequenz) und ihre Aggregation. Der Kontext ist in diesem Modell durch die Kenntnisse über die Umgebung und Tätigkeit des Bewohners in dieser Umgebung gekennzeichnet. In einem klinischen Rahmen ist der Kontext fast vollständig aufgelöst, da das Assessment unter lückenloser Beobachtung und standardisierten Bedingungen durchgeführt wird. Die hierbei angefallenen Daten sind durchweg medizinisch, von hoher Qualität und in langfristigen Abständen gemessen, da Assessments häufig nur bei Einweisung und Entlassung vollzogen werden. Eine Diagnose wird immer auf der Grundlage des „IST-Zustandes" der punktuell gemessenen Werte, welche die Leistungsfähigkeit des Patienten nach ICF darstellen, erstellt. Die Assessments im häuslichen Umfeld können aus Kostengründen effizient und unaufdringlich durch das Verbauen von Sensoren, z.B. der Hausautomation, umgesetzt werden. Bei der täglichen, wiederholten Ausführung ist kein Arzt mehr zugegen. Demnach finden die Messungen in einer unkontrollierten Umgebung mit wenig oder keinem Kontextwissen statt. Die Rohdaten sind nicht medizinisch, da es ausgelöste Ereignisse der Sensoren sind. Diese müssen erst aggregiert werden, damit eine medizinische Diagnose abgeleitet werden kann. Durch das Fehlen des Kontextwissens sind die Einzelmessungen nicht aussagekräftig, es kann demnach nur eine Trendanalyse über einen zeitlichen Abschnitt vorgenommen werden. Assessments im häuslichen Umfeld spiegeln die Leistung des Patienten wieder, da sie unter Einbeziehung aller natürlichen Umweltfaktoren erfolgen.

Zusammenfassend sind Assessment-Ergebnisse im klinischen Umfeld zunächst relevanter für eine medizinische Entscheidung, da sie unter standardisierten Bedingungen und Kontrolle eines Arztes ausgeführt werden. Ihre Ergebnisse und Auswertung sind durch Studien validiert. Klinische Assessment-Ergebnisse spiegeln jedoch nur die Leistungsfähigkeit einer Person wider und auch nur auf Basis weniger punktueller Messungen, welche von Tagesschwankungen und der Testsituation leicht beeinflussbar sind. Inwiefern diese Werte tatsächlich die Leistung einer Person im täglichen Leben wiedergeben, bleibt zweifelhaft. Häusliche Assessments können in kurzen Abständen und der natürlichen Umgebung einer Person durchgeführt werden. Die Sensordaten spiegeln daher deutlich mehr die Leistung einer Person (und damit auch ihre tatsächliche Selbstständigkeit und Selbstversorgungsfähigkeit) wider und können auch kostengünstig zur Prävention oder Rehabilitation eingesetzt werden. Problematisch an häuslichen Assessments sind das fehlende Kontextwissen und damit die Unsicherheit über eine korrekte Ausführung. Zur Ableitung einer medizinischen Entscheidung müssen die Daten zunächst weiter bearbeitet werden.

3.2 Mobilität als Frühindikator

Mobilität ist ein wichtiger Aspekt, wenn die Selbstbestimmtheit eines Menschen und in diesem Zusammenhang seine Lebensqualität betrachtet werden. In der ICF wird Mobilität in der „Klassifikation der Aktivitäten und Teilhabe" als eine von neun Kategorien aufgeführt. Die Mobilität besteht gemäß dieser Definition aus zwei direkt personenbezogenen Aspekten: „Die Körperposition ändern und aufrecht erhalten", „Gehen und sich fortbewegen". „Die Körperposition ändern und aufrecht erhalten" berücksichtigt die Fähigkeiten, sich hinzusetzen, sich hinzustellen, sich hinzuknien, den Körperschwerpunkt zu verlagern und in der aktuellen Körperposition zu bleiben. „Gehen und sich fortbewegen" beinhaltet dagegen die Fähigkeit, sich in unterschiedlichen Umgebungen fortzubewegen, zum Beispiel durch Gehen (Vorwärts-, Rückwärts-, Seitwärts-, Spazierengehen, Schlendern), Krabbeln, Klettern, Rennen, Springen oder Schwimmen. Diese

Aufzählung elementarer Aktivitäten verdeutlicht die Abhängigkeit vieler Aktivitäten des täglichen Lebens (ADL) von der Mobilität eines Menschen.

Eine eingeschränkte Mobilität gilt als ein Risikofaktor für einen Sturz (Granacher 2004). Sie kann durch Probleme im Bewegungsapparat oder durch kognitive Defizite hervorgerufen werden und zeigt sich beispielsweise durch Balance- und Gangstörungen, weshalb die Bestimmung der Mobilität bzw. von Mobilitätsänderungen zur Einschätzung der Sturzgefährdung eingesetzt werden kann. Insbesondere Veränderung in der selbstgewählten Gehgeschwindigkeit konnten mit einem erhöhten Sturzrisiko assoziiert werden. Es wird vermutet, dass die Beurteilung der Mobilität sowohl als Anzeichen für eine Demenz, als auch zur differenzierenden Diagnose genutzt werden kann. Dies wurde unter anderem durch eine Studie (Allan et al. 2005) mit 245 Personen belegt. Bei den Patienten im Alter von 65 Jahren oder älter (40 mit Alzheimer-Demenz, 39 mit vaskuläre Demenz, 46 mit Parkinson Krankheit und Demenz, 32 mit Lewy-Body-Demenz, 46 mit Parkinson Krankheit ohne Demenz, 42 Gesunde zur Kontrolle) wurden Gang- und Balance-Störungen bei 93 % der Personen mit der Parkinson Krankheit und Demenz, bei 79 % der Personen mit vaskulärer Demenz, bei 75 % der Personen mit Lewy-Body-Demenz, bei 43 % der Personen mit der Parkinson Krankheit, bei 25 % der Personen mit Alzheimer-Demenz sowie bei 7 % der Gesunden gefunden.

Auch bei anderen Krankheitsbildern kann Mobilität als Frühindikator bzw. zur Differentialdiagnose genutzt werden. Bei der chronisch obstruktiven Lungenerkrankung (COPD) kommt es, aufgrund des durch die Krankheit bedingten Sauerstoffmangels, zu einer verminderten Leistungsfähigkeit, die sich auch in einer reduzierten Mobilität zeigt (World Health Organization 2009). Auch die Parkinson Krankheit ist eine langsam fortschreitende neurologische Erkrankung. Sie ist hauptsächlich gekennzeichnet durch Bewegungsverlangsamung (*Bradykinese*) bis hin zur Bewegungsarmut (*Akinesie*), Zittern in Ruhe (Ruhetremor), Muskelsteifheit (*Rigor*) und Gang- oder Gleichgewichtsstörungen. Betroffenen machen häufig extrem kleine Schritte (Thiessen 2010) und zeigen daher auch eine Verlangsamung der Gehgeschwindigkeit.

Es gibt eine Vielzahl an Assessments, die speziell den Bereich der Mobilität abdecken. Hierzu gehören unter anderem der *Timed Up&Go*, der *Sit-To-Stand* und die Selbstgewählte Gehgeschwindigkeit (Imms/Edholm 1981). Bei der Selbstgewählten Gehgeschwindigkeit handelt es sich um einen Performancetest zur Mobilitätsmessung. Die selbstgewählte Gehgeschwindigkeit korreliert bei älteren Menschen mit der Muskelkraft der unteren Extremitäten und ist damit ein Indikator für die Mobilität.

3.3 Konzept zur Umsetzung des Assessments „Selbstgewählte Gehgeschwindigkeit"

Der im Rahmen des Projektes PAGE entwickelte Ansatz zur technik-gestützten Überführung des Mobilitäts-Assessments „Selbstgewählte Gehgeschwindigkeit" basiert auf einer systematischen Erhebung und Auswertung vorhandener validierter geriatrischer Assessments. Die Ansätze wurden in einem experimentellen Ansatz auf der Basis der Erfassung zuvor definierter Bewegungsmuster (beispielsweise Strecken innerhalb einer Wohnung mit einer bekannten Länge) einer Person in einer mit Präsenz-Sensoren ausgestatteten Wohnung evaluiert (Frenken et al. 2011, Frenken et al. 2010). Es kommen ausschließlich ambiente, also in der Umgebung verbaute, Sensoren zum Einsatz, weshalb das Verfahren als unaufdringliche für die Patienten eingestuft werden kann. Als kostengünstige Variante kommen im Rahmen des Projektes Sensoren aus dem Bereich der Hausautomation zum Einsatz. Durch die automatische Berechnung möglicher Bewegungsmuster kann das Verfahren leicht auf unterschiedliche Umgebungen angepasst werden.

Bereits heute wird in Neubauten zu Komfort- oder Sicherheitszwecken verstärkt Technologie aus dem Bereich der Gebäudeautomation installiert, oder es erfolgt zumindest eine entsprechende Vorbereitung. Auch Altbauten werden vermehrt nachgerüstet. Es können kabelgebundene (z.B. EHS, LON, EIB, KNX) und drahtlose Technologien (FS20, HomeMatic, EnOcean) unterschieden werden. Einsatz finden die verbauten Sensoren und Aktoren heute überwiegend zur Steuerung der Beleuchtung oder Beheizung, bzw. zu Sicherheitszwecken.

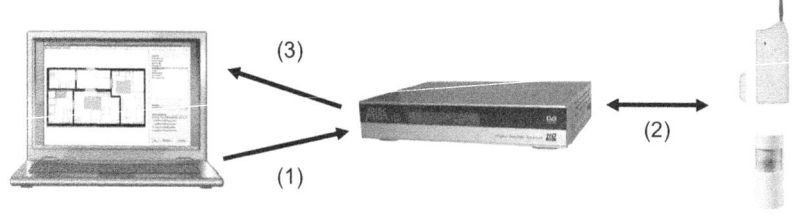

Abbildung 2   Konzept häusliche Mobilitäts-Assessments

Unter Nutzung von Hausautomationssensoren wurde im Rahmen des Projektes eine kostengünstige Möglichkeit zur Durchführung häuslicher Mobilitäts-Assessment entwickelt (Abbildung 2). Ausgehend von einem zwei- oder dreidimensionalen Grundriss einer Wohnung wird in einer benannten Stelle (z.B. einer Klinik oder telemedizinischen Servicezentrale) im Rahmen des Konzeptes zunächst ein abstrahiertes Raummodell berechnet. In diesem Raummodell können vorhandene Sensoren platziert werden. Anschließend werden durch einen Pfadfindungsalgorithmus mögliche Wegstrecken innerhalb des Raummodells berechnet. Die Definitionen von Wegstrecken basieren auf von Sensoren generierten Ereignissen. Die Definitionen werden auf eine häusliche Plattform, im Rahmen des Projektes eine handelsübliche Set-Top-Box, übertragen (1), welche an die vorhandenen Sensoren innerhalb der zu überwachenden Wohnungen angeschlossen ist. Der „Anschluss" erfolgt, abhängig von der eingesetzten Hausautomationstechnik, entweder drahtlos oder kabelgebunden. In jedem Fall ist das entwickelte Konzept auf verschiedene Sensor-Technologien adaptierbar. Aufgenommene Ereignisse angeschlossener Sensoren werden in definierte Wegstrecken übertragen, aggregiert, und in einem standardisierten, medizinischen Dokumentenformat gespeichert (2). Die gespeicherten Dokumente werden in regelmäßigen Abständen wieder zurück in die Zentrale übertragen (3).

3.3.1 Definition von Bewegungsmustern

Zentrale Idee zur Umsetzung des Assessments ist die Erfassung möglicher Bewegungsmuster innerhalb einer Wohnung durch die Analyse aufgezeichneter Sensor-Ereignisse. Ein Bewegungsmuster ist durch einen Start- und einen End-Punkt mit einer bekannten Distanz gekennzeichnet, deren Durchschreiten jeweils durch ein eindeutiges Sensor-Ereignis festgestellt werden kann. Zur automatischen Berechnung möglicher Bewegungsmuster werden zwei Informatio-

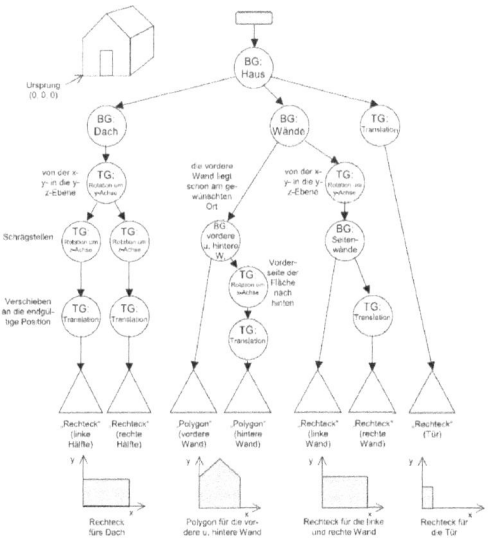

Abbildung 3   Objekttypen des Raummodells

nen benötigt: Ein abstrahiertes Raummodell der zu überwachenden Wohnung und die Platzierung vorhandener Sensoren.

Bei einem abstrahierten Raummodell handelt es sich um eine Objektliste bestehend aus den einzelnen Bauelementen einer Wohnung (zum Beispiel Bett, Fernseher, Schlafzimmertür, Wand). Zu jedem Objekt werden der Objektnamen, ein Objekttyp, sowie die absolute Position und Größe der achsenparallelen Bounding-Box, die das Objekt vollständig enthält und demzufolge abstrahiert, gespeichert. Die verfügbaren Objekttypen sind in einer Hierarchie (Abbildung 3) angeordnet. Die wichtigsten Objekttypen für die Berechnung verfügbarer Wegstrecken sind Wände, Durchgänge und sonstige Hindernisse. Das Modell kann wahlweise aus einer 2D-Skizze des Grundrisses, oder aber aus einem 3D-CAD-Modell der Wohnung automatisch generiert werden. Abbildung 4 zeigt die Visualisierung eines abstrakten Raummodelles (linke Seite), welches aus einem CAD-Modell automatisch generiert wurde (rechte Seite). Im CAD-Modell sind die verschiedenen Objekttypen farblich hervorgehoben.

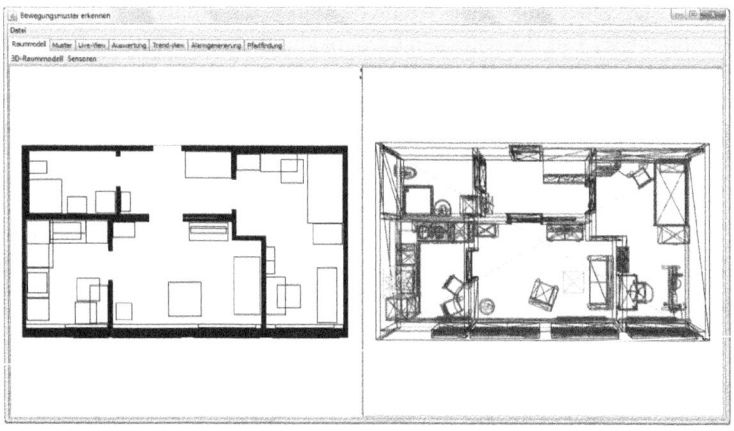

Abbildung 4   2D-Raummodell mit Sensor-Flächen (Frenken et al. 2011)

Innerhalb des berechneten 2D-Raummodells können die Erfassungsbereiche der verfügbaren Sensoren in einer grafischen Benutzeroberfläche markiert werden. Ein Erfassungsbereich definiert den räumlichen Bereich, in dem ein bestimmter Sensor die Präsenz eines Bewohners mittels eines Events melden kann. Abbildung 8 zeigt das berechnete 2D-Raummodell mit den markierten Sensor-Flächen (graue Boxen).

Auf Basis des berechneten abstrahierten Raummodells und der markierten Sensor-Flächen können nun automatisch alle verfügbaren Bewegungsmuster und deren Länge innerhalb der Wohnung berechnet werden. Ein neues Bewegungsmuster wird immer dann erzeugt, wenn zwei Sensoren innerhalb des Raummodelles adjazent sind. Zwei Sensoren werden als „adjazent" bezeichnet, wenn innerhalb der Wohnung ein Weg, der nicht durch Hindernisse führt, zwischen den Erfassungsbereichen der Sensoren existiert, auf dem kein Erfassungsbereich eines anderen Sensors liegt.

```
METHOD Pfadplanung für alle Sensorpaare durchführen
INPUT Liste mit Sensoren
    FOR alle Sensoren in der Liste, mit Ausnahme des letzten Sensors
        Sensor wird Zielsensor
        Zielsensor-abhängige Potentiale ermitteln
        FOR alle Sensoren, die sich in der Liste hinter Zielsensor befinden
            Sensor wird Startsensor
            alle Gitterfelder als nicht-besucht markieren
            Potentiale aller Erfassungsbereiche bestimmen, liefert Startfeld
            Pfadsuche im Potentialfeldgitter mittels Best-First-Algorithmus
            IF Pfad existiert THEN
                Adjazenz-Relation für Sensorpaar erzeugen
                Länge des Pfades ermitteln
                Pfad im Gitter visualisieren
            END IF
        END FOR
    END FOR
END METHOD
```

Abbildung 5   Pseudocode der Pfadplanung (Stehen 2010)

Die Berechnung (Abbildung 5) basiert auf der Anwendung eines Verfahrens aus der Roboter-Navigation, dem so genannten Potential-Feld-Verfahren (Latombe 1991). Im Gegensatz zum ursprünglichen Verfahren wird hier eine diskrete Variante eingesetzt, deren Einzelschritte in Abbildung 6 gezeigt werden. Dazu wird über das 2D-Raummodell zunächst ein Gitternetz mit quadratischen Feldern definierbarer Größe gelegt. Alle Felder, welche ein Wand-Objekt des Raummodells beinhalten, werden zunächst als „nicht passierbar" markiert, indem ihnen ein unendliches Potential zugewiesen wird. Auf gleiche Weise wird mit Feldern verfahren, welche Hindernisse innerhalb des Raummodells schneiden. Im Folgenden wird anschließend für alle Sensor-Paar-Flächen eine Pfadplanung durchgeführt (Abbildung 5). Dabei wird ein Sensor als Ziel-, der andere als Start-Punkt genutzt. Alle anderen Sensor-Flächen gelten während der Pfadplanung als Hindernisse. Die Potentiale werden aufsteigend vom Ziel an-

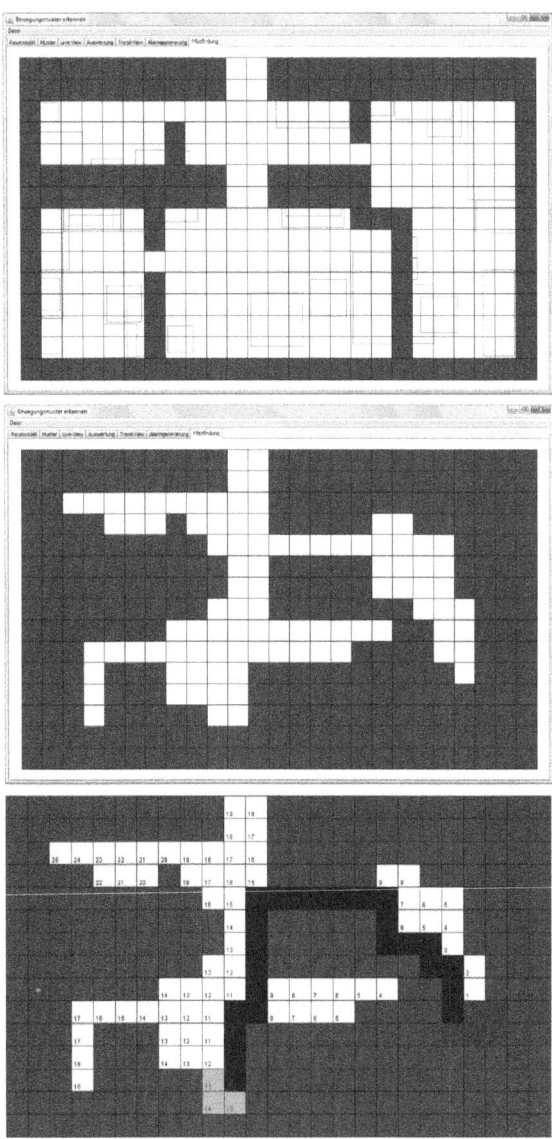

Abbildung 6   Wegstreckenberechnung mit Hilfe der Pfadplanung (Frenken et al. 2011): Ge-
               sperrte Felder durch Wand-Potentiale (Oben) und Potentiale sonstiger Objekte
               (Mitte), Zugewiesene Potentialwerte und Berechnung eines Pfades (Unten)

hand der Manhatten-Distanz (Tönnies 2005) des jeweiligen Feldes zum Zentrum des Ziel-Punktes vergeben. Nachdem die Pfadplanung für alle Sensor-Paare durchgeführt wurde, ergibt sich aus den berechneten Pfaden der so genannte Sensor-Graph (Abbildung 7). Alle Verbindungen innerhalb des Graphen verbinden adjazente Sensoren. Quasi als Nebenprodukt der Pfad-Berechnung ergibt sich auch die ungefähre Länge der jeweiligen Pfade (Abbildung 8). Diese errechnet sich aus der Anzahl und Länge der zum Pfad gehörigen Felder.

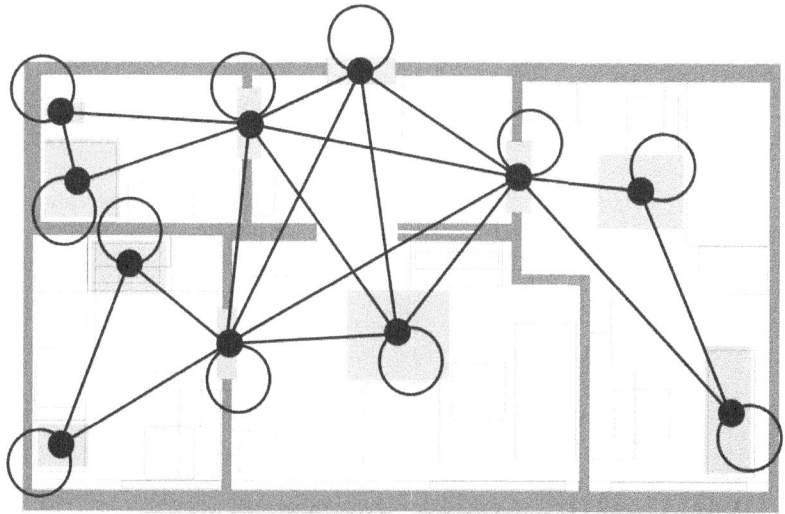

Abbildung 7   Berechneter Sensor-Graph (Steen 2010)

3.3.2   Erfassung von Bewegungsmustern

Der berechnete Sensor-Graph wird in Form einer XML-Datei auf eine Plattform in der häuslichen Umgebung eines Patienten übertragen. Die Plattform ist an die definierten Hausautomationssensoren angeschlossen. Definierte Bewegungsmuster werden zur effizienten Verarbeitung eingehender Sensor-Ereignisse in einen von vier möglichen Zustandsautomaten überführt (Abbildung 9). Eigehende Sensor-Ereignisse werden zunächst in einer Warteschlange eingereiht und dann an alle aktiven Zustandsautomaten weiter gegeben. Erreicht ein Automat das definierte End-Ereignis, wird eine Instanz des zugehörigen Bewegungsmusters gespeichert.

3.3.3   Speicherung und Austausch von Bewegungsmustern

Die aufgezeichneten Bewegungsmuster werden vor ihrer Speicherung zuerst im Hinblick auf den Anwendungsfall aggregiert. Die Rohdaten aus den Sensoren der Hausautomation sind nicht „menschenlesbar", auch eine Ableitung medizinischer Aussagen ist nicht möglich. Erst nach der Aggregation dieser Rohdaten auf eine höherwertige Ebene können medizinisch relevante Entscheidungen getroffen werden. Die Stufen der Aggregation sind in Abbildung 10 dargestellt. Die unterste Stufe beschreibt die Rohdaten, im vorliegenden Fall die gespeicherten Instanzen der Bewegungsmuster. In einer ersten Aggregation werden diese Daten auf die zweite Stufe zu höherwertigen Informationseinheiten transformiert. Durch diese Aggregation werden aus einzelnen Bewegungsmusterinstanzen Geschwindigkeitsmessungen auf verschiedenen Gehstrecken. Im dritten Schritt kann aus den Geschwindigkeitsmessungen medizinisches Wissen für Diagnosen und Bedarfserhebungen abgeleitet werden. Die Transformation auf die dritte Ebene ist jedoch stark von Anwendungsfall und Endpunkt abhängig, weshalb die notwendigen Schritte externer Auswertungssoftware überlassen werden.

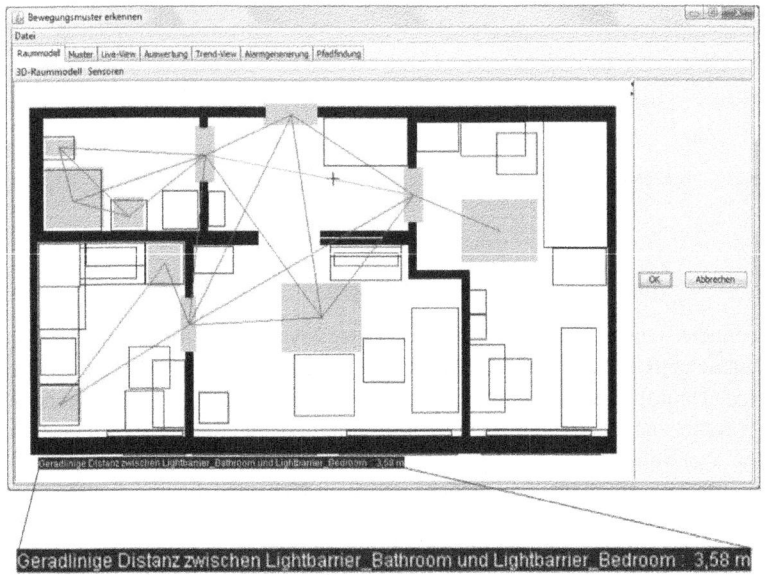

Abbildung 8   Berechnung der Länge eines Pfades (Steen 2010)

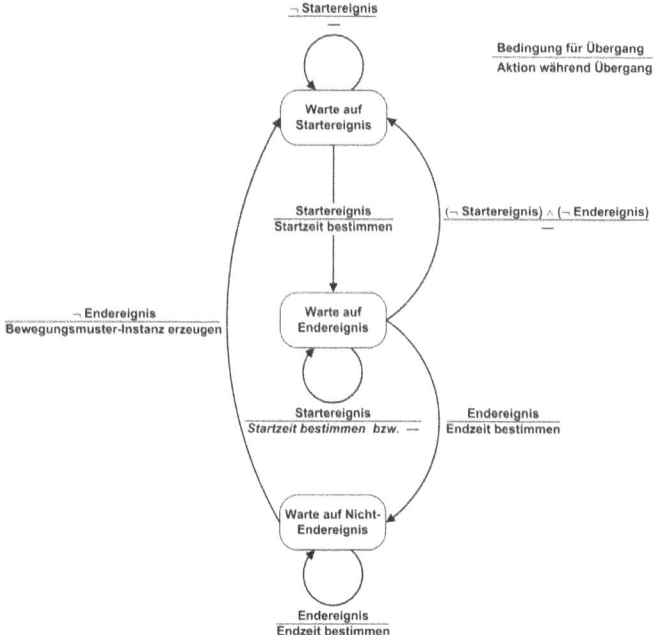

Abbildung 9   Automat zur Erkennung von Bewegungsmustern mit wiederholendem Endereignis
(Stehen 2010)

Für den interoperablen Austausch der Geschwindigkeitsmessungen kommt der medizinische Dokumentenstandard *Clinical Document Architecture* (Dolin et al. 2006), im Weiteren CDA genannt, zum Einsatz. Durch CDA ist eine dauerhafte Speicherung und Austausch von medizinischen Daten möglich. Der XML basierte Standard kann die Daten zur maschinellen Auswertung durch medizinische Codesysteme wie SNOMED CT oder LOINC im Dokument anreichern. Damit ist eine semantische Einordnung der im Dokument vorkommenden Abschnitte durch ein verarbeitendes System möglich. Für die menschenlesbaren Informationen können Freitextfelder mit graphischen Annotationen für die Lesbarkeit eingefügt werden. Das Dokument teilt sich in Header und Body. Der Header enthält die „Metadaten" wie z.B. der Erstellungszeitpunkt oder eine eindeutige ID und die patientenbezogenen Daten. Der Body enthält die Daten des jeweiligen Anwendungsfalls.

Das CDA Dokument für den Anwendungsfall der „Selbstgewählte Gehgeschwindigkeit" enthält ausschließlich Daten der zweiten Stufe, da diese Daten sich für die medizinische Entscheidungsfindung eignen. Das Dokument enthält zunächst eine Liste der Gehstrecken pro Wohnung. Jede Einzelmessung einer Gehstrecke wird in einer Tabelle mit der Einheit Meter pro Sekunde gespeichert. Darüber hinaus werden die Durchschnittswerte pro Gehstrecke, die ein Patient innerhalb eines Zeitraums gebraucht hat, angegeben. Der Durschnitt aller Messungen der gesamten Gehstrecken wird in einer „*Section*" durch den LOINC-Code 41957-2 angegeben. Das CDA Dokument enthält somit alle anwendungsspezifischen Daten, die von medizinischer Relevanz sind. Eine weitere Verarbeitung der Daten zu einer Trendanalyse ist somit durch externe Systeme möglich.

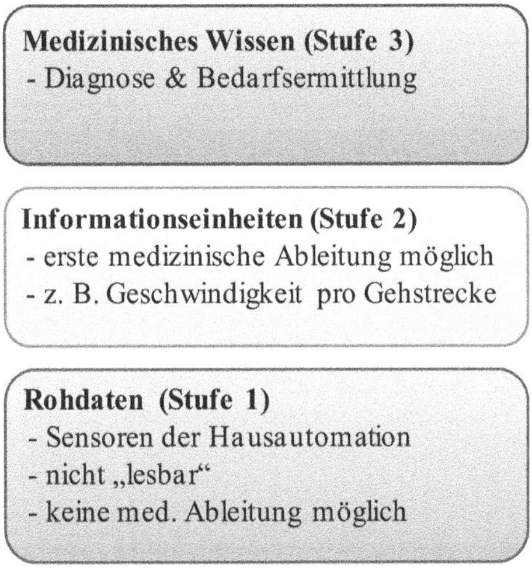

Medizinisches Wissen (Stufe 3)
- Diagnose & Bedarfsermittlung

Informationseinheiten (Stufe 2)
- erste medizinische Ableitung möglich
- z. B. Geschwindigkeit pro Gehstrecke

Rohdaten (Stufe 1)
- Sensoren der Hausautomation
- nicht „lesbar"
- keine med. Ableitung möglich

Abbildung 10   Aggregation medizinsicher Daten

3.4 Evaluation des technik-gestützten Assessments „Selbstgewählte Gehgeschwindigkeit"

Die Eignung des Ansatzes zur Umsetzung des Assessments „Selbstgewählte Gehgeschwindigkeit" in einer häuslichen Umgebung einer alleinlebenden Person wurde durch ein Experiment untersucht. Es haben 15 Personen (davon 12 Männer) im Alter von 20 bis 42 Jahren teilgenommen. Für jede Person wurden sowohl die Leistungsfähigkeit, als auch die Leistung im Bereich der selbstgewählten Gehgeschwindigkeit ermittelt. Die Leistung wurde im IDEAAL-Senioren-Appartement (OFFIS – Institut für Informatik 2011) mit Hilfe von sieben Bewegungsmustern bestimmt (Abbildung 11). Für die Feststellung der

Leistungsfähigkeit wurde eine sechs Meter lange, gut beleuchtete, hindernisfreie Gehstrecke ausgewählt, die sich auf Höhe des Eingangs zum Appartement befindet. Es wurden Lichtschranken und Reedkontakte aus der Hausautomationsreihe FS20 (Firma ELV) als Sensoren eingesetzt.

Jedes dieser sieben Bewegungsmuster wurde von jedem Probanden fünfmal durchlaufen. Dabei ermittelte das System die für ein Bewegungsmuster benötigte Zeit. Für die anschließende Bestimmung der Gehgeschwindigkeit wurde jeweils der Median dieser fünf Zeitwerte genommen. Mit Hilfe der während der Bestimmung der Adjazenz-Relationen festgestellten Pfadlängen zwischen den Sensor-Erfassungsbereichen konnten die Gehgeschwindigkeiten der einzelnen Probanden berechnet werden.

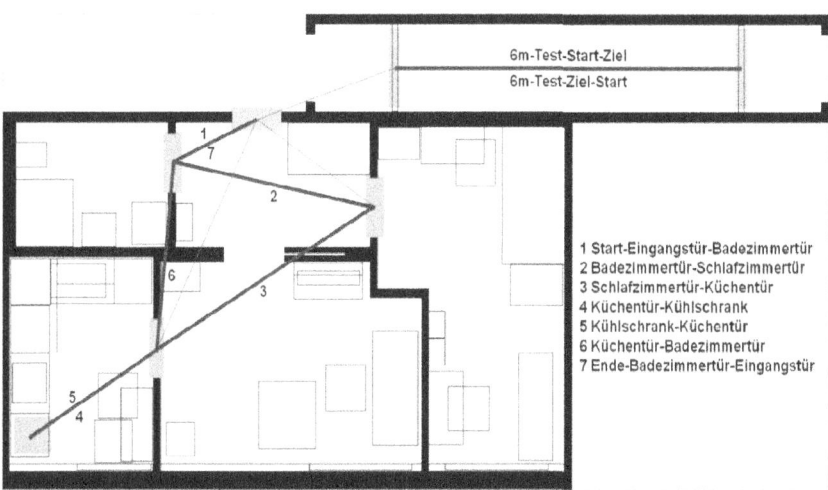

Abbildung 11   Definierte Bewegungsmuster im Experiment (Frenken et al. 2011)

Die durchschnittliche Gehgeschwindigkeit aller Probanden auf der sechs Meter langen Gehstrecke betrug 1,68 m/s, was die Leistungsfähigkeit dieser Probanden im Bereich der Gehgeschwindigkeit angibt. 2009 wurde eine klinische Studie durchgeführt, bei der auf einer sechs Meter langen Wegstrecke für die Altersgruppe 20 bis 39 Jahre (50 Probanden) eine Gehgeschwindigkeit von 1,4 m/s ermittelt wurde (Butler et al. 2009). Wie erwartet, war die Leistung, festgestellt mit Hilfe der Bewegungsmuster innerhalb der Wohnung, etwas geringer als die ermittelte Leistungsfähigkeit, nämlich 1,56 m/s. Jedoch variierten die durchschnittlichen Gehgeschwindigkeiten für die einzelnen Bewegungsmuster innerhalb der Wohnung signifikant. Sind nämlich neben dem Gehen noch weitere Aktivitäten in der für ein Bewegungsmuster aufgewendeten Zeit enthalten, z.b. das Stoppen vor einem Kühlschrank und dem anschließenden Öffnen der Kühlschranktür, so bewirken diese eine deutliche Reduzierung der berechneten Gehgeschwindigkeit. Darüber hinaus war bei einigen Probanden die Gehgeschwindigkeit in der Wohnung auf bestimmten Gehstrecken sogar höher als auf der sechs Meter langen Strecke. Durch im Anschluss an das Experiment durchgeführte Interviews wurde festgestellt, dass bei einigen Probanden der Wunsch bestand, den Experimentteil innerhalb der Wohnung möglichst zügig zu erledigen, so dass sie nicht mit der normalen Gehgeschwindigkeit, sondern mit einer höheren gelaufen sind. Dies ist ein typisches Merkmal einer bewussten Testsituation. Im Normalbetrieb werden die Geschwindigkeiten innerhalb der Wohnung daher niedriger sein. Erwartungsgemäß wurden für diese Altersgruppe weder bei der Leistungsfähigkeit noch bei der Leistung im Bereich der Gehgeschwindigkeit signifikante Unterschiede zwischen den einzelnen Probanden festgestellt. Zusammenfassend kann gesagt werden, dass der entwickelte Ansatz eine realistische Einschätzung der selbstgewählten Gehgeschwindigkeit in der häuslichen Umgebung erlaubt.

4 Diskussion und Ausblick

Gesundheitsdienstleistungen werden in einem komplexen Netzwerk unterschiedlicher Akteure erbracht. Zahlreiche ärztliche, pflegerische und therapeutische Dienstleister sind am medizinischen Versorgungsprozess beteiligt und arbeiten Hand in Hand. Assistierende Gesundheitstechnologien leisten einen Beitrag zu diesem medizinischen Versorgungsprozess und integrieren diese Akteure in ihre Leistungserstellung. In diesem Beitrag wurde ein Ansatz zur technischen Unterstützung geriatrischer Assessments im häuslichen Umfeld vorgestellt. Die Messung insbesondere der Mobilität gilt als Frühindikator für unterschiedliche Risiken und kann als Grundlage bedarfsgerechter Dienstleistungen dienen.

Für die erfolgreiche Einführung entsprechender Angebote ist jedoch weit mehr notwendig, als eine funktionierende technische Infrastruktur in der Wohnung. Ziel ist es, die gesamte Wertschöpfungskette von professionellen Leistungserbringern aus unterschiedlichen Sektoren (Krankenhäuser, niedergelassene Ärzte, Pflegedienste etc.), sowie Ehrenamtlichen und Angehörigen aufeinander abzustimmen. Dazu wurde eine Taxonomie sensorerweiterter, einrichtungsübergreifender Informationssystemarchitekturen erarbeitet, die eine Beschreibung vorhandener und zukünftiger Konzepte ermöglicht und wesentliche Informationen der zugrundeliegenden Netzwerkkonzepte zusammenfasst. Diese Ergebnisse wurden veröffentlicht (Ludwig et al. 2010, 2011). Basierend auf dieser Taxonomie, sowie dem HL7 *Reference Information Model* (RIM) (Hinchley 2007) wurde das RIMCC (*Reference Information Model in Continuity of Care*), entwickelt. In diesem Modell finden sich die Stammdaten aller beteiligten Personen und deren Beziehungen untereinander (siehe ausschnittsweise Abbildung 11).

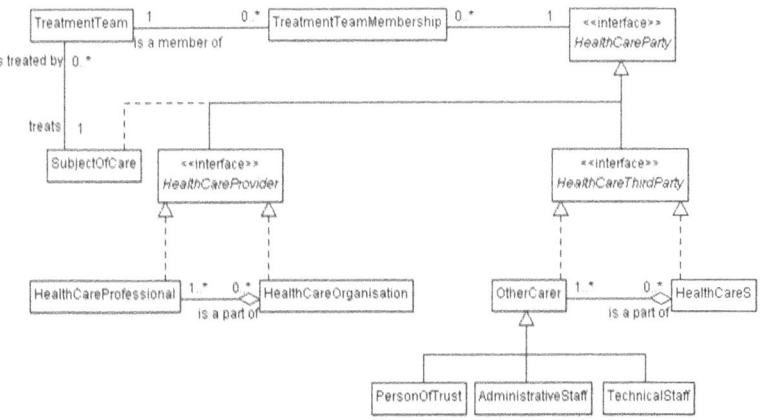

Abbildung 12   Ausschnitt Rollenmodell RIMCC (eigene Darstellung)

Im Rahmen einer geplanten Studie wird diese Modell prototypisch implementiert, mit dem vorgestellten Ansatz zur Umsetzung des geriatrischen Assessments im häuslichen verknüpft und zusammen mit zwei Praxispartnern aus dem Pflege- sowie dem Immobilienbereich evaluiert. Die Ergebnisse werden anschließend publiziert.

5 Literaturverzeichnis

Allan, L. M. / Ballard, C. G. / Burn, D. J. / Kenny, R. A. 2005: Prevalence and severity of gait disorders in Alzheimer's and non-Alzheimer's dementias. J Am Geriatr Soc 53(10), 1681-1687. http://dx.doi.org/10.1111/j.1532-5415.2005. 53552.x

Beers, M. / Berkow, R. (Hg.) 2006: The Merck Manual of Geriatrics, Merck & Co., Inc. http://www.merck.com/mkgr/mmg/home.jsp

Butler, A. A. / Menant, J. C. / Tiedemann, A. C. / Lord, S. R. 2009: Age and gender differences in seven tests of functional mobility. J Neuroeng Rehabil 6, 31. http://dx.doi.org/10.1186/1743-0003-6-31

Deutsches Institut für Medizinische Dokumentation und Information 2005: ICF – Internationale Klassifikation der Funktionsfähigkeit, Behinderung und Gesundheit, Deutsches Institut für Medizinische Dokumentation und Information. http://www.dimdi.de/dynamic/de/klassi/downloadcenter/icf/endfassung/icf_endf assung-2005-10-01.pdf

Dolin, R. H. / Alschuler, L. / Boyer, S. / Beebe, C. / Behlen, F. M. / Biron, P. V. / Shabo (Shvo), A. 2006: HL7 Clinical Document Architecture, Release 2, J Am Med Inform Assoc 13(1), 30-39. http://www.jamia.org/cgi/content/abstract/ 13/1/ 30

Fraunhofer-Institut für Software- und Systemtechnik 2011: E-Health@Home – Geschäftsmodelle für die Wohnung als 3. Gesundheitsstandort. http://www. isst.fraunhofer.de/geschaeftsfelder/eHealth/refpro/ehealth _at_home

Frenken, T. / Steen, E.-E. / Brell, M. / Nebel, W. / Hein, A. 2011: Motion Pattern Generation and Recognition for Mobility Assessments in Domestic Environments, in 'Proceedings of the 1st International Living Usability Lab Workshop on AAL Latest Solutions, Trends and Applications. In conjunction with BIO-STEC 2011, SciTePress, 3-12. ISBN 978-989-8425-39-3.

Frenken, T. / Wilken, O. / Hein, A. 2010: Technical Approaches to Unobtrusive Geriatric Assessments in Domestic Environments. In: Gottfried, H. A. B. (Hg.), Proceedings of the 5th Workshop on Behaviour Monitoring and Interpretation, BMI'10, Karlsruhe, Germany, September 21, 2010, Vol. 678 of CEUR Workshop Proceedings, CEUR-WS.org, 63-74. http://sunsite.informatik.rwth-aachen .de/Publications/CEUR-WS/Vol-678/BMI10-06.pdf

Granacher, U. 2004: Neuromuscular performance in old age (> 60 years): impact of heavy resistance strength training and sensorimotor training, PhD thesis, Albert-Ludwigs-Universität Freiburg.

Healy, J. C. 2007: The WHO eHealth Resolution - eHealth for all by 2015? Methods Inf Med 46(1), 2-4.

Helmer, A. / Lipprandt, M. / Frenken, T. / Eichelberg, M. / Hein, A. 2011: 3DLC: A Comprehensive Model for Personal Health Records Supporting New Types of Medical Applications, Journal of Healthcare Engineering 2(3), 321-336. ISSN 2040-2295 DOI 10.1260/2040-2295.2.3.321.

Hinchley, A. 2007: Understanding Version 3 A primer on the HL7 Version 3 Healthcare Interoperability Standard - Normative Edition, Mönch, A.

Imms, F. J. / Edholm, O. G. 1981: Studies of gait and mobility in the elderly. Age Ageing 10(3), 147-156.

Koch, S. / Marschollek, M. / Wolf, K. H. / Plischke, M. / Haux, R. 2009: On health-enabling and ambient-assistive technologies. What has been achieved and where do we have to go? Methods Inf Med 48(1), 29-37.

Large, J. / Gan, N. / Basic, D. / Jennings, N. 2006: Using the timed up and go test to stratify elderly inpatients at risk of falls. Clin Rehabil 20(5), 421-428.

Latombe, J.-C. 1991: Robot Motion Planning, Kluwer Academic Publishers, Norwell, MA, USA.

Ludwig, W. / von Bargen, T. / Hellrung, N. / Wagner, M. / Haux, R. 2011: Stakeholder Assistierender Gesundheitstechnologien. Eine Analyse der an der Leistungserstellung häuslicher, IT Basierter Gesundheitsdienstleistungen beteiligter Nutzergruppen. In; Bieber, D. / Schwarz, K. (Hg.): Mit AAL-Dienstleistungen altern. Nutzerbedarfsanalysen im Kontext des Ambient Assisted Living.', iso-Institut, 177-196.

Ludwig, W. / Wolf, K.-H. / Duwenkamp, C. / Gusew, N. / Hellrung, N. / Marschollek, M. / Bargen, T. V. / Wagner, M. / Haux, R. 2010: Health information systems for home telehealth services–a nomenclature for sensor-enhanced transinstitutional information system architectures., Inform Health Soc Care 35 (3-4), 211-225. http://dx.doi.org/10.3109/17538157.2010.534212

OFFIS - Institut für Informatik 2011: Das IDEAAL Konzept, Online. Zugegriffen: 19.10.2011. http://www.ideaal.de

Steen, E.-E. 2010: Entwurf und Implementierung eines Raummodells zur Klassifikation von Bewegungen im häuslichen Umfeld, Master's thesis, Carl von Ossietzky Universität Oldenburg.

Stuck, A. E. / Siu, A. L. / Wieland, G. D. / Adams, J. / Rubenstein, L. Z. 1993: Comprehensive geriatric assessment: a meta-analysis of controlled trials. Lancet 342 (8878), 1032–1036.

Thiessen, E. S. 2010: So verändert sich der Gang im Alter. Altersmedizin – Ratgeber, Online. http://charite.docmed.tv/index.php?id=918

Tönnies 2005Tönnies, K. D. (2005), Grundlagen der Bildverarbeitung, Pearson Studium, München.

WHO Executive Board 2005WHO Executive Board (2005), 'eHealth'. http://www.who.int/healthacademy/ media/en/eHealth_EB_Res-en.pdf

World Health Organization 2009World Health Organization (2009), 'Chronic obstructive pulmonary disease (COPD)', Online. http://www.who.int/mediacentre/factsheets/fs315/en/

Teil V: Pilotierung von Dienstleistungsinnovationen

Einsatz und Pilotierung mobiler Serviceroboter zur Unterstützung von Dienstleistungen in der stationären Altenpflege

Birgit Graf, Theo Jacobs, Jochen Luz, Diego Compagna, Stefan Derpmann, Karen Shire

1 Einleitung

In diesem Beitrag werden die Erfahrungen und Besonderheiten der Pilotierung mobiler Serviceroboter in einer stationären Pflegeeinrichtung dargestellt. Der Hintergrund stellt das vom BMBF geförderte Projekt WiMi-Care[1] dar. Die Hauptzielsetzung des Verbundvorhabens WiMi-Care war die Herstellung und Optimierung des Wissensaustauschs, um eine nutzerzentrierte Technikentwicklung im Pflegesektor zu ermöglichen. Durch die Anwendung des Szenario-basierten Designs[2] konnte ein intensiver Wissenstransfer verwirklicht werden, im Rahmen dessen mehrere iterative Schleifen zwischen den Anwendern (Pflegekräfte und Bewohner einer stationären Pflegeeinrichtung) und den Entwicklern mobiler Serviceroboter durchlaufen wurden. Die Pilotierung stellte dabei einen zentralen Arbeitsschritt für die Verwirklichung einer auf die Besonderheiten von Pflegedienstleistungen ausgerichteten Technikentwicklung dar.

Der Schwerpunkt dieses Kapitels liegt einerseits in der Darstellung des technischen Potenzials und der durchgeführten Weiterentwicklungen der Serviceroboter (siehe Abschnitt 2 und 4) sowie andererseits auf Verfahren, die es letztendlich möglich machten, die Artefakte erfolgreich im Rahmen eines sozialen Feldes zu erproben, das sich durch die hohe Komplexität wissensintensiver Dienstleitungsarbeit auszeichnet (siehe Abschnitt 3). Abschließend werden Erfahrungen aus den durchgeführten Pilotierungen dargestellt. Diese sind als wesentliche Schritte für den intensiven Austausch zwischen Nutzern und Entwicklern, zu

---

[1] Die in diesem Beitrag präsentierten Ergebnisse sind Teil eines vom Bundesministerium für Bildung und Forschung (BMBF) geförderten Verbundvorhabens mit dem Titel "Förderung des Wissenstransfers für eine aktive Mitgestaltung des Pflegesektors durch Mikrosystemtechnik" (WiMi-Care); Förderkennzeichen: 01FC08024-27. Weiterführende Informationen: http://www.wimi-care.de/.

[2] Weitere Details zur Methodik und zur Umsetzung des Szenariobasierten Design findet sich im Kapitel „Das Szenariobasierte Design als Instrument für eine partizipative Technikentwicklung im Pflegedienstleitungssektor" in diesem Sammelband.

sehen, in welchen die vorhergehenden Abstimmungsarbeiten in konkreten An-
wendungstests innerhalb des sozialen Feldes kulminieren (siehe Abschnitt 5).

2 Serviceroboter – Fähigkeiten und Einsatzpotenziale

Serviceroboter werden definiert als „frei programmierbare Bewegungseinrich-
tungen, die teil- oder vollautomatisch Dienstleistungen verrichten. Dienstleistungen sind dabei Tätigkeiten, die nicht der direkten industriellen Erzeugung
von Sachgütern, sondern der Verrichtung von Leistungen für Menschen und
Einrichtungen dienen." (Schraft et al. 1996: 10) Serviceroboter werden entsprechend ihres Einsatzfelds in zwei Hauptkategorien eingeteilt (vgl. IFR 2010):

1. Serviceroboter für gewerbliche Anwendungen. Ein Großteil (ca. drei Viertel)
   der erfassten Serviceroboter für gewerbliche Anwendungen wird dabei in
   den Bereichen Verteidigung und Landwirtschaft eingesetzt. Einen weiteren
   Schwerpunkt bilden Medizinroboter und Logistiksysteme wie z.b. fahrerlose Transportfahrzeuge (FTF), die auch in WiMi-Care zum Einsatz kamen.

2. Serviceroboter für den häuslichen Bereich. Produkte in dieser Kategorie sind
   insbesondere Staubsauger- und Rasenmähroboter, sowie Unterhaltungs- und
   Spielzeugroboter. Aktuelle Forschungsarbeiten beschäftigen sich mit Robo-
   tersystemen, die nicht nur Spezialisten für eine Aufgabe sind, sondern eine
   Vielzahl unterschiedlicher Aufgaben im Haushalt lösen können. Diese multi-
   funktionalen Haushaltsassistenten sollen in der Lage sein, sich sicher in All-
   tagsumgebungen zu bewegen und dabei komplexe Handhabungsaufgaben in
   direkter Interaktion mit dem menschlichen Benutzer durchführen. Diese
   Funktionen sind nicht nur für das häusliche Umfeld relevant, auch in stationären Pflegeeinrichtungen könnten diese Roboter eine Vielzahl von Aufgaben übernehmen.

2.1 Fahrerlose Transportfahrzeuge – CASERO

Fahrerlose Transportfahrzeuge werden heutzutage sowohl im industriellen Umfeld, als auch zunehmend im Dienstleistungssektor eingesetzt. Schwerpunkt des
Einsatzes im Dienstleistungssektor sind Krankenhäuser, in dem die FTF i.d.R.
Container transportieren, die sich im Bereich der Versorgungsebenen befinden
und für Patienten nicht zugänglichen sind.

Allen diesen FTF, unabhängig davon wo sie eingesetzt werden sollen, ist gemein, dass sie für eine erfolgreiche Navigation im Einsatzgebiet bauliche Eingriffe erfordern, sei es durch Einbringen von Magneten, dem Anbringen von
Reflektoren oder dem Verlegen von Leitspuren (induktiv oder optisch) im Bo-
den.

Voraussetzungen für den Einsatz von FTF in neuen Dienstleistungsbereichen ist eine Erweiterung der Funktionalitäten insbesondere in den Bereichen:

- FTF-Mechanik/Elektrik: Kleine, wendige, multifunktionale FTF-Plattform mit ansprechendem Design

- Energieversorgung: Auf die kleine Bauform und den Anwendungsfall abgestimmtes Energiekonzept

- Navigation: Navigationssystem, das es dem FTF ermöglicht, sich ohne die Nutzung künstlicher Landmarken in seiner Umgebung zu lokalisieren

- Bedienung: Benutzerschnittstellen, die eine intuitive Bedienung auch durch ungelerntes oder technisch wenig versiertes Personal ermöglichen

Das durch die in Ludwigsburg ansässige MLR System GmbH in das Projekt eingebrachte FTF CASERO erfüllte diese konzeptuellen Ansprüche.

2.2 Multifunktionale Haushaltsassistenten – Care-O-bot 3

Zukünftig sollen Serviceroboter nicht nur für spezialisierte Aufgabenfelder wie z.B. den Transport eingesetzt werden können. Vielmehr sollen sie den Menschen bei möglichst vielen unterschiedlichen Aufgaben im täglichen Leben unterstützen. Das Fraunhofer beschäftigt sich inzwischen seit über 10 Jahren mit der Entwicklung solch eines Haushaltsassistenten „Care-O-bot" [3].

Der zweite in WiMi-Care eingesetzte Serviceroboter, Care-O-bot 3, ist in der Lage, selbstständig einfache Hol- und Bringdienste auszuführen. Die Übergabe von Gegenständen zwischen Mensch und Roboter erfolgt dabei mithilfe eines am Roboter angebrachten Tabletts, Seinen Roboterarm nutzt Care-O-bot 3, um die Gegenstände aufzunehmen und auf das Tablett zu stellen oder von diesem wegzunehmen. Er wird gestoppt, sobald Personen in der Nähe des Roboters erkannt werden. Indem der direkte Kontakt des Menschen mit dem Roboterarm vermieden wird, bietet Care-O-bot 3 erstmalig eine Basis für die sichere Übergabe von Gegenständen zwischen Benutzer und Serviceroboter.

Care-O-bot 3 zeichnet sich durch ein funktionales, produktnahes Design aus. Der Serviceroboter wurde explizit nicht humanoid gestaltet, um die Erwartungen der Benutzer auf dessen tatsächliche Fähigkeiten zu fokussieren. Dadurch werden keine unrealistischen Erwartungen an den Roboter geweckt, die letztendlich zu Enttäuschungen und damit einer geminderten Akzeptanz führen könnten (Parlitz 2008). Des Weiteren wird die Rolle von Care-O-bot 3 als Werkzeug, das stets der Kontrolle des Menschen unterliegt, unterstrichen und nicht etwa als technisierte, ggf. sogar gleichberechtigte, Version des Menschen

---

[3] Weitere Informationen: www.care-o-bot.de

dargestellt. Diese Eigenschaft war in WiMi-Care eine essentielle Voraussetzung für die Pilotierung des Roboters in der Altenpflegeeinrichtung.

3 Einsatz von Servicerobotern im Kontext wissensintensiver Dienstleistungen

Ein Schwerpunkt bei der Weiterentwicklung mobiler Serviceroboter für den Dienstleistungssektor im Allgemeinen und dem Pflegebereich insbesondere stellt eine hohe Nutzerbeteiligung dar. Die hohe Komplexität des sozialen Feldes und vielfältigen Möglichkeiten sinnvoller Einsatzszenarien erfordert die Integration der diesem Feld zugehörigen Personen. Sie verfügen als Experten über das notwendige Wissen, mit Hilfe dessen die Entwickler erst in die Lage versetzt werden Zielvorgaben und Entwicklungspläne zu erschließen. Im Rahmen des WiMi-Care Projektes lag das Hauptaugenmerk deshalb auf der Optimierung des Austausches zwischen den Nutzern in der Pflegeeinrichtung und den Entwicklern der zwei Artefakte. Die in diesem Kapitel dargestellten Erfahrungen und Vorgehensweisen im Zuge der Pilotanwendungen sollen also vor allem zur Beantwortung der Frage dienen, auf welche Weise die Entwickler von einem intensiven Austausch mit den Nutzern profitieren können und wie dieser Austausch optimiert werden kann. In den folgenden Abschnitten soll es jedoch zunächst darum gehen, die Ergebnisse der hierfür notwendigen Szenarien-abstimmungen wiederzugeben, um im nächsten Abschnitt (4) die auf dieser Grundlage stattgefundenen konkreten Weiterentwicklungen darzustellen.

3.1 Bedarfsanalyse als Grundlage einer erfolgreichen partizipativen Technikentwicklung

3.1.2   Allgemeiner Bedarf im stationären Pflegedienstleitungssektor

Von den derzeit insgesamt 2,34 Millionen Pflegebedürftigen wird rund ein Drittel in Heimen betreut und gepflegt. Auch wenn gegenwärtig der überwiegende Teil der Pflegebedürftigen im häuslichen Umfeld gepflegt wird, ist mit einem Rückgang der Zahl der vollstationär Versorgten nicht zu rechnen (Statistisches Bundesamt 2009), sondern eher mit einer zunehmenden „Tendenz zur Hospitalisierung" (Schnabel 2007: 27). Hinzu kommt, dass der Personalmangel und die damit verbundene Zeitknappheit bei der Versorgung der Bewohner/ Leistungsempfänger in Zukunft höchstwahrscheinlich zunehmen wird (Borchert et al. 2011). Bis 2050 wird eine Verdreifachung des Bedarfs an professionellen Pflegekräften prognostiziert, bei gleichzeitiger Abnahme der Zahl berufstätiger Personen (Schnabel 2007: 27f). Durch den Wegfall der Zivildienstleistenden wird die Situation weiter verschärft.

Einschlägige Studien deuten bereits auf mögliches Verbesserungspotenzial hin. So verbringen bspw. Fachkräfte einen erheblichen Teil ihrer Arbeitszeit mit nicht-pflegerischen Tätigkeiten wie z. B. Hol- und Bringdienste etc., selbst bei examinierten Pflegekräften beträgt der Anteil pflegefremder Tätigkeiten bis zu (teilweise sogar über) 20 % (Simon et al. 2005: 41f). Vor dem Hintergrund solcher Feststellungen stellt sich die Frage, auf welche Weise der Einsatz von Servicerobotern Pflegekräfte von zeitaufwendigen Routinetätigkeiten entlasten kann, so dass diese mehr Zeit für die eigentlichen Pflegetätigkeiten – insbesondere die Interaktion mit den Bewohnern – haben. Darüber hinaus kann allerdings nur eine intensive Abstimmung der in einer Pflegeeinrichtung faktisch ermittelten Bedarfe mit dem technisch Machbaren befriedigende Resultate zeitigen. Der Einsatz qualitativer Methoden ist für ein solches Unterfangen dringend anzuraten, da sich das Einsatzfeld durch wissensintensive Dienstleitungen und eine hohe soziale Komplexität auszeichnet. Spezifische Anforderungen an die Technikentwicklungen können insofern nur auf der Grundlage einer systematischen Anwendung offener Erhebungsmethoden eruiert werden, die die Komplexität des Einsatzgebietes zu erfassen in der Lage sind, um sie in einem zweiten Schritt auf ein bearbeitbares Maß in Form konkreter Einsatzszenarien zu redimensionieren (Compagna/Derpmann 2009).

3.1.3   Ermittlung geeigneter Einsatzfelder mobiler Serviceroboter in einer stationären Pflegeeinrichtung

Für die Identifizierung und Erfassung möglicher Einsatzfelder der Serviceroboter wurde in einem ersten Schritt die aktuelle Arbeitspraxis der Pflegekräfte analysiert. Im Rahmen eines einwöchigen Feldaufenthaltes in einer stationären Pflegeeinrichtung wurden dafür zwei examinierte Pflegekräfte begleitet. Teilnehmende Beobachtungen sollten über aufwendige Beschreibungen und Dokumentation den größten Teil der Arbeitspraxis und -organisation vor Ort einfangen. Ad-hoc- und problemzentrierte Interviews sollten diese Kenntnisse vertiefen sowie kommunikativ validieren. Neben der Identifizierung der als arbeiterleichternd eingeschätzter Einsatzmöglichkeiten neuer Technologien sorgten die Beobachtungen, Interviews und Nachfragen dafür, dass sich die beteiligten Personen bei ihren Ausführungen über ihre Bedarfe ernst genommen fühlten.

Die gesammelten Beobachtungen und Beschreibungen wurden abschließend (am Ende der Woche) in einem Fokusgruppengespräch mit sechs Pflegekräften diskutiert. Die Pflegekräfte sollten – ohne Anschauung von technischen Limitierungen – Ideen für technologische Entwicklungen für die Pflegearbeit nennen. Die Einschätzungen, Wünsche und Bedürfnisse bezüglich eines möglichen Einsatzes von Servicerobotern in einer stationären Pflegeeinrichtung fielen dabei – je nach Personengruppe – sehr heterogen aus. So zeigte die Einrichtungsleitung an vielen unterschiedlichen Aspekte Interesse, bspw. dem Entsorgen von liegen gebliebenen Tabletts, Anreizen für eine bessere Auslastung der Gemeinschaftsräume, etc. Das Pflegepersonal stellt aus seiner Arbeitspraxis vor allem drei Aspekte in den Vordergrund: Einmal geht es um die Entlastung von täglich anfallenden Routinetätigkeiten, die einen 'ständigen' Stressor darstellen. Dies betrifft neben typischen Transportdiensten bspw. das Führen von Trinkprotokollen verbunden mit der Aufgabe dafür Sorge zu tragen, dass bestimmte Bewohner eine Mindestmenge an Flüssigkeit zu sich nehmen, die gegebenenfalls – falls dies nicht erfolgt – aus gesundheitlichen Gründen (ärztlich empfohlen bzw. verordnet) subkutan zugeführt werden muss. In diesen Bereich gehören auch Anregungen der Pflegekräfte, die Serviceroboter mögen sie an Termine der aktuell betreuten Bewohner erinnern. Der zweite Aspekt betrifft eine Entlastung körperlicher Art, wie bspw. das Heben aus dem/ in das Bett etc. Dieser Aspekt konnte leider nicht weiter berücksichtigt werden, da die in WiMi-Care eingesetzten Roboter sich für einen solchen Einsatz nicht eignen. Einen dritten und letzten Aspekt stellt die Unterstützung in der Nachschicht dar: Hier soll der Serviceroboter die Pflegekräfte bei der Sichtung von Bewohnern, die sich in der Nacht auf dem Gang befinden, behilflich sein und – sollte es z.B. zu einem Sturz kommen – diese mit dem schnellen Bringen eines Erste-Hilfe-Koffers sowie Informationen aus der Notfallakte unterstützen. Letztere wird benötigt, falls der Notarzt gerufen werden muss. Durch den Robotereinsatz kann somit erreicht werden, dass die beaufsichtigende Pflegekraft den verletzten Bewohner nicht alleine lassen muss.

Die folgende Tabelle fasst die Einstellung und Bedarfe aller beteiligten Personengruppen bzgl. des Robotereinsatzes zusammen. Zudem werden die wichtigsten Hoffnungen und Bedenken dargestellt, die den Servicerobotern von diesen entgegengebracht wurden.

Tabelle 1   Einstellungen und Bedarfe bezüglich des Robotereinsatzes

Personen-gruppe	Einstellung zu Service-robotik	Vorgebrachte Gründe für Einstellung	Angemeldeter Bedarf
Leitungs-ebene	Positiv	Wahrnehmung von Chancen überwiegt: Längerfristig Vermeidung personeller Engpässe und kurz- bis mittelfristig Verbesserung der Arbeitsorganisation sowie -bedingungen	Hoch

Pflege-kräfte	Ambivalent	Grundsätzlich positiv hinsicht-lich der Übernahme von Rou-tinetätigkeiten und körperlich beanspruchender Arbeit, nega-tiv da Angst vor Arbeitsplatz-verlust	Relativ hoch
Bewohner (noch) nicht auf intensive Pflege angewie-sen	Ambivalent	Unabhängig von Technikaffi-nität werden Chancen gesehen "niemandem zur Last fallen zu müssen" bzw. die eigene Le-bensweise und Intimsphäre geschützt zu sehen; grundsätz-liche Skepsis bezüglich 'Aus-gereiftheit' der Technik vor-handen	Gering
Bewohner angewie-sen auf intensive Pflege	Ablehnend	Angst vor Verlust menschli-chen Kontaktes, Angst vor Robotern (unbekannt und furchteinflößend); lediglich ausgesprochen technikaffine Senioren könnten sich einen Einsatz bedingt vorstellen	Nicht vorhanden

Diese unterschiedlichen Interessenlagen, Bedürfnisse sowie Befürchtungen galt es nun in den Einsatzszenarien so zusammenzuführen, dass möglichst allen Wünschen entsprochen und gleichsam den Ängsten und Vorbehalten gerecht werden konnte. In einem zweiten Schritt wurden diese vorläufigen Ergebnisse mit dem technisch Machbaren abgeglichen, erneut formuliert und den potenziel-len Nutzern zurückgespiegelt. Daraufhin erfolgte auf Grundlage der Bewertun-gen durch die Nutzer eine erneute Justierung der Einsatzszenarien mit allen dargelegten Arbeitsschritten. Diese Abstimmungsschleifen wurden so oft wie-derholt, bis alle am Entwicklungsprozess beteiligten Akteure (aus beiden Berei-chen, also dem Herstellungs- und Verwendungskontext) mit den entwickelten Szenarien zufrieden waren. Die möglichen Einsatzszenarien wurden anschlie-ßend in zwei Workshops mit den Entwicklern insbesondere hinsichtlich des technisch Machbaren angepasst (Derpmann/Compagna 2009: 5). Erst nachdem die Ergebnisse der Bedarfsanalyse gebündelt und auf die beiden Serviceroboter-systeme, die innerhalb des Projekts weiterentwickelt werden sollten, abgebildet

wurden, konnte eine effektive und effiziente Weiterentwicklung der Serviceroboter beginnen.

3.2 Ausgewählte Einsatzszenarien

Eine besonders hohe Akzeptanz und zugleich Entlastung des Personals kann –
entsprechend der Befunde der Bedarfsanalyse – bei den Transportaufgaben und
den Nacht- und Notfall-Einsätzen erwartet werden. Beide Aspekte wurden sowohl von der Leitung als auch vom Pflegepersonal positiv bewertet bzw. erwünscht und entsprechen in jeweils unterschiedlichen Hinsichten den Erwartungen einer Entlastung und Verbesserung der Arbeitsbedingungen dieser Personengruppen. Die teilweise ablehnende Haltung der Technik durch die Bewohner spielte bei diesen Anwendungen insofern eine untergeordnete Rolle, als eine
direkte Interaktion mit den Bewohnern nicht vonnöten war. Diese Aufgaben
wurden in WiMi-Care durch die Weiterentwicklung des CASERO realisiert.

Ein weiteres, erhebliches Potenzial für die Entlastung des Pflegepersonals konnte im Rahmen des Einsatzes von Servicerobotern für die Getränkeversorgung
und der Aktivierung der Senioren identifiziert werden, Hier galt es insbesondere, im Rahmen von Pilotanwendungen die Bereitschaft der Senioren zu eruieren,
mit Care-O-bot zu interagieren. Von Seiten der Pflegekräfte sind der Bedarf und
die Bereitschaft des Einsatzes von Servicerobotern für die Übernahme solcher
Aufgaben bereits vorhanden. Für jedes der Artefakte wurden letztlich zwei
Einsatzszenarien für die Umsetzung ausgewählt:

CASERO:

1. Durchführung von sowohl regelmäßigen Lieferungen (z.B. Abtransport von
   Schmutzwäsche bzw. Anlieferung von Frischwäsche; Versorgung der Stationen mit Essenstabletts, Getränkekisten, Post oder Medikamenten), als auch
   sporadischen Transportdiensten (z.B. Zustellung von Eilpostsendungen oder
   Wegfahren von liegen gebliebenem Einzelgeschirr).

2. Unterstützung der Pflegekräfte während der Nachtschicht. Diese Aufgabe
   beinhaltet sowohl die Erkennung von Bewohnern in den Korridoren während einer Patrouillenfahrt als auch die Bereitstellung von Notfallequipment
   für eine schnelle und zielgerichtete Erste Hilfe.

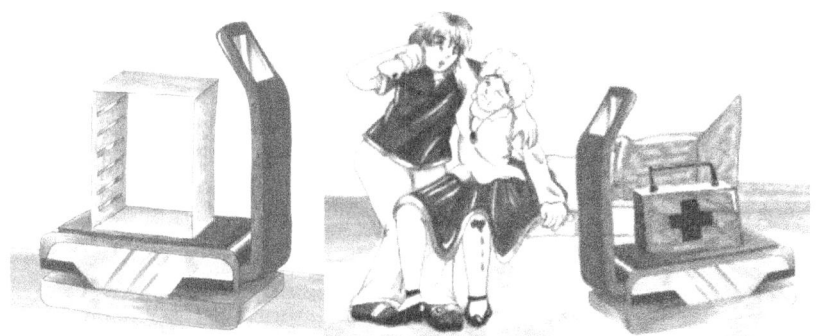

Abbildung 1   Einsatzszenarien für CASERO: Wäschetransport und Notfallerkennung sowie
               Bereitstellung des Notfallkoffers während der Nachtschicht (Quelle: UID GmbH).

Care-O-bot 3:

1. Versorgung der Bewohner mit Getränken. Dafür ist der Serviceroboter in der
   Lage, mit Hilfe seines Arms Becher an einem Wasserspender zu befüllen
   und den Bewohnern über sein Tablett zu servieren. Die Anbindung einer
   Bewohnerdatenbank ermöglicht es, ausgewählte Bewohner einer Station zu
   identifizieren und somit gezielt diejenigen anzusprechen, die noch nicht genügend Flüssigkeit zu sich genommen haben.

2. Einsatz als Unterhaltungsplattform. Dabei können auf dem Touchscreen des
   Roboters Gesellschaftsspiele oder Gedächtnistraining ausgeführt bzw. auch
   Musik abgespielt oder Gedichte vorgelesen werden.

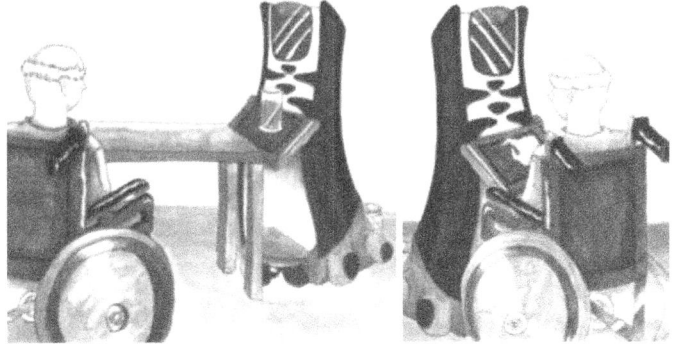

Abbildung 2-3   Einsatzszenarien für Care-O-bot 3: Getränkeversorgung und Unterhaltung (Quelle:
                 UID GmbH).

4 Weiterentwicklung der Roboter im Hinblick auf die Szenarien

Um die (limitierte) Zeit vor Ort möglichst effizient zu gestalten und insbesondere möglichst viel Zeit mit Pflegekräften und Bewohnern zu verbringen, ist es
unbedingt ratsam, den Ablauf der Szenarien schon im Vorfeld möglichst ausführlich zu testen. Indem die Szenarien durchgegangen und dabei äußere Einflüsse wie die Reaktion der Bewohner oder die Eingaben der Pflegekräfte in
verschiedenen Situationen exemplarisch durchgespielt werden, kann sichergestellt werden, dass alle Fehler im Ablauf zu Beginn der eigentlichen Tests beseitigt sind. In WiMi-Care lag dabei ein besonderer Fokus auf dem Zusammenspiel
von Komponenten verschiedener Projektpartner. Für die zweite Pilotphase umfasste dies beispielsweise die Kommunikation zwischen CASERO bzw. Care-O-
bot 3 und den verschiedenen Benutzeroberflächen. Im Vorfeld der zweiten Praxisevaluierung wurden deshalb mehrere Treffen zwischen den Projektpartnern
durchgeführt, in denen die verschiedenen Komponenten integriert und getestet
wurden, um somit deren reibungsloses Zusammenspiel in der Testphase sicherzustellen.

4.1 Weiterentwicklung von CASERO

Aus der Bedarfsanalyse und den daraus abgeleiteten Anwendungsszenarien
ergaben sich Anforderungen, die durch eine reine Weiterentwicklung der Softwarefunktionen der zu Projektstart vorhandenen CASERO-Plattform nicht er-
füllbar waren. Damit wurden die Konzeption und der Bau weiterer Ausbaustu-
fen des Technologieträgers notwendig. Die in den Praxisevaluierungen eingesetzte CASERO-Plattform ist insbesondere durch folgende Weiterentwicklungen gekennzeichnet:

Tabelle 2 Weiterentwicklungen der CASERO-Plattform

Anforderung	Vorhandene Fähigkeiten	Weiterentwicklungen
Sichere Fortbewe-gung in dynamischen, von Menschen fre-quentierten Umge-bungen	Spurgenaue Navigati-on zu Zielpunkten	Erweiterungen der Fahr-zeugsteuerung, Lokali-sierung mittels 'natürli-cher Landmarken', z.B. Wänden und Durchgän-gen

Fortbewegung auf teilweise unebenem Boden, z.B. Spalten bei der Einfahrt in Aufzüge	Basale Kinematik für industrielle Umgebungen	Überarbeitung der Antriebs- und Stützräder
Aktive Lastaufnahme	Lastfläche	Automatisierte Lastaufnahme mittels eines Hubtisches um z. B. die Bereitstellung des Transportguts und dessen Aufnahme durch das FTF zeitlich zu entkoppeln
Ansprechende, gleichzeitig funktionale Optik	Industrielles Design	Veränderung der Hülle und Farbgebung
WebCam die die Sichtung der Umgebung ermöglicht	keine	Integration einer Web-Cam sowie einer Schnittstelle für die Übertragung der Bilddaten auf mobile Endgeräte
Ergonomische und zugängliche Bedienbarkeit	Taster; Benutzereingaben am Touchscreen	Ersetzen des Bildschirms durch ein Modell mit höherer Auflösung; Entwicklung einer anwendungsspezifischen Benutzeroberfläche; größere, ergonomisch angebrachte Taster

Die Kommunikation mit dem Anwender sowie mit peripheren Einrichtungen wird auf CASERO über das Leitsystem LogOS abgewickelt. Notwendige Erweiterungen der Leitsteuerung LogOS umfassten insbesondere die Anbindung der anwendungsspezifischen grafischen Benutzeroberfläche. Dies beinhaltet neben den Bedienoberflächen auf Stations-PCs und mobilen Einrichtungen auch die auf dem Touchscreen von CASERO laufende Anwendung.

4.2 Weiterentwicklung von Care-O-bot 3

Die Weiterentwicklung von Care-O-bot 3 bezog sich hauptsächlich auf Erweiterungen der Steuerungssoftware, an der Roboterhardware wurden nur geringfügige Anpassungen durchgeführt. Auf Basis der technischen Anforderungen, die sich aus den Szenarien für Care-O-bot 3 ergaben, wurde dieser wie folgt weiterentwickelt und an die Erfordernisse der Szenarien angepasst:

Tabelle 3   Weiterentwicklungen des Care-O-bot 3

Anforderung	Vorhandene Fähigkeiten	Weiterentwicklungen
Sichere Fortbewegung in dynamischen, von Menschen frequentierten Umgebungen	Pfadplanung; Umfahrung von Hindernissen; Navigation zu einem Zielpunkt	Heranfahren an ein Hindernis (z. B. Person), kurz davor stoppen, z. B. zum Anbieten eines Getränks
Greifen und Transportieren von Getränken	Becher und Flaschen von ebenen Flächen greifen, transportieren und überreichen mittels des Tabletts	Bedienen eines Wasserspenders: Becher unter dem Füllstutzen platzieren, Tasten bedienen, vollen Becher entnehmen
Interaktion mit Benutzern	Sprachausgabe; Anzeigen und Benutzereingaben am Touchscreen im Tablett	Ersetzen des Bildschirms durch ein Modell mit höherer Auflösung, Entwicklung einer anwendungsspezifischen Benutzeroberfläche
Erfassen von Trinkmengen	keine	Gesichtserkennung zum Identifizieren der Bewohner; Sensoren im Tablett um festzustellen, ob ein Getränk genommen wurde; Anbindung einer Datenbank mit Trinkmengen für jeden Bewohner

Alle genannten Softwarefunktionen wurden so eingerichtet, dass sie von einer zentralen Ablaufsteuerung aus aufgerufen werden konnten. Die Zustände bildeten kurze Sequenzen im Ablauf wie bspw. das Anfahren einer Position oder das Greifen eines Gegenstandes. Abhängig von der Situation werden diese Sequenzen bei der Ausführung des Szenarios dann aufgerufen. Zusätzlich wurden Maßnahmen ergriffen, um mögliche Fehler des Roboters im Programmablauf abzufangen und passende Korrekturmaßnahmen einzuleiten.

4.3 Beschleunigte Weiterentwicklung der Roboter durch Technologietransfer

Die Überkreuzung der technologischen Entwicklungslinien fahrerloser Transportsysteme und multifunktionaler Haushaltsassistenten stellt eine Besonderheit des WiMi-Care Projekts dar. Vor allem im Bereich der Navigation konnte CASERO dabei von den innovativen Entwicklungen des Care-O-bot 3 einen direkten Nutzen ziehen. Auch bei der konkreten Umsetzung und Erprobung in Pilotanwendungen profitierte das FTF von aktuellen Forschungsergebnissen der Servicerobotik: Das Wissen bewegte sich hier folglich zwischen der experimentellen Forschung und dem bewährten Produkt.

5 Pilotierung – Praxisevaluierungen im Pflegeheim

Pilotierungen stellen einen wesentlichen Schritt im Rahmen nutzerorientierter Entwicklungen dar. Ihr Stellenwert geht weit über den einer bloßen Evaluierung der entwickelten Einsatzmöglichkeiten innovativer Technologien hinaus. Vielmehr müssen diese als integralen Bestandteil eines erfolgreichen Wissenstransfers zwischen Nutzer und Entwickler angesehen werden. In der Einleitung ist bereits darauf hingewiesen worden, dass in der Pilotierung die Abstimmungsbemühungen 'kulminieren'. Dies geschieht in zweifacher Hinsicht: Einerseits geht es um eine Evaluierung der ausgewählten Szenarien hinsichtlich ihrer technischen Machbarkeit, andererseits erfolgen gerade während der Pilotierung aber auch weitere äußerst wertvolle Abstimmungen zwischen den Entwicklern und den Nutzern.

Robert L. Mack plädiert für eine möglichst frühe Überführung und Implementierung der Szenarien in die Praxis der potenziellen Nutzer (Mack 1995: 373). In frühen Phasen sollen auf diese Weise relevante, bislang unbeachtete Rahmenbedingungen sichtbar werden und den Entwicklungsprozess für weitere Möglichkeiten der Umsetzung öffnen. So könnten bereits frühe Konzeptarbeiten und Prototypen die Nutzersicht und Anwendbarkeit besser berücksichtigen. Besonders bei wissensintensiven Einsatzgebieten kann darüber der Input der Nutzer gefördert und weiter ermittelt werden. „Missing scenarios or gaps in scenario descriptions can probably only be discovered through analysis and probing design ideas and prototypes with users, as the design develops into a specific implementation." (Mack 1995: 371f)

5.1 Durchführung der Pilotphasen

Die auf Grundlage der in Abschnitt 3 dargestellten dialogischen Abstimmungsschleifen (weiter-)entwickelten Artefakte wurden im WiMi-Care Projekt in einer Pflegeeinrichtung in Stuttgart pilotiert. In diesem Forschungsprojekt gab es eine zweifache Pilotierung:

Der Fokus der ersten Pilotphase lag auf der technischen Machbarkeit der Szenarien. Da zu diesem Zeitpunkt noch nicht alle Szenarien vollständig umgesetzt waren, wurden nur das Verteilen von Getränken (Care-O-bot 3) und der Transport von Gütern (CASERO) in einer vereinfachten Form durchgeführt. Nachdem zu diesem Zeitpunkt die Integration der grafischen Benutzeroberfläche noch nicht vollständig umgesetzt war, konnten Beobachtungen der Interaktion zwischen Mensch und Maschine nur indirekt und ein effizienter Austausch über die Perspektiven der Bedienbarkeit bzw. Benutzbarkeit dementsprechend noch nicht durchgeführt werden. Allerdings fiel unter den realen Einsatzbedingungen eine Vielzahl von Aspekten auf, die alleine über das 'Szenariobasierte Design' nicht hätten eingefangen werden konnten (siehe 5.2.1 & 5.2.2).

Die zweite Testphase fand kurz vor Ende der Projektlaufzeit statt. Ziel war ein vollständiger Test der Szenarien und der für die Szenarien weiterentwickelten Roboter sowie eine abschließende Bewertung des Servicerobotereinsatzes im Pflegeheim durch Bewohner und Pflegekräfte. Für diese Testphase wurden alle vier Einsatzszenarien auf den Robotern umgesetzt. Mit CASERO wurden tagsüber Transporte zwischen Bewohnerbereich und Keller durchgeführt. Zudem wurden die Fähigkeiten des Roboters, auf den Stationen Patrouille zu fahren und die Versorgung von Patienten in Notfallsituationen vorgestellt.

Abbildung 4-6   CASERO im Praxiseinsatz: Aufnahme des Wäschebehälters und Transport in den
                 Keller (Quelle: Fraunhofer IPA)

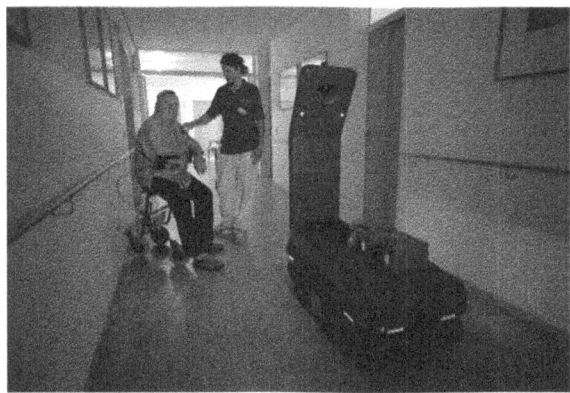

Abbildung 7   CASERO im Praxiseinsatz: Unterstützung des Personals bei Nacht (Quelle: Fraunhofer IPA)

Care-O-bot 3 wurde hinsichtlich des Getränkeszenarios (Verteilen von Wasser
an die Bewohner) und Unterhaltungsszenario (Memory spielen auf dem Bildschirm des Roboters) getestet. Nachdem während der ersten Praxisevaluierung
insbesondere eine leicht demente Bewohnerin sehr starkes Interesse an dem
Roboter gezeigt hatte, sollten in der zweiten Testphase weitere Informationen
bzgl. der Interaktion dementiell erkrankter Personen mit dem Serviceroboter
gewonnen werden. In enger Abstimmung mit der Einrichtungs- und Pflegelei-
tung wurde Care-O-bot deshalb in einem Wohnbereich speziell für Bewohner
mit Demenzerkrankung eingesetzt.

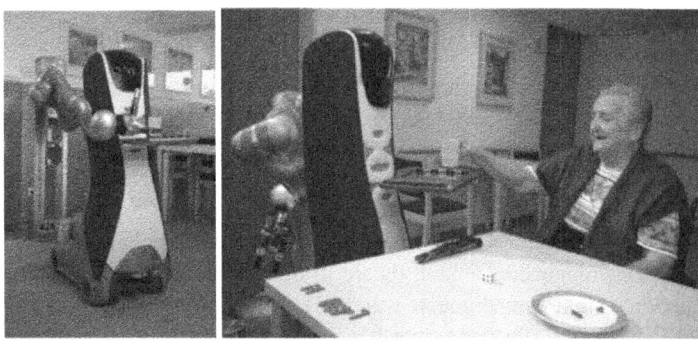

Abbildung 8-9   Care-O-bot 3 im Praxiseinsatz: Getränk holen, Übergabe an Bewohnerin (Quelle:
Fraunhofer IPA)

Abbildung 10   Care-O-bot 3 im Praxiseinsatz: Memory spielen am Touchscreen (Quelle: Fraunhofer IPA)

Für beide Praxisevaluierungen war ein Umfang von jeweils fünf Tagen vorgesehen. Dieser Zeitraum konnte jedoch nicht komplett für die Benutzertests genutzt werden. Auch wenn der Ablauf und die Roboter schon im Vorfeld der
Tests so weit wie möglich vorbereitet und getestet waren, so mussten die Systeme zunächst noch an die vor Ort herrschenden, aktuellen Verhältnisse angepasst werden. Dazu zählten das Erstellen einer Umgebungskarte und die Festlegung von Zielpositionen, die angefahren werden mussten.

Ein Testdurchlauf bestand während der zweiten Pilotphase im Wesentlichen aus
der Kontrolle der Bedienoberfläche und der kompletten Ausführung der Aufträ-
ge. Die Pflegekräfte hatten dabei die Möglichkeit, den Gesamtablauf des Auf-
trags zu verfolgen und so schrittweise die Tätigkeiten der Serviceroboter zu
überwachen und ihre Eindrücke und Problemerfahrungen zu äußern. Bei den
Testdurchläufen mit Care-O-bot 3 wurden zudem das Verhalten und die Äuße-
rungen der Bewohner beobachtet, da sie in den Szenarien 'Getränke' und 'Memory spielen' direkt eingebunden waren. Beim Transport- und Nachtszenario
von CASERO waren die Bewohner bei den Testdurchläufen indirekt beteiligt,
da sie sich auch auf dem Stationsflur aufhielten. Ihre Reaktionen sowie die von
anderen Pflegekräften wurden über teilnehmende Beobachtungen festgehalten.

Um die Eindrücke und Meinungen der Pflegekräfte zu ergänzen, wurden im Anschluss an die Testdurchläufe Interviews durchgeführt. Aus den Fragestellungen der Evaluationsziele wurden dazu entsprechende Interviewleitfäden erstellt. Die Pflegekräfte wurden zudem befragt, wie aus ihrer Sicht die Bewohner die Anwesenheit der Roboter empfunden hätten. Ebenfalls sind – insbesondere beim Einsatz von Prototypen – technische Ausfälle während einer Pilotphase nicht auszuschließen und sollten in der Planung entsprechend berücksichtigt werden.

5.2 Erfahrungen aus den Praxisevaluierungen – Leistungsfähigkeit der Serviceroboter

Die Evaluierung der Leistungsfähigkeit technischer Assistenzsysteme sollte im Bereich dienstleitungsorientierter Entwicklungen deutlich über das Testen der technischen Funktionalitäten hinausgehen und sowohl die Bewertung der Systeme durch die Nutzer als auch der durch den Einsatz tangierten Arbeitsabläufe berücksichtigen. Vieles deutet darauf hin, dass auf diese Weise eine effektive Weiterentwicklung von Servicerobotik für den Einsatz in komplexen sozialen Kontexten verwirklicht werden kann. Die Auswertung der Pilotanwendungen im WiMi-Care Projekt beinhaltet deshalb eine möglichst vollständige Erfassung der durch den Einsatz bedingten Veränderungen in den Interaktionsabläufen zwischen Pflegekräften und Bewohnern sowie den Rückmeldungen dieser Personengruppen.

5.2.1 CASERO

Auf CASERO wurden wie geplant das Transportszenario und das Szenario zur Unterstützung des Pflegepersonals bei Nacht implementiert. Im Rahmen der Erprobung wurden Transportbehälter mit frischer Wäsche vom Keller auf die anfordernde Station gefahren. Im Gegenzug wurden Container mit Schmutzwäsche von der Station in den Keller gebracht. Die Transportaufgaben wurden jeweils von den Pflegekräften angefordert.

Die Erkennung von Notfällen und die Bereitstellung eines Erste-Hilfe-Koffers durch den Roboter konnte aus verständlichen Gründen nur simuliert werden. Bei den Tests wurde eine auf dem Gang befindliche Person jedoch sicher von CASERO erkannt und daraufhin das Pflegepersonal benachrichtigt.

Durch den Einsatz von erprobten Technologien für fahrerlose Transportsysteme, die in anderen Anwendungsbereichen wie z.B. Krankenhäusern schon heute im Einsatz sind, konnte eine hohe Zuverlässigkeit für CASERO erreicht werden. CASERO war in der Lage, unter Nutzung natürlicher Landmarken spurgenau und zielsicher zu navigieren. Durch die ruhige und sichere Navigation des Fahrzeuges und die konstante Geschwindigkeit stellt das FTF für Personen ein voraussagbares Ereignis dar, so dass dessen Anwesenheit sowohl für Pflegekräfte und Bewohner als aber auch für Besucher und Angehörige zu keinerlei Irritationen führte. Auch die Einhaltung von Sicherheitsabständen und das Erkennen von (beweglichen) Hindernissen stellte in den Pilotanwendungen kein ernst zu nehmendes Problem dar.

Die Praxisevaluierungen zeigten jedoch auch, dass weitere Entwicklungsschritte notwendig sind, damit CASERO in diesem Anwendungsfeld effizient eingesetzt werden kann. Insbesondere ist eine Alternative zur Nutzung von rollbaren Containern zu realisieren, da in vielen (bestehenden) Pflegeeinrichtungen der notwendige Raum zur Bereitstellung solcher Container nicht vorhanden ist. Außerdem wurden die Container von den Pflegekräften als zu hoch beurteilt, um schwere Wäschesäcke (bis zu 15 kg) hineinzuheben.

Zudem sollte das FTF in der Lage sein die Navigationsspur zu wechseln, um so Hindernissen flexibel ausweichen zu können. Es fiel auf, dass das Personal bspw. einen Container mit frischer Wäsche in einen Flur rollt und diesen dann zunächst an einem Ort stehen lässt, bis alle Zimmer mit Wäsche versorgt sind. Diese Praxis des 'Verteilens' und 'Einsammelns' verschiedener Güter führt dazu, dass das FTF unter Umständen lange warten muss, bis der Weg auf der Spur in der es sich gerade befindet wieder frei ist. Um das Personal in seiner Routine nicht zu stören, sollte auf CASERO eine flexiblere Navigation integriert werden, die es dem FTF ermöglicht, zwischen verschiedenen Spuren zu wechseln und damit Hindernisse zu umfahren.

5.2.2   Care-O-bot 3

Auf Care-O-bot 3 konnten die Szenarien zur Getränkeversorgung und zum Anbieten von Unterhaltungsfunktionen umgesetzt und getestet werden. Dabei konnte Care-O-bot 3 unter anderem seine Fähigkeit unter Beweis stellen, sich sicher in einer Pflegeeinrichtung zu bewegen und dabei Hindernissen in seinem Weg auszuweichen.

Das Greifen und Befüllen der Getränkebecher am Wasserspender erforderte eine besonders hohe Genauigkeit bei der Positionierung des Roboters relativ zum Wasserspender. Die veränderlichen Beleuchtungsverhältnisse der Wohnbereiche und die damit einhergehenden hohen Anforderungen an die Umgebungserkennung führten in einigen Fällen dazu, dass Becher nicht korrekt befüllt oder gegriffen wurden.

Beim Anbieten von Getränken stellten sich die veränderliche Position von Tischen und Stühlen und die wechselnden Sitzpositionen der Bewohner in den Aufenthaltsräumen als Schwierigkeit heraus. So wurden Tische häufig umgestellt, um mit den Bewohnern verschiedene Aktivitäten in unterschiedlichen Gruppengrößen durchführen zu können. Wenn Bewohner mit Rollstühlen an den Tischen saßen, wurden die nicht benötigten Stühle entfernt oder zur Seite gestellt. Durch diese Vielzahl unterschiedlicher Hindernisse hatte Care-O-bot 3 zum Teil Schwierigkeiten, eine geeignete Zielposition für die Ansprache der Bewohner und das Anreichen des Getränks zu errechnen. Geschah dies während der Tests, wurde der Versuch abgebrochen und der Roboter wählte eine andere Person für die Getränkeübergabe aus.

Auch die eingesetzte Software zur Gesichtserkennung zeigte bei aufgrund der schwierigen Lichtverhältnissen teilweise Mängel, so dass an den Tischen sitzende Bewohner gelegentlich nicht oder falsch erkannt wurden. Dies führte unter Umständen auch zu fehlerhaften Einträgen in der Trinkdatenbank. Positiv verlief dagegen das Anbieten der Getränke selbst, zusammen mit der Aufforderung, den Becher vom Tablett zu nehmen. Die Bewohner konnten von ihrer Sitzposition aus die Becher bequem vom Tablett greifen, was von den Sensoren im Tablett deutlich erkannt wurde.

Sofern möglich wurden kleinere Veränderungen noch während der Pilotphase vorgenommen. So zeigte sich, dass einige Bewohner sich erschreckten, als Care-O-bot ihnen mit Hilfe einer Sprachausgabe etwas zu trinken anbot. Das hing primär damit zusammen, dass die Fahrgeräusche des Roboters kaum wahrnehmbar waren. Dieser unerwünschte Effekt konnte noch während der Pilotierung behoben werden, indem eine zusätzliche Funktion programmiert wurde, die dazu führte, dass der Roboter sich beim 'Betreten' eines Raumes 'verbal' ankündigte.

Das Memory spielen am Bildschirm von Care-O-bot 3 wurde durch verschiedene dementiell erkrankte Bewohnern gemeinsam mit einer Ergotherapeutin erprobt. Da der Roboter hier im Wesentlichen nur eine Position anfahren und anschließend bis zur Beendigung des Spiels warten musste, traten bei den Tests keine nennenswerten technischen Probleme auf.

5.3 Relevanz von Pilotanwendungen für partizipative Technikentwicklungen

Trotz einer intensiven Abstimmung zwischen Nutzer und Entwickler, die den konkreten Weiterentwicklungen der Serviceroboter zugrunde lag, sind in den Pilotanwendungen Limitierungen zum Vorschein gekommen, die nur mit Hilfe ausführlicher Pilotierungen behoben werden können. Insbesondere im Rahmen der Erprobungen der Szenarien für CASERO zeigten sich Aspekte der Arbeitspraxis, die ohne eine probeweise Durchführung der Szenarien unentdeckt geblieben wären (Compagna 2011). Im Fall von Care-O-bot 3 konnte hingegen erst durch die Praxisevaluierung die grundsätzliche Bereitschaft der Senioren mit dem Artefakt zu interagieren ermittelt werden. Damit ist die Basis geschaffen, weitere vielversprechende Anwendungen für die Entlastung des Pflegedienstleistungssektors durch Serviceroboter umzusetzen.

Die im WiMi-Care Projekt gesammelten Erkenntnisse belegen eindrücklich, dass eine erfolgreiche Weiterentwicklung von Servicerobotern wesentlich von einer Partizipation der Nutzer und insbesondere der Durchführung von Praxisevaluierungen profitiert und damit insbesondere weit über klassische Methoden der bedarfsorientierten Entwicklung hinausgeht. Die Erfahrungen des WiMi-Care Projektes sprechen insbesondere dafür, im Rahmen von Pilotierungen nicht nur die Leistungsfähigkeit neuer technischer Assistenzsysteme zu testen, sondern diese für weiter reichende Abstimmungen zu nutzen. Diese Notwendigkeit hängt hauptsächlich mit der Charakteristik des Einsatzfeldes zusammen: In wissensintensiven Dienstleistungsbereichen – zu denen der Pflegesektor zweifelsohne gehört (Schroeter 2008) – stellt die erfolgreiche Integration innovativer Technologien sehr hohe Anforderungen an eine gelungene und intensive Abstimmung der Technik mit dem Nutzungskontext voraus.

6 Zusammenfassung und Ausblick

6.1 Zukünftige Entwicklungen des Dienstleistungsangebots in der stationären Altenpflege

Auf Basis der im WiMi-Care Projekt durchgeführten Pilotanwendungen sollen im folgenden erste Annahmen bezüglich eines möglichen Wandels des Dienstleistungsangebots in stationäre Pflegeeinrichtungen abgeleitet werden. Die hier eingesetzten Serviceroboter sind als Prototypen erstmalig unter realen Bedingungen in einer Pflegeeinrichtung zum Einsatz gekommen, so dass es schwer fällt verallgemeinerbare Aussagen zu treffen. Nichtsdestotrotz kann die generelle Ausrichtung der Befunde in den Bedarfsanalysen, die sich in den Pilotanwendungen fortgesetzt hat, zum Anlasse genommen werden, folgende grobe Schätzung vorzunehmen: Ein großes Potenzial liegt in der Entlastung des Personals bei häufig anfallenden Routinetätigkeiten. Diese können entweder fernab einer direkten Interaktion mit den Bewohnern liegen (Transportszenario) oder auch in der Übernahme von routinemäßig durchgeführten Dienstleistungen (Getränkeszenario). Dabei geht es immer um eine Entlastung des Pflegepersonals, die Ressourcen frei werden lässt für eine engere und persönlichere Betreuung der Dienstleistungsempfänger. Zugleich kann auch davon ausgegangen werden, dass durch die Reduktion monotoner oder pflegefremder Tätigkeiten die Arbeitszufriedenheit des Personals steigt.

Die Möglichkeit eines Zuwachses an individueller Dienstleistungserbringung durch geeigneten Technikeinsatz könnte vor dem Hintergrund des demografischen Wandels einen besonderen Mehrwert darstellen. Nicht nur die zunehmende Anzahl pflegebedürftiger Personen und der bereits jetzt zu konstatierende Pflegekräftemangel führen zu Fragen nach alternativen Lösungsstrategien

(Dittmann 2008). Auch die zunehmende Diversifizierung wird den Pflegedienst-
leistungssektor vor neuen Herausforderungen stellen. Dabei ist eine zunehmende Diversität beider Personengruppen, der Dienstleistungserbringern und -
empfängern zu erwarten. Erfahrene Pflegekräfte berichteten im Zuge der im
WiMi-Care Projekt durchgeführten Interviews und Gespräche vor Ort während
der Pilotphasen, dass in den letzten Jahren die Gruppe der zu Pflegenden zunehmend heterogen geworden ist. Diese Beobachtung verwundert nicht, da eine
zunehmende Pluralität der Lebensstile als Signum der Spätmoderne gilt (Pasero
2007). Hinzu kommt eine kulturelle Diversifizierungszunahme, die unter anderem auf die ins Pflegealter gekommene erste Generation der 'Gastarbeiter' zurückzuführen ist. Auch diese Gruppe wird in den nächsten Jahren weiter zunehmen (Okken et al. 2008). Ein adäquater, in enger Abstimmung mit den
Dienstleistungserbringern geplanter und umgesetzter Technikeinsatz vermag
diese zusätzliche Herausforderung durch geeignete Arbeitsentlastungen und die
dadurch erreichten qualitativen Verbesserungen der Arbeitsbedingungen zumindest abzumildern.

6.2 Zukünftige Entwicklungen der Serviceroboter

Das FTF CASERO des Verbundpartners MLR System GmbH konnte zum Ende
der Projektlaufzeit sowohl hinsichtlich seiner Funktionalität als auch der getes-
teten Szenarien einen großen Schritt in Richtung Marktreife vorweisen. Insbesondere das Transportszenario – das selbstständige Befördern von Gütern, wie
bspw. Getränken, Inkontinenzartikeln, eiligen Medikamenten oder Hauspost –
ist bei Pflegeeinrichtungen auf großes Interesse gestoßen. Bei Aufgaben, die
eine komplexe Interaktion mit den Nutzern erfordern, wie z. B. dem Getränkeszenario und dem Unterhaltungsszenario, sind allerdings noch einige Anstrengungen auf dem Weg zur Produkttauglichkeit nötig. Diese umfassen vor allem:

- Anpassung/ Neuentwicklung der Hardware für diese speziellen Anwendungsszenarien, sowohl Reduktion der Komplexität, Vereinfachung der
Steuerung als auch Senkung der Anschaffungs- und Unterhaltskosten, so
dass die Investition für die Träger der Einrichtungen attraktiver werden.

- Steigerung der Zuverlässigkeit und Erhöhung von Robustheit und Fehlertoleranz, um die Roboter tauglich für die den Alltagseinsatz zu machen.

- Entwicklung tragfähiger Geschäftsmodelle für Einsatz und Wartung von
Servicerobotern, die beispielsweise auch Krankenkassen an der Finanzierung beteiligen.

Um die Zuverlässigkeit auch für anspruchsvolle Szenarien zu steigern, werden
in den nächsten Jahren Forschungsarbeiten in verschiedenen Bereichen notwendig sein. Damit eine effiziente, anwendungsorientierte Forschungs- und Entwicklungsarbeit gewährleistet ist, müssen in Zukunft weitere Erprobungen von

Servicerobotern in Pflegeeinrichtungen stattfinden. Um den flächendeckenden Einsatz der Systeme vorzubereiten, ist dabei insbesondere die Durchführung von Langzeittests mit entsprechenden Anpassungen und Optimierungen der zugehörigen Dienstleistungsprozesse anzustreben.

7 Literaturverzeichnis

Borchart, D. / Galatsch, M. / Dichter, M. / Schmidt, S. G. / Hasselhorn, H. M. 2011: Gründe von Pflegenden ihre Einrichtung zu verlassen - Ergebnisse der Europäischen NEXT-Studie.

Compagna, D. / Derpmann, S. 2009: Verfahren partizipativer Technikentwicklung. (WPktS 04/2009) In: Compagna, D. / Shire, K. (Hg.): Working Papers kultur- und techniksoziologische Studien. (Duisburg: Universität Duisburg-Essen, Institut für Soziologie.) http://www.uni-due.de/soziologie/compagna_wpkts.php, letzter download am 02.04.2010.

Compagna, D. 2011: Partizipative Technikentwicklung: Eine soziologische Betrachtung und Reflexion. (WPktS 03/2011) In: Compagna, D. / Shire, K. (Hg.): Working Papers kultur- und techniksoziologische Studien. (Duisburg: Universität Duisburg-Essen, Institut für Soziologie.) http://www.uni-due.de/soziologie/compagna_wpkts.php, letzter download am 26.09.2011.

Derpmann, S. / Compagna, D. 2009: Erste Befunde der Bedarfsanalyse für eine partizipative Technikentwicklung im Bereich stationärer Pflegeeinrichtungen. (WPktS 05/2009) In: Compagna, D. / Shire, K. (Hg.): Working Papers kultur- und techniksoziologische Studien. (Duisburg: Universität Duisburg-Essen, Institut für Soziologie.) http://www.uni-due.de/soziologie/compagna_wpkts.php, letzter download am 26.09.2011.

Dittmann, J. 2008: Deutsche zweifeln an der Qualität und Erschwinglichkeit stationärer Pflege. Einstellungen zur Pflege in Deutschland und Europa. In: Informationsdienst Soziale Indikatoren 40, S. 1-6. Gesis. Sozialberichterstattung, Gesellschaftliche Trends, Aktuelle Informationen. Juli 2008.

IFR Statistical Department 2010: World Robotics 2010 http://www.worldrobotics.org, letzter download am 31.8.2011.

Mack, R. L. 1995: Discussion. Scenarios as Engines of Design. In: Carroll, J. M. (Hg.): Scenario-based design. Envisioning work and technology in systems development. (1. Aufl.) New York, NY [u.a.]: Wiley, 361-386.

Okken, P.-K. / Spallek, J. / Razum, O. 2008: Pflege türkischer Migranten. In: Bauer, U. / Büscher, A. (Hg.): Soziale Ungleichheit und Pflege. Beiträge sozialwissenschaftlich orientierter Pflegeforschung. (1. Aufl.) Wiesbaden: VS, Verl. für Sozial-wiss., 396-422.

Parlitz, C. / Hägele, M. / Klein, P. / Seifert, J. / Dautenhahn, K. 2008: „Care-O-bot 3 – Rationale for human-robot interaction design." In: International Federation of Robotics u.a.: ISR 2008: 39th International Symposium on Robotics, 15.-17. Oct. 2008, Seoul, Korea. Seoul, Korea, 275-280.

Pasero, U. 2007: Altern. Zur Individualisierung eines demografischen Phänomens. In: Pasero, U. / Backes, G. M. / Schroeter, K. R. (Hg.): Altern in Gesellschaft. Ageing - Diversity - Inclusion. (1. Aufl.) Wiesbaden: VS, Verl. für Sozialwiss., 345-355.

Schnabel, R. 2007: Studie „Zukunft der Pflege". Universität Duisburg-Essen und ZEW. 02.05.07, http://www.insm.de/dms/insm/textdokumente/pdf/INSM-Studien/Zukunft-der-Pflege/Endbericht.pdf

Schraft, R. D./ Volz, H. 1996: Serviceroboter. Innovative Technik in Dienstleistung und Versorgung. Berlin, Heidelberg: Springer.

Schroeter, K. R. 2008: Pflege in Figurationen. Ein theoriegeleiteter Zugang zum 'sozialen Feld der Pflege'. In: Bauer, U. / Büscher, A. (Hg.): Soziale Ungleichheit und Pflege. Beiträge sozialwissenschaftlich orientierter Pflegeforschung. (1. Aufl.) Wiesbaden: VS, Verl. für Sozialwiss., 49-77.

Simon, M. / Tackenberg, P. / Hasselhorn, H.-M. / Kümmerling, A. / Buscher, A. / Müller, B.H. 2005: Auswertung der ersten Befragung der NEXT-Studie in Deutschland, in: Europäische NEXT-Studie, 03.06.2010, http://www.next.uni-wuppertal.de/index.php?artikel-und- berichte-1

Statistisches Bundesamt 2010: Demografischer Wandel in Deutschland - Auswirkungen auf Krankenhausbehandlungen und Pflegebedürftige im Bund und in den Ländern. Heft 2.

Statistisches Bundesamt 2009: Pflegestatistik 2009 - Pflege im Rahmen der Pflegeversicherung - Deutschlandergebnisse.

gesundschafter: Entwicklung einer Mikrosystemtechnik-gestützten Gesundheitsplattform für den 2. Gesundheitsmarkt unter Anwendung des "user-driven health care"- Ansatzes

Steffen Beer, Stephanie Schönrich, Thomas Brockow, Enrico Korb, Hans-Jürgen Holland, Karl-Ludwig Resch[1]

1 Einleitung

In den letzten Jahren werden die absehbaren Folgen der demografischen Entwicklung in Deutschland (und allen übrigen Industrieländern) immer offensichtlicher (Nexus 2010). Die sozialen Sicherungssysteme sind ebenso absehbar immer weniger in der Lage, den steigenden Bedarf an medizinischen und pflegerischen Leistungen zu finanzieren (Schmähl und Ulrich 2002; Kerschbaumer 2005). Neben vielfältigen politischen Initiativen zur Weiterentwicklung von Konzepten der allgemeinen Daseinsvorsorge liegt seit einigen Jahren ein besonderer Schwerpunkt der Bemühungen in der Förderung der Entwicklung innovativer technischer Ansätze (http://www.aal-deutschland.de; http://www.aal-europe.eu/) und neuerdings zunehmend auch (ergänzender) Dienstleistungskonzepte[2] zur Unterstützung der Autonomie älterer Menschen, .

Bisher war die Produktentwicklung allerdings typischerweise primär getrieben von den inhärenten technischen Optionen, für die dann geeignete Anwendungsfelder im Sinne möglicher Zielgruppen gesucht wurden (Resch 2011). Dienstleistungen waren meist geleitet von Erwägungen zu (Lebens-) Notwendigkeiten, also von der Frage: „Was brauchen bestimmte Zielgruppen und wie kann dieser Bedarf gedeckt werden?". Hinzu kommt, dass Produkt- bzw. Dienstleistungsmarkt bisher eher parallel existierten.

Das mag nicht unwesentlich zu einem beträchtlichen „Innovationsstau" (d.h. technisch ausgereifte und/oder nachvollziehbar sinnvolle Produkte und Dienstleistungen konnten sich nicht „am Markt" etablieren (Georgieff.2008: 6)) beigetragen haben.

---

[1] Die Autoren sind Mitarbeiter im BMBF-geförderten Forschungsprojekt well.com.e (Förderkennzeichen: 01FC08019-23).

[2] Vgl. Richtlinie zur Förderung von Forschung und Entwicklung auf dem Gebiet „Technologie und Dienstleistungen im demografischen Wandel" des Bundesministeriums für Bildung und Forschung (BMBF).

Vor diesem Hintergrund erscheint es hilfreich, Produkte und Dienstleistungen marktgerechter zu entwickeln bzw. am Markt anzubieten. Dies setzt eine möglichst fundierte Analyse der unterschiedlichen Facetten des Gesundheitsmarkts und deren spezifischer Mechanismen ebenso voraus wie die stärkere Orientierung an den subjektiven Bedürfnissen der potentiellen Nutzer und ihrer ebenso subjektiven Wünsche, Vorstellungen, Voraussetzungen, Möglichkeiten und Schranken.

Im Rahmen eines vom BMBF im Anwendungsfeld *„Wellness/Gesundheit": Dienstleistungen für ein gesundes Leben, Fitness und persönliches Wohlbefinden sowie aktive Lebensgestaltung auch bei gesundheitlichen Einschränkungen* geförderten Projekts[3], sollte deshalb eine differenzierte Analyse der wichtigsten Facetten der Gesundheitswirtschaft und ihrer Mechanismen durchgeführt werden. Aufbauend auf den dabei gewonnen Erkenntnissen sollte dann ein innovatives Konzept entwickelt und erprobt werden, das primär die gesundheitsbezogenen Bedürfnisse von Menschen mit einer konkreten chronischen Erkrankung bedient, Wohlbefinden und Lebensqualität positiv beeinflusst und damit auch einen volkswirtschaftlichen Benefit erzielen kann.

2   Hintergrund

2.1 Gesundheit als volkswirtschaftliches Gut

Über viele Jahre wurden Diskussionen um die Gesunderhaltung vor dem Hintergrund des demografischen Wandels fast ausschließlich unter dem betriebswirtschaftlichen Gesichtspunkt „was kostet die Gesunderhaltung" geführt. Erst in letzter Zeit rückt zunehmend auch die volkswirtschaftliche Seite (Arbeitsplätze, Wertschöpfung) in den Fokus (Marx/Rahmel 2009: 378). In der Tat spielt die Gesundheitswirtschaft selbst als Wachstumsmarkt eine wesentliche Rolle für das Wirtschaftswachstum insgesamt. Prognosen lassen eine Steigerung des Anteils an Erwerbstätigen in der Gesundheitswirtschaft um 50% innerhalb der nächsten 20 Jahre erwarten. (BDI-Newsletter Standpunkt Gesundheit. 2011: 1)

Dennoch bleibt die Frage, wie viel Gesundheitsfürsorge notwendig ist, um diese positiven Effekte zu ermöglichen und wie dies möglichst ressourcenschonend erreicht werden kann. (Schulze-Solce 2004: 22-24) Neben effizienteren Therapien und Behandlungsmethoden können dies vor allem präventive Ansätze erreichen, die einerseits selbst Wertschöpfung generieren und andererseits den Bedarf an Gesundheitsleistungen zu Lasten der Solidarkassen relevant verringern können. Letzteres kann auch als einer der zentralen Ansätze von Ambient

---

[3]   Well.com.e (Health & Wellbeing Community Services for elder people)

Assisted Living angesehen werden, sobald Ansätze und Möglichkeiten für den Erhalt von Gesundheit und Wohlbefinden auf persönlicher Ebene erforscht und erprobt werden und volkswirtschaftliche Aspekte implizit oder explizit Teil der Zielstellung sind.

In der gesamtgesellschaftlichen Betrachtung führt der demografische Wandel durch die sich verändernde Bevölkerungsstruktur schon unter Bewahrung des derzeitigen Leistungsspektrums der Finanzierungssysteme zu einer Zunahme des Ungleichgewichts zwischen Finanzierung und volkswirtschaftlichem Nutzen von Gesundheit.

Ursächlich hierfür sind vor allem Veränderungen bei:

- dem Verhältnis zwischen Beitragszahlern und Begünstigten,

- dem medizinischen Bedarf der Mitglieder

- sowie bei der Vielfalt der (medizinisch-technischen) Unterstützungsmöglichkeiten

Daraus lässt sich unschwer ableiten, dass die Zukunft der sozialen Sicherungssysteme existenziell mit der Notwendigkeit verbunden ist, in zunehmendem Ausmaß und Umfang neue, marktwirtschaftlich funktionsfähige Lösungen zu entwickeln. Die vielleicht größte Herausforderung ist dabei, für Gesundheit, Wohlbefinden und Autonomie sinnvolle Produkte und Dienstleistungen marktgerecht zu gestalten und auf die grundlegenden Wirkungs- und Funktionsweisen des Marktes auszurichten. Dazu sollen die folgenden kurzen Analysen und Überlegungen das Fundament entwickeln.

2.2 Erster und zweiter Gesundheitsmarkt

Unter dem „Ersten Gesundheitsmarkt" wird gemeinhin die gesetzlich geregelte, bedarfsgerechte medizinische Versorgung mit diagnostischen und therapeutischen Gesundheitsleistungen verstanden, getragen durch die solidarisch organisierten sozialen Sicherungssysteme. Dem steht der sogenannte „Zweite Gesundheitsmarkt" der frei finanzierten Produkte und Dienstleistungen gegenüber. Diesen beiden Märkten liegen fundamental unterschiedliche Funktionsprinzipien zu Grunde, die sich über die Begrifflichkeiten *Bedarf* und *Bedürfnis* erschließen lassen.

2.2.1   Bedarf

Der erste Gesundheitsmarkt unterliegt dem im §12 des Sozialgesetzbuches V beschriebenen Wirtschaftlichkeitsgebot. Dieses fordert, die Leistungen müssen ausreichend, zweckmäßig und wirtschaftlich sein; sie dürfen das Maß des Notwendigen nicht überschreiten. „Leistungen, die nicht notwendig oder unwirtschaftlich sind, können Versicherte nicht beanspruchen, dürfen die Leistungserbringer nicht bewirken und die Krankenkassen nicht bewilligen". Innerhalb dieses Rahmens wird der *Bedarf* an Leistungen nach übergeordneten medizinischen Kriterien (Krankheitsfälle und -schwere, wissenschaftliche Evidenz) unter Berücksichtigung der Interessen der Solidargemeinschaft festgelegt, in praxi vor allem durch den Gemeinsamen Bundesausschuss. (Beer und Resch 2011: 227)

2.2.2   Bedürfnis

Über den medizinisch ('objektiv') als notwendig erachteten Bedarf hinaus haben die Menschen allerdings vielfältige, subjektiv empfundene Bedürfnisse, welche für das individuelle Wohlbefinden von „Körper, Geist und Seele" als wichtig erachtet werden (vgl. hierzu die Definition von Gesundheit in der Verfassung der WHO: „Gesundheit ist ein Zustand des vollständigen körperlichen, geistigen und sozialen Wohlergehens und nicht nur das Fehlen von Krankheit oder Gebrechen"). Studien und Marktanalysen sehen eine seit Jahren wachsende Bereitschaft eines Großteils der Bevölkerung, sich (finanziell) eigenverantwortlich für das eigene Wohlbefinden zu engagieren. Es fehlt aber ganz offensichtlich in vielen Bereichen an Angeboten die geeignet sind, Nachfrage zu stimulieren.

2.2.3   Interdependenzen

Werden im allgemeinen Konsumbereich (z.B. bei einer neuen Generation von Mobiltelefonen) Bedürfnisse aus Sicht des Konsumenten nicht adäquat oder qualitativ unzulänglich bedient, so werden in der Regel zwar die Marktpotentiale nicht optimal ausgeschöpft, negative Auswirkungen auf andere Märkte sind aber meist keine unmittelbare Konsequenz. Demgegenüber führen entsprechende Defizite im Zweiten Gesundheitsmarkt nicht selten zu einem konsekutiven zusätzlichen Bedarf an Leistungen im Ersten Gesundheitsmarkt.

2.3 Die Rollen von Anbietern und Nutzern in beiden Märkten

Traditionell sind im 'Gesundheitswesen' die Rollen klar verteilt (Beer und Resch, 2011):

Der *paternalistische* Ansatz ist der derzeit eindeutig dominante Ansatz im Bereich der Gesundheitsversorgung und charakteristisch für den Ersten Gesundheitsmarkt. Hierbei legt ein professioneller Akteur, meistens der Arzt auf Basis von klaren diagnostischen und therapeutischen (zunehmend evidenzbasierten) Leitlinien die Spielregeln der 'Leistungserbringung' fest, dem 'Patient' kommt wörtlich genommen die Rolle des 'Erduldenden' zu.

In den letzten Jahren wird zunehmend versucht, wo möglich in einem *partizipativen* Ansatz („*shared decision making*") den Betroffenen in den Entscheidungsprozess einzubeziehen. Hierbei suchen die Beteiligten gemeinsam nach einem Kompromiss zwischen evidenzbasierten fachlichen Überlegungen des professionellen Akteurs und den Möglichkeiten, Fähigkeiten, Vorstellungen und Zielen des Betroffenen. Dieser Ansatz erfordert in der Regel eine initial höhere zeitliche Investition, zeichnet sich aber im Ergebnis häufig durch eine bessere Praktikabilität und damit unter dem Strich durch einen höheren 'Wirkungsgrad' aus. Im Rollenverständnis wird aus dem Patienten im partizipativen Ansatz damit eher ein Klient, der als Betroffener therapeutische Lösungen nachfragt und erwartet, dass das ihm Angebotene auch für seine persönliche Lebenssituation zielführend ist.

Schließlich hat sich, vor allem im angloamerikanischen Sprachraum, mit *Consumer-driven Health Care* ein dritter Ansatz etabliert, der im deutschsprachigen Raum noch in den Kinderschuhen steckt. Das lässt sich nicht zuletzt daraus ableiten, dass sich noch kein deutscher Fachbegriff etabliert hat. Wirtschaftlich erfolgreiche Beispiele gibt es allerdings auch hierzulande, z.B. der Bereich der ästhetischen Medizin mit inzwischen mehr als 170.000 Eingriffen im Jahr (Quelle: GACD). Die aktive Rolle liegt hier ganz vorrangig beim Nachfrager (Betroffenen) der sich eines fachlich versierten Dienstleisters bedient, um ein von ihm subjektiv empfundenes Bedürfnis zu befriedigen, wobei der Frage der medizinischen Notwendigkeit oder eines objektivierbaren Bedarfs keine Bedeutung zukommt.

2.4 Der Kontext

Das Konzept "*user-driven health care*" liegt der Entwicklung der Gesundheitsplattform *gesundschafter* zugrunde, die auf der Grundlage der obigen Ausführungen ganz klar auf die Bedürfnisse von Menschen mit einer medizinisch relevanten Beeinträchtigung der Gesundheit fokussiert und dort ansetzt, wo diese durch die bedarfsgerechte Versorgung im Ersten Gesundheitsmarkt nicht bedient werden. Getragen durch die fachliche Fundierung und das Vertrauen (Prinzipien des partizipativen Ansatzes) sollen die individuellen Bedürfnisse ("*user-driven health care*"-Ansatz) bedient werden, geleitet durch die Idee, dass Menschen stärker motiviert sind Eigenverantwortung für ihre Gesundheit zu übernehmen, wenn die angebotene Leistung ihre individuellen Bedürfnisse bestmöglich bedient.

Deshalb stehen nicht abstrakte technische Möglichkeiten, sondern die nutzergetriebene Sichtweise im Zentrum, also das Bedürfnis nach Wohlbefinden. Diese Philosophie spiegelt sich auch im Leitspruch des Gesamtprojekts wider, der Thomas von Aquin zugeschrieben wird:

„Gesundheit ist weniger ein Zustand als eine Haltung, und sie gedeiht mit der Freude am Leben"

Der Ansatz von *gesundschafter* setzt auf eine nachhaltig positive Unterstützung bei der Rückgewinnung beziehungsweise dem Aufrechterhalten des Wohlbefindens – auf Freude am Leben.

3   Umsetzung des "*user-driven health care*"- Ansatzes

Bei der Entwicklung der Gesundheitsplattform *gesundschafter* wurde das Konzept der „mikrosystemtechnisch unterstützten Dienstleistungen, verbunden mit einer Unterstützung des *Community-Buildings*" nicht nur formal umgesetzt, vielmehr wurde versucht, unter Beachtung der untersuchten Rahmenbedingungen ein für die vorgegebenen Zielstellungen passendes ganzheitliches Konzept zur Schaffung marktfähiger Lösungen zu entwickeln, das sich primär an den Bedürfnissen der Zielgruppe orientiert und dieser in Teilkonzepten unter Einsatz von Mikrosystemtechnik Dienstleitungen anbieten, welche diese Nutzerbedürfnisse in attraktiver Weise bedienen.

3.1 Konzept

Aus der Zielsetzung, dass Menschen möglichst selbstbestimmt ihr Leben gestalten können sollen, lässt sich zwanglos ableiten, dass der Ansatz erkennbar einen möglichst hohen, *individuell gestaltbaren* Nutzen ermöglicht. Vor dem Hintergrund der oben erörterten Rahmenbedingungen und Perspektiven schien es nur konsequent und logisch, diesen Ansatz im Zweiten Gesundheitsmarkt anzusiedeln.

Damit war auch klar, dass die (mikrosystem-)technische Komponente nicht auf der Ebene der telemedizinischen Betreuung durch ein fachlich kompetentes Zentrum einzusetzen sein würde, sondern primär dadurch nicht oder nur unzureichend angesprochene individuelle Aspekte ergänzend bedienen können sollte. Zielgruppe sollten Menschen mit einer einschränkenden chronischen Gesundheitsstörung sein, die mit veränderten körperlichen Fähigkeiten leben müssen. Die folgenden Schritte zielen deshalb auf die partizipative Entwicklung eines Autonomie und Selbstbestimmtheit fördernden Dienstleistungspakets ab, dessen Attraktivität wesentlich auf die individuelle Bedürfnisse bedienenden mikrosystemtechnischen Potentiale aufbaut. So soll Menschen mit einer chronischen Herz-/Kreislauferkrankung, insbesondere koronarer Herzerkrankung bzw. Herzinfarkt, über die durch eine kompetente kardiologisch-medizinische Versorgung mögliche 'Erleichterung überlebt zu haben' hinaus durch die Nutzung der Möglichkeiten der Plattform *gesundschafter* möglichst viel 'Freude am Leben' ermöglicht werden.

In Konsequenz sollte dieser zur medizinischen Versorgung im engeren Sinn komplementäre, also ergänzende Ansatz

- die Bemühungen auf der Ebene der medizinischen Versorgung nicht beeinträchtigen

- zusätzliche gesundheitspositive Ressourcen mobilisieren (im parallelen Interesse des Nutzers selbst und einer effizienten Versorgung im ersten Gesundheitsmarkt)

- dem individuellen Nutzer Hilfe und Unterstützung bei der eigenen Lebensgestaltung mit dem impliziten Ziel einer hohen Lebensqualität bieten

- für den Nutzer im engen Sinne des Wortes 'Preis-wert' sein, also für ihn so attraktiv sein, dass er sich finanziell selbst engagiert (dezidierte Verortung im zweiten Gesundheitsmarkt).

Da aktives Wollen, Aktivität, Eigeninitiative und Eigenengagement für eine nachhaltige, erfolgreiche Sekundärprävention bei chronischen, verhaltensbeeinflussten Erkrankungen von zentraler Bedeutung sind, wurde eine möglichst hoher Akzeptanz als Schlüssel zum nachhaltigen eigenen gesundheitlichen Nutzen. und Motivation und Compliance als entscheidende Determinanten gesehen. Die konzeptionelle Basis bildeten sozialpsychologische Theorien der Motivation, welche es in geeigneter Weise zu operationalisieren galt.

3.2 Motivation

In der Motivationsforschung findet man heute die dort geläufige Darstellung von Handlungsmotivation als Regelkreise, welche zu großen Teilen auf Festingers Theorie der kognitiven Dissonanz aufbaut (Herkner 1991: 33; 61-64). Festingers Theorie der Dissonanz besagt, dass es zwischen kognitiven Elementen konsonante als auch dissonante Relationen geben kann. Wenn die dissonanten Relationen vorhanden sind, erzeugen sie einen unangenehmen gespannten Zustand, die kognitive Dissonanz. Und dieser Zustand führt ab einer individuell unterschiedlichen Schwelle zu Prozessen, welche dieser Dissonanz entgegenwirken. Die Regelkreistheorien befassen sich mit Motiven für Handlung und gehen ebenfalls davon aus, dass eine Dissonanz zwischen zwei Werten (Kognitionen) zu Bestreben nach Ausgleich, hier aber konkret zu Handlung(en) führt (vgl. Abb. 1).

Zu diesem aus der Psychologie entlehnten Wirkprinzip zur Motivation und Aktivierung lassen sich zwei weitere Determinanten beschreiben, welche Motivation und Aktivierung zusätzlich positiv beeinflussen, nämlich die Unterstützung sowie die Kontinuität der Selbstkontrolle.

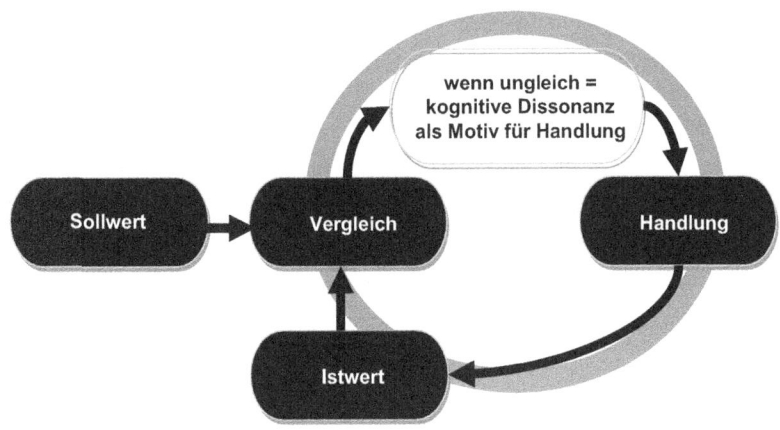

Abbildung 1   Darstellung von Handlungsmotivation als Regelkreis (in Anlehnung an Herkner
                 1991: 64)

3.3 Unterstützung

Die Motivation zur Handlung (Verhaltensänderung) kann aufbauend auf der Theorie von Deci (Deci und Ryan 1985) besonders dann verstärkt werden, wenn die entsprechende Person Aussicht auf Unterstützung erhält, da sich die subjektiv wahrgenommenen Erfolgsaussichten dadurch erhöhen.

3.4 Kontinuität der Selbstbewertung

Ein weiteres wesentliches Element ist die Kontinuität der Selbstbewertung. Denn erst aus der Möglichkeit der kontinuierlichen Selbstbewertung (Siegrist 1996: 87-93) erwächst eine stärkere Bindung zum *salutogenetischen* Prozess (Antonovsky, 1997) und die Verstetigung des Bestrebens, ein gesundheitspositives Verhalten über einen längeren Zeitraum aufrecht zu erhalten.

Die hier beschriebenen konzeptionellen Überlegungen waren ausschlaggebend bei der Schaffung eines Konstrukts, welches in seinen Bestandteilen diese Anforderungen operationalisiert und unter Einsatz von Mikrosystemtechnik die Bedürfnisse der Zielgruppe bedienen kann.

3.5 Konstrukt

Das Grundkonstrukt der Operationalisierung des "*user-driven health care*"-Ansatzes ist eine 'spezifische' Plattform, die mit allen wesentlichen Funktionen die subjektiven Bedürfnisse von Menschen bedient, die ein 'gemeinsames', grundsätzlich lebensbedrohliches Gesundheitsproblem verbindet. Diese Plattform bietet ein umfassendes Angebot in drei Angebotsdimensionen, das betriebswirtschaftlich und im Dienstleistungsanspruch auf nachhaltige Nutzung angelegt ist.

3.5.1 Die individuelle Dimension (Selbstmonitoring-Funktion):

Der Nutzer hat über die Plattform exklusive persönliche Zugangsrechte zu einem Monitoring-System, das ihm jenseits der Vielfalt kardiologischer Messgrößen eine einfache, verständliche Möglichkeit der Selbstkontrolle in Form gut perzipierbarer, bedeutungsvoller Indikatoren bietet. Unterschiedliche Details und Statistiken können nach Belieben aufgerufen werden. Dieses 'Selbstmonitoring' soll im Unterschied zu gängigen Systemen nicht die Soll-Ist-Differenz zu medizinisch geprägten absoluten 'Normwerten', sondern die individuelle Position (Querschnitt) und Entwicklung (Längsschnitt) innerhalb einer Kohorte mit vergleichbaren gesundheitlichen Rahmenbedingungen rückspiegeln und dadurch persönliche Motivation und Eigenengagement mobilisieren.

3.5.2 Die soziale, kommunikativ-interaktive Dimension (Community-Funktion):

Ergänzend soll der Austausch mit anderen Menschen in einer ähnlichen Situation ermöglicht werden. Im Unterschied zu gängigen sozialen Netzwerken sollte hier der Schwerpunkt auf konkrete persönliche, nicht-anonyme Kontakte gelegt werden. Der persönliche Austausch, durchaus auch nach dem Vorbild traditioneller 'Herzsportgruppen', auf elektronischem Wege soll räumliche Distanzen überwinden und bewährte gruppendynamische Effekte z.B. durch interindividuellen Vergleich, gemeinsame Aktivitäten, den Austausch von Informationen, sowie gegenseitiges Motivieren ermöglichen.

3.5.3 Die marktwirtschaftliche Dimension (Marktplatz-Funktion):

Neben unspezifischen (Konsum und Dienstleistungs-)Bedürfnissen, die die spezielle Zielgruppe von *gesundschafter* mit allen Übrigen teilt, gibt es eine ganze Reihe von für Menschen mit einer Herz-/Kreislauferkrankung typischen bzw. spezifischen Bedürfnissen für Produkte und Dienstleistungen. Hierfür bestehen immer noch nicht unerhebliche Probleme auf der Ebene des Marktzugangs, für Anbieter wie für Kunden. Ein spezieller Marktplatz soll dem Abhilfe schaffen. Möglichkeiten der Kommentierung und Bewertung, die sich in anderen Bereichen (z.B. Reise- oder Hotelportale) bewährt haben, sollen eine laufende, effektive Qualitätssicherung gewährleisten.

Diese drei Dimensionen sollen u.a. in den folgenden Ebenen für den Nutzer attraktiv sein:

-   sofortiger Nutzen ('Immediateffekte'), exemplarisches Bespiel: konkrete Information zur aktuellen Gesundheit
-   langfristiger Nutzen ('Prolongateffekte'), exemplarisches Beispiel: bessere Gesundheit bei besserer Lebensqualität
-   sozialer Benefit ('gruppendynamische Effekte'), exemplarisches Beispiel: Community
-   Gesundheitsbezogener Verbraucherschutz (qualitätsgesicherter Zugang zu spezifischen Angeboten), exemplarisches Beispiel: 'Marktplatz, schnell und gut'

Im Rahmen des Projekts lag der Entwicklungsfokus primär auf den beiden erst genannten Dimensionen, der individuellen bzw. der sozialen, kommunikativ-interaktiven Dimension, auf die im Folgenden näher eingegangen werden soll.

3.6 Einsatz der Möglichkeiten von MST/Umsetzung

Im Ergebnis entstand eine spezifische Plattform, welche mit den drei Bestandteilen Selbstmonitoring, Community und den Bedürfnissen der Menschen mit Herz-/Kreislauf-Erkrankung entsprechende Angebote in Form von Dienstleistungen unter Einsatz von Mikrosystemtechnik bietet.

3.6.1   Selbstmonitoring

Leitend für die Entwicklung des Selbstmonitoring-Konstrukts waren vor allem drei Überlegungen:

-   Der Nutzer soll seine Gesundheit mittels eines einzigen Indikators einschätzen können, der gleichzeitig medizinisch sinnvoll sowie einfach und für den Nutzer glaubwürdig und verständlich ('meaningful') sein soll.
-   Dem Nutzer soll die Möglichkeit gegeben werden, seine Bemühungen für mehr Gesundheit nachzuvollziehen.
-   Der Nutzer soll Unterstützung bei seinen Bemühungen zu gesundheitsrelevanten Verhalten bekommen.

Aus den konzeptionellen Überlegungen zu Motivation und Unterstützung heraus erhielt das Konstrukt Selbstmonitoring die folgenden drei Elemente als tragende Säulen:

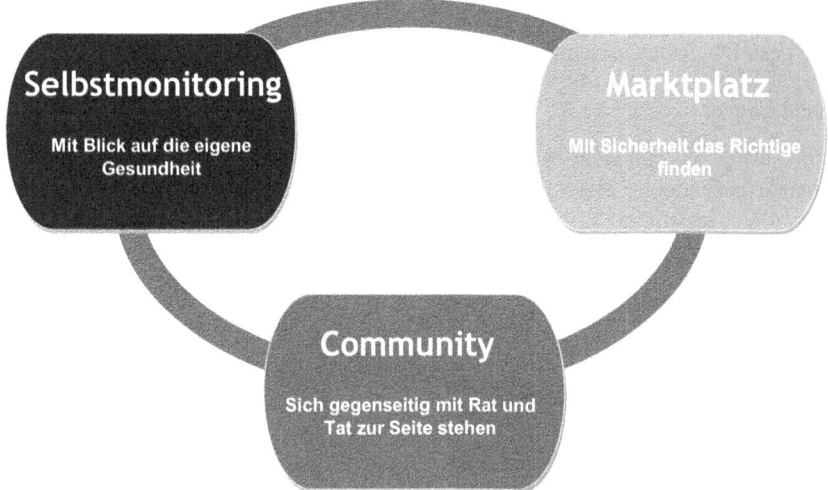

Abbildung 2   Darstellung der drei Hauptelemente der Gesundheitsplattform

Dokumentation

Dieser Bereich dient dem Nutzer, sich ein Bild von sich und seinen Aktivitäten zu machen. Es geht darum widerzuspiegeln, wie viel er aktuell für seine Gesundheit getan hat. Dieser Aspekt fand auch bei Befragungen von Teilnehmern der regionalen Herzsportgruppen im vogtländischen Raum große Zustimmung. So gaben einige der Befragten an, aktuell bereits eine nicht-standardisierte Dokumentation (meist als Trainingstagebuch) ihrer sportlichen Aktivitäten zu führen. Meist diente diese auch als Beleg für gesundheitsbewusstes Verhalten gegenüber dem betreuenden Kardiologen. In Fällen, in denen eine solche Dokumentation nicht geführt wurde, waren die häufigsten Begründungen, dass man vergessen hatte „Buch zu führen" oder es zu umständlich sei. Einer automatischen Dokumentation standen die meisten Befragten ausgesprochen positiv gegenüber.

Ergebniskontrolle

Die Ergebniskontrolle ist ein wesentliches Element im Sinne der Selbstwirksamkeit. Zielstellung dabei ist es, dem Nutzer widerzuspiegeln, welche Auswirkungen seine gesundheitsbewussten Aktivitäten haben. Erst über die Möglichkeit der kontinuierlichen Selbstbewertung und den Abgleich zwischen gesundheitlicher Aktivität und entsprechender Auswirkung auf Indikatoren der Gesundheit erfährt der Nutzer Selbstwirksamkeit und kann so motiviert werden, die gesundheitsbewussten Aktivitäten kontinuierlich aufrecht zu erhalten.

Steuerung

Eine dritte Komponente bietet Möglichkeiten die Aktivitäten durch entsprechende individuelle Hinweise zu unterstützen. Dabei soll über die Unterstützung die Aussicht auf Erfolg erhöht und die Motivation zu gesundheitsorientiertem Verhalten gestärkt werden. Der Bereich Steuerung entspricht damit einer Form der motivationalen Determinante Unterstützung.

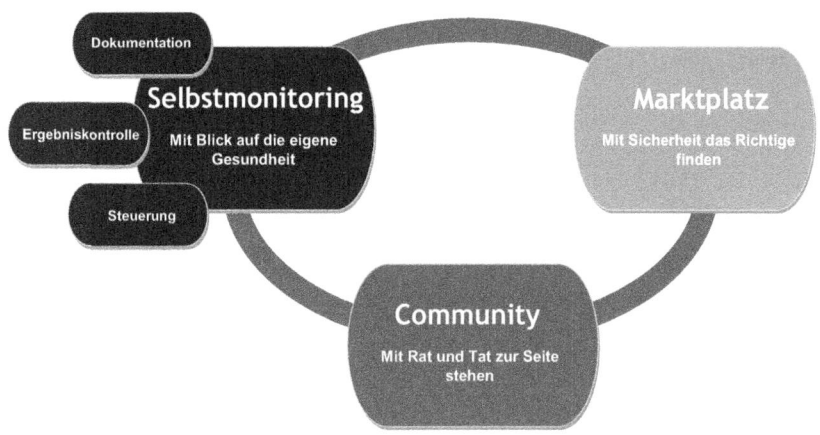

Abbildung 3   Darstellung der drei Elemente des Selbstmonitoring

3.6.2   Community

Mit der Entwicklung des zweiten Plattform-Konstrukts – der *Community* – wird dem Nutzer die konkrete Möglichkeit eröffnet, in der Web 2.0-Vernetzung in den aktiven Austausch mit anderen Menschen zu treten, mit denen er wesentliche, für ihn wichtige Merkmale und/oder Interessen teilt ('Interessensgemeinschaft', 'Leidensgenossen', 'Laien-Experten', 'Trainingspartner' etc.). Dabei kann er seine eigenen Monitoring-Daten ausgewählten Mitgliedern der Community freischalten wie auch auf die anderer Zugriff bekommen, z.B. um die eigene Entwicklung im direkten Vergleich mit konkreten Referenzen bewerten zu können. Allen Mitgliedern zur Verfügung stehen die anonym aus den Daten aller gewonnenen, problemspezifischen Referenzwerte, vergleichbar etwa den in der

Pädiatrie üblichen Perzentilen, die Eltern erlauben, die Entwicklung des eigenen Kindes mit der durchschnittlichen Entwicklung Gleichaltriger zu vergleichen.

Diese spezifischen Vergleichsmöglichkeiten spielen insofern eine besondere Rolle, als bei Zielgruppen mit spezifischen Limitationen wie etwa bei Menschen mit Herz-Kreislauf-Erkrankung nur ein Vergleich mit Menschen mit einer ähnlichen gesundheitlichen Konstellation wirklich aussagekräftig ist.

Auch in den durchgeführten Befragungen von Herzsportgruppen-Teilnehmern wurde deutlich, dass es in der Praxis bei Versuchen, sich bei sportlichen Aktivitäten mit (altersgeschichteten) 'Normwerten', wie sie bei Menschen ohne Herz-Kreislauf-Erkrankung ermittelt werden zu vergleichen, häufig zu persönlichen Frustrationserlebnissen kommt. Selbst in den Herzsportgruppen gelingen aussagekräftige Vergleiche zur persönlichen Leistungsorientierung, je nach spezifischer Erkrankung und damit einhergehend unterschiedlichen Leistungseinschränkungen, nach Auskunft der Befragten oft nur bedingt, nicht zuletzt, weil lokal/regional häufig nicht genügend für einen Vergleich geeignete Personen zur Verfügung stehen.

Die soziale Interaktion von Menschen, die im hier thematisierten Kontext kommunizieren, schafft neben dem unmittelbaren, persönlich-menschlichen Benefit eine win-win-Situation auf der Meta-Ebene „nachhaltige Förderung von Gesundheit und Wohlbefinden". Dabei kommen vor allem zwei Mechanismen zum Tragen:

- der soziale Austausch zwischen Betroffenen ist durch ein anderes, spezielles Empathievermögen gekennzeichnet, denn ähnlich Betroffene können Situationen aus einer persönlichen Perspektive heraus betrachten.

- Gruppendynamische Prozesse, die im sozialen Austausch entstehen, unterstützen gesundheitspositive Verhaltensänderungen und deren Nachhaltigkeit.

3.6.3   Marktplatz

Die dritte Komponente, der Marktplatz, bietet eine für die Bedienung der spezifischen Bedarfe und Bedürfnisse der Zielgruppe essentielle Voraussetzung, die Zusammenführung von Nutzern mit entsprechenden Anbietern von Produkten und Dienstleistungen. Gleichzeitig schafft ein funktionierender Marktplatz die Möglichkeit, wesentliche Finanzierungen für das Plattformangebot zu generieren und somit das Modell erfolgreich im Markt zu verankern.

3.7 Wesentliche technische Neuerungen

Im Zuge der Operationalisierung des Konstruktes in einer praxistauglichen Lösung entstanden im Bemühen um Nutzerfreundlichkeit und Nutzerakzeptanz eine Reihe technischer Neuerungen, welche zeigen, dass die Entwicklung technischer Lösungen aus Sicht des "*user-driven health care*"-Ansatzes zu Weiter- bzw. Neuentwicklungen nicht unerheblichen Ausmaßes führen.

3.7.1   Technische Neuerungen im Gerät zur nichtinvasiven Datenerfassung

Um für den Nutzer entsprechende Empfehlungen ableiten zu können, müssen die der Anzeige zu Grunde liegenden Daten sensorisch erfasst werden. Dafür wurde im Rahmen von *gesundschafter* ein Gerät zur nichtinvasiven Datenerfassung (MST-Device) entwickelt. Dieses unterscheidet sich von auf dem Markt befindlichen Lösungen durch die Verwendung eines umfangreichen Multisensorsystems. Das entwickelte und eingesetzte MST-Device bietet damit zusätzliche Möglichkeiten für die Generierung nutzerrelevanter Informationen. Durch die Kombination von Messwerten der einzelnen Sensoren eröffnet sich eine Reihe interessanter Optionen. So können beispielsweise:

- über Luftdruckmessung und Beschleunigungssensor nicht nur Rückschlüsse auf die Intensität und Dauer, sondern auch Rückschlüsse auf die Bewegungsform (Gehen, Laufen, Rennen, Treppen steigen) gezogen werden. Die automatische Klassifizierung der Bewegungsform lässt differenziertere Rückschlüsse auf eine „trainingsrelevante" Belastungsintensität zu, denn Laufen ist beispielsweise mit einer anderen körperlichen Belastung verbunden als Treppen steigen. Dabei ist es möglich, dem Gerät auf Basis eines integrierten neuronalen Netzes die Erkennung weiterer Bewegungsformen anzulernen.

- Aussagen zur physiologischen Reaktion auf eine konkrete Belastungsintensität bzw. einzelne Determinanten gemacht werden.

- die aus Beschleunigungssensor und Herzfrequenz abgeleitete Intensität der Bewegung durch die gleichzeitige Verwendung von Luftdrucksensor und eines GPS-Systems weiter räumlich quantifiziert werden. Dies verbessert u.a. die Treffsicherheit der Klassifikation der Art der Bewegung. Zudem wird damit das Bedürfnis der Nutzer nach einer Möglichkeit des Routen-Trackings bedient, das nicht zuletzt im Rahmen gemeinsamer Aktivitäten von bzw. des Austauschs zwischen miteinander kommunizierenden Nutzern eine Reihe interessanter zusätzlicher Möglichkeiten eröffnet.

Die neuen Möglichkeiten bzw. das erheblich breitere Spektrum des entwickelten MST-Devices werden anhand des Vergleichs mit den Sensoren, die bei anderen auf dem Markt befindlichen Anbietern zum Einsatz kommen deutlich (vgl. Tabelle 1).

Tabelle 1   Gegenüberstellung der Messdimensionen des MST-Devices von gesundschafter im Vergleich zu populären Systemen wichtiger Anbieter

Sensoren/ Baugruppen	Hersteller/Anbieter					
	Philips	Nike	Garmin	Suunto	Polar	*gesund-schafter*
Herzfrequenz-messung	—	—	√	√	√	√
GPS	—	—	√	—	√	√
Beschleuni-gungssensor	√	√	—	—	—	√
Luftdrucksensor	—	—	—	—	—	√
GPRS-Funkmodul	—	—	—	—	—	√

Das für *gesundschafter* entwickelte Gerät erlaubt zudem perspektivisch die zusätzliche Anbindung weiterer Sensoren. Damit ergibt sich eine maximale Flexibilität für den Geräteeinsatz, was nicht zuletzt dann eine Rolle spielen dürfte, wenn die Entwicklung für weitere Zielgruppen mit spezifischen gesundheitsbezogenen Bedarfen und Bedürfnissen angewendet werden soll.

Darüber hinaus wurde bereits während der Projektlaufzeit bei der zweiten Generation des Gerätes ein GPRS-Modul zum automatischen Versenden der Daten an den Server der Plattform eingesetzt. Dieser Schritt zur Schaffung einer automatischen Schnittstelle zwischen Gerät und Plattform dient der weiteren Optimierung der Benutzerfreundlichkeit, da sich der Nutzer nicht mehr um eine Datenübertragung kümmern muss.

Hinzu kommt, dass es über diesen Weg möglich ist, Geräte fern zu warten. So können z.B. eine Aktualisierung der Firmware vorgenommen oder bestimmte Funktionen im Gerät zugeschaltet bzw. abgeschaltet werden. Es wäre damit z.B. denkbar, das Gerät auch für den Einsatz im Bereich Telemonitoring oder in dessen Ergänzung zu verwenden. Die gerätetechnischen Komponenten würden dies von der Qualität her gestatten. Das Gerät ist somit grundsätzlich für den ersten als auch zweiten Gesundheitsmarkt flexibel adaptierbar bzw. einsetzbar.

3.7.2   Technische Neuerungen der Plattformlösung

Alle relevanten Daten können vom Nutzer über die Plattform abgerufen werden. Dabei ist er nicht auf ein bestimmtes System angewiesen, die Lösung ist weitgehend endgeräteunabhängig. Die Plattform ist z.b. über einen klassischen Desktop-PC ebenso zugänglich wie über Smartphones und andere Endgeräte.

Insgesamt wurde bei der Entwicklung der Plattform auf ein modulares System gesetzt, um weitestgehende Flexibilität des Einsatzes einzelner Module sicherzustellen. Dies hat zwei Hintergründe:

-   Einerseits sind die Entwicklungszyklen in der Software- und Hardware-Entwicklung extrem kurz, so dass mit häufigen Aktualisierungen zu rechnen ist. In einem modularen System, in welchem die Module relativ unabhängig voneinander sind, lassen sich Anpassungen wesentlich leichter realisieren da sie modular durchführbar sind.

-   Zweitens lassen sich im Sinne verschiedener Geschäftsmodelle und Einsatzbereiche somit auch nur einzelne Module anpassen, ergänzen und vermarkten.

Zu den modularen Grundelementen zählen der Kollektor, das Monitoring, der Coach, das *Benchmarking*, ein Marktplatz und als umrahmendes Element die Community.

Der Kollektor empfängt und verarbeitet die Rohdaten der MST-Geräte in Echtzeit. Er ist multithreadfähig und kann Daten verschiedener Gerätetypen handhaben. Dadurch wird das System offen für Nutzer anderer Geräte und erreicht eine größere Zielgruppe. Zudem ist es dadurch prinzipiell auch möglich, Daten weiterer Sensoren (bspw. Blutdruck) in das System einzubinden.

Im Kollektor werden die Daten auch gespeichert, so dass jede Verarbeitung/ Berechnung für eine nutzerspezifische Datenausgabe und -anzeige immer auf die ursprünglichen Werte zurückgreifen kann. Diese Rohdaten können bspw. für wissenschaftliche Untersuchungen und die Forschung exportiert werden. Eine Verletzung des Datenschutzes ist dabei nicht möglich, da die Daten hier noch keinem Benutzer zugeordnet sind.

Die Verarbeitung der Daten erfolgt über einen Profil- und Programmmanager. Dieser hat zwei Aufgaben, erstens muss er die Nutzerdaten speichern und aus diesen spezifische Profile im Sinne einer Clusterung ableiten, zweitens werden je nach vom Nutzer angeforderter Datenansicht diese in Echtzeit quasi „on demand" aus den Rohdaten für den Selbstmonitoring-Bereich berechnet.

Gleichzeitig ist es möglich, entsprechend den über die Profildaten erreichten Clusterungen spezifische Trainingsprogramme zu hinterlegen. Dieses ist die wesentliche Grundlage für das Coaching-Modul. In diesem können über eine innovative Technologie auf Grundlage der Benutzerprofile und der Bewegungs-daten die Nutzer aktiv gesteuert werden. Durch gezielte Angebote (unter Be-rücksichtigung von Präferenzen) aus den Bereichen Bewegungsempfehlungen, Maßnahmenangeboten und Beratung können aus verschiedenen Onlineangebo-ten Vorschläge für weitere sportliche oder verhaltensspezifische Angebote her-ausgefiltert und in das eigene Portal integriert werden. Darüber hinaus ist das Clustern für ein sinnvolles Benchmarking zwischen den Teilnehmern wichtig.

Wie bereits beschrieben geht es darum, für einen Vergleich geeignete Personen entsprechend der spezifischen Erkrankung und der damit einhergehenden Leis-tungseinschränkung zu identifizieren, damit aussagekräftige Vergleiche zur persönlichen Leistungsorientierung möglich sind.

Die Community dient dem eigenständigen Austausch aller Teilnehmer unterei-nander. Diese unterstützt die gegenseitige Motivation und bietet kompetitive Anreize durch Vergleichsmöglichkeiten der eigenen Leistung mit Anderen. Weiterhin können in Gruppen oder Foren die Interessen und das Wissen zu speziellen Themenbereichen ausgetauscht und durch Experten unterstützt wer-den. Zum Einsatz kommen dabei verschiedene Web 2.0-Anwendungen wie sie aus den Sozialen Netzwerken bekannt sind.

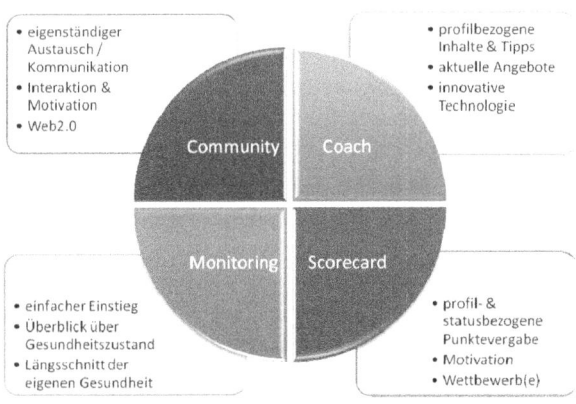

Abbildung 4   Nutzersicht des „gesundschafter-Portals"

4   Fazit und Ausblick

Die hier vorgestellte Entwicklung einer Lösung für Menschen mit einer Herz-Kreislauf-Erkrankung beschreitet mit der Umsetzung des "user-driven health care"-Ansatzes einen innovativen Weg, um die Marktfähigkeit mikrosystemtechnisch unterstützter Dienstleistungen zu verbessern. Mit der pilothaften Entwicklung und Umsetzung einer mehrdimensionalen, 'spezifischen' Plattform gelingt es exemplarisch für die Zielgruppe Menschen mit einer Herz-/Kreislauferkrankung, aufzuzeigen, dass es mit diesem Ansatz möglich ist, in einer Bottom up-Vorgehensweise eine ganzheitliche Lösung für eine spezifische Zielgruppe zu erarbeiten. Dabei wird die Technik nicht selbst als Lösung, sondern als Instrument zur Realisierung von individuellen Lösungsansätzen zur Verbesserung von Wohlbefinden und Gesundheit des Nutzers verstanden. Die Plattform bedient mit allen wesentlichen Funktionen die subjektiven Bedürfnisse von Menschen, die ein 'gemeinsames' lebensrelevantes, typischerweise lebensbedrohliches Gesundheitsproblem verbindet. Sie bietet ein umfassendes Angebot in drei Angebotsdimensionen, das betriebswirtschaftlich und im Dienstleistungsanspruch auf nachhaltige Nutzung angelegt ist.

Während technikgetriebene Ansätze des MST-Einsatzes und die meist versorgungsorientierte Entwicklung von Dienstleistungen nicht selten zu mehr oder minder erfolgreichen, voneinander losgelösten Insellösungen (z.B. innerhalb verschiedener Versorgungs-Budgets) führen, die sich eher zufällig in einem eher unspezifischen Markt begegnen, bietet der *"user-driven health care"*-Ansatz die Möglichkeit, Lösungen aus Nutzer- bzw. Zielgruppensicht zu schaffen, welche die Bedürfnisse bedienen und somit von Beginn an auf Nutzerakzeptanz ausgelegt sind und gleichzeitig einen Teilmarkt mit charakteristischen Eigenschaften ganzheitlich bedienen.

Gleichzeitig konnte beobachtet werden, dass die technische Entwicklung durch die Vorgehensweise in keiner Weise gebremst wird. Vielmehr zeigen die vielen technischen Neuerungen, dass mit konkreter Ausrichtung auf die nutzerspezifischen Erwartungen einer Zielgruppe zielgerichtet Forschung und Entwicklung vorangetrieben werden kann und aufeinander abgestimmte Gesamtlösungen entstehen.

Befragungen und Tests mit Probanden der Zielgruppe im Rahmen des Projekts scheinen grundsätzlich und konsistent den hier gewählten *"user-driven health care"*-Ansatz als einen vielversprechenden, bislang kaum konsequent und planvoll verfolgten Entwicklungsansatz zu bestätigen. Eine Adaption der Vorgehensweise auf Entwicklungen für andere Zielgruppen ist dabei problemlos möglich.

Zum Ende des Projekts laufende Gespräche mit Interessenten aus dem Bereich der Privatwirtschaft wie der Gesetzlichen Sozialversicherung können als Indikatoren für die Breite der potentiellen Marktfähigkeit der unter *"user-driven health care"*-Ansatzes entstandenen Entwicklung verstanden werden.

5 Literaturverzeichnis

Albrecht, H. 2008: Der Wert des Pickels. In DIE ZEIT, 21.08.2008 Nr. 35 http://www.zeit.de/2008/35/Gebildeter-Kranke (Zugegriffen: 23.09.2011)

Antonovsky, A. 1997: Salutogenese. Zur Entmystifizierung der Gesundheit. Deutsche erweiterte Herausgabe von Alexa Franke. Tübingen. dgvt

BDI-Newsletter. Standpunkt Gesundheit. 2011. http://www.wirtschaftfuergesundheit.de/files/Ausgabe_01_10_Mai_2011.pdf, letzter download am 23.09. 2011.

Beer, S. / Resch, K.-L. 2011: Der „Consumer-driven Health"-Ansatz: Nutzergetriebene Forschung und Entwicklung im BMBF-Projekt "Well.com.e". In: Bieber, D. / Schwarz, K. (Hg.): Mit AAL-Dienstleistungen altern. Nutzerbedarfsanalysen im Kontext des Ambient Assisted Living. Saarbrücken. iso-Verlag, 227-232.

Deci, E. L. / Ryan. R. M. 1985: Intrinsic motivation and self-determination in human behavior. New York. Plenum Publishing Co.

Georgieff, P. 2008: Ambient Assisted Living, Marktpotenziale IT-unterstützer Pflege für ein selbstbestimmtes Altern. MFG Stiftung Baden-Württemberg

Herkner, W. 1991: Lehrbuch Sozialpsychologie. Bern, Stuttgart, Toronto: Hans Huber.

Kartte, J. / Neumann, K. 2007: Der Zweite Gesundheitsmarkt. Die Kunden verstehen, Geschäftschancen nutzen. Berlin, Roland Berger Strategy Consultants.

Kerschbaumer, J. 2005: Sozialstaat und demographischer Wandel: Herausforderungen für Arbeitsmarkt und Sozialversicherung. Wiesbaden VS Verlag für Sozialwissenschaften.

Marx, P. / Rahmel, A. 2009: Gesundheit als Investitionsgut - Bedeutung einer gesünderen Bevölkerung für Gesellschaft und Ökonomie. In: Volkskrankheiten - Gesundheitliche Herausforderungen in der Wohlstandsgesellschaft. Konrad-Adenauer-Stiftung e.V. Freiburg: Herder Verlag, 378-393.

Nexus. Förderrichtlinie Demografie. Endbericht der Evaluation. Sächsische Staatskanzlei 2010. (https://publikationen.sachsen.de/bdb/artikel/12020/documents/12893)

Plasqui, G. / Westerterp, K. R. 2006: Accelerometry and Heart Rate as a Measure of Physical Fitness: Cross-Validation. In Medicine & Science in Sports

& Exercise. Volume 38 - Issue 8. Hrsg. The American College of Sports Medicine.

Resch, K.-L. 2009: Von Bedarfen und Bedürfnissen – Gesundheit zwischen Solidarität und Kommerz. Forschende Komplemenärtmedizin.16: 72–74.

Resch, K.-L. 2011: Wo ist das Problem für die Patentlösung? Pharmakologie und Therapie. 2011. 20: 109-110.

Schmähl, W. / Ulrich, V. 2002: Soziale Sicherungssysteme und demographische Herausforderungen. Tübingen: Mohr Siebeck.

Schulze-Solce H.-N. 2004: Gesundheit als Investition. http://www.lilly-pharma.de/fileadmin/media/lilly/unternehmen/Gesundheit_als_ Investition.pdf, letzter download am 23.09.2011.

Schwarzer, R. 1997: Gesundheitspsychologie. Göttingen. Verlag für Psychologie.

Siegrist, J. 1996: Soziale Krisen und Gesundheit. Göttingen, Bern, Toronto: Hogrefe.

WHO 1978: Erklärung von Alma-Ata http://www.euro.who.int/__data/assets/pdf_file/0017/132218/e93944G.pdf, letzter download am 23.09.2011. WHO 2010: Global Recommendations on Physical Activity for Health. Genf.

http://www.who.int/dietphysicalactivity/factsheet_recommendations/en/index.html, (Zugegriffen: 23.09.2011)

http://www.sozialgesetzbuch.de/gesetze/05/index.php?norm_ID=0501200 (Zugegriffen: 23.09.2011)

http://www.gacd.de/presse/pressemappe-2010/pressetext (Zugegriffen: 23.09.2011)

Soziale Dienstleistungen unter dem Dach von AAL, Independent Living und Vernetztem Wohnen – Reflexion eines Pilotvorhabens

Lisa Kasper, Christin Olschewsky

1 service4home – Ziel eines Projektes für eine alternde Gesellschaft

Zentraler Bestandteil des Projektes service4home[1] (Laufzeit September 2008 bis August 2011) ist die Entwicklung und Erprobung eines Dienstleistungskonzeptes mit dem Ziel, ein Angebot von unterschiedlichen Leistungen über eine Service-Agentur zu bündeln und für ein exemplarisches Wohnquartier zu koordinieren. Die Dienstleistungen sollen sich gezielt an den Bedürfnissen älterer Menschen orientieren, um diesen länger Autonomie, Sicherheit, Privatheit und soziale Kontakte zu ermöglichen. Im Rahmen der operativen Organisation der Angebote wird bei der Bestellung ein digitaler Schreibstift eingesetzt, der eine Videokamera und einen Mobilfunk-Chip beinhaltet und die Daten an die Service-Agentur überträgt[2].

2 Die Bedürfnisse potenzieller Kunden als „Market Pull"

Ältere Menschen werden zukünftig sowohl auf Grund der demographischen Entwicklung als auch auf Grund ihrer Kaufkraft eine ständig wachsende Konsumentengruppe darstellen. Gleichwohl gibt es vergleichsweise wenige Produktinnovationen, welche in besonderem Maße den Bedürfnissen und Anforderungen älterer Menschen gerecht werden. Dabei ist die Umsetzung von Kaufkraft „in den tatsächlichen Konsum von Produkten" (Gassmann/Reepmeyer 2006) in hohem Maße von den Bedürfnissen der Käufergruppe abhängig.

In einer Zielgruppe, die bislang oft missverstanden oder sogar ignoriert wurde und welche erfahrener, anspruchsvoller, zahlreicher, heterogener, zukunftsent-

---

[1] service4home wird vom BMBF unter dem Förderkennzeichen 01 FC08008-12 gefördert. Weitere Informationen zum Projekt finden sich unter http://service4home.net.

[2] Nähere Informationen zu dem digitalen Stift und der Pen&Paper-Technologie entnehmen Sie bitte dem Beitrag von Prilla/Frerichs/Rascher: „Partizipative Prozessgestaltung von AAL Dienstleistungen: Erfahrungen aus dem Projekt service4home".

scheidender, empfindlicher und zahlungsfähiger nicht sein könnte, ist es von besonderer Bedeutung, ihre tatsächlichen Bedürfnisse sowie ihr Selbstbild zu verstehen, aktiv zu gestalten und zu befriedigen (vgl. Gassmann, Reepmeyer nach McCann, 2005). Das Memorandum „Wirtschaftskraft Alter" (1999) weist darauf hin, dass die Potentiale ältere Menschen nur dann als Chance für Wirtschaft und Beschäftigung genutzt werden kann, wenn den Bedürfnissen, Interessen und wirtschaftlichen Potentialen älterer Menschen mehr Beachtung entgegengebracht wird.

Hierfür bedarf es einer Analyse der Bedürfnisse und des Konsumverhaltens älterer Menschen. Denn die Höhe und Struktur der Konsumgüternachfrage innerhalb der Seniorenwirtschaft[3] wird neben Perioden-, Alters- und Kohorten-effekten insbesondere auch durch die Bedürfnisse der Senioren bestimmt, welche je nach Lebensphase variieren können (vgl. Naegele, Hilbert, 2003). Allgemein gelten nach Gassmann und Reepmeyer (2006) Selbstständigkeit, Gesundheit, Sicherheit und Mobilität als zentrale Bedürfnisse der älteren Generation (s. Abb. 1). Diese Bedürfnisgruppen wird ein hohes Potential für Produkt- und Dienstleistungsinnovationen zugeschrieben und knüpfen in hohem Maße an IT-gestütze innovative Techniken an (vgl. Reepmeyer/Gassmeyer 2006; Enste et al. 2008).

3   Erhebungen im Rahmen des Projektes service4home

Wie bereits zu Beginn aufgeführt, waren die Entwicklung eines Dienstleistungs-portfolios, das den tatsächlichen Bedürfnissen der Quartiersbewohner entspricht sowie die Überprüfung der Qualität der Dienstleistung und Zufriedenheit der Kunden die zentralen Ziele des Projektes. Zur Erreichnung derer wurden innerhalb der dreijährigen Projektlaufzeit unterschiedliche Erhebungen durch-geführt, welche im Nachstenden aufgeführt und erläutert werden. Die Ansätze, Erkenntnisinteressen und angewandten Methoden der drei Befragungen unter-scheiden sich, so dass eingangs stets das Zielvorhaben sowie die Methodik erläutert werden. Die Service-Agentur beziehungsweise, deren zwei Mitarbeiter-innen waren einzig bei einer Erhebung, der Evaluation des Pre-Tests, die hier an zweiter Stelle vorgestellt wird, aktiv als Befragungspartnerinnen eingebunden.

---

[3]   Unter Seniorenwirtschaft wird ein Marktsegment verstanden, das sich an einen Kundenstamm bestehend aus älteren Menschen richtet. Es handelt sich hierbei nicht um einen klar abgrenzba-ren eigenen Wirtschaftsbereich, sondern ist als „Querschnittsmarkt" zu bezeichnen. Dieser um-fasst u.a. folgende Wirtschaftsbereiche: „Gesundheits- und Pflegemarkt, soziale und hauswirt-schaftliche Dienste, Wohnen und Handwerk, private Versicherungs- und Finanzdienstleistungen (z.B. im Zusammenhang mit der privaten Altersvorsorge), die großen Bereiche Freizeit, Tou-rismus, Kommunikation, Bildung, Unterhaltung und Kultur sowie die damit zusammenhangen-den Bereiche der Informationstechnik und der neuen Medien." (Heinze/Naegele/Schneiders 2011: 12)

Im Rahmen der ersten Befragung, die wie der folgende Abschnitt zeigt, vor der Einrichtung der Agentur stattfand, ist die Agentur nicht relevant und bei der Kundenbefragung halfen die Mitarbeiterinnen ausschließlich bei Terminkoordination, waren jedoch nicht am Evaluationsprozess beteiligt.

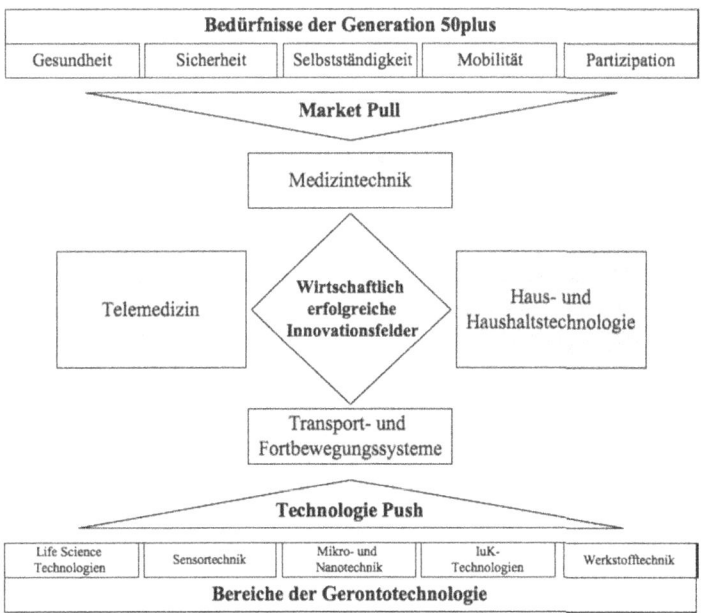

Abbildung 1   Schnittmenge von Technologie-push und Market-pull
Quelle: eigene Darstellung nach Gassmann/Reepmeyer 2006, S.160

Ergänzend sei an dieser Stelle darauf verwiesen, dass die folgende Darstellung der Ergebnisse einen praxisorientierten Ansatz verfolgt, um den LeserInnen einen Einblick in operativen Abläufe und den Umgang mit den Kunden zu verschaffen.

3.1 Potenzialanalyse

Mit Blick auf den demographischen Wandel in Deutschland gilt das Ruhrgebiet seit Jahrzehnten als Vorläufer für die gesamtdeutschen Entwicklungsprozesse, da insbesondere dieses Ballungsgebiet geprägt ist von Schrumpfungsprozessen, Migration, Segregation und Alterung der Bevölkerung. Daher kann es als eine Art „Laboratorium" bezeichnet werden, dem eine besondere Bedeutung bei der Suche nach Lösungspotenzialen für die Herausforderung des gesamtdeutschen demographischen Wandels zukommt. Die Stadt Bochum und ihre Entwicklung ist beispielhaft für das Ruhrgebiet und die Einwohnerstruktur entspricht mit einen Anteil von über 26 Prozent der 60-Jährigen und Älteren dem demographischen Durchschnitt des Ruhrgebietes (vgl. Schneiders, Ley 2010). Der für das Modellprojekt ausgewählte Stadtteil Bochum Grumme ist mit einem fast 30 prozentigen Abteil von über 60-Jährigen als besonders prägnant einzuordnen und daher potenziell für ein Dienstleistungsangebot, das sich an ältere Menschen richtet, geeignet. Um deren Interessen und Bedürfnisse erfahren zu können wurden im Rahmen einer Potentialanalyse 100 Bewohner[4] der Flüsse-Siedlung in Bochum Grumme befragt, damit die Entwicklung real umsetzbarer Konzepte für das Management, das Geschäftsmodell und die Einbindung von Mikrosystemtechnik möglich werden konnten. Ziel war es, die Identifikation von Dienstleistungen, die der Nachfrage der Bewohner der Flüsse-Siedlung entsprechen, vorzunehmen und basierend auf diesen Erkenntnissen die Angebote der geplanten Service-Agentur zu generieren. Die Potenzialanalyse erfolgte vorrangig unter den folgenden vier Kernfragestellungen:

- Wie gestaltet sich die Sozialstruktur des Quartiers?

- Welches Serviceangebot wird von den Bewohnern für besonders interessant und nützlich erachtet?

- Welche Zahlungsbereitschaften sind vorhanden?

- Wie ausgeprägt ist die Technikakzeptanz?

Die Befragung wurde mittels Leitfadengestützter face-to-face-Interviews durchgeführt und im Anschluss ausgewertet.

Die Sozialstruktur der Befragten spiegelt in weiten Teilen repräsentativ die Struktur des gesamten Quartiers wider. Der Altersdurchschnitt der befragten Personen liegt bei 58 Jahren; besonders herausragend ist der hohe Anteil der 65 bis 79-Jährigen und Hochaltrigen.

Die Haushaltsgröße der Befragten liegt weitestgehend bei Zwei- oder Einpersonenhaushalten, wobei die Wahrscheinlichkeit des Alleinlebens mit steigendem Alter weiter zunimmt ("Singularisierung des Alters"). Die Angaben zur Einkommenssituation verdeutlichen, dass ältere Haushalte überdurchschnittlich stark in der mittleren Einkommensgruppe vertreten sind; zudem zeigt die Abfrage des Preisbarometers nach van Westendorp[5], dass die Interviewten bereit wären, bis

---

[4]   Das entspricht 10% der Gesamtanwohnerzahl innerhalb dieses ausgewählten Quartiers.
[5]   Das Preisbarometer nach van Westendorp hilft bei der Ermittlung von Preisober- bzw. Untergrenzen einer Leistung oder eines Produktes. Hierbei wird den Zielpersonen eine Leistung oder ein Produkt vorgestellt, zu dem sie folgende Angaben machen sollen:
      - einen angemessenen Preis nennen, der eher günstig ist

zu 40 Euro monatlich an eine Service-Agentur für die Inanspruchnahme von mehreren Dienstleitungen zu bezahlen. Für besonders interessant wurden hierbei ein Einkaufsservice, Fitnesskurse und ein Begleitservice erachtet. Im Rahmen der Ermittlung der Technikäffinität ließ sich feststellen, dass die meisten Befragten angaben, vertraut im Umgang mit technischen und elektronischen Alltagsgeräten wie beispielsweise dem Fernseher, Videorekorder oder Telefon zu sein und sich darüber hinaus sehr gut vorstellen können, sich mit weiteren Geräten zu beschäftigen, die ähnlich handhabbar sind.

Mittels dieser Ergebnisse wurde die von den Befragten für interessant und wünschenswert erachteten Dienstleistungen in einem nächsten Schritt mit den Projektpartnern in sogenannten Kreativworkshops diskutiert und ausgearbeitet, so dass sich eine Auswahl von fünf realisierbaren Dienstleistungen treffen ließ: Begleitetes Einkaufen, Begleitung & Beratung, Haushaltsnahe Dienstleistungen, Schadensmeldung und Suche-und-Biete-Pinnwand. Zudem dienten die Ergebnisse der Potenzialanalyse bezüglich der Zahlungsbereitschaft im weiteren Verlauf dazu, die Gestaltung des Geschäftsmodells auf die lokalen Gegebenheiten anzupassen.

3.2 Evaluation des Pre-Tests

Im Gegensatz zu der Potenzialanalyse, bei der die Anwohner des Erprobungsquartiers als potenzielle Kundschaft befragt wurden, standen bei der Evaluation des Pre-Tests die Service-Agentur und deren Betrieb im Fokus. Um innerhalb des Erprobungsbetriebes der Agentur von März bis August 2010 die Abläufe, das Aufgabenspektrum der Mitarbeiterinnen und Ehrenamtlichen und den Zeitaufwand einzelner Dienstleistungen abschätzen und möglicherweise verbessern zu können, sowie die Qualität der Angebote zu prüfen, wurden Dokumentations- und Feedbackbögen für alle an der Leistung beteiligten Akteure entwickelt. Die zwei Agenturmitarbeiterinnen und die ehrenamtlichen Begleiter füllten nach jedem Kundenkontakt, bei jeder zu organisierenden Leistung und nach deren Durchführung die Bögen aus, damit diese bezüglich der oben genannten Kriterien ausgewertet werden konnten.

Die Kunden selbst gaben mittels eines Feedback-Bogens eine Rückmeldung über ihre Zufriedenheit mit dem Ablauf und der Dienstleistung selbst, so dass

---

- einen teureren, aber noch akzeptablen Preis nennen
- einen zu hohen Preis nennen, der die Kunden von einem Kauf abhalten würde
- einen deutlich niedrigen Preis nennen, der Zweifel an der Qualität des Produktes aufkommen lässt.
Die Preisangaben der Befragten werden im Anschluss als kumulierte Häufigkeitsverteilungen graphisch in einem Kurvendiagramm dargestellt, aus dem Schnittstellen für die Preiswerte abgelesen werden können (vgl. Diller 2008).

Dokumentationsbogen für Begleiter

Bitte füllen Sie diesen Bogen nach Erbringung der Begleitung aus und geben ihn im Stadtteilladen ab.

Name des Begleiters_____   Datum: _____

1. Zahl der begleiteten Personen?	
2. Kundennummer(n) oder Name(n)	
3. Art der Begleitung (z.B. Einkaufen, Arztbesuch, Spazieren, etc.)	
4. Wie haben Sie die Kunden- und Bestelldaten erhalten (z.B. per Mail, telefonisch, per Fax, etc.)?	

5. Waren die Informationen, die Sie erhalten haben vollständig? Wenn nicht, welche Informationen haben gefehlt und wie wurden diese beschafft?

6. Gab es Probleme vor oder während der Begleitung? Wenn ja, welche Probleme waren das?

7. Hat der Kunde irgendwelche Anmerkungen gemacht? Wenn ja, welche Anmerkungen waren das?

8. Gab es irgendwelche sonstigen Auffälligkeiten? Wenn ja, was war auffällig?

9. Hat sich der Kunde positive oder negative über die Agentur Lebenswert Wohnen bzw. deren Leistungen geäußert? Wenn ja, wie und was?

10. Dauer der Begleitung?	

Abbildung 2   Dokumentationsbogen für Begleiter

reale und potenzielle Schwierigkeiten identifiziert und Lösungsansätze erarbeitet werden konnten. Mittels des Feedback-Bogens konnten die Kunden den Fahrdienst, die Begleitung und die Dienstleistung insgesamt mit Noten von eins als „sehr gut" bis sechs als „ungenügend" bewerten; zudem hatten sie die Möglichkeit, weitere Anregungen zu dokumentieren. Sowohl die Begleitung wie auch die Dienstleistung insgesamt wurden durchweg sehr gut bewertet, allein der Fahrdienst wurde einige wenige Male mit ausreichend benotet, da Wartezeiten auf das Taxi entstanden. Hier galt es, die Ursache der Verzögerung zu ermitteln und zu beheben, so dass durch die Verbesserung der operativen Abläufe möglichen Anfälligkeiten für den Echtbetrieb vorgebeugt werden konnte.

Im Rahmen der Dokumentation der Agenturmitarbeiterinnen zeichneten sich zwei Tätigkeitsfelder ab:

- Kundenkontakte, bestehend aus Erstaufsuchungen, Gesprächen mit Interessenten, Übermittlung von Neuigkeiten/neuem Informationsmaterial etc. und Rücksprachen zu Bestellungen und

- administrative Tätigkeiten, das heißt Organisation der Dienstleistungen, Vorbereitung der Informationsveranstaltungen und Dateneingabe am PC, sowie Teilnahme an Stadtteilfesten. Je nach anstehenden Aufgaben ließen sich große Differenzen innerhalb des Arbeitsaufwandes erkennen (zwischen 10 und 300 Minuten pro Tag), so dass hierzu keine abschließende Einschätzung vorgenommen werden konnte.

3.3 Kundenbefragung

Nachdem die Agentur ab September 2010 in den Echtzeitbetrieb startete, begann die Konzeption einer Kundenbefragung. Die Befragungen gliederten sich in ein leitfadengestütztes Interview, das die Möglichkeit bot, den Ist-Zustand zu erheben und ausführlich mit den betreffenden Kunden über zentrale Aspekte und Herausforderungen der Agentur zu sprechen sowie eine teilnehmende Beobachtung, bei der die Interviewer einen Einblick in den aktiven Umgang mit den Bestellformularen erlangen sollten.

Befragt wurden diejenigen Kunden, die einen einschätzbar routinierten Umgang mit den Bestellungen und einige Erfahrungen mit den Dienstleistungen vorweisen konnten, so dass die Teilnahme innerhalb der Pilotphase und die Inanspruchnahme von mindestens vier Bestellungen innerhalb des Echtzeitbetriebs als Voraussetzung galt.

Die Befragung gliederte sich inhaltlich und formal in sieben Themenbereiche, die sich einerseits auf die Prozesse, andererseits auf die Effekte im Quartier bezogen:

Themenblock I: Kundenzufriedenheit

Themenblock II: Steigerung des Wohlbefindens

Themenblock III: Marketing

Themenblock IV: Allgemeine Fragen zur Technik

Themenblock V: Technikakzeptanz

Themenblock VI: Vor- und Nachteile des digitalen Stifts

Themenblock VII: Informationsfluss

Wichtig war, sowohl im Rahmen der Befragung als auch für die Beobachtung, den Eindruck einer Prüfungssituation zu vermeiden. Im Fokus stand das Interesse an den Erfahrungen der Kunden, einerseits als Grundlage einer Bestandsaufnahme, andererseits als Basis zur Verbesserung potenzieller Schwierigkeiten und die Neugierde an dem aktiven Umgang mit dem Bestellformular.

Durch die oben genannten Voraussetzungen boten sich drei Kunden als potenzielle Interviewpartner an, die sich dann nach Rücksprache mit der Agentur bereit erklärten, an der Befragung teilzunehmen. Nachdem zunächst ein Überblick über die Wohn- und Lebenssituation der Teilnehmenden gegeben wird, erfolgt die Darstellung der Befragungsergebnisse. Hierbei gliedern sich die Ausführungen nach den oben beschriebenen Themenblöcken, wobei einige auf Grund von Überschneidungen zusammengefasst werden.

Tabelle 1   Wohn- und Lebenssituation der Befragten

Code der Befragten	01	02	03
Persönliche Daten			
Geburtsjahr	1932	1932	1932
Geschlecht	w	w	w
Anzahl der Haushaltsmitglieder	alleinstehend	alleinstehend	allein-stehend
Größe der Wohnung in qm²	59 qm²	90 qm²	79 qm²
Etage	1.Etage	4.Etage	Erdge-schoss

Quelle: eigene Darstelllung

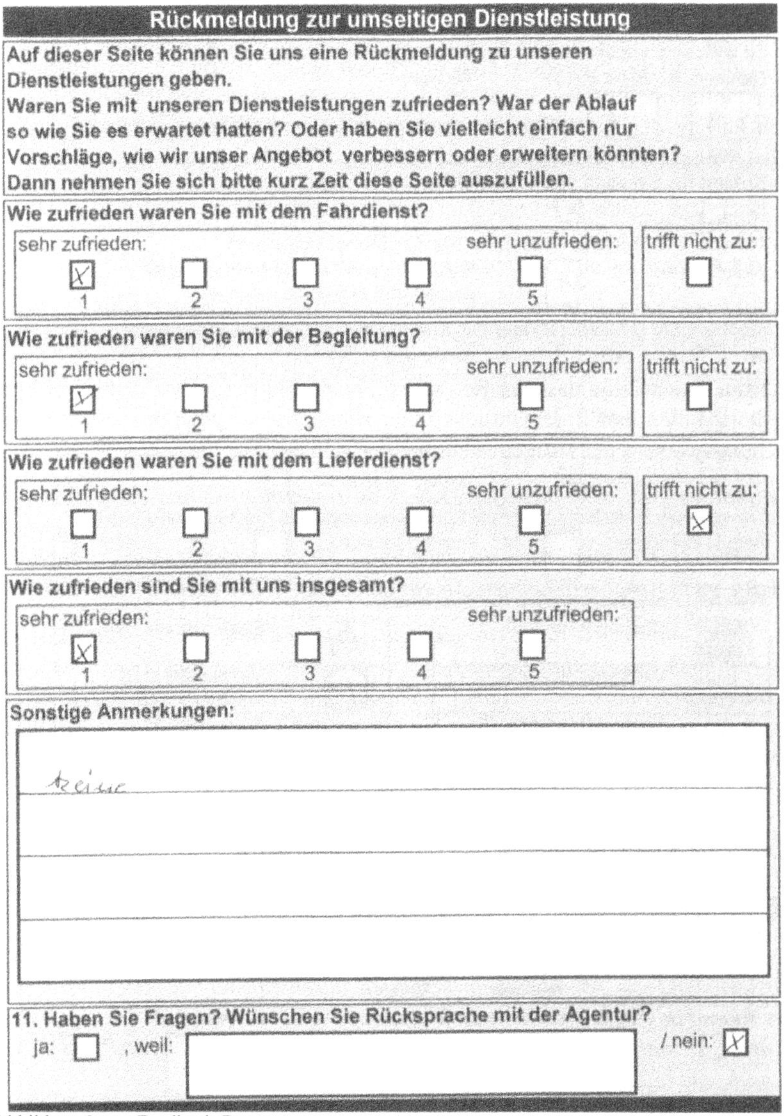

Rückmeldung zur umseitigen Dienstleistung

Auf dieser Seite können Sie uns eine Rückmeldung zu unseren Dienstleistungen geben.
Waren Sie mit unseren Dienstleistungen zufrieden? War der Ablauf so wie Sie es erwartet hatten? Oder haben Sie vielleicht einfach nur Vorschläge, wie wir unser Angebot verbessern oder erweitern könnten? Dann nehmen Sie sich bitte kurz Zeit diese Seite auszufüllen.

Wie zufrieden waren Sie mit dem Fahrdienst?

sehr zufrieden: [X]1 [ ]2 [ ]3 [ ]4 sehr unzufrieden: [ ]5 | trifft nicht zu: [ ]

Wie zufrieden waren Sie mit der Begleitung?

sehr zufrieden: [X]1 [ ]2 [ ]3 [ ]4 sehr unzufrieden: [ ]5 | trifft nicht zu: [ ]

Wie zufrieden waren Sie mit dem Lieferdienst?

sehr zufrieden: [ ]1 [ ]2 [ ]3 [ ]4 sehr unzufrieden: [ ]5 | trifft nicht zu: [X]

Wie zufrieden sind Sie mit uns insgesamt?

sehr zufrieden: [X]1 [ ]2 [ ]3 [ ]4 sehr unzufrieden: [ ]5

Sonstige Anmerkungen:

Reise

11. Haben Sie Fragen? Wünschen Sie Rücksprache mit der Agentur?

ja: [ ] , weil: _____ / nein: [X]

Abbildung 3   Feedback-Bogen

3.3.1   Zufriedenheit und Steigerung des Wohlbefindens

Die Kundenbefragung hat zusammenfassend erkennen lassen, dass die Zufriedenheit der Kunden eng geknüpft ist an die Erfahrungen mit dem operativen

Ablauf der Dienstleistungen an sich, beziehungsweise dem organisatorischen Ablauf im Vorfeld. So äußern sich diejenigen beiden Befragten, bei denen die Kontaktaufnahme mit den Agenturmitarbeiterinnen, sowie die Organisation und Durchführung der Leistung ohne Komplikationen funktioniert hat, durchweg positiv, wohingegen Befragte 03, die ihrerseits Schwierigkeiten bei der Vereinbarung von Leistungen und Terminen hatte, ihre Unzufriedenheit der Agentur gegenüber äußert.

„Ja, die Agentur ist super. Kann man gar nicht anders sagen." (Befragte 01)

„Ich find' das ist einfach eine unzuverlässige Sache, auf die ich mich nicht mehr weiter verlassen kann." (Befragte 03)

Weiterhin ist auffällig, dass die Befragten ihre Zufriedenheit von den jeweiligen Mitarbeiterinnen und Ehrenamtlichen und zugehörigen Sympathieverhältnissen beziehungsweise gegenseitigen Abstimmungsschwierigkeiten abhängig machen.

„Ich finde es ganz toll, dass die Frau X so freundlich ist und einem Termine gibt. Ja, und dass die Agentur das so macht. Das ist ganz toll. Der Z, ja, der ist aber sehr nett. Der kam als erstes hier hin. [...] Supermäßig. Das ist auch so, der hätte mein Enkel sein können. So ein Lieben so." (Befragte 02)

„Und dann kam Frau X dazu, wo ich nichts, also, ich habe nichts gegen X. Aber dann rief mich Frau Y zum Beispiel an einem Tag an, ganz glücklich: "Ich kann Ihnen sagen, mein Sohn kann jetzt wieder mit Ihnen einkaufen gehen. Die Versicherungsfrage ist geklärt: Der holt Sie mit unserem Auto ab." Sag' ich: "Wunderbar." Haben wir das für Mittwoch festgemacht. Dann ruft mich ein, zwei Tage später -ich hab alles notiert, wann genau die Daten sozusagen- ruft mich ein, zwei Tage später die Frau X an: "Ja, das geht aber nicht, mittwochs geht das nicht. Das geht nur freitags." Freitags klappt das bei mir überhaupt nicht, weil ich noch Krankengymnastik und sonst was hab' und widerspricht wieder dem, was die Frau Y mir sagt. Ja, was soll der Blödsinn?" (Befragte 03)

„Wenn Z kommt, dann, dann weiß ich, wir fahren sofort um 10. Da ist der Laden noch leer. Und wir können dann gemütlich durchbummeln. Und er weiß, das steht da und das steht da. Der war ja schon so weit mit mir, dass er gesagt hat: "Hören Sie mal, vielleicht sollen wir kleinere Gläser nehmen." Ich sag: "Mensch, Sie haben Recht." Also sind wir wieder zwei Schritte nach vorne und haben dann eine kleinere Mayo genommen. Der war wie mein Enkel. Ganz klasse, ganz klasse." (Befragte 03)

Sofern die Bestellung einer Dienstleistung und deren Durchführung ohne Komplikationen durchgeführt werden, beschreiben alle drei Befragten eine Verbesserung ihrer Alltagssituation.

„Dadurch, dass ich einkaufen gehe, bin ich beruhigter. Ja, das ist eine Erleichterung für mich." (Befragte 01)

„Ja, ist besser geworden für mich. Ja, weil ich jetzt, ja durch dieses Einkaufen eine Erleichterung." (Befragte 02)

„Ja, wo alles super lief, war es natürlich [zögert] bequemer." (Befragte 03)

Weiterhin zeigt sich, dass die Mitgliedschaft in der Agentur und somit das Interesse an einer Dienstleistung maßgeblich vom individuellen Bedarf bestimmt wird; hierbei sind sowohl physische Umstände wie auch Strukturen innerhalb des Wohnumfeldes zu nennen.

„Ja, beim Einkaufen war es immer praktisch, weil ich es im Rücken hab' und in den Beinen. Das war gut, weil ich dann jemanden hab', der mir was oben vom Regal runterholt. Und der es mir von da hinten die Treppe hochträgt und mir es in die Wohnung bringt." (Befragte 03)

„Ja, weil ich so schlecht laufen kann. Ich hatte einen Oberschenkelhalsbruch und einen Schulterbruch, ne. Und dann ist das doch hier und ich gehe langsam auf die 80 zu. Das ist schon beschwerlich." (Befragte 02)

„Ich habe hier ja kein Laden. Wir haben hier gerade einen Bäcker. Früher hatten wir alle Geschäfte hier oben. Garnichts. Kein Schlachter, gar nichts. Ich muss bis – ich weiß nicht, ob Sie die Ecke kennen – die ganze Castroper Straße rauf laufen bis ans Ende." (Befragte 01)

3.3.2   Marketing

Bezüglich des Marketings lässt sich festhalten, dass die Befragten beziehungsweise Angehörigen entweder durch den Flyer, der in vielen Geschäften innerhalb des Stadtteils auslag, auf die Agentur und das Angebot aufmerksam geworden sind, oder auf Grund von Empfehlungen oder bereits bestehender Bekanntschaften Kontakt zu den Mitarbeiterinnen aufgenommen haben.

„Ich habe einen Zettel gefunden und diesen Zettel habe ich sofort genommen und habe da angerufen." (Befragte 01)

„Und meine Freundin wohnt in Grumme. Und die rief mich an, sagte sie: "Du, ich war heute einkaufen. So und So." (Befragte 02)

„Ich kannte doch die Frau Y, die ja vorher im Stadtteillladen war." (Befragte 03)

3.3.3   Technik, digitaler Stift und Informationsfluss

Insgesamt ist der Einsatz des digitalen Stiftes von den Befragten als unkompliziert bewertet worden und gehörte auch durch die Erfahrungen der Pilotphase zum normalen Umgang im Rahmen eines Bestellvorgangs. In diesem Zusammenhang ist jedoch darauf hinzuweisen, dass die Befragten ihre Bestellung häufig zusätzlich per Telefon aufgegeben haben und ebenfalls eine telefonische Bestätigung erwünschten.

Unsicherheiten entstehen überwiegend bei physischen Schwierigkeiten, z.B. korrektes Halten und Führen des Stiftes.

„Ich finde das überhaupt nicht schwierig. Ich hab ja auch einen Computer. Also, ich finde es überhaupt nicht schwierig." (Befragte 03)

„Also, das ist jetzt bei mir immer schlecht mit der Schreiberei. Sehen Sie? Der schreibt nicht. [...]01: Ich schreibe schon ganz..... Es ist nicht gut zu lesen. Die Miene wurde schon ausgetauscht. Das liegt an mir. Ich habe so eine komische Schrift nach dem Schlaganfall. Und dann...Ich weiß nicht, wie das kommt. Da bräuchte man so eine Miene oder eher einen Stift, der so von der Seite schreibt. Das ist meine Hand, die nicht schreibt. Ich muss gerade schreiben." (Befragte 01)

„Die rufen dann immer an und sagen: "Dann und dann kommt Herr so und so." Dann weiß ich auch, wer kommt. Weil, wenn ich hier oben bin, damit ich weiß, wer kommt. Sonst drücke ich nicht auf." (Befragte 02)

4 Abschließende Reflexion

Die drei dargestellten Erhebungen haben auf verschiedenen Ebenen stattgefunden. Da beispielsweise mit einer stark variierenden Anzahl der Befragten und unterschiedlichen Zielsetzungen gearbeitet wurde, sind gleichzeitig auch die erzielten Ergebnisse vielfältig. Lag das Ziel bei der Potenzialalanyse darin, einen möglichst breit gefassten Einblick in die vorhandene Sozialstruktur, sowie Interessen und Bereitschaften der Befragten zu erhalten, richteten sich die folgenden beiden Erhebungen ausschließlich an Kunden der Agentur, beziehungsweise an an den Leistungen beteiligte Akteure. Die zuletzt dargestellte Kundenbefragung ermöglicht im Zuge dessen einen detaillierten Einblick in Erfahrungswerte und Wahrnehmungen seitens der Kunden.

Abschließend lässt sich an dieser Stelle festhalten, dass eine erfolgreiche Etablierung einer Service-Agentur stets einen sensibelen Umgang mit Interessenten und möglichen Kunden voraussetzt. Bereits geschehene Missverständnisse und Kommunikationsschwierigkeiten lassen sich nachträglich schlecht beheben, beziehungsweise benötigen einen intensiven Zeitaufwand. Daher bietet es sich im Vorfeld an, die MitarbeiterInnen für eine solche Agentur entsprechend ihrer Qualifikationen und Kompetenzen sorgfältig auszuwählen und ggf. regelmäßig zu schulen. Für den laufenden Betrieb empfiehlt sich zudem ein Qualitätssicherungsinstrument, wie beispielsweise die dargestellten Feedback-

Bögen, sowie ein strukturiertes Beschwerdemanagement. Je nach zeitlichen Ressourcen ist es den MitarbeiterInnen nicht immer möglich, eventuelle Unstimmigkeiten aus eigener Initiative heraus zu identifizieren. Daher sollten die Kunden die Möglichkeit haben, ihre Anliegen mittels eines bestimmten Instrumentes weiterzuleiten und sich einer Bearbeitung innerhalb eines kurzfristigen Zeitraumes gewiss zu sein. Bei der Überlegung, eine Mitgliedschaft bei der Agentur einzugehen, spielen die individuellen Bedarfe der älteren Menschen eine große Rolle und bleiben auch bei der Inanspruchnahme von Dienstleistungen ein zentraler Faktor. Das bedeutet, dass die physischen Eigenschaften der Kunden den MitarbeiterInnen der Agentur bekannt sein und bei bestellten Leistungen berücksichtigt werden müssen. Da sich im Zuge der Kundenbefragung gezeigt hat, wie wichtig auch der persönliche Kontakt zu den MitarbeiterInnen und insbesondere Begleitpersonen ist, erscheint es als sinnvoll, die Begleiter nicht wechselnd einzusetzen, sondern den Kunden bestimmte Ehrenamtliche zuzuweisen. Nicht nur die Erleichterung der alltäglichen Besorgungen wird beispielsweise durch das begleitete Einkaufen als Bereicherung angesehen, sondern darüber hinaus auch das Treffen des jeweiligen Begleiters und der Austausch mit diesem. Bei der Konzeptionierung einer Dienstleistungsagentur muss daher der persönliche Kontakt stets berücksichtigt werden und möglichst gezielt an geeigneter Stelle eingesetzt werden.

Der Umgang mit dem digitalen Stift wird von den befragten Kunden weitestgehend als unproblematisch beschrieben. Die Datenübertragung konnte mittels der eingesetzten Mikrosystemtechnik vereinheitlicht werden; weiterhin nutzten die Kunden jedoch das Telefon, um sich die Bestellung bestätigen zu lassen. Das heißt, auch an dieser Schnittstelle wurde der persönliche Kontakt direkt gesucht und muss bei der Planung der operativen Abläufe innerhalb einer solchen Agentur berücksichtigt werden.

Insbesondere das Marketing für die Generation 50plus stellt sich als eine besondere Herausforderung dar. Diejenigen Anwohner innerhalb der Bochumer Flüsse-Siedlung, die innerhalb der Projektlaufzeit Kunden der Agentur geworden sind, wurden durch die ausgelegten Flyer und Mundpropaganda erreicht. Bemessen an der Anzahl der Werbeaktionen erscheint dies jedoch nach wie vor ausbaufähig und legt nahe, zu einem frühen Zeitpunkt mit einfachen und eindeutigen Werbemaßnahmen zu beginnen. Hierbei ist es stets hilfreich, lokale Akteure als Fürsprecher gewinnen und deren Multiplikatorenfunktion nutzen zu können. Es gilt, im Stadtteil einen möglichst hohen Bekanntheitsgrad zu erlangen und sich auf lokalen Festen und Veranstaltungen zu präsentieren. Weiterhin sollten lokale Dienstleistungsanbieter möglichst von Beginn an miteingebunden und als Kooperationspartner gewonnen werden, um dem Eindruck einer Konkurrenzsituation vorzubeugen und durch die Verknüpfung von externen Anbietern und Service-Agentur ein umfassendes und besonders interessantes Portfolio zu gestalten.

5 Literaturverzeichnis

BMFSFJ - Bundesministerium für Familie, Senioren, Frauen und Jugend 2007: Europäischer Kongress. „Demographischer Wandel als Chance: Wirtschaftliche Potentiale der Älteren". Dokumentation – Berlin, 17. und 18. April. URL: http://www.bmfsfj.de/bmfsfj/generator/RedaktionBMFSFJ/Broschuerenstelle/Pdf-Anlagen/EU-Kongress-Demografischer-Wandel-deutsch, property=pdf,bereich =,sprache=de,rwb=true.pdf, letzter Download am 20.07.2008.

Diller, H. 2007: Preispolitik.4. neu überarbeitete Auflage. Stuttgart: W. Kolhammer.

Enste, P. / Naegele, G. / Leve, V. 2008: Die Entdeckung und Bearbeitung des „silver market" in Deutschland. Unveröffentlichtes Manuskript., 1-16. Original erschienen unter: Enste, P. / Naegele, G. / Leve V. 2008: The Discovery and Development of the Silver Market in Germany. In: Herstatt, C. / Kohlbacher, F. (Hg.): The Silver Market Phenomenon: Business Opportunities in an Era of Demographic Change. Tokyo, 325-340.

Gassmann, O. / Reepmeyer, G. 2006: Wachstumsmarkt Alter. Innovationen für die Zielgruppe 50+. München, Wien: Carl Hanser Verlag.

FFG - Forschungsgesellschaft für Gerontologie e.V., IAT - Institut für Arbeit und Technik 1999: Memorandum „Wirtschaftskraft Alter". URL: http:// www.iat.eu/aktuell/veroeff/ds/hilbert99b.pdf, letzter Download am 20.06.2008.

Heinze, R. G. / Naegele, G. / Schneiders, K. 2011: Wirtschaftliche Potentiale des Alters. 1. Auflage. Stuttgart: W. Kohlhammer.

Naegele, G. / Hilbert, J. 2003: Perspektiven der „Seniorenwirtschaft" – Anmerkungen zur Nutzung der „Wirtschaftskraft Alter". In: Theorie und Praxis der Sozialen Arbeit 54 (2003), 12-18.

Schneiders, K. / Ley, C. 2010: Service4home: Dienstleistungen für eine älter werdende Gesellschaft (InWIS-Berichte; Nr. 34). Bochum.

JUTTA – JUsT-in-Time Assistance: Betreuung und Pflege nach Bedarf[1]

Adolf Johannes Kalfhues, Michael Hübschen, Enrico Löhrke, Gerhard Nunner, Heike Perszewski, Jan-Eric Schulze, Torsten Stevens[2]

1 Einleitung

Bereits seit einigen Jahren ist ein verstärkter Anstieg an Menschen mit einem Versorgungs- und Betreuungsbedarf zu verzeichnen, der künftig weiter zunehmen wird (vgl. Statistisches Bundesamt 2009: 8). Ein großer Anteil derer wird durch Angehörige in der eigenen Häuslichkeit versorgt. Darüber hinaus nehmen die Erwartungen an das bestehende Sozial- und Hilfesystem und deren Belastungen weiter zu. Die demographische Entwicklung, Verknappung der finanziellen Ressourcen, Verschärfung von rechtlichen Anforderungen, erweiterte Kundenwünsche wie ein möglichst langer Verbleib im eigenen Zuhause und ein zunehmender Wettbewerb geben Anlass, sich mit neuen Wohn- und Versorgungskonzepten für hilfs- und pflegebedürftige Menschen auseinanderzusetzen (vgl. Driller et al. 2009: 13; Meyer 2011a: 156ff.).

Im Zusammenhang mit bestehenden Versorgungsstrukturen haben vor allem Quartierskonzepte an Bedeutung gewonnen (vgl. u.a. Wasel 2011: 15f.; de Vries 2010: 56ff.), die den Menschen mit Assistenzbedarf ein unabhängiges Leben und einen möglichst langen Verbleib in eigener Häuslichkeit ermöglichen. Bestehende Pflege- und Betreuungsleistungen müssen stärker am akuten Bedarf orientiert und organisiert werden (vgl. Krayss 2006: 15f.). Ziel ist es, bestehende Ressourcen durch Effizienzsteigerungen zu entlasten (vgl. Meyer 2011b: 93f.).

Das Projekt JUTTA „Just-in-Time Assistance" hat sich dies zur Zielsetzung gemacht. Aufbauend auf vorhandenen Strukturen eines ambulanten Pflegedienstes sowie bereits existierender Mikrosystemtechnik-Lösungen wurde das neue Dienstleistungsangebot JUTTA „JUsT-in-Time Assistance" entwickelt und in der Praxis umgesetzt. Auf Basis der durchgeführten Ermittlung des bestehenden Bedarfs wurde das JUTTA-System prototypisch in einer rund 18-monatigen

---

[1] Verbundprojekt: ALPHA gGmbH, ambient assisted living gGmbH, Fraunhofer-Institut für mikroelektronische Schaltungen und Systeme, inHaus GmbH, Sophia Consulting GmbH und Vitaphone GmbH

[2] Die Autoren sind Mitarbeiter im BMBF-geförderten Forschungsprojekt JUTTA (Förderkennzeichen: 01FC08050).

Pilotphasen getestet. Die angepassten Technologien wurden in 10 Testumgebungen mit 14 Probanden eingesetzt. Das Konzept ist speziell auf die individuellen Bedarfe von pflege- und betreuungsbedürftigen Menschen zugeschnitten. Durch die eingesetzten intelligenten Sensoren versetzt JUTTA Menschen
mit Assistenzbedarf in die Lage, ein weitgehend langes und selbstbestimmtes
Leben in den eigenen vier Wänden zu führen und somit dem Grundsatz ‚ambulant vor stationär' zu entsprechen. Zusätzlich zu der professionellen Unterstützung durch den ambulanten Pflegedienst leistet das JUTTA-System einen Beitrag zur Integration familiärer oder auch ehrenamtlicher Hilfe und trägt damit
zur Förderung von sozialen Netzwerken bei.

Gegenüber bestehenden Konzepten der Quartiersversorgung wurde mit dem
JUTTA-Projekt ein umfassender Ansatz realisiert, der nicht nur eine Vielzahl
von Akteuren verbindet, sondern erstmalig auch die mobilen Arbeitsplätze des
Betreuungsdienstes in das technische Unterstützungskonzept integriert. Um den
Betreuungs- und Pflegeprozess bedarfsorientiert auszurichten, wurde mittels der
Mikrosystemtechnik eine Monitoring-Technologie in die Geschäftsprozesse des
Betreuungsdienstes eingegliedert.

Verschiedene Forschungsprojekte sowie marktreife Lösungen beschäftigen sich
mit unterschiedlichem Fokus und Umfang mit dem Thema der technischen
Unterstützung in der Pflege. Wie auch im JUTTA-Projekt werden Sensorik im
Haushalt oder am Nutzer eingesetzt, um seinen Zustand zu erfassen. Im Gegensatz zu vergleichbaren Projekten können jedoch im JUTTA-Projekt mit unterschiedlichen Sensoren ausgestattete Assistenzkoffer verwendet und Verhaltens-
erkennungsmechanismen individuell an die Nutzer angepasst werden, mit dem
Ziel, bei der Verhaltenserkennung und -analyse interindividuelle Unterschiede
zu berücksichtigen. Basis des JUTTA-Systems ist der Zusammenschluss ver-
schiedenster Unterstützungsangebote (Aktivitätenerkennung, Vitaldatenerfassung, Soziale Komponenten), die alle in einem Pflegedienst vernetzt zusammen-
laufen. Auf der Verhaltenserkennung aufbauend können Lebensszenarien analysiert werden, die für den Betreuungsalltag von Interesse sind. Die individuelle
modulare Zusammenstellung der Komponenten, je nach Lebensumständen und
Bedarfen der Klienten, und die spezifische Anpassung des Regelwerks, welches
zu einzelnen sogenannten Ampelzuständen führt, ist dabei die Basis für das
Gesamtsystem.

Die bisher am Zeit- und Finanzierungsmodell orientierten Geschäftsprozesse
des Betreuungsdienstes werden an den sensorisch ermittelten Unterstützungsbedarf angepasst, indem die Koordination des mobilen Betreuungspersonals bedarfsorientiert und nachfragezentrierter angeleitet wird. Gleichzeitig wird die
Routenplanung optimiert, in dem Fahrzeuge des Pflegedienstes geortet werden,
damit der räumlich nächste freie Mitarbeiter mit einer geringen Reaktionszeit
unterstützen kann, um eine individualisierte Betreuungs- und Pflegeleistung

gewährleisten zu können. JUTTA trägt zur Assistenz- bzw. Betreuungsqualität und damit zur Lebensqualitätssteigerung bei und verfolgt das Ziel, Menschen mit Assistenzbedarf mehr Sicherheit und Unabhängigkeit zu verschaffen und Unternehmensprozesse des Pflegedienstes effizienter zu gestalten (vgl. Kalfhues 2006: 42f; 2011: 40f).

2 JUTTA-Projekt: Anforderungsdefinition - Bedarfsermittlung - Konzeption

2.1 Anforderungsdefinition

Am Anfang der Definition der Anforderungen für das JUTTA-System standen die Untersuchung bestehender Organisationsmodelle und die Betrachtung von Best-Practice-Beispielen. Durch die Verknüpfung der gewonnenen Erfahrungen wurde das Grundkonzept der „JUsT-in-Time Assistance" entworfen. Zur Erfassung des Aktivitätenmonitoring des Nutzers wurde ein Drei-Schichtenmodell zu Grunde gelegt. Ausgangspunkt waren die zuvor bestimmten Zielgruppen und die definierten Bedürfnisse der Menschen mit Assistenzbedarf in der eigenen Häuslichkeit, sowie die inhaltlichen Anforderungen des beteiligten ambulanten Fachpflegedienstes.

Vor dem Hintergrund des Betreuungs- und Pflegeprozesses und den am Markt verfügbaren Hard- und Softwarekomponenten erfolgte zwischen den Projektpartnern die Abstimmung der Systemaufgaben und Pflichten. Dabei wurden Aspekte der Vernetzungsfähigkeit, des Installations- und Wartungsaufwandes, sowie der Zuverlässigkeit und die Kosten, aber auch die Qualitätssicherung und der Datenschutz berücksichtigt (vgl. u.a. Eichelberg 2010: 11f).

Basierend auf der beschriebenen Analyse und den technischen Anforderungen wurde das Pflichtenheft für das JUTTA-Konzept erstellt, welches die Anforderungen an das zu schaffende Gesamtsystem genau spezifiziert. Diese Sollkonzeption der Aufgabenverteilung gilt als Grundlage für die Entwicklung eines Pilotkonzeptes, welches ein „on-demand"-Dienstleistungs- und Evaluierungskonzept mit einschließt.

Für die Erstellung des „on-demand"-Dienstleistungskonzeptes wurden die ambulanten Pflegeprozesse des beteiligten Care-Providers aufgenommen und ausgewertet. Ergebnis ist eine Aufstellung der potenziellen Betreuungsprozesse und deren technische Unterstützungsmöglichkeiten. Diese umfassen sowohl die primären als auch die komplementären Betreuungs- und Pflegetätigkeiten. Dabei wurden neben dem Betreuungs- und Pflegeprozess in der eigenen Häuslichkeit auch die internen Geschäftsprozesse des Dienstes mit einbezogen. Hier galt es insbesondere die Erfahrungswerte des Pflege- und Betreuungspersonals in den Entwicklungsprozess mit einzubinden. Das in Folge erstellte „on-demand"-Dienstleistungskonzept beinhaltet ein Bewertungsverfahren für die erfassten Assistenz-/Pflegeparameter der Betreuten in der Wohnung und für die technischen Komponenten des Systems. Kriterien zur Bewertung sind unter anderem technische Gegebenheiten, Wirtschaftlichkeit, Handling und mögliche Schnittstellen zur Weiterverarbeitung und Kombination mit anderen Systemen (Leistungsdokumentation) (vgl. u.a. Eichelberg 2010: 11f).

Hinsichtlich der Implementierbarkeit des Just-in-Time Assistance-Ansatzes wurde ein Befragungsbogen, der die Kriteriensätze für die Auswahl der zu betreuenden Probanden und die beteiligten Mitarbeiter beschreibt und ein Evaluierungskonzept erarbeitet. Des Weiteren wurden anhand vorhandener Quartiersversorgungskonzepte Kundenzugänge und Bedarfe überprüft und daraus ein Kundenzugangskonzept und Bedarfsermittlungsinstrument formuliert (vgl. Krause 2010, 2011).

Zur Realisierung des Konzeptes bedarf es einer auf Hard- und Software basierenden Technologie, die einen sicheren Kommunikations- und Datenaustausch zwischen den Einsatzfahrzeugen des Pflegedienstes, der Leitzentrale und innerhalb der eigenen Häuslichkeit gewährleistet. Vor dem Einsatz des JUTTA-Systems wurden die am Markt verfügbaren Komponenten, anhand der im „on-demand"-Dienstleistungskonzept festgelegten Kriterien bewertet: wie z.B. Stabilität und Verarbeitung der Komponenten, Reichweite der Funkkomponenten, Energieversorgung, um die Wirtschaftlichkeit und Nachhaltigkeit des einzusetzenden Systems festzustellen.

2.2 Nutzergruppen und Nutzenaspekte

Eine wesentliche Voraussetzung zur Erstellung des JUTTA-Konzeptes war die Definition von Zielgruppen und deren Assistenzbedarf. „Der Technikeinsatz muss die Selbstbestimmung des Nutzers im Fokus haben", sagte Dieter Czogalla, Vorstandssprecher des Sozialwerks St. Georg e.V., auf dem 3. AAL-Kongress (Ambient Assisted Living) in Berlin. So hängt Versorgungsqualität immer von menschlicher Zuwendung ab. Das JUTTA-Konzept dient als eine integrierte Dienstleistung für alle wichtigen Betreuungsservices, um akute Bedarfe von Menschen im Bereich des Wohnumfeldes zu erkennen und dabei die Prozesse pflegerischer und betreuerischer Begleitung qualitativ und ökonomisch zu gestalten. Vor diesem Hintergrund richtet sich das JUTTA -System grundsätzlich an nachfolgende Zielgruppen:

2.2.1   Menschen mit Assistenzbedarf

Dazu gehören erstens Menschen, die aktuell einen Pflege- bzw. Assistenzbedarf haben und bereits durch Angehörige oder professionelle Pflegekräfte betreut werden, zweitens Menschen, die – altersbedingt oder aufgrund gesundheitlicher Einschränkungen – absehbar pflege- bzw. assistenzbedürftig sein werden, sowie letzteres Menschen, die aus Überlegungen des Komforts und der Sicherheit JUTTA-Dienstleistungen in Anspruch nehmen.

Um das mögliche Ausmaß der erforderlichen Assistenz in der eigenen Häuslichkeit leichter erfassen zu können, müssen die Bedarfe der Klienten weiter spezifiziert werden. Folgende drei Hauptzielgruppen wurden im JUTTA-System definiert: Menschen mit kognitiven Beeinträchtigungen, Menschen mit Einschränkungen und Erkrankungen des Bewegungsapparates sowie Menschen mit Herz-Kreislauf-Erkrankungen.

2.2.2   Anbieter von Pflege- und Gesundheitsdienstleistungen

Um mit Technikunterstützung akute Bedürfnisse von Menschen mit Assistenzbedarf in der eigenen Häuslichkeit zu bedienen, bedarf das JUTTA-Konzept der Berücksichtigung einer zweiten Hauptzielgruppe, den Anbietern der Betreuungs-, Pflege- und Gesundheitsdienstleister. Diese werden folgendermaßen vom Gesetzgeber definiert: „Ambulante Pflegeeinrichtungen (Pflegedienste) sind selbstständig wirtschaftende Einrichtungen, die unter ständiger Verantwortung einer ausgebildeten Pflegefachkraft Pflegebedürftige in ihrer Wohnung pflegen und hauswirtschaftlich versorgen" (Sozialgesetzbuch XI, §71, Abs.1). Hier setzt das JUTTA-Dienstleistungskonzept an, da es zum einen den Prozess der bestehenden Leistungserbringung optimiert und zum anderen das bestehende Leistungspaket um ergänzende Dienste zur Erhöhung von Sicherheit und Wohlbefinden für Menschen mit Assistenzbedarf erweitert.

2.2.3   Mitarbeiter der Anbieter von Pflege- und Gesundheits dienstleistungen

Die Mitarbeiter tragen als eine wertvolle Ressource im Wesentlichen zum Erfolg eines Unternehmens bei (vgl. Neumann 2004: 2). Dies gilt insbesondere im sozialen Sektor, da hier die überwiegenden Leistungen aus Dienstleistungen bestehen und im unmittelbaren Kontakt am Kunden erbracht werden. Leistungserstellung und -konsumption erfolgen zeitgleich (vgl. Zimmer, Freise o.J.: 1). Darüber hinaus stellen die Mitarbeiter im Altenhilfe- und Behindertenbereich eine wichtige Bezugsperson dar und haben eine zentrale Wirkung auf das Wohlbefinden und die Lebensqualität der Klienten (vgl. Karbach et al. 2009: 106). Den Mitarbeitern ist folglich eine besondere Rolle bei der Implementierung und Entwicklung von AAL-Komponenten zu zusprechen. Sie übernehmen eine wichtige Mediatorenrolle und sind ein zentraler Ansprechpartner für die Klienten (vgl. Karbach et al. 2009: 106). Daher sind die Mitarbeiter auf den Einsatz von AAL vorzubereiten, zu schulen und in den Prozess der Umsetzung zu integrieren. „Die [...] Beschäftigten erfahren die Einführung von assistierenden Technologien in dreifacher Weise: Als aktiver Part der Implementierung (Rolle des Mediators), als eigener Technologienutzer (Rolle des Anwenders), sowie indirekt – in Konsequenz der Technologienutzung durch die Menschen mit [Assistenzbedarf] [...] – als struktureller Wandel des Leistungsgeschehens" (vgl. Karbach et al. 2009: 107).

2.3 Bedarfsermittlung

Voraussetzung für den bedarfsgerechten Zuschnitt der JUTTA-Dienstleistungen ist eine Ermittlung des individuellen Unterstützungsbedarfes an pflegerischen, medizinischen, haushaltsnahen und betreuerisch-sozialen Dienstleistungen. Das Erhebungsinstrument setzt dabei auf bereits bestehenden Instrumenten zur Ermittlung von Unterstützungsbedarf auf und ist mit Blick auf quartiersbezogene Versorgungsleistungen weiterentwickelt worden. Auf Basis der vordefinierten Zielgruppen und der Anforderungen für das Projekt JUTTA wurde eine Strukturierung des Inhalts und Aufbaus des Instrumentes vorgenommen. Es entstand ein modular aufgebautes Erhebungsinstrument zur Ermittlung des Assistenzbedarfes. Die einzelnen Module wurden von den JUTTA-Partnern für ihren jeweiligen Bereich übernommen:

- Mantelbogen, mit Stammdaten zum Klienten: Zur Erhebung der sozialen Situation und des Quartiers einschl. Installationsvoraussetzungen für die JUTTA-Komponenten wie z.B. Telefon, DSL-Leitung, etc.
- Leitfaden für pflegerische Bedarfe: Zur Ermittlung der Art und des Schweregrades der individuellen Beeinträchtigungen des Klienten
- Leitfaden für medizinische Bedarfe: Zur Ermittlung möglicher Unterstützungen durch die telemedizinischen Komponenten des Systems
- Leitfaden für betreuerisch-soziale Bedarfe: Zur Ermittlung der Unterstützungsbedarfe seitens der betreuerisch-sozialen Servicezentrale
- Übersichtstabelle: Zur Zusammenführung der Einzelergebnisse sowie als Leitfaden zur Auswahl von Technik und Dienstleistungen.

Durch die Gestaltung und die Definition der Schnittstellen zwischen den Bereichen und Akteuren ist das System offen für die Aufnahme weiterer Instrumente.

Der Fokus des erstellten Erhebungsinstrumentes liegt auf der Ermittlung des pflegerischen Bedarfs. Daher wurden im Vorfeld bereits erprobte Instrumente untersucht, wie z.B. Checklisten zur Pflegeerfassung in der Eingliederungshilfe (vgl. Schulze-Höing 2008: 3ff) um eine differenziertere Bestandsaufnahme bzw. Erfassung der Ausgangssituation und der Bedarfe vornehmen zu können.

2.3.1   Vorgehensweise bei der Ermittlung des pflegerischen Bedarfs

In einem ersten Schritt wird überprüft, ob bereits eine Feststellung des Pflegebedarfs durch den Medizinischen Dienst der Krankenkassen (MDK) stattgefunden hat. Bei den bereits durchgeführten Erhebungen können die Ergebnisse in
die Bedarfsermittlung für das JUTTA-System übertragen werden. Liegt keine
Feststellung durch den MDK vor wird der pflegerische Bedarf mit den Checklisten „Feststellung einer eingeschränkten Alltagskompetenz" (z. B. Störung des
Tag-/Nacht-Rhythmus oder Unkontrolliertes Verlassen des Wohnbereiches -
Weglauftendenz), sowie „Feststellung der Pflegebedürftigkeit" (Körperpflege,
Ernährung, Mobilität, Hauswirtschaftliche Versorgung) durch den Befragenden
ermittelt. Ergeben sich aus dieser Prüfung Anhaltspunkte für einen Pflegebe-
darf, ist der MDK einzuschalten, um die Pflegebedürftigkeit gemäß den „Richtlinien der Spitzenverbände der Pflegekassen zur Begutachtung von Pflegebedürftigkeit nach dem XI. Buch des Sozialgesetzbuches" zu überprüfen (vgl.
MDS 2009: 15ff.). Die Ergebnisse der Bedarfsermittlung bilden die Grundlage
für die konkrete Auswahl der Prozesse und Einzelleistungen des JUTTA-
Systems mit Blick auf die quartiersbezogenen Versorgungsleistungen.

Zusätzlich zur pflegerischen Bedarfsermittlung im Rahmen des JUTTA-Systems
wurde das ADEL-Strukturmodell (Aktivitäten und existenzielle Erfahrungen
des Lebens) nach Krohwinkel (vgl. Löser 2003) herangezogen, um dem Grundsatz des JUTTA-Systems – die *individuelle* Zusammenstellung der benötigten
technischen Assistenzsysteme für jeden Betreuten zu Hause – zu entsprechen.
Mit dem ADEL-Strukturmodell können die wichtigsten Anforderungen an den
Einsatz der assistierenden JUTTA-Technik ermittelt werden, die sich aus dem
Unterstützungsbedarf und den klientenspezifischen Bedürfnisse ergeben wie

- Bewältigung des Alltags
- Erhaltung vorhandener Selbstversorgungsfähigkeiten
- Erkennung und Vermeidung von Gefahrensituationen
- Vermeidung von Unfällen infolge Orientierungsbeeinträchtigung
- Erhöhung des Sicherheitsgefühles
- Erhalt und Förderung der Außenweltkontakte
- Vermeidung sozialer Isolation.

2.4 JUTTA-Konzept

Basis des Konzeptes bilden drei Komponenten: Domotik-Sensoren, telemedizinische, sowie soziale Komponenten, die verschiedene physikalisch messbare
Parameter der Umgebung und der betreuten Person erfassen, um sie mit Hilfe
einer Middleware (Homestation) an die eigentlichen Zentralen zu übertragen.
Im Rahmen der Testphase wurden die einzelnen Komponenten bedarfsgerecht
in die Wohnung der betreuten Person installiert und deren Auswirkungen auf

den Dienstleistungsprozess beobachtet und dokumentiert. Die unterschiedlichen Informationen und Aktivitäten (Vitalparameter, medizinische und pflegerelevante Zustände) werden erfasst und durch eine Software in der Basisstation der Wohnung ausgewertet und an die entsprechenden Zentralen (Telemedizinisches Service Center, Servicezentrale und Leitzentrale) weitergeleitet.

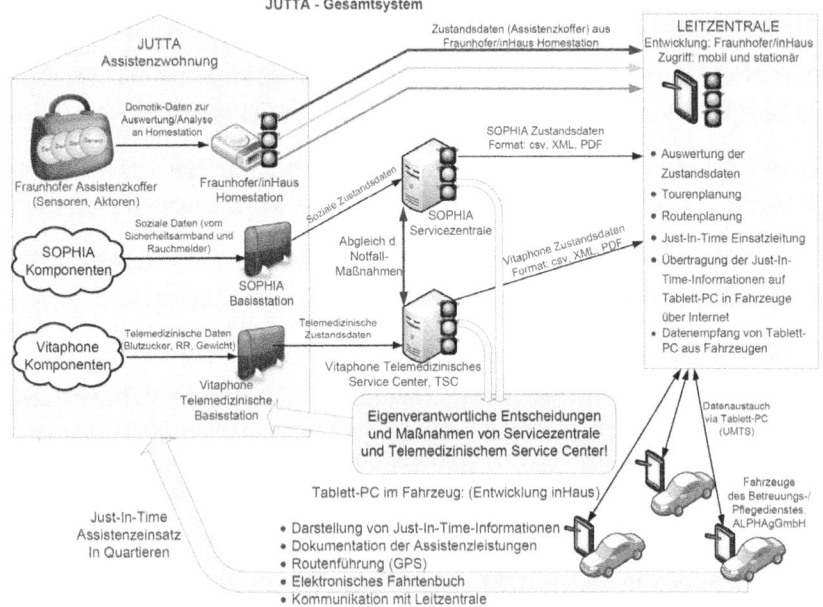

Abbildung 1   Das JUTTA-Gesamtsystem. Quelle: inHaus GmbH, aal gGmbH

Der aktuelle individuelle Zustand der betreuten Person wird in einer „Assistenzampel" in Farben ROT, GELB und GRÜN visualisiert. Mögliche kritische Situationen, sowie aktuelle Bedürfnisse der Betreuten werden in den Zentralen erkannt und entsprechende Maßnahmen ergriffen. In der Leitzentrale werden die Daten zusammengeführt und im Bedarfsfall Just-in-Time an den mobilen Arbeitsplatz gesendet. Der räumlich nächste freie Mitarbeiter wird mittels GPS (Global Positioning System: globales Navigationssatellitensystem zur Positionsbestimmung) zum Einsatz geführt, um die entsprechenden Unterstützungsleistungen zu erbringen.

Zur Erkennung des Assistenzbedarfs der betreuten Menschen ist die Definition von Assistenzregeln notwendig. Die Erfahrungen zeigen, dass es für eine bedarfsgerechte Versorgung insbesondere auf die Aktivitätenerkennung, wie Nahrungsaufnahme, Bewegung, Aufenthalt im Bett, Anlassen von Haushaltsgeräten, Wasserüberlauf, nächtliches Verlassen der Wohnung sowie die Vitaldatenerfassung, wie Gewicht, Blutdruck, Puls wichtig ist.

Aufgrund dieser Assistenzfunktionen wurden die Assistenzregeln und die Schwellenwerte für die Ampelzustände der Assistenzampel formuliert. Sie sind die elementaren Bausteine der Software des JUTTA-Systems. Aus der Gesamtheit von den über die Sensoren empfangenen Aktivitätsparametern der Person oder der Gerätenutzung werden kritische oder normale Zustände der betreuten Person zu Hause nach den in der Homestation individuell definierten Assistenzregeln abgeleitet. Dieses Assistenzregelwerk der Software wird jeweils vor Inbetriebnahme der Komponenten an die jeweiligen Lebensumstände eines Klienten angepasst, so dass normale und kritische Zustände für jeden Klienten individuell ermittelt werden können. Die sich ergebenen Zustandsdaten werden als Statusmeldungen von der Homestation an die Leitzentrale übermittelt und die „Assistenzampel" generiert. Damit erhält das Pflegepersonal einen schnellen und strukturierten Überblick über die aktuellen Zustände der betreuten Personen.

3 Pilotierung

Mit Beginn der Pilotphase wurden die Probanden und deren Angehörige in den Umgang mit der AAL-Technik, hinsichtlich der Funktionen, Bedienbarkeit, Kombinierbarkeit des Systems, den Leistungsgrenzen der Technik, sowie in den Umgang mit Fehlalarmen, eingewiesen. Des Weiteren wurde von allen Probanden eine schriftliche Einwilligungserklärung eingeholt.

Für die Erprobung der eingesetzten Hard- und Software-Komponenten des JUTTA-Systems, die Implementierung von Prozessen und Dienstleistungen, sowie die Bestimmung der Auswirkungen auf den Betreuungs- und Pflegeprozess wurden insgesamt 10 Testumgebungen nach den standardisierten Erhebungsmethoden ausgewählt und bereitgestellt. Die insgesamt 14 Probanden, die sich für den Testzeitraum von 18 Monaten zur Verfügung gestellt haben, verteilen sich auf acht Wohnungen Daheim, zwei ambulante Wohngemeinschaften und einen Tagestreff für dementiell Erkrankte.

In einer umfangreichen Pilotphase erfolgte eine dauerhafte Begleitung und Betreuung der Klienten durch den Betreuungs-/Pflegedienst. Dazu gehören auch die Darstellung und individuelle Erklärung zum Verlauf der JUTTA-Projektphase, das Anlegen der Klientenakten, sowie das Einpflegen der Klientendaten in eine Datenbank.

3.1 Fallbeispiel

Der Klient ist 75 Jahre und lebt in einer Mietwohnung in einem Mehrfamilien-
haus. Seine Gesundheit ist durch eine Herzerkrankung beeinträchtigt. Bisher
wurde keine Pflegestufe festgestellt. Im Haushalt wohnt er alleine. Sein Tages-
und Wochenablauf ist durch regelmäßige soziale Kontakte strukturiert. Bei dem
Klienten wurde ein Bedarf zur Erfassung seiner Herzfrequenz und des Herzrhythmus festgestellt.

Der Klient hatte vor dem Einbau der Komponenten Bedenken gegenüber dem
Projekt. So wurden Bedenken bzgl. Überwachung und zusätzlichem persönlichen Aufwand geäußert. Die Bedenken konnten mit Gesprächen ausgeräumt
werden. Die Komponenten für die Wohnung (s.u.) wurden mit dem Klienten
individuell zusammengestellt. Der Klient und seine Angehörigen erhielten eine
ausführliche Einweisung in die Technikkomponenten.

Tabelle 1   Komponenten - Fallbeispiel

Komponenten	
Domotik-Sensorik	Homestation (1), Bewegungsmelder (6x Küche, Diele, Bad, Wohnzimmer), Türkontakt (9x Zimmertüren, Schrank, Kühlschrank, Schubladen), Wassersensor (2x Bad, Küche); Drucksensor (3x Bett, Stuhl, Sofa)
Soziale Komponenten	Komponenten wurden nicht getestet
Telemedizin	Basisstation (1x Tele-Care-Monitor), EKG-Messgerät (1)

Die Domotik-Sensoren und telemedizinischen Komponenten wurden vom Klienten gut angenommen. Der Klient nutzte bereitwillig das EKG-Gerät, welches
seine Herzfrequenz und den Herzrhythmus erfasste. Durch die regelmäßigen
Reports mit den EKG-Kurven aus dem telemedizinischen Service Center erfüll-
ten sich seine Erwartungen und die Akzeptanz gegenüber der Technik stieg.

Mit der assistierenden Technik stieg auch das Sicherheitsgefühl des Klienten,
was als sehr positiv wahrgenommen wurde. Eine weitere positive Veränderung
des Alltagsablaufes war nach einer gewissen Zeit die selbständige Benutzung
des EKG-Messgerätes, was dem Klienten das Aufsuchen eines Arztes ersparte.
Außerdem wurde sein Alltag mit häufigen Besuchen einer Mitarbeiterin des

Pflegedienstes zur Kontrolle der Technik ergänzt. Diese zusätzlichen sozialen Kontakte bereicherten nachweislich seine Lebenssituation.

Durch die regelmäßige Erfassung der Daten und deren Auswertung bekamen der Klient und seine Angehörige einen spürbaren Nutzen durch den zusätzlichen Informationsgewinn. Als Schwierigkeiten im Laufe der Pilotphase nannte der Klient häufig Übertragungsfehler der Geräte und dadurch häufige Messungen. Als positive Erfahrungen wurden zwei besonders kritische Gesundheitszustände genannt, die seitens des telemedizinischen Anbieters sofort erkannt und bewertet wurden. Eine enge Kommunikation mit der Tochter führte jeweils zu einer zeitnahen Versorgung beim Hausarzt, sowie zu anschließenden Aufenthalten im Herzzentrum. Danach wurde der Klient mit einem Herzschrittmacher versorgt. Die nachfolgend zur Kontrolle übermittelten Tele-EKGs waren pathologisch unauffällig. Damit erfüllte sich der Ansatz von einer frühzeitigen Erkennung von Gefahrensituationen und von einem zusätzlichen Informationsgewinn für den Betreuungs- und Pflegeprozess.

4 Evaluierung

4.1 Nutzerakzeptanz

Die Einführung von Assistenztechnologien in die Bereitstellung von sozialen Betreuungs-/ Pflegedienstleistungen stellt eine Innovation dar, die seitens der zu unterstützten Menschen, deren Angehörigen und vom Pflege- und Betreuungspersonal unterschiedlich angenommen werden (vgl. Georgieff 2008: 32f.; Meyer 2008: 1f.). Akzeptanz ist eine wesentliche Voraussetzung für die erfolgreiche Implementierung des JUTTA-Systems. Die etwas über ein Jahr andauernde Pilotphase zeigte, dass eine Offenheit und Akzeptanz gegenüber assistierender Technik in der alternden Gesellschaft vorhanden ist. Allerdings muss diese Akzeptanz beim Einzelnen durch konstruktive Gespräche und zusätzliche Information erarbeitet werden, wie die folgenden Ausführungen zeigen.

Die Akzeptanz bei Klienten und einbezogenen Mitarbeitern ist dabei insbesondere von den spezifischen Produkten, dessen Installationsort in der Wohnung, sowie von der Anfälligkeit der zur Anwendung kommenden Systemkomponenten und Dienstleistungskonzepte abhängig. Die Grundvoraussetzung für diese Akzeptanz ist in erster Linie der Vertrauensgewinn. Dies schließt die Bereitschaft des Mitarbeiters ein, sich auf das Alltagsleben einer betreuten Person einzulassen, aber auch die Bereitschaft kritische Fragen zu beantworten. Das bedeutet neben der Installationsbegleitung, Wartung, Fehlerbehebung im JUTTA-Projekt, sich z.B. an biografischen Gesprächen mit dem Klienten zu beteiligen. Des Weiteren wird die fachliche Beratung zu Fragen der Pflege-

/Krankenversicherungen von den Probanden oder zum Umgang mit Demenz von Angehörigen in Anspruch genommen.

4.2 Klientenperspektive (Menschen mit Assistenzbedarf) [3]

4.2.1   Methodik und Vorgehensweise

Befragt wurden 14 Personen, respektive deren Angehörige oder Pflegepersonal, falls der JUTTA-Teilnehmer aufgrund dementieller Beeinträchtigung für ein Interview nicht zur Verfügung stand. Aus den Mitschriften wurde allerdings deutlich, dass die Perspektive der eigentlichen Nutzer (JUTTA-Teilnehmer) während der Interviews nicht immer eingenommen wurde. Wo dies erkennbar war, wurden die Daten aus der Analyse genommen. Dennoch bleibt hier ein Unsicherheitsfaktor. Die Interviewerinnen rekrutierten sich aus dem Mitarbeiterstab des ambulanten Pflegedienstes und wurden in Bezug auf Untersuchungsziel und Methoden geschult. Die Erhebung fand in einem halbstandardisierten Verfahren statt, um den Antworten eine größere Bandbreite zu erlauben und somit der Evaluation eine größere inhaltliche Tiefe zu geben. Einige Interviews wurden aufgezeichnet. Die Anzahl und die Struktur der Probanden lässt keine auch nur annähernd verallgemeinerbaren Schlüsse zu. Getroffene Aussagen beziehen sich daher lediglich auf die Gesamtheit der befragten Personen.

Der von der Sophia GmbH entwickelte Fragebogen besteht aus fünf Teilen. Gefragt wurde u.a. nach dem persönlichen Wohlbefinden, Gesundheitsstatus, Mobilität, Sozialkontakten, Nutzen von JUTTA-Dienstleistungen und Zufriedenheit und Nutzung von Dienstleistungen, wie Essen auf Rädern. Auszugsweise einige Fragen aus der Erhebung:

- Fühlen Sie sich sicher und geborgen oder fühlen Sie sich unsicher oder sogar bedroht? Wie sehen solche Situationen aus bzw. beschreiben sie die Unsicherheit konkreter.
- Was müsste zur Verbesserung der Wohnumgebung geschehen?
- Wie gut fühlen Sie sich versorgt?
- Welche Art von Verkehrsmittel werden genutzt?
- Welche technischen Geräte hatten Sie vor JUTTA schon im Haus?
- Wie ist die Zufriedenheit mit den Dienstleistungen und installierten Gerätschaften?
- Fühlen Sie sich durch die technische Installation oder andere neue Geräte gestört oder beeinträchtigt? Wenn ja, wie?
- Welche Art von Dienstleistungen (zu Hause) würden Sie sich wünschen um Ihnen das Leben zu erleichtern?

---

[3]   Projektpartner: Sophia GmbH

4.2.2 Ergebnisse und Auswertung der Klientenbefragung

Von den 14 Teilnehmern waren neun weiblich und fünf männlich. Beim Bildungsstand wurde der Hauptschulabschluss als höchster Bildungsabschluss genannt. Bei den früher ausgeübten Berufen dominieren einfache Tätigkeitsfelder: Handwerk, einfache Angestellte und Arbeiter. Vier Probanden wohnen in einer Demenz-WG zusammen mit anderen Personen. Zehn wohnten noch in ihrem eigenen Haushalt. Von diesen zehn lebten sieben alleine, zwei mit Partner und eine Person mit einem anderen Angehörigen. Das Durchschnittsalter lag bei den Frauen bei ca. 74 Jahren und bei den Männern bei ca. 80 Jahren. Wobei die Gruppe der Frauen eine höhere Standardabweichung durch einen Ausreißer (47 Jahre) aufwies. Die Maxima waren jedoch bei beiden fast gleich (m: 87, w: 88).

Um ein Gespür zu bekommen, wie drängend das ein oder andere Problem oder die Beeinträchtigung, z. B. der gesundheitliche Status, für den Einzelnen war, wurde offen gefragt, ob es Bereiche für Unwohlsein gab. Der Themenbereich „Gesundheit", „Einsamkeit", „psychische Probleme" und „Tod und Trauer" wurden 11-mal genannt, nahmen also im Spektrum der Probleme der Probanden einen großen Raum ein. Konkret gab immerhin nur ein Fünftel der Befragten an, nie unter Einsamkeitsgefühlen oder Depressionen zu leiden. Wenn man die somatischen Beeinträchtigungen und Krankheiten der Probanden betrachtet, fällt auf, dass unter der untersuchten Population Demenz (11 von 13) die am häufigsten genannte Diagnose war. Darüber hinaus wurden Herz-Kreislauf-Probleme (6 von 13), sowie Adipositas und Probleme des Bewegungsapparats (jeweils 4 von 13) genannt. Während alle Probanden an chronischen Krankheiten litten, waren zum Zeitpunkt der Erhebung nur zwei Personen akut erkrankt (Kieferbruch und Lungenentzündung, sowie Oberschenkelhalsbruch). Pflegebedürftig, nach Definition des MDK, waren acht Personen. Im Einzelnen ergab sich folgende Verteilung: Keine Pflegestufe (6 P.), Pflegestufe 1 (5 P.), Pflegestufe 2 (2 P.), Pflegestufe 3 (1 P.), gesamt (14 P.).

Auf die Frage, was den gesundheitlichen Status verbessern würde, waren neben persönlichen Verhaltensmodifikationen, wie „Gewichtsabnahme" und „mehr Bewegung" auch „bessere Pflegedienste" aber v. a. „mehr Betreuung" und „mehr Sozialkontakte" gewünscht.

4.2.3 Dienstleistungsangebot: aktuelle und potentielle Nachfrage

Auf die offene Frage, welche Dienstleistungen JUTTA-Teilnehmer gerne noch in Anspruch nähmen, wurden jeweils von einer Person genannt: 1. Haushaltshilfe, Begleitung beim Spaziergang, Besuchsdienst und mobile Fußpflege. 2. Hausnotruf, und 3. Häufigerer Tagestreff und mehr geronto-psychiatrische Pflege. Der nicht befriedigte Bedarf kann als gering eingeschätzt werden. Das Abfragen der ausführlichen Dienstleistungsliste ermöglicht den Befragten Bedarfe oder Wünsche zu äußern, die sie vielleicht aktuell nicht als dringlich erachten. So wird eher ein latenter Bedarf ermittelt. Mit Abstand folgen dann die Versorgungs- und Begleitungsdienste.

4.2.4   Zufriedenheit und Kritik

Die Wohnungen der Testpersonen waren mit unterschiedlichen Paketen ausgestattet. Zwei Personen nahmen die telemedizinischen Vitaphone-Produkte und Dienstleistungen im Tagestreff in Anspruch. In der Erhebung wurde zudem mit offenen Fragen nach der Zufriedenheit gefragt und eine Möglichkeit für Verbesserungsvorschläge und Kritik gegeben. Die Zufriedenheit mit den JUTTA Paketen wurde wie folgt beantwortet: Zufrieden (5 P.), zufrieden mit Einschränkungen (6 P.), unzufrieden (2 P.), insgesamt (13 P.).

Überwiegend besteht eine Zufriedenheit mit dem JUTTA-Projekt. Dennoch wurden Kritikpunkte geäußert, die „Geräteausfälle" oder „nicht funktionierende Datenübertragung" betrafen. Ebenso wurden Rauchmelder bemängelt, die bei zur Neige gehender Batteriekapazität dies akustisch anzeigten. Entsprechend wurden die Installationen zeitnah überarbeitet und den Probanden wieder zur Verfügung gestellt.

Zusätzlich wurde die Zufriedenheit hinsichtlich der eingesetzten Pakete und deren Kombination – Domotik, telemedizinische und sozialen Komponenten – gemessen.

Tabelle 2   Zufriedenheit mit den einzelnen Paketen und deren Kombinationen

Zufriedenheit mit den einzelnen Paketen und deren Kombinationen				
	unzufrieden	zufrieden mit Einschränkungen	zufrieden	gesamt
Domotik	0	0	1	1
Telemedizin	0	2	3	5
Soziale Komponente	0	0	1	1
Domotik-Soziale Komponente	0	1	0	1
Telemedizin-Domotik	2	3	0	5
Gesamt	**2**	**6**	**5**	**13**

Im Fokus des JUTTA-Projekts steht die Effizienzsteigerung in der Versorgung assistenzbedürftiger Menschen. Eine Einschätzung über den Zielerreichungsgrad wurde aufgrund der Datenlage noch nicht gemacht. Dennoch wurde mit Hilfe der Teilnehmersicht versucht, den individuellen (subjektiven) Nutzen zur erfassen. Einen Überblick hierzu gibt folgende Tabelle:

Tabelle 3   Der wahrgenommene Nutzen des JUTTA-Projekts nach Paketen

Der wahrgenommene Nutzen des JUTTA-Projekts nach Paketen			
	nein	teilweise	ja	gesamt
Domotik	0	0	1	1
Telemedizin	0	1	4	5
Soziale Komponente	0	0	1	1
Domotik-Soziale Komponente	0	1	0	1
Telemedizin-Domotik	3	0	0	3
Gesamt	**3**	**2**	**6**	**11**

Hier ist auffallend, dass wiederum die Kombination aus Telemedizin und Domotik als nicht nutzbringend angesehen wird. Hier ist auch die Zahl der Antwortverweigerungen mit 2 von 3 relativ hoch. Über die Gründe lässt sich nur spekulieren. Darüber hinaus zeigt das Antwortverhalten in Bezug auf Zufriedenheit und Nutzen wie in oberen Tabellen dargestellt, eine deutliche Konsistenz. Dennoch können hieraus keine Aussagen getroffen werden, die über das Individuum hinausgehen. Die Anzahl der Probanden ist zu gering und deren Sozialstruktur zu homogen, als dass sich Ergebnisse verallgemeinern lassen würden. Weiterhin gab es in der geschlechtsspezifischen Betrachtung des individuellen Nutzens und der Zufriedenheit keine erkennbaren Zusammenhänge.

Die JUTTA Komponenten waren grundsätzlich keine Belastung sondern eine Entlastung. Positiv wurden der erhöhte Sicherheitsstandard und die verbesserte Information durch die JUTTA Services genannt. Fünf Teilnehmer empfanden JUTTA explizit als Entlastung und fünf betrachten JUTTA neutral in dieser Hinsicht. Lediglich zwei Probanden gaben eine zumindest teilweise Belastung durch JUTTA an.

4.2.5   Mobilität, Sozialkontakte und technische Affinität

Bis auf eine Befragte fühlten sich alle in ihren Wohnumgebungen wohl. Die Sozialkontakte, wurden sowohl in der Qualität als auch in der Quantität als gut bezeichnet. Spazierengehen und Kaffee trinken waren die am meisten praktizierten und genannten Tätigkeiten während eines Besuchs. Die Unterhaltungen wurden meist als „offen" bezeichnet. Pflegedürftigkeit bedeutete ebenfalls keine messbare Einschränkung hinsichtlich der Zahl der Sozialkontakte, was grundsätzlich als positiv zu bewerten ist.

Die technische Ausstattung in den Wohnungen der Teilnehmer belief sich im Allgemeinen auf Telefon und Fernseher. Diese Ausstattung dürfte dem Durchschnitt entsprechen, der bei 80-Jährigen in Deutschland in der Wohnung anzutreffen ist. Eine besondere Technik-Affinität, die die Akzeptanz der JUTTA Komponenten erhöhen und damit die Ergebnisse verfälschen würde, war nicht bemerkbar.

4.2.6   Zusammenfassung

Die Teilnehmerevaluation zeigte zum einen deutlich auf, dass die überwiegende Mehrheit mit den Dienstleistungen von JUTTA zufrieden ist. Zum anderen wurde ein erkennbarer Nutzen ebenfalls durch die Mehrheit konstatiert. Die Hauptprobleme der Probanden bestanden in den „normalen" Bereichen altersmäßiger Beeinträchtigungen: Somatik, Psyche, Einsamkeit, Probleme innerhalb der Familie und Tod und Trauer. Auch die Verbreitung von Einsamkeit und Depression entsprach dem, was in dieser Altersgruppe erwartet werden kann. Die Zahl und die Qualität der Sozialkontakte der Befragten wurden als insgesamt gut bewertet. Schließlich war die Versorgung mit Dienstleistungen insgesamt hoch, ein nicht befriedigter Bedarf an neuen oder anderen Dienstleistungen war, sieht man vom Wunsch nach mehr Betreuung ab, nicht erkennbar.

Die Ergebnisse dieser Erhebung müssen allerdings mit folgenden Einschränkungen interpretiert werden: Die Zahl der Probanden war gering und in ihrer Sozialstruktur bildeten sie nur ein spezifisches Milieu ab. Trotz der halbstandardisierten Befragungsmethodik sind die Ergebnisse nur begrenzt interpretierbar und nicht zu verallgemeinern.

4.2.7   Erfahrungen aus der Begleitung der Menschen mit Assistenzbedarf

Die im JUTTA-Projekt beteiligten Mitarbeiter des Pflegedienstes berichteten, dass sich die Probanden bereitwilliger und interessierter zeigen, wenn deren Angehörige in viele Abläufe involviert sind und sie einen spürbaren und greifbaren Nutzen empfanden sowie den Sinn der Komponenten erkannten. Dies ist sehr deutlich bei den eingesetzten telemedizinischen Komponenten zu hervorgetreten. Die Probanden erhielten monatliche Reports mit einer anschaulichen Verlaufskontrolle z.B. für eine optimierte Medikation. Die täglichen Messungen durch die telemedizinischen Komponenten wurden so sehr schnell eine feste Größe im Tagesablauf. Auch die demenziell veränderten Menschen konnten sich durchaus an die tägliche Messung erinnern.

Die Erfahrungen der sozialen Betreuung durch das Vivago-Sicherheitsarmband von der Sophia GmbH sind zweiseitig zu betrachten: Einige Betreute genießen das Sicherheitsgefühl im Notfall auf einen Knopf drücken zu können und so schnelle Hilfe zu erhalten. Eine andere Betreute lehnte es hingegen ab, etwas am Körper zu tragen.

Die eingesetzten Sensoren des Assistenzkoffers wurden von den Betreuten gut angenommen, wobei in der Pilotphase viele Verbesserungsvorschläge zur Optimierung entstanden. So muss z.B. der Wassersensor bei der Bodenreinigung hochgelegt werden und es wurde anschließend häufig wieder vergessen, ihn richtig zu platzieren. Entsprechend wurde dessen Konstruktion und Positionierung neu diskutiert. Beim Einsatz der Domotik-Sensoren ist für die Beteiligten der Nutzen des Gesamtsystems im Vergleich zu den anderen Komponenten schwieriger nachzuvollziehen, da hier eine direkte Rückmeldung durch z.B. einen Report wie bei den telemedizinischen Komponenten fehlt. Um den Nutzen greifbar zu machen, wurden die Komponenten auf der mobilen Leitzentrale angezeigt, wo die Menschen ihren Aktivitätsstatus ansehen und unterschiedlichen Funktionen ausprobieren konnten.

Bei Fehlalarmen zeigten sich die meisten Probanden sehr verständig und akzeptieren diese als wichtigen Bestandteil der Projektarbeit. Durch den Einsatz der intelligenten Technologie des JUTTA-Systems stieg nach den Aussagen der Menschen mit Assistenzbedarf das Sicherheitsgefühl. Die Akzeptanz des Systems stieg spürbar durch die sehr intensive Begleitung der Beteiligten.

Für die Installation der Komponenten aus dem Assistenzkoffer wurde die Erkenntnis gewonnen, dass das System so *vorkonfiguriert* ausgeliefert werden muss, dass es durch die Pflegekräfte einfach und schnell installiert werden kann. Dazu ist es notwendig, im Vorfeld zu wissen, welche Gegebenheiten in der Wohnung existieren, wie zum Beispiel die Anzahl der Zimmer, der zu öffnenden Fenster etc. So wurde für die Bestandsaufnahme der Wohnung ein Erhebungsbogen erarbeitet, welcher vor der Ausstattung der Wohnung mit Assistenzkomponenten die Örtlichkeit darstellt.

Entstehende technische Probleme mit den einzelnen Komponenten wurden gegenüber den Projektpartnern kommuniziert, um gemeinsam Lösungen zu finden und auftretende Probleme schnellstmöglich zu lösen.

Einige kritische Punkte, die im JUTTA-Projekt zu Prozessverbesserungen des Systems führten:

1.   In der Testphase der Leitzentrale wurde der Bedarf der Entwicklung einer SMS-Benachrichtigung über technische Probleme und den Status der Assistenzampel festgestellt. Zudem fand man eine Lösung, um in der Leitzentrale den Status der Homestation aus der Wohnung sichtbar zu machen.
2.   In den Testumgebungen haben sich einige Komponenten als inkompatibel herausgestellt. Nach der Anpassung der Software wurde die Kompatibilität von Homestation und deren UMTS-Sticks ermittelt.
3.   Auf Wunsch der betreuten Personen wurden Sensoren und Homestation in der Wohnung diskret platziert.
4.   Auf Wunsch der adipösen und kachektischen Klienten wurden besonders passende Komponenten bei der Manschette des Blutdruckmessgerätes ausgewählt.

Neben der technischen Unterstützung bei der direkten Pflege und Betreuung aktiviert das JUTTA-Konzept zudem soziale Netzwerke, Angehörige, Nachbarschaft und Ehrenamtliche. Unter Verwendung innovativer Technologien wird es fallweise möglich, diese in den Betreuungsprozess einzubeziehen.

4.3 Mitarbeiterperspektive

Das JUTTA-Konzept wirkt sich im Wesentlichen auf die Leistungserstellung und die internen Prozessabläufe der ambulanten Pflegedienste aus und soll dazu beitragen diese zu optimieren. Im Mittelpunkt steht dabei die bedarfsorientierte Erbringung von pflegerischen und komplementären Dienstleistungen – Just-in-Time. Notwendig dafür ist die Auseinandersetzung mit der eigenen Aufbau- und Ablauforganisation. Ein zentraler Aspekt ist dabei die Schulung der beteiligten Mitarbeiter in der Anwendung der technischen Komponenten und deren Funktionen (vgl. u.a. Kuster 2010, 8f.).

Neben der Schulung wurde für die optimierte Implementierung der Komponenten in den Wohnungen ein Konzept (Installations-, Diagnose- und Wartungskonzept) ausgearbeitet. Das umfasst ein Verfahren, sowie eine Anleitung zur Schnellinstallation, welche die Pflegekräfte bei der Integration des Assistenzsystems in den Wohneinheiten und im mobilen Arbeitsplatz unterstützt. Bei dem Installationsvorgang stehen den Betreuungs-/Pflegekräften der pflegerischen Komponenten die Projektmitarbeiter von der inHaus GmbH eine Supporthotline zur Verfügung. Durch das Diagnose- und Wartungskonzept werden Abweichungen des Assistenzsystems automatisch erkannt und die Fehlerbehebung erfolgt möglichst durch Fernzugriff. Das System verfügt über eine Diagnosefunktion, welche permanent den Zustand der einzelnen Komponenten abfragt. Fällt beispielsweise eine Komponente aus, wird dieser Zustand an die Leitzentrale weitergeleitet.

4.3.1   Methodik und Vorgehensweise

Befragt wurden 5 Personen aus dem Bereich des Pflegepersonals, welches JUTTA Teilnehmer betreute. Die Interviewerin rekrutierte sich aus dem Mitarbeiterstab des ambulanten Pflegedienstes und wurde in Bezug auf Untersuchungsziel und Methoden geschult. Die Erhebung fand in einem halbstandardisierten Verfahren statt, um den Antworten eine größere Bandbreite zu erlauben und somit der Evaluation eine größere inhaltliche Tiefe zu geben. Die Anzahl und die Struktur der Probanden lässt keine auch nur annähernd verallgemeinerbaren Schlüsse zu. Getroffene Aussagen beziehen sich daher lediglich auf die Gesamtheit der befragten Personen. Ziel der Untersuchung war festzustellen, erstens inwieweit die personellen und technologischen Dienstleistungen von JUTTA dem Bedarf der anvisierten Klientel entsprechen. Der zweite Aspekt war die Zufriedenheit und die Bewertung der eingesetzten Komponenten und der Dienstleistungen.

Inhalte der Mitarbeiterbefragung waren u.a.:

* Wie fühlen sich, Ihrer Einschätzung nach, ihre Patienten grundsätzlich?
* Was sollte man ändern, um die Situation der Pflegenden zu verbessern?
* Fühlen Sie sich durch die technische Installation, neue Geräte oder geänderte Betriebsabläufe gestört oder beeinträchtigt? Wenn ja, wie? Sehen Sie einen Nutzen? Wenn ja, wo und wie?
* Gibt es von Ihrer Seite Kritikpunkte?

4.3.2   Ergebnisse und Auswertung der Mitarbeiterbefragung

Die angesprochenen Problemfelder entsprechen der Erwartung über die zu betreuende Klientel. Personalmangel und Finanzierungsengpässe sind keine Seltenheit und können leicht auch zu problematischen Erscheinungen in der Pflege führen, wie z.B. die angesprochene mangelnde Hygiene. Die somatische Gesundheit wurde von den Befragten teilweise als Belastung für das Individuum bezeichnet. Generell sei der aber Zustand der Klientel dem Alter entsprechend gut oder angemessen. Psychische Probleme bereiten hingegen nur einzelnen Personen Probleme. Die Wohnumgebung wird grundsätzlich als problemlos oder gut bezeichnet.

Die Ansätze zur Verbesserung sind vielfältig und zeigen v. a. auf, dass die Nutzung von ehrenamtlicher Arbeit noch gesteigert werden sollte, dies insbesondere im Hinblick o.g. Kosten und Personalprobleme. Interessant war die Feststellung einer Befragten, die mehr Selbstreflexion und eine u. U. damit einhergehende Verbesserung der eigenen Tätigkeit anspricht. Dies stellt aus Sicht des Projektes eben auch ein Potential dar, das es zu nutzen gilt. Eine homogene Beurteilung des Dienstleistungskatalogs zeigen die Ergebnisse nicht und dies war auch nicht zu erwarten. Lediglich die hin und wieder auftretende Einstellung „was wir brauchen ist, was wir haben" erscheint zwar nicht lösungs- oder zukunftsorientiert, deutet jedoch auf eine solide Arbeitsgrundlage hin. Alternativen zu den Dienstleistungen die aufgeführt waren, wurden nicht genannt.

Die technische Ausstattung von JUTTA wurde von den Mitarbeitern, was nicht unbedingt erwartbar war, grundsätzlich als positiv bewertet. Lediglich die technischen Störungen und Defekte wurden als Manko angeführt. Diese Probleme sollten aber in Zukunft beherrschbar sein. Die Mitarbeiter sahen in den von JUTTA angeboten Technologie und Dienstleistungen einen deutlichen Nutzen für die zu betreuenden Menschen. Insofern entspricht das Dienstleistungskonzept dem Bedarf der Klientel.

5 Fazit und Ausblick

Das wichtigste Vorhaben des JUTTA-Systems ist es, Menschen mit Assistenzbedarf ein selbstbestimmtes Leben und einen möglichst langen Verbleib in der eigenen Häuslichkeit zu ermöglichen. Nach der Einführung der neuen Dienstleistung Just-in-Time Assistance ist es gelungen, die durch technische Unterstützung bedarfsorientierte ambulante Betreuung und Pflege bereitzustellen und Qualitätsverbesserungen zu erzielen. Bei der Implementierung von technischen Assistenzsystemen sind verschiedene Akteure aus dem privaten und professionellen Umfeld beteiligt. Für einen langfristigen Erfolg und eine dauerhafte Assistenzleistung im Sinne einer Ethik der Achtsamkeit ist es erforderlich, dass die Akteure miteinander arbeiten und Informationen über den Betreuungsprozess kontinuierlich austauschen.

Der modulare Aufbau und die offene Gestaltung der angestrebten neuen Dienstleistung macht eine Nutzung vor allem durch kleine und mittlere Dienstleistungsanbieter möglich. Es ist darüber hinaus davon auszugehen, dass der Ansatz langfristig zur Gestaltung neuer Dienstleistungsprozesse beiträgt. Dabei ist zu beachten das professionelle Pflege- und Betreuungskräfte in diesem Fall eine Mediatoren-Rolle im JUTTA-Prozess übernehmen werden. Diese sind für Menschen mit Assistenzbedarf wichtige Bezugspersonen. Ihre Hilfebeziehung beruht dabei maßgeblich auf Vertrauen.

Aus Vermarktungssicht für Dienstleister lassen sich derzeit zwei Varianten vorstellen: Das JUTTA-System kann vom Dienstleister seinen Klienten als Add-on-Leistung kostenlos zur Verfügung gestellt werden, wodurch sich für den Anbieter deutliche Abgrenzungsmöglichkeiten und Alleinstellungsmerkmale gegenüber dem Wettbewerb ergeben. Eine zweite Variante wäre das JUTTA-System den Klienten in Form einer monatlichen Pauschale zur Verfügung zu stellen.

Im Implementierungsprozess assistierender Technologien kommt den Mitarbeitern eine wichtige Rolle zu, da sie zumeist die primären Ansprechpartner der unterstützten Personen bei der Einführung assistierender Technik sind. Sie sind der Ansprechpartner bei der Vermittlung der Handhabung technischer Alltagshilfen als auch im Falle etwaiger Störungen. Dies setzt die Bereitschaft des Mitarbeiters voraus, den Umgang mit der neuen Technologie zu erlernen und einzusetzen. Die Mitarbeiter müssen qualifiziert und am Prozess der Umstrukturierung beteiligt werden. Durch den Einsatz des JUTTA-Systems zeigen sich die Vorteile der ablauforganisatorischen Änderungen – eine notwendige Arbeitsentlastung und Kostenersparnis mit einer Steigerung von Betreuungsqualität.

Zur einfachen Umsetzung derartiger Dienstleistungen wird von der Ambient Assisted Living gGmbH gemeinsam mit ihren Projektpartnern im Rahmen des JUTTA-Projektes ein entsprechendes Unterstützungs- und Beratungskonzept entwickelt. Bezogen auf die bereits vorgestellten Ergebnissen wird das Geschäftsmodell derart gestaltet, dass es über die Primärverwertung durch die beteiligten Projektpartner auch in anderen vergleichbaren, regionalen Kontexten und in ähnlichen Strukturen, sowie Akteurskonstellationen implementiert werden kann. Dadurch wird eine breite Nutzung der JUTTA-Lösung möglich, die Partnern in Lizenz und ggf. auch modulweise zur Verfügung gestellt werden können. Das Geschäftsmodell beinhaltet detaillierte Leitfäden zur Implementierung des JUTTA-Systems, Checklisten sowie die Beschreibung von inhaltlichen und organisatorischen Anforderungen an die Ablauf- und Aufbauorganisation. Dafür wurden drei Prozesse: IST-, SOLL- und JUTTA-Prozess analysiert und verglichen, um denkbare Optimierungspotenziale sowie Verbesserungspotenziale der Betreuungs- und Pflegeprozesse – Qualitätssteigerung, Kostenminimierung und Zeitreduzierung – zu generieren (vgl. Sießegger 2009, 11; 16f.).

Die gewonnenen Erfahrungen aus dem JUTTA-Projekt wurden durch die Projektpartner gegenüber vielen Interessierten auf Kongressen, Informationsveranstaltungen und Seminaren präsentiert und in verschiedenen Medien veröffentlicht und vorgestellt. Daher ist die Ausweitung und Weiterentwicklung des Konzeptes mit erweiterten Funktionalitäten und technologisch ausgerichteten Lösungen erwünscht. Gleichzeitig konnten Erfahrungen und Praxiskenntnisse aus anderen Bereichen in die JUTTA-Lösungen integriert werden.

Erstes erworbenes Know-how aus dem JUTTA-Projekt (Nutzendefinition, Datenschutzproblematiken, Anwendererfordernisse, organisatorische Anforderungen etc.) werden von der aal gGmbH und der inHaus GmbH zur Entwicklung von Fortbildungsmaßnahmen verwertet. Im Zuge des steigenden Interesses ist die Nachfrage nach einschlägigen Beratungsleistungen zur Implementierung technischer Unterstützungssysteme angestiegen. Aus der Kooperationsbeziehung zwischen den Verbundpartnern erwachsen somit Möglichkeiten einer

gemeinsamen wissenschaftlichen Publikation, einer interdisziplinären Wissens-
vermittlung auf Veranstaltungen, sowie Ansatzpunkte für eine weiterführende
oder Einzelaspekte aufgreifende Forschung und Weiterentwicklung der JUTTA-
Idee.

Technische Assistenzsysteme, wie JUTTA, stellen eine Chance für den Wohl-
fahrtssektor dar und können dazu beitragen, Probleme und Herausforderungen
hinsichtlich der Versorgung von Menschen mit Assistenzbedarf zu bewältigen.
Assistenzsysteme können den gesteigerten Wunsch von Menschen mit Assistenzbedarf nach mehr Selbstbestimmung unterstützen und es ihnen so ermöglichen länger in ihrer eigenen Häuslichkeit zu leben, wodurch sich eine Alternative zur Heimunterbringung ergibt. Neben den Vorteilen für die Nutzer selbst
besteht auch ein Nutzen für die Mitarbeiter und somit für die Unternehmen, die
technische Assistenzsysteme einsetzen.

6 Literaturverzeichnis

de Vries, B. 2010: Quartiersnahe Versorgung. Ev. Johanneswerk e.V. Gesundheitsregion Ostwestfalen-Lippe, 56-59. http://johanneswerk.de/filead min/content/Download_JW/3_Fachthemen/a_Menschen_wahrnehmen/Leben_i m_Alter/Quartiersnahe_Versorgung_-_de_Vries.pdf, letzter download am 18.08. 2011.

Driller, E. / Karbach, U. / Pfaff, H. / Schulz-Nieswandt, F. 2009: Zum Wandel der Behindertenhilfe. In: Driller, E. / Karbach, U. / Stemmer, P. / Gaden, U. / Pfaff, H. / Schulz-Nieswandt, F. (Hg.): Ambient Assisted Living: Technische Assistenz für Menschen mit Behinderung. Freiburg im Breisgau: Lambertus, 13-22.

Eichelberg, M. 2010: Interoperabilität von AAL-Systemkomponenten. Teil 1: Stand der Technik. Berlin, Offenbach: VDE-Verlag.

Georgieff, P. 2008: Ambient Assisted Living: Marktpotenziale IT-unterstützter Pflege für ein selbstbestimmtes Altern. FAZIT-Schriftenreihe, Band 17. Stuttgart: MFG Stiftung Baden-Württemberg.

JUTTA 2011: "JUsT-in-Time Assistance". Projektwebsite. www.just-in-time-assistance.de (Zugegriffen: 18.08.2011).

Kalfhues, A. J. 2006: Voll vernetzt – das Altenheim der Zukunft. Altenheim – Lösungen fürs Management. 11.2006. 45. Jahrgang: 42–44.

Kalfhues, A. J. 2011: Mit Assistenzsystemen Zeit sparen. Altenheim – Lösungen fürs Management. 1.2011. 50. Jahrgang: 40-44.

Karbach, U, / Driller, E. / Pfaff, H. 2009: Aus Sicht der Mitarbeiter. In: Driller, E. / Karbach, U. / Stemmer, P. / Gaden, U. / Pfaff, H. / Schulz-Nieswandt, F. (Hg.): Ambient Assisted Living: Technische Assistenz für Menschen mit Behinderung. Freiburg im Breisgau: Lambertus, 106-114.

Krause, M. 2009: Instrument zur Bedarfsermittlung, INNOWISE GmbH, Duisburg. Unveröffentlichtes Dokument.

Krause, M. 2010: Kundenzugangskonzept, INNOWISE GmbH, Duisburg. Unveröffentlichtes Dokument.

Krayss, G. 2006: Demographischer und Sozialer Wandel: Zentrale Leitlinien für eine gemeinwesenorientierte Altenhilfepolitik und deren Bedeutung für soziale Organisationen. Hrsg. Soziales neu gestalten. Policy Paper Jan/2006. Gütersloh: Bertelsmann Stiftung.

Kuster, S. 2010: QuALifikation geplant. Ambient Assisted Living, „inHaus-Forum": Technische Hilfen nutzen Klienten und Mitarbeitenden – Sozialwerk und Fraunhofer entwickeln. Weiterbildung zur „Fachkraft für technische Assistenz". Sozialwerk St. Georg, EinBlick 5/2010: 8-9.

Löser, A. 2003: Pflegekonzepte nach Monika Krohwinkel. Pflegekonzepte in der stationären Altenpflege erstellen: Schnell, leicht und sicher. Hannover: Schlütersche Verlag.

MDS 2009: Richtlinien des GKV-Spitzenverbandes zur Begutachtung von Pflegebedürftigkeit nach dem XI. Buch des Sozialgesetzbuches. Medizinischer Dienst des Spitzenverbandes Bund der Krankenkassen e.V. Essen. http://www.mds-ev.org/media/pdf/BRi_Pflege_090608.pdf, letzter download am 18.08.2011.

Meyer, S. 2008: AAL-Technologien – eine Antwort auf den demographischen Wandel? IVAM- Innovative Technik – Neue Anwendungen, 13. Jg, Nr. 41, Okt 2008. www.ivam.de (Zugegriffen: 05.03.2011).

Meyer, S. / Mollenkopf, H. 2010: AAL in der alternden Gesellschaft: Anforderungen, Akzeptanz und Perspektiven. Analyse und Planungshilfe. Ausgabe 2/2010. Berlin, Offenbach: VDE-Verlag.

Meyer, W. 2011a: Mehr Technik – Mehr Zuwendung? In: König, J. / Oerthel, C. / Puch, H. J. (Hg.): Sozial wirtschaften - nachhaltig handeln, Hrsg. Die Dokumentation zur ConSozial 2010. München: Allitera Verlag, 156-164.

Meyer, W. 2011b: Betreuung und Technik – Ambient Assisted Living für assistenzbedürftige Menschen. In: Horneber, M. / Schoenauer, H. (Hg.): Lebensräume - Lebensträume - Innovative Konzepte und Dienstleistungen für besondere Lebenssituationen.Stuttgart: Kohlhammer Verlag, 90-106.

Neumann, S. 2004: Personal und Personalmanagement in NPO – Zur Bedeutung des Personals und des Ausgestaltung ihres Managements. Diskussionspapiere zum Nonprofit-Sektor. Institut für Politikwissenschaft der Westfälischen Wilhelms Universität Münster. http://www.aktivebuergerschaft.de/fp_files/Diskussionspapiere/2004wp-band25.pdf, letzter download am 16.08.2011.

Schulze-Höing, A. 2008: Pflegebedarfs-Analyse und Standardentwicklung in der Eingliederungshilfe, Berlin. http://www.lebenshilfe.de/wDeutsch/aus_fachlicher_sicht/artikel/Geiegnete_Hilfe_und_Bedarf.php, letzter download am 18.08. 2011.

Sießegger, T. 2009: Kalkulieren, Organisieren, Steuern. 50 Fragen und Lösungen zur Betriebswirtschaft. Hannover: Vincentz Network.

Sozialgesetzbuch. §§71-76 SGB XI. http://www.sozialgesetzbuch-sgb.de/sgbxi/71.html (Zugegriffen: 18.08.2011).

Statistisches Bundesamt 2009: 12. koordinierte Bevölkerungsvorausberechnung und Pflegestatistik - Pflege im Rahmen der Pflegeversicherung – Deutschlandergebnisse. Wiesbaden. 18.08.2011.

Wasel, W. 2011. Das Quartier - ein Lebensraum. Projekt SONG. In: Horneber, M. / Schoenauer, H. (Hg.): Lebensräume - Lebensträume - Innovative Konzepte und Dienstleistungen für besondere Lebenssituationen .Stuttgart: Kohlhammer Verlag, 90-106.

Zimmer, A. / Freise, M. o. J.: Personalmanagement in Nonprofit-Organisationen.

The manufacturer's authorised representative in the EU is Springer
Nature Customer Service Centre GmbH, Europaplatz 3, 69115 Heidelberg,
Germany. If you have any concerns regarding our products, please
contact ProductSafety@springernature.com

Printed and bound by CPI Group (UK) Ltd, Croydon, CR0 4YY
26/04/2026
02097325-0001